"十三五"全国高等院校光电子类系列规划教材

液晶光子学

罗　丹　主编

電子工業出版社
Publishing House of Electronics Industry
北京·BEIJING

内 容 简 介

本书主要介绍国内外液晶光子学领域的最新研究动态，特别是液晶光子学材料及器件在新型显示技术和新型光子学器件方面的应用。本书共 10 章，内容包括液晶光场调控技术、蓝相液晶材料、蓝相液晶显示器、液晶激光器、铁电液晶、增强现实显示技术及液晶器件的应用、液晶液滴与壳的光子学应用、液晶等离激元光子学、液晶光通信和太赫兹调控元件等。

本书作为高等院校专业教材，可供相关专业师生参考，也可供液晶光子学领域的工程技术人员阅读。

图书在版编目 (CIP) 数据

液晶光子学/罗丹主编. —北京：电子工业出版社，2018.6
“十三五”全国高等院校光电子类系列规划教材
ISBN 978-7-121-34255-4

I. ①液… II. ①罗… III. ①液晶－光子－高等学校－教材 IV. ①O572.31

中国版本图书馆 CIP 数据核字（2018）第 106111 号

策划编辑：米俊萍
责任编辑：杨秋奎
印　　刷：北京建宏印刷有限公司
装　　订：北京建宏印刷有限公司
出版发行：电子工业出版社
　　　　　北京市海淀区万寿路 173 信箱　　邮编：100036
开　　本：787×1092　1/16　印张：17.75　字数：443 千字
版　　次：2018 年 6 月第 1 版
印　　次：2025年 3月第 3 次印刷
定　　价：88.00 元

凡所购买电子工业出版社图书有缺损问题，请向购买书店调换。若书店售缺，请与本社发行部联系，联系及邮购电话：（010）88254888，88258888。

质量投诉请发邮件至zlts@phei.com.cn，盗版侵权举报请发邮件至dbqq@phei.com.cn。

本书咨询联系方式：mijp@phei.com.cn。

编 委 会

前　言

自 19 世纪末以来，液晶广泛应用于平板显示领域。一方面，液晶显示在信息显示工业中扮演着重要的角色，是当前平板显示技术的主流，其应用领域从小尺寸的手机、计算机，到大尺寸的液晶电视和投影电视；另一方面，随着 21 世纪初液晶技术的革新及蓬勃发展，液晶光子学材料和器件在快速响应显示技术、增强现实、光场调控衍射光学器件、等离激元、光通信等方面展现出蓬勃的生机。目前，人们对液晶的研究正从显示领域扩展到光子学领域。

本书主要介绍近年来液晶光子学领域国内外的最新研究动态，特别是液晶光子学器件和技术的前沿发展。本书内容安排如下：第 1 章绪论，第 2～6 章介绍了液晶光场调控技术、蓝相液晶材料及其显示器、液晶激光器、铁电液晶等器件的工作原理和性能，第 7～10 章介绍了液晶光子学在增强显示、液晶液滴、等离激元、光通信和太赫兹调控元件等新兴领域中的应用。

希望本书能够帮助读者了解液晶光子学最新进展和前沿动态。本书作为高等院校专业教材，可供相关专业师生参考，也可供液晶光子学领域的工程技术人员阅读。

非常感谢本书的共同编著者，本书的顺利完稿与大家的努力是分不开的。各章节撰写者如下：第 1 章，华东理工大学郑致刚；第 2 章，南京大学胡伟、魏冰妍、陈鹏、陆延青；第 3 章，华东理工大学郑致刚、李萧；第 4 章，河北工业大学马红梅、孙玉宝；第 5 章，南方科技大学罗丹；第 6 章，北京航空航天大学郭琦、赵慧洁；第 7 章，上海交通大学李燕、刘澍鑫；第 8 章，厦门大学陈鹭剑；第 9 章，南方科技大学刘言军、肖栋；第 10 章，南京大学胡伟、葛士军、段薇、陆延青。感谢各个课题组的研究成员提供的帮助，感谢我们的同事和朋友关于本书的有益讨论，感谢南方科技大学提供的经费支持。最后，感谢我们的家人在本书完成过程中给予的鼓励、支持和理解。

由于作者水平所限，书中不妥之处在所难免，敬请广大读者批评指正。

罗　丹
于南方科技大学
2018 年 1 月

目　　录

第 1 章　绪　　论

郑致刚

第 2 章　液晶光场调控技术

胡　伟　魏冰妍　陈　鹏　陆延青

第 3 章 蓝相液晶材料

郑致刚 李 萧

第 4 章 蓝相液晶显示器

马红梅 孙玉宝

第 5 章　液晶激光器

罗　丹

第 6 章　铁电液晶

郭　琦　赵慧洁

第 7 章 增强现实显示技术及液晶器件的应用

李 燕 刘澍鑫

第 8 章 液晶液滴与壳的光子学应用

陈鹭剑

第 9 章 液晶等离激元光子学

刘言军 肖 栋

第 10 章 液晶光通信与太赫兹调控元件

胡 伟 葛士军 段 薇 陆延青

第 1 章

绪论

郑致刚
华东理工大学
理学院/材料科学与工程学院

日常生活中，人类所接触到最为广泛的信息主要是声音和图像，通过亲耳所听（获取声音信息）、亲眼所见（获得图像信息）更加清晰地认识事物的现象与本质，从而“消除了随机不确定性”。声音可以在除真空以外的介质中传播，其载体是多种多样的。图像信息的直观性使人们对其依赖比对声音的依赖更强。图像的载体也有很多，古埃及人使用羊皮绘图，我国古代使用的动物甲骨、青铜、竹简，乃至主宰信息社会上千年之久的纸张。随着社会高速发展，信息量呈现级数式增长，传统的图像载体已经不能适应人类的基本生活需求，因此具备动态、清晰、色彩绚丽的图像显示器件应运而生。液晶显示器是一种典型的液晶光子学器件，其体积小、质量轻、低辐射、低能耗。自 1995 年夏普开发了全球第一款 20in 液晶电视后，液晶显示器逐渐取代了传统基于阴极射线管的显示器。我国在这方面的起步较晚，但近十年发展突飞猛进。据不完全估计，2017 年我国液晶显示面板的总出口量将达到 9300 万平方米，2018 年中国的面板供应量将位居全球第一。

液晶自 19 世纪末被发现以来，历经了 20 世纪前叶的沉寂、20 世纪中叶的兴起、20 世纪末及 21 世纪初的全面技术革新与蓬勃发展，正在继续谱写新的篇章，迎接新的辉煌！

液晶显示器件作为液晶光子学器件的一类，其优势已深入人心；但显示应用仅代表了液晶光子学应用领域的冰山一角；通过近 20 年的研究，科学家们逐渐发现，除显示器件外，液晶可以非常便利地应用于衍射光学器件、电磁波位相调谐器、光纤传感器、纳米光子器件、微流控器件，乃至高效的激光辐射器；液晶对光的振幅、位相、偏振态的调制，使其还能应用于智能调节玻璃窗，甚至虚拟现实（VR）与增强现实（AR）光学系统；还有些液晶材料具有特殊的光学、电学或动力学效应，表现出传统液晶无法比拟的优势，从而得到了广泛应用。例如，具备光学各向同性特征的蓝相液晶，介电各向异性依赖于电信号频率的双频液晶（介电各向异性在低频呈现正值，在高频呈现负值），以及分子具有自发偶极、响应时间低至几十微秒的铁电液晶。对液晶的研究正在从最初的显示领域扩展至更加广泛的光子学领域。

1.1 液晶的概念及其分子结构

1.1.1 液晶的概念

自然界存在 3 种常见的物质状态——固态、液态和气态。固态物质的原子或分子间距较小，排列紧密，通常满足最密堆积条件，分子排列结构呈现规则的晶格结构，因而其对应 X 射线衍射图案呈现规则的光斑，物理性质上由于其有序性而表现出显著的各向异性。自然界约 98%以上的物质属于固态，排列表现出一定的晶格结构（晶态），如常见的食盐、糖、雪花等。晶态物质在受热条件下，分子偏离平衡态，晶格结构瓦解，分子间距相应增加，分子呈现无规则的随机排列，物理性质各向同性，物质呈现流动性，即形成液态；进一步加热分子排列仍然无规则，但分子间距大幅增加，即形成气态，因而物质气态时的体积通常远大于其液态和固态时的体积。若一种物质在某一状态时呈现液体的流动性，同时，分子排列一定方向上有序，呈现类似晶态物质的特性，我们称这类物质同时保持液体的流动性和晶体的各向异性，即呈现液晶态；具有液晶态的物质通常称为液晶材料。因此，液晶是一种物质状态。通常，为了叙述便利，也将液晶材料统一简称为液晶。在无特殊说明的情况下，本书中“液晶”均指液晶材料。

1.1.2 液晶的分子结构

液晶的最初发现得益于其特殊的物理性质，即在晶态和各向同性液态之间存在一个流动的类似晶体的状态。但事实上，Reinitzer 在发现液晶态时，乃至后续他与 Lehmann 的通信中都不清楚液晶这种物质的化学结构究竟如何。直到人工合成第一种室温液晶 N-（4-甲氧基苄叉）-4′-正丁基苯胺［MBBA，见图 1.1（a）］时，人们才对液晶的分子结构有了一些模糊的了解。MBBA 的合成比较简单，但分子内所含的甲亚胺基团易水解，导致液晶相不稳定。随着在液晶化学方面研究的不断深入，1973 年英国化学家 Gray 合成了室温下结构稳定的液晶 4-正戊基-4′-氰基联苯，即熟知的 5CB［见图 1.1（b）］。为了获得更加稳定的液晶，拓宽液晶相的温度范围，德国 Merck 公司开发了以氰基联苯类液晶为主要成分的混晶材料 E7［见图 1.1（c）］，将液晶的商业应用化提上日程。

液晶分子的化学结构通常包含两个部分，一是刚性主干，二是柔性尾链；通常还会在刚性主干的一端引入极性基团以此增加分子的偶极强度。可以用如图 1.1（d）所示的结构通式表达一个液晶分子，结构中 X、Y 两个基团可以全部为苯基，或其中一个为苯基另一个为环己基，也可以是含有硫、氧、氮等元素的杂环；连接刚性环 M 和 N 的基团由氢直接连接，或者由—CH═N—，—N═N—，—C≡C—，—COO—等刚性桥键，以保证分子主干的刚性；也可省略，即以联苯、苯基环己基等作为刚性主干。分子末端基团的选择很多，可以是柔性的烷基、烷氧基长链，甚至是含有手性结构的烷基长链；烯烃基也可以作为末端柔性基团，但考虑材料的稳定性通常不采用这类不饱和基团。末端可以对称也可以非对称，通常会在其中一端引入极性基团增加分子偶极强度，如—F，—NO_2，

—C≡N 等。合成上一般采用 Suzuki 偶联反应，配合傅里德-克拉夫茨（Friedel-Crafts）反应获得目标产物，但这不是本书的重点，因此不做详细展开。

液晶的化学结构不仅是其呈现液晶态的直接原因，而且还决定了其物理性质。长共轭刚性主干是其呈现各向异性的主要原因，而且还在一定程度上使液晶保持着排列的有序性；柔性链调节分子之间的相互作用程度，决定材料液晶态的存在与否及材料的黏度等动力学性质。以末端为烷基或烷氧基为例，当碳原子的个数为奇数时材料一般呈现液晶态，当个数为偶数时一般不呈现液晶态，这个特性在液晶化学中也被称为奇偶效应。末端取代基链长应在一定范围内，过长或过短均会导致液晶态的消失。在此范围内，链长与材料黏度成正比，且影响分子排列；一般末端基团链长，液晶呈现近晶相的概率较高，如 4-正庚基-4-氰基联苯［7CB，见图 1.1（e）］和 4-正辛氧基-4-氰基联苯［8OCB，见图 1.1（f）］；链短则呈现向列相，如大家比较熟悉的 5CB、MBBA 等。分子的各向异性，包括光学、电学、动力学等方面，取决于分子刚性主干共轭长度与末端基团的对称性。一般而言，较长的共轭分子对提高各向异性程度具有正向作用，但同时也会导致分子刚性过强，液晶态消失；而对称的末端基团则导致各向异性程度下降；刚性主干侧向位置接入取代基，则会导致各向异性程度减弱；从另一方面看，在刚性主干中适当引入杂环也是提高各向异性的有效方法，而且不会提高液晶黏度。由此可见，通过合理的分子设计，结合大量化合物的合成，总结目标产物的性质与分子结构的内在联系就能探索出一套有效的液晶分子设计手段，指导生产实践。

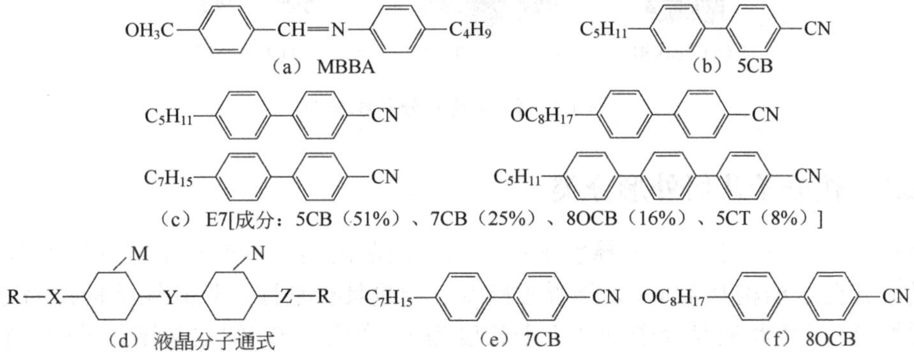

图 1.1 液晶分子化学结构

1.2 液晶的分类

液晶的传统分类方式很多，每种分类都蕴含着液晶成因、分子尺度、外形、排列结构等方面的特征。一般情况下，液晶的分类大致可以归纳为如下几种。

1.2.1 按呈现液晶态的方式分类

按物质呈现液晶态的方式，即液晶态的成因，可分为热致液晶与溶致液晶两大类。

热致液晶是应用最为广泛的一类液晶，广泛应用于包括液晶显示器在内的各类商用器件中。目前所发现的液晶，热致液晶大约占 90%以上，其液晶态依赖于温度，仅在一定的温度范围内呈现液晶性质，即液晶相的温度区间。例如，MBBA 液晶相的温度为 21～47℃，

5CB 液晶相的温度为 24～35.5℃。

溶致液晶在商用器件中并不常见，但它广泛存在于生命体内，如细胞膜。溶致液晶一般由溶质与溶剂构成，溶质一般是具有两亲性的分子，溶剂一般为水；其液晶态存在于一定的浓度范围内，不同的浓度所呈现的分子排列结构不同。当两亲性物质的浓度为 80%～85%时，分子排列呈现层状结构［见图 1.2（a）］，分子长轴与层法线平行，分子疏水基彼此紧靠，亲水基朝向层表面，层与层之间为水相；当两亲物质的含量为 20%时，分子排列成柱状胶束，疏水基位于胶束内部，亲水基朝向胶束表面，柱状胶束彼此平行排列，进一步组装成六方堆积，呈现六方相［见图 1.2（b）］；当两亲性物质的浓度为 60%～75%时，分子排列成球状胶束，疏水基位于球内，亲水基团朝向球表面，球状胶束按照密堆积方式排列成面心立方结构，形成立方相［见图 1.2（c）］。通常在高浓度情况下（一般两亲物质浓度大于 90%）会呈现反六方或反立方相，表现为疏水基团朝向表面，而亲水基团则位于内部。依据溶致液晶的特性，其一般作为化学模板，提供纳米材料合成所需的反应空间，即纳米反应器；或作为物理模板引导无机纳米粒子或软物质颗粒的有序组装[1~3]。

（a）层状相　（b）六方相　（c）立方相

图 1.2　溶致液晶分子织构[4]

1.2.2　按分子几何外形分类

按分子几何外形一般可分为棒状液晶与盘状液晶两类。目前几乎所有的商用液晶均为棒状液晶，其分子结构具备 1.1.2 节所述特点，一般具有刚性、长共轭结构作为分子主干，末端为柔性链。若棒状液晶分子刚性主干长度为 L、宽度为 D，则定义该分子的长径比 L/D。对于液晶分子，通常要求 $L/D>5$[3]。1973 年，de Gennes 在其《液晶物理学》中通过理论方式预言过盘状液晶[5]。4 年之后，印度拉曼研究所的 Chandrasekhar 合成了第一种盘状液晶（见图 1.3）[6]。盘状液晶的分子结构以刚性平面芳香环为核心，围绕此核心连接柔性链或通过柔性链桥接其他芳香基团。这样其盘面直径通常可达到几纳米，而盘面厚度仅为 1nm。因而无论是棒状液晶还是盘状液晶，都存在这样一根轴，在轴的方向上分子表现出各向异性的特点。不同于棒状液晶在商用显示器等光子器件中广泛应用，盘状液晶通过分子间的 π-π 作用自发排列形成柱状结构，盘面之间的间距一般约为 0.4nm（由分子结构决定），这样的结构赋予这种液晶在沿着柱状结构的方向上具有较高的电荷传输效率，载流子迁移率达到 $0.1\mathrm{cm^2/(V \cdot s)}$的量级，通过特殊的分子结构设计可以进一步提高到 $1\mathrm{cm^2/(V \cdot s)}$甚至 $10\mathrm{cm^2/(V \cdot s)}$的量级[7]，因而盘状液晶在光伏器件与分子导线方面的应用研究近几年受到科学界的大量关注。此外，基于盘状液晶特殊的分子结构，日本富士公司也在考虑将盘状液晶用于棒状液晶显示器的位相补偿膜[8]。

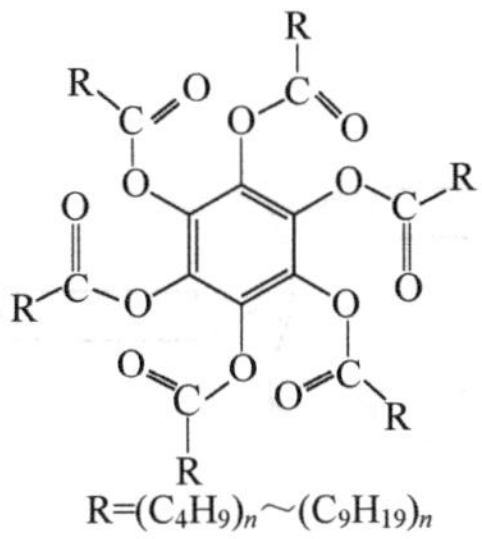

图 1.3 第一种盘状液晶分子结构式[6]

1.2.3 按相对分子质量（分子尺度）分类

按相对分子质量大小可以分为小分子液晶和高分子液晶。

小分子液晶在显示器件及其他光子器件中较为常用，其相对分子质量小，分子旋转自由度高，因而在相对弱的外场作用下可以产生分子排列上的变化，光学效应随之改变。例如，前述 MBBA、5CB 都属于小分子液晶。从应用的便利性看，一般要求小分子液晶具有比较稳定的液晶态，液晶相温度区间大且覆盖室温范围。MBBA、5CB 等单成分小分子液晶通常无法满足上述要求，因此商用化的小分子液晶通常需要将各类单成分液晶混合，平衡各方面参数，如光学、电学各向异性率、液晶相区间及呈现液晶态的温度等，前述提到的 E7 就是 Merck 公司为了早期无源液晶显示器而开发的混合小分子液晶材料。

早在 1923 年，德国化学家 Vorlaender 就认识到高分子体系内可能存在液晶态。1953 年，Flory 通过格子模型和排除体积理论预言了棒状高分子的液晶相，并很快得到了证实。通常小分子液晶基元通过热、光或催化方式键合，在一定温度下（通常高于室温）呈现液晶相的物质称为高分子液晶。根据液晶基元在分子链内的位置，高分子液晶可以进一步分为 3 类：①主链型高分子液晶，液晶基元处于高分子主链上［见图 1.4（a)］；②侧链型高分子液晶，液晶基元悬挂在高分子主链上，主链通常是柔性链［见图 1.4（b)］；③部分高分子液晶的主链和侧链上都含有液晶基元，称为混合型高分子液晶［见图 1.4（c)］。高分子液晶的基元可以是棒状，也可以是盘状；同样，如前所述，高分子液晶既可以是热致液晶，也可以是溶致液晶。高分子液晶分子之间可彼此交联，产生高分子液晶网络，在外界应力作用下会产生显著的弹性形变。高分子液晶材料独特的分子结构与构象使其展示出相比其他高分子更高的机械强度。1972 年，美国杜邦公司开发了国际上第一款大规模工业化的溶致高分子液晶——聚对苯二甲酰对苯二胺纤维，即熟知的 Kevlar 纤维［见图 1.4（d)］，其模量达到 60～140GPa，强度高达 2～3GPa，是铸钢的几倍甚至几十倍，然而质量却远低于钢铁等合金材料，因此是防弹衣、风帆及航空、宇航装备的首选材料[9]。1976 年，美国柯达公司又开发了基于芳香族共聚酯的第一款热致高分子液晶，该材料可以非常便利地注塑成高强度的工程结构型材，由此引发了高分子液晶在建筑工程领域的新应用。近年来，有关高分子液晶的研究持续升温。通过在高分子液晶基元中引入诸如偶氮等光敏基团，在光刺激作用下发生光致异构化，从而导致液晶高分子的宏观几何结构发生光致变化，使非接触式驱动的光动力机械成为可能[10,11]；同样，采用液晶高分子共聚物，通过光学全息技术可在其表面产生与光波尺度相当的周期性表面浮雕光子器件[12]。

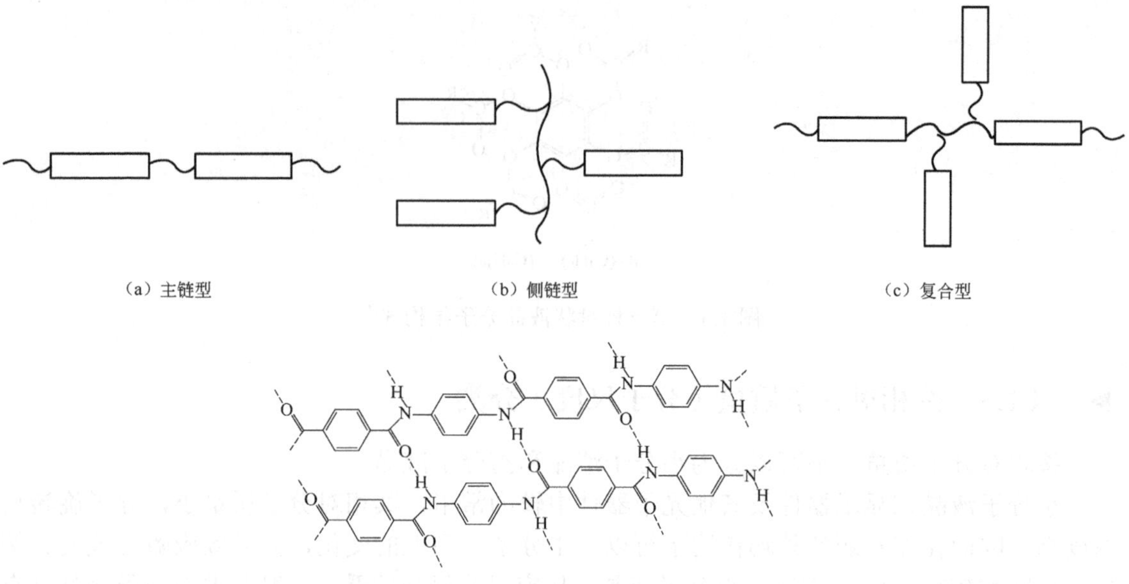

（a）主链型　（b）侧链型　（c）复合型

（d）Kevlar纤维

图 1.4　高分子液晶[9]

1.3　液晶的典型相态与结构

物质中都存在平移有序性和取向有序性，当从各向同性液态进入液晶态时，分子的取向有序性逐渐形成，根据有序性的差异，可分为向列相、近晶相、胆甾相。同时，在近晶相里还保持了平移有序性，从而导致其区别于向列相的特殊排列方式。排列结构的差异导致各相态对应的光学织构具有显著的差异；同时，X 射线衍射的结果也不同，据此为液晶相的判别提供了比较可靠的光学手段。

▶▶ 1.3.1　向列相

向列相（Nematic，以 N 表示）是目前最常见和应用最广泛的液晶相，是最基本和最重要的相态。前述的 MBBA、5CB 及混合液晶 E7 的液晶态都属于向列相。向列相液晶的分子排列一维有序，但分子质心无序，即不存在平移有序性［见图 1.5（a）］。该有序方向为分子指向的热力学统计平均结果，定义为一单位矢量，称为指向矢，以 $\boldsymbol{n}$ 表示，且$|\boldsymbol{n}|=1$。对于棒状液晶而言，分子指向定义为其长轴方向；对于盘状液晶而言，分子指向定义为其分子盘面的法线方向。在无外场刺激作用下，无论棒状还是盘状液晶分子不呈现偶极效应，因此指向矢的正向和反向是等价的。通常分子排列的有序性指液晶分子长轴沿着指向矢方向排列的程度。为了对这种有序性进行定量化的描述，将分子长轴与指向矢夹角θ余弦的统计平均的二阶勒让德多项式定义为有序度 S，即

$$S=\frac{1}{2}\left(3\langle\cos^2\theta\rangle-1\right) \tag{1.1}$$

向列相这种分子排列形式在正交状态偏光显微镜下呈现黑色丝状纹理，黑丝的两端由分

子排列所形成的奇点连接［见图 1.5（b）］，这些黑色丝状织构表明该区域的液晶指向平行于正交偏振片的其中一个偏振方向；奇点的产生则源于奇点处取向与其周围液晶分子取向的突变。依据奇点周围液晶分子的排列方式，Friedel 把它区分为四类，以奇点指数 *m* 表示，分别为±1/2 和±1［见图 1.5（c）］[5]。X 射线衍射图反映在大散射角区域，沿赤道方向有一对橘瓣形的弥散斑，对应着液晶分子短轴方向的间距；垂直于赤道方向、小角度区域有一对短棒状弥散斑，对应着液晶分子沿着长轴方向的分子间距，相当于液晶分子长度［见图 1.5（d）］。

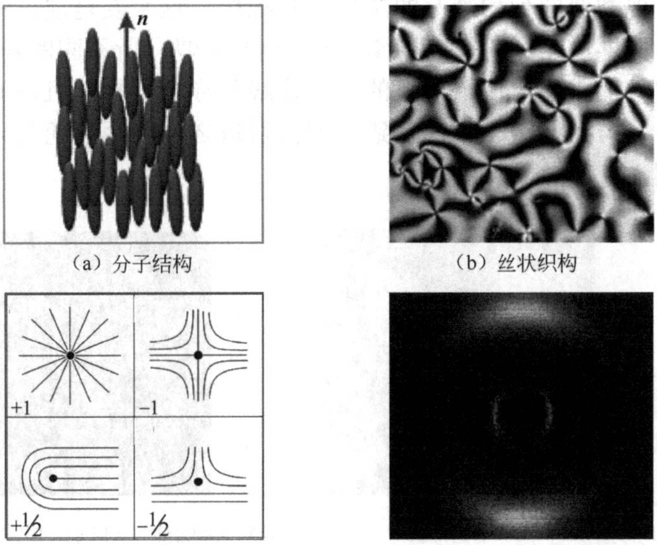

（a）分子结构　（b）丝状织构

（c）4种奇点　（d）X射线衍射（入射光线垂直于指向矢）

图 1.5　向列相液晶[13]

1.3.2　近晶相

除了指向有序性外，近晶相（Smectic，以 Sm 表示）还具有平移有序性，从而排列结构上呈现层状织构，层厚与分子长度相当。层内分子质心无序，层与层之间的分子几乎无关联，所以层之间易产生滑动。根据层内分子的指向方向，又可把近晶相细分为 A 相（SmA）和 C 相（SmC）。SmA 相层内液晶分子的指向倾向于垂直层法线［见图 1.6（a）］，而 SmC 相的层内分子指向偏离垂直层法线，形成倾角 α，则层厚度为分子长度与 $\cos\alpha$ 的积［见图 1.7（a）］。近晶相的分子排列有序性比向列相高，因而随着液晶从各向同性状态逐渐降温，一般先出现向列相，再出现近晶相；通常 SmA 相先于 SmC 相出现，但并不是所有的液晶都同时具有向列相、SmA 相和 SmC 相。

在正交偏光显微镜下，近晶相表现出与向列相完全不同的光学织构。SmA 相通常在液晶与液晶盒玻璃界面上形成近似于椭圆形的多边形纹理，由于液晶分子的双折射效应呈现出鲜艳明亮的颜色［见图 1.6（b）］。通常存在椭圆织构之间的相切，且一般会呈现椭圆的其中一个焦点。从几何学上看，切点位于相邻椭圆织构的焦点连线上；若对这些椭圆做一条公切线，那么每个椭圆的焦点与其对应的公切线切点的连线一定相交于同一点；由此即可推断出 SmA 相的层状织构。X 射线衍射的结果充分印证了上述推论［见图 1.6（c）］。在小角度散射区，由于 SmA 相层结构的高度有序，在向列相中所出现的垂直于赤道方向的一对短棒状弥散斑缩小为一堆清晰的衍射图案；在大角度散射区，由于层内分子质心排列具有低有序性，所以赤道上仍然呈现一对类似向列相那样的弥散斑。SmC 相在偏光显微镜下所呈现的光学纹理与 SmA 相类似［见图 1.7（b）］，所不同的是椭圆纹理内部一般会呈现两块颜色显著不同的区域，两个区域之间有一条清晰的分界线。由于 SmC 相中液晶分子的倾斜角度不是完全一致的，因此不同的椭圆区域之间所呈现的颜色不一定相同。此外，纹理中的暗区域会呈现类似向列相液晶的黑色丝状织构，这主要是层内液晶分子类似向列相的排列所造成的。同样，X 射线衍射图案也与 SmA 相似，所不同的是由于 SmC 相层内液晶分子的倾斜取向，造成小角度衍射斑的中心连线与赤道不再垂直，而是形成了一定的夹角。广角衍射斑形状与 SmA 相大体一致，但衍射斑之间的距离随着分子指向的倾斜而增加［见图 1.7（c）］。

（a）分子结构　　（b）多边形织构　　（c）X射线衍射（入射光线平行于近晶相分子层）

图 1.6　近晶 A（SmA）相液晶[14]

z 为分子层法线方向；χ为广角 X 射线扫描的方向

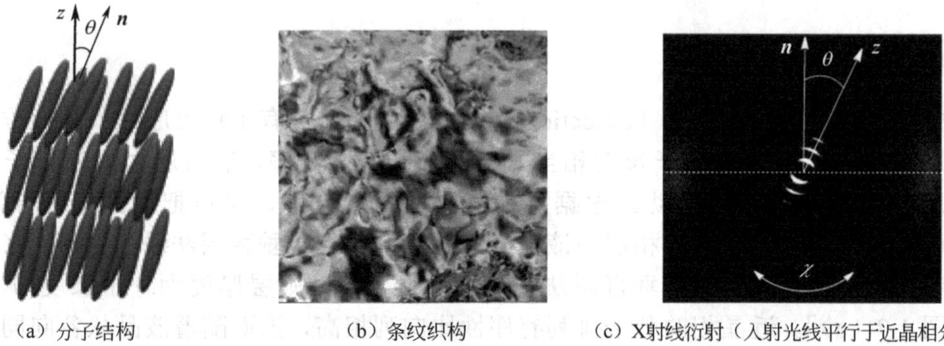

（a）分子结构　　（b）条纹织构　　（c）X射线衍射（入射光线平行于近晶相分子层）

图 1.7　近晶 C（SmC）相液晶[14]

z 为分层法线方向；χ为广角 X 射线扫描的方向

还有一类近晶相排列结构更有序，不但保持了近晶相规则的层状结构，而且层内液晶分子的排列也显示出一定的位置有序性且分子取向方向规则地指向分子层法线方向。这类近晶相称为近晶 B 相（记为 SmB）。由于 SmB 相层内液晶分子排列呈现规则的六角形，因此这类相态也被称为六角近晶相。SmB 相的偏光显微镜纹理相比 SmA 相和 SmC 相所呈现出的颜色更均匀，由于其排列结构上的规则，其黑色边界较少［见图 1.8（a）］。从 X 射线衍射结果看，由于 SmB 相层内的二维六角结构，当 X 射线沿着层法线方向入射时，衍射斑呈现对称的六瓣［见图 1.8（b）］。

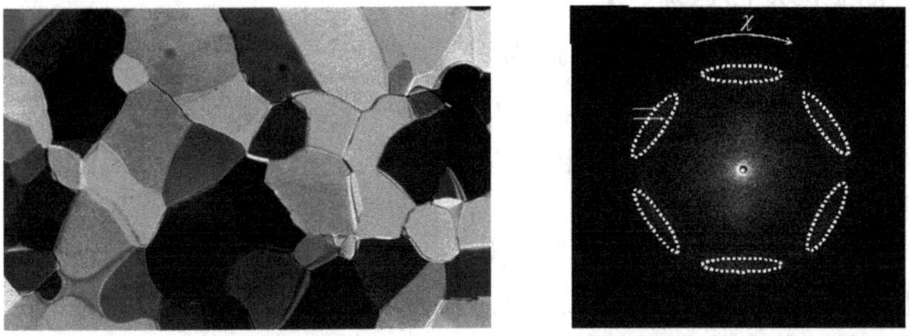

（a）六边形织构　（b）X射线衍射（入射光线垂直于近晶层）
χ为广角X射线扫描的方向

图 1.8　近晶 B（SmB）相液晶

1.3.3　手性液晶相

手性液晶相通常存在于以下两种体系内：一种是分子内含手性碳（不对称碳原子），分子本身不具备镜像对称性；另一种是分子本身不含手性碳，但体系内掺入了其他手征性分子。手性液晶相是目前研究的热点问题，其特殊的排列结构及其在光波长尺度上的周期结构使其在光子学领域展现出令人欣喜的应用前景。

1．胆甾相

胆甾相是液晶发展史中最古老的相态。早在 1888 年，Reinitzer 在对胆甾醇苯酸酯研究的过程中发现，随着降温该物质从透明态经过一个短暂的蓝色状态之后又呈现明显的蓝绿色；这个蓝绿色其实是胆甾相对光的选择反射造成的。胆甾相的排列呈现与向列相和近晶相不同的扭曲排列的特点。为了形象说明其结构，以垂直于螺旋轴的平面做若干个胆甾相的剖面，截面内液晶分子的排列如同向列相，即有一维方向分子指向有序，但分子质心无序，相邻剖面之间的分子指向彼此存在一定角度［见图 1.9（a）］。胆甾相内液晶分子连续扭曲，若定义分子扭曲 2π 所对应的两个剖面的距离为螺距 P，则波数为 $q=2\pi/P$。

在正交偏光显微镜下，胆甾相依表面锚定条件的不同而呈现出不同的光学纹理结构。当液晶盒厚度（承载液晶的两片玻璃的间隔）比较大，且液晶盒表面没有进行锚定处理时，靠近液晶盒内表面的液晶分子由于不受外界锚定作用而随机排列，在体系本身的手性作用下产生螺旋轴方向的随机排列，形成典型的焦锥结构［见图 1.9（b）］。与 SmA 相光学纹理略微不同的是胆甾相的焦锥纹理内有清晰的条纹结构，这主要是由周期性螺旋排列所导致的。当液晶盒内表面进行沿面取向（planar alignment）处理时，靠近内表面的液晶分子在界面锚定的作用下均匀排列，螺旋轴的方向均匀垂直于液晶盒，形成油丝织构［oily-streak，见图 1.9（c）］。

这些看上去比较亮的类似油丝的结构，是由螺旋排列结构内分子指向的不完全均匀性所导致的缺陷造成的。由于在表面锚定条件下分子排列螺旋轴垂直于液晶盒，因此该排列也被形象地称为站立式螺旋（standing helix）。这种站立式螺旋结构有其非常特殊的光学效应，即对螺旋方向与其本身一致的圆偏振光，当光波长 λ_R 位于 n_oP～n_eP 波段内时被全部反射（n_e，n_o 分别为液晶的非常光折射率和寻常光折射率），而旋转方向与液晶螺旋方向相反的圆偏振

光全透过。这种效应通常称为胆甾相的选择反射［见图 1.9（d）］。反射波段的带宽$\Delta\lambda$为

$$\Delta\lambda = \Delta n P \tag{1.2}$$

式中，Δn 为液晶的光学各向异性，$\Delta n=n_e-n_o$。

胆甾相的反射中心波长一般可以表达为

$$\lambda_c = \langle n \rangle P \cos\varphi \tag{1.3}$$

式中，λ_c 为反射中心波长；$\langle n \rangle$为胆甾相液晶的平均折射率，$\langle n \rangle=(n_e+n_o)/2$；$\varphi$ 为入射光波矢与液晶盒法线的夹角。

胆甾相还存在第三种常见的光学纹理织构——指纹织构。这种排列结构通常产生在液晶盒内表面垂直取向处理的情况下。靠近液晶盒内表面的分子在表面锚定的作用下垂直排列，因而在体系自身扭曲力的作用下螺旋轴平行于液晶盒内表面。由于液晶盒没有进行均匀的沿面取向，螺旋轴的方向在液晶盒内表面随机排列，呈现出类似指纹的条纹织构［见图 1.9（e）］。如果将液晶盒其中一个内表面的锚定条件改成沿面锚定，这样螺旋轴平行于液晶盒，且方向均匀，通常把这种排列称为躺倒式螺旋（lying-helix）。由于这种躺倒螺旋结构能产生折射率的周期调制（周期一般为 $P/2$），因而能对光产生衍射效应［见图 1.9（f）］。

由于液晶本身的软物质特性，胆甾相的这三种排列方式可以通过外场进行操控。例如，上述焦锥织构可以通过外加剪切作用转变为油丝织构，油丝织构也可以在外加电场的情况下转变为指纹织构。

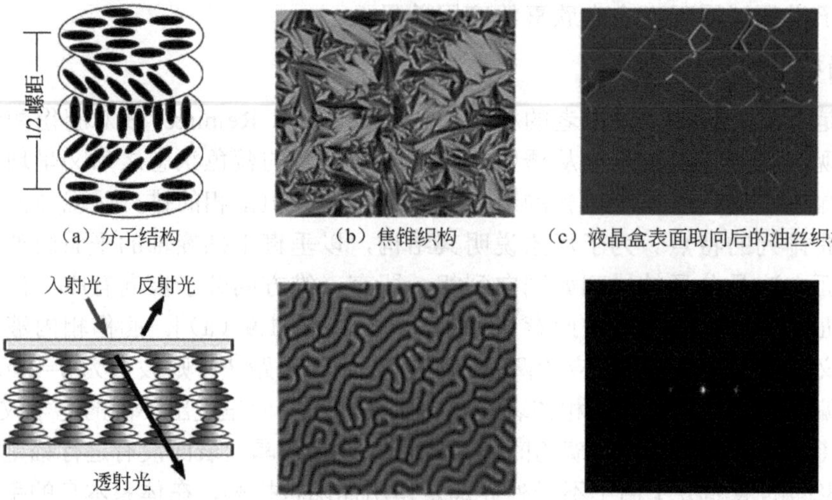

（a）分子结构　（b）焦锥织构　（c）液晶盒表面取向后的油丝织构

（d）选择反射　（e）指纹织构　（f）衍射效应

图 1.9　胆甾相液晶[15]

2．蓝相

蓝相与胆甾相同时发现，可以说液晶的发现伴随着蓝相和胆甾相。由于蓝相的结构稳定性差，温度区间很窄，直至 20 世纪末，除了对其排列结构的一些理论预测和解释外，在学术与应用上都没有进一步的发展。但 21 世纪初在蓝相液晶稳定性方面获得的突破，特别是 2008 年韩国三星公司成功开发了全球第一款蓝相液晶电视后，对蓝相液晶的关注度与日俱增；同时，与光子学有关的应用研究工作也迅速展开。截至 2017 年年底，蓝相液晶的稳

定性、蓝相液晶显示器件及蓝相光子学器件方面的研究已经取得了引人瞩目的进展，这些方面将会在后续的内容中进行详细介绍。

蓝相一般产生于高手性液晶体系内，出现在各向同性相与胆甾相之间的一个很窄的温度区间内，通常为1～5℃。蓝相分子排列结构与胆甾相截然不同，蓝相液晶的分子排列呈双螺旋结构，且螺旋轴的方向相互垂直；这些相互垂直的螺旋结构形成双螺旋柱，螺旋柱通过进一步超结构组装可以形成规则的简单立方结构和体心立方结构［见图 1.10（a)］，或在接近清亮点（液晶相到各向同性相的转变温度）时产生随机排列；依据上述排列结构把蓝相进一步分为蓝相Ⅰ（体心立方)、蓝相Ⅱ（简单立方）和蓝相Ⅲ（各向同性双螺旋柱)。蓝相Ⅲ一般处于高温区，蓝相Ⅱ次之，蓝相Ⅰ一般处于蓝相的最低温区。由于蓝相手性液晶的螺旋本质，携带了类似胆甾相液晶的选择反射特性。由于蓝相Ⅲ不形成规则的晶格结构，反射色不明显，反射率较低，光学织构上显示出如同薄雾状的流动状态，因而也称为雾状蓝相，如图 1.10（b）所示；蓝相Ⅱ和蓝相Ⅰ都具有规则的晶格结构，反射率相对蓝相Ⅲ高。在表面没有锚定处理的液晶盒内，这些晶格的晶面指向随机，因而也导致指向不同的蓝相晶格区域产生的反射光颜色不同，因此从光学织构上看蓝相Ⅱ和蓝相Ⅰ都呈现彩色碎片状织构［见图 1.10（c）和图 1.10（d)］。蓝相Ⅱ由于其简单立方结构，晶格常数比蓝相Ⅰ小，因此其对应的反射区域相对蓝相Ⅰ更趋向于短波。

蓝相晶格尺寸一般在 200～300nm，因此采用 X 射线衍射的办法进行晶格结构的判断通常达不到预期的效果；但使用 Kössel 衍射装置，则可获得非常好的效果，并可判断晶格类型与指向[16]。Kössel 衍射装置以可见光为光源，一般使用短波光源，以锥光（会聚光）入射样品表面，通过显微物镜接收被测样品反射的光信号，并在显微物镜的后焦面上成像，通过感光器件（如 CMOS 或 CCD）采集衍射图案，结合反射光谱和衍射图案可判断蓝相的晶格结构与晶面指向。蓝相Ⅱ的 Kössel 衍射图案以圆环［见图 1.10（e)］较为常见，个别情况也出现对称的四段圆弧［见图 1.10（f)］；蓝相Ⅰ的 Kössel 衍射图案则一般为对称的四段圆弧。值得注意的是，Kössel 衍射装置所使用的显微物镜一般需要较高的数值孔径，以获得足够的显微光信号，这样通常需要将物镜浸没在高折射率液体内。

3. 手性近晶 C 相

近晶 C 相层内分子相对于层法线有一定的倾斜角，当分子与层法线的夹角保持不变而方位角沿着层法线逐渐改变时，形成螺旋结构，即手性近晶 C 相（记为 SmC*)。通常 SmC*相分子具有自发偶极，偶极方向垂直于螺旋轴与分子长轴，且偶极方向随着螺旋方向变化。SmC*相具有较可观的铁电性，通常把具备该相态的液晶称为铁电液晶，该类液晶由于具有永久的偶极特性，在电场驱动条件下表现出比向列相液晶快 2～3 个数量级的响应速度，达到几十微秒，在 20 世纪末及 21 世纪初，铁电液晶在高速响应显示器件与光子器件的研究成为热点。然而，理想的铁电特性需要在 SmC*相解旋的条件下才能获得，这对取向层的表面锚定强度提出了很高的要求，受限于取向技术这种解旋态并不容易获得[19]。尽管早在 1980 年 Clark 就提出了解旋表面稳定铁电液晶的手段[20]，即在厚度很小的液晶盒内通过强表面锚定作用使具有 SmC*相的铁电液晶解旋，但该方法的良率不高，大量制备困难，而且由于解旋不完全易产生缺陷而影响光学效率，因此直至目前，铁电液晶的应用尚未完全展开。然而，近年来，随着技术的进步及科技人员的坚持，许多更为先进的技术相继被开发出来，铁电液晶表现出良好的性能，掀起了该方面研究的又一波热潮。我们将在后续的内容中对该方面进行详细阐述。

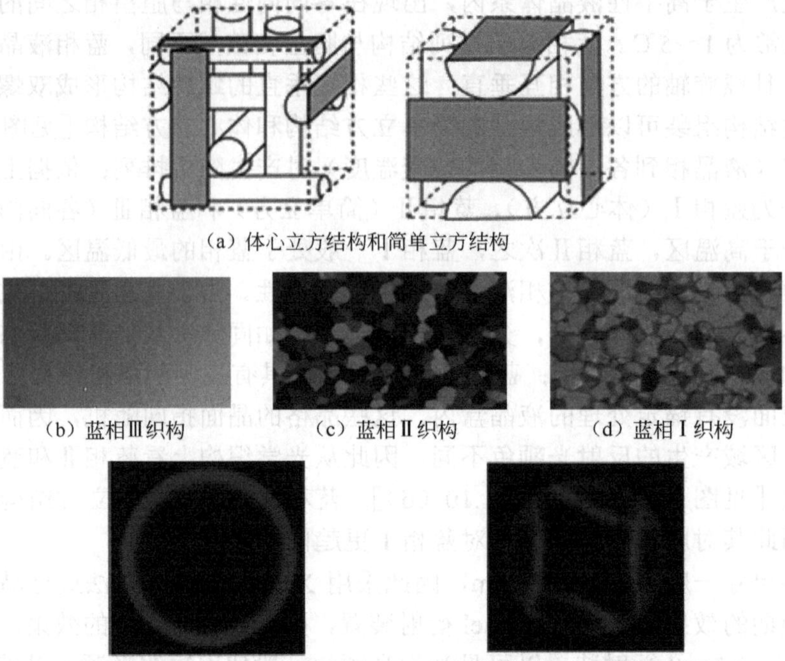

（a）体心立方结构和简单立方结构

（b）蓝相Ⅲ织构　（c）蓝相Ⅱ织构　（d）蓝相Ⅰ织构

（e）蓝相Ⅱ的Kössel圆环衍射图案　（f）蓝相Ⅱ的Kössel圆弧衍射图案

图 1.10　蓝相液晶[17,18]

4．扭曲晶粒边界相

在手性近晶相液晶中还存在一类较为特殊的分子排列形式——扭曲晶粒边界（twist grain boundary，TGB）相[21]。这种相态是胆甾相与近晶相排列竞争的结果，一般存在于高手性体系的胆甾相与近晶相之间，分子排列一方面类似胆甾相那样指向矢产生扭曲，另一方面又类似近晶相，分子具有明显的分层结构［见图 1.11（a）］。在表面垂直锚定处理的液晶盒内，TGB 相的光学织构呈现暗场背景下的亮丝状纹理［见图 1.11（b）］；但在平面锚定的液晶盒内，其光学织构类似胆甾相，呈现类似的圆偏振光的选择反射效应。与胆甾相液晶不同，其反射光波长为：

$$\lambda_{\mathrm{TGB}}=\frac{\langle n\rangle P}{\frac{1}{2}(N+1)} \tag{1.4}$$

式中，$\langle n\rangle$为液晶的平均折射率；P 为指向矢转 2π 所对应的晶界之间的距离，即螺距；N 为螺距范围内存在的晶界数目。

如同蓝相，TGB 相依据其分子的排列差异亦可进一步分为 TGBA 相与 TGBC 相，两者差异在于前者层内分子指向垂直于层，而后者则存在一定角度的倾斜。一般刚性较强的长共轭液晶分子结构较易产生 TGBA 相，而具有侧向芳香环取代的液晶分子则容易出现 TGBC 相。由于 TGB 相的光子传输特性可与超导体类比，因此在低损耗光子器件方面的应用前景非常广阔。

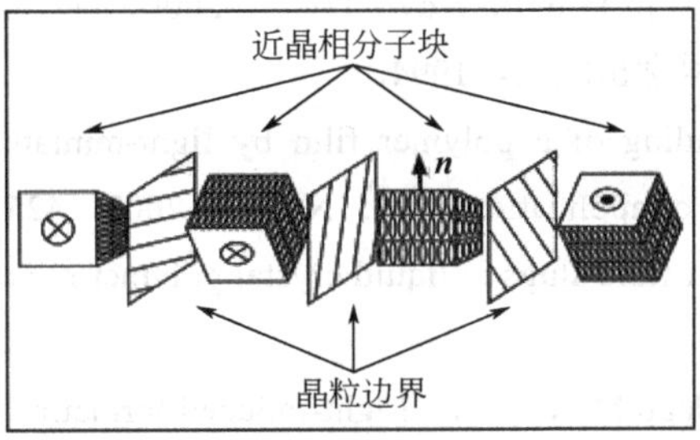

（a）分子排列结构

（b）TGB相的光学织构

图 1.11　扭曲晶粒边界（TGB）相液晶[22]

习　题

1. 液晶态物质的分子结构有哪些基本特点，液晶的光学各向异性主要由分子结构中的哪几个方面决定？

2. 液晶的分类方式主要有哪几种？

3. 溶致液晶的分子排列结构具有怎样的特点，其排列结构主要由哪个方面决定？

4. 液晶的指向矢和有序度代表何种物理意义，有序度的定量分析基于何种数学表达式？

5. 近晶相液晶按其分子排列特点主要可分为哪几类，各有怎样的排列特点？

6. 什么是胆甾相液晶对光的选择反射作用，该作用是由什么原因导致的？

7. 扭曲晶粒边界相与胆甾相在分子排列上有哪些区别？

参考文献

[1] Lin Z，Davis H T，Scriven L E. Cryogenic electron microscopy of micellesand lyotropic liquid crystals in some polar solvents [J]. Langmuir，1996，12（22）：5489-5493.

[2] Kresge C T，Leonowicz M E，Roth W J，et al. Ordered mesoporous molecularsieves synthesized by a liquid-crystal template mechamism [J]. Nature，1992，359（6397）：710-712.

[3] 王良御，廖松生. 液晶化学 [M]. 北京：科学出版社，1988.

[4] Blunk D，Bierganns P，Bongartz N，et al. New speciality surfactants with natural structural motifs [J]. New Journal of Chemistry，2006，30（12）：1705-1717.

[5] de Gennes P J，Prost J. The physics of liquid crystals [M]. Cambridge：Cambridge University Press，1993.

[6] Chandrasekhar S，Sadashiva B K，Suresh K A. Liquid crystals of disc-like molecules [J]. Pramana，1977，9（5）：471-480.

[7] Mu B，Hao X T，Chen J，et al. Discotic columnar liquid-crystalline polymer semiconducting materials with high charge-carrier mobility via rational macromolecular engineering [J]. Polym. Chem.，2017，8（21）：3286-3293.

[8] Okazaki M, Kawata K, Nishikawa H, et al. Polymerizable discotic nematic triphenylene derivatives and their application to an optically anisotropic film [J]. Polym. Adv. Tech., 2000, 11 (8-12): 398-403.

[9] 周其凤，王新久. 液晶高分子 [M]. 北京：科学出版社，1994.

[10] Yu Y L, Nakano M, Ikeda T. Directed bending of a polymer film by light-miniaturizing a simple photomechanical system could expand its range of applications [J]. Nature, 2003, 425 (6954): 145.

[11] Lv J A, Liu Y Y, Wei J, et al. Photocontrol of fluid slugs in liquid crystal polymer microactuators [J]. Nature, 2016, 537 (7619): 179-184.

[12] Liu D, Bastiaansen Cees W M, den Toonder Jaap M J, et al. Light-induced formation of dynamic and permanent surface topologies in chiral-nematic polymer networks [J]. Macromolecules, 2012, 45: 8005-8012.

[13] Dierking I, Archer P. Imaging liquid crystal defects [J]. RSC Advances, 2013, 3 (48): 26433-26437.

[14] Schubert C P J, Bogner A, Porada J H, et al. Design of liquid crystals with 'de Vries-like' properties: Carbosilane-terminated 5-phenylpyrimidine mesogens suitable for chevron-free FLC formulations [J]. Journal of Materials Chemistry C, 2014, 2 (23): 4581-4589.

[15] Zhang L Y, Gao Y Z, Song P, et al. Research progress of cholesteric liquid crystals with broadband reflection characteristics in application of intelligent optical modulation materials [J]. Chinese Physics B, 2016, 25 (9): 096101.

[16] Miller R J, Gleeson H F. Lattice parameter measurements from the Kossel diagrams of the cubic liquid crystal blue phases [J]. J. Phys. II France, 1996, 6: 909-922.

[17] Rahman M D A, Said S M, Balamurugan S. Blue phase liquid crystal: strategies for phase stabilization and device development [J]. Science and technology of advanced materials, 2015, 16 (3): 033501.

[18] Lin T H, Li Y, Wang C T, et al. Red, green and blue reflections enabled in an optically tunable self-organized 3D cubic nanostructured thin film [J]. Advanced Materials, 2013, 25 (36): 5050-5054.

[19] 王新久. 液晶光学和液晶显示 [M]. 北京：科学出版社，2006.

[20] Clark N A, Lagerwall S T. Submicrosecond bistable electro-optic switching in liquid crystals [J]. Appl. Phys. Lett., 1980, 36 (11): 899-901.

[21] Kitzerow H S, Bahr C. Chirality in liquid crystals [M]. New York: Springer, 2001.

[22] Archer P, Dierking I. Polymer stabilisation of twisted smectic liquid crystal defect states [J]. Soft Matter, 2009, 5 (4): 835-841.

第2章

液晶光场调控技术

胡 伟 魏冰妍 陈 鹏 陆延青
南京大学
现代工程与应用科学学院

2.1 光场调控

在人们的日常生活中，光扮演着十分重要的角色。近年来，随着光学领域的迅速发展和激光技术的不断进步，常规的光场已经无法满足人们日益增长的需求，光场调控技术应运而生。一般而言，光场调控主要包含时域和空域两方面，调控的参数包括频率、振幅、相位和偏振等。对光场频率的调控属于时域调控，如光学频率梳技术，可应用于光钟以提高时间计量的精准度；而对振幅、相位和偏振的调控则属于空域调控，亦即本章所要描述的广义概念上的光场调控。其中，具有螺旋相位的涡旋光场、偏振态非均匀分布的矢量光场、振幅和相位随空间变化的艾里（Airy）光场和贝塞尔（Bessel）光场等性质新颖独特的结构光场，占据着光场调控领域的研究热潮，它们可极大地增加光所携带的信息，从而拓展光在通信、医学、生物学、天文学、军事国防、激光加工等领域的应用。下面将对这些结构光场进行简要介绍。

2.1.1 涡旋光束

自由空间中的电磁场可以通过求解标量亥姆霍兹方程得到[1]：

$$(\nabla^2 + k^2)E = 0 \tag{2.1}$$

式中，k 为波数，$k = 2\pi/\lambda$；E 为电场。

采用柱坐标系 (r,θ,z)，傍轴条件下电磁场具有以下解的形式：

$$E(r,\theta,z,t) = u(r,\theta,z)\exp[\mathrm{i}(kz - \omega t)] \tag{2.2}$$

式中，u 为电场的振幅函数；ω为频率；t 为时间。

将式（2.2）代入式（2.1），利用慢变包络近似条件 $\dfrac{\partial^2 u}{\partial z^2} \ll k^2 u$，$\dfrac{\partial^2 u}{\partial z^2} \ll k\dfrac{\partial u}{\partial z}$，可得：

$$\frac{1}{r}\frac{\partial}{\partial r}\left(r\frac{\partial u}{\partial r}\right)+\frac{1}{r^2}\frac{\partial^2 u}{\partial \theta^2}+2\mathrm{i}k\frac{\partial u}{\partial z}=0 \tag{2.3}$$

利用分离变量 r 和 θ 的方法可以得到拉盖尔-高斯解（L_p^m 模式）：

$$\begin{gathered}u(r,\theta,z)=E_0\left[\sqrt{2}\frac{r}{w(z)}\right]^m L_p^m\left[2\frac{r^2}{w(z)^2}\right]\frac{w_0}{w(z)}\exp\left[\mathrm{i}\frac{k}{2q(z)}r^2\right]\cdot \\ \exp\left[-\mathrm{i}(2p+m+1)\varphi(z)\right]\exp(\mathrm{i}m\theta)\end{gathered} \tag{2.4}$$

式中，E_0 为电场振幅常数；$w(z)$为光束尺寸；w_0 为束腰尺寸；$q(z)$为复光束参量，$q(z)=z-\mathrm{i}z_0$，z_0 为瑞利长度，$z_0=\pi w_0^2/\lambda$；$\varphi(z)$为 Gouy 相位，$\varphi(z)=\arctan(z/z_0)$；$L_p^m(x)$ 为归一化拉盖尔多项式，它满足式（2.5）：

$$x\frac{\mathrm{d}^2 L_p^m}{\mathrm{d}x^2}-(m+1-x)\frac{\mathrm{d}L_p^m}{\mathrm{d}x}+pL_p^m=0 \tag{2.5}$$

当 $m=p=0$ 时，式（2.4）便退化为基模高斯光：

$$u(r,z)=E_0\frac{w_0}{w(z)}\exp\left[-\mathrm{i}\varphi(z)\right]\exp\left[\mathrm{i}\frac{k}{2q(z)}r^2\right] \tag{2.6}$$

当 $m\neq 0$ 时，LG 模式将会携带螺旋相位项 $\exp(\mathrm{i}m\theta)$，对应的光场即涡旋光场。

如图 2.1（a）所示，涡旋光场是具有螺旋形等相位面的光场[2]，其相位分布是由相因子 $\exp(\mathrm{i}m\theta)$决定的。其中，m 为涡旋光束的拓扑荷数，其大小表征了相前绕传播轴旋转角速度的大小，具有量子特性。在垂直光束传播方向的横截面上，环绕光场中心一周的相位改变量为 $2m\pi$。虽然涡旋光束的坡印廷矢量整体沿着传播方向向前，但是具有的横向分量在空间旋转带来了每光子 $m\hbar$（其中，m 为涡旋光束的拓扑荷数；$\hbar$ 为约化普朗克常数，是角动量最小衡量单位）的轨道角动量（orbital angular momentum，OAM）。相位奇点导致涡旋光束的中心的场振幅为零，故涡旋光束中心表现为暗场的环形光斑，如图 2.1（b）所示。

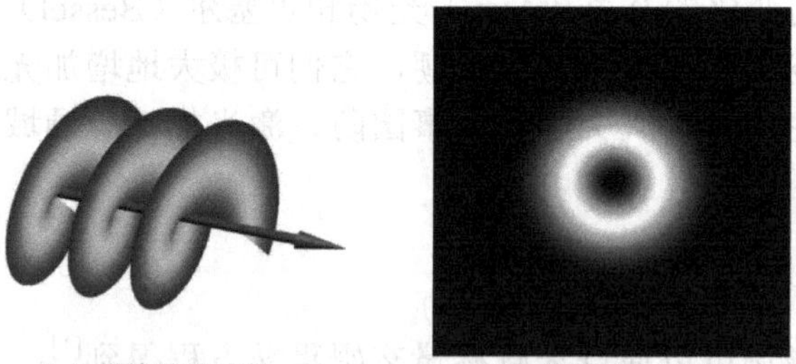

（a）螺旋波前示意　　（b）光强分布示意

图 2.1　涡旋光束示意

涡旋光束独特的光学结构和物理性质赋予其广阔的应用前景[3]。OAM 为光的性质的调控增加了一个全新的自由度，从理论上说，由于拓扑荷数的无限性，其相应 OAM 的态也是无限的，通过 OAM 复用可以极大地增加无线通信的带宽。研究指出，把 OAM 和偏振同时复用，可获得 2.56Tbit/s 甚至 100Tbit/s 的自由空间光传输，展示出 OAM 复用的巨大潜力。基于 OAM 的复用还可以用于量子计算、量子信息存储和量子隐形传态。涡旋光束作为光镊时，可对粒子提供一个额外扭转力，从而使粒子以一定的角速度按照特定方向旋转。基于此发明的微马达和微螺旋桨等光机器，使得对微球、DNA 等细小物体的多维度精确操控变得更为容易。此外，在进行光捕获的同时，涡旋光束还可以对不同尺寸的粒子进行筛选，可用于血液中较大的肿瘤细胞与正常细胞的分离。在天文学领域，基于涡旋光束的日冕观测仪可用来屏蔽强的背景光以增加对比度，对探测太阳系以外的行星起了强力的推动作用。在光学显微技术中，涡旋光束可以用在受激发射损耗超分辨荧光显微技术中，以实现超越衍射极限的高分辨率。总之，涡旋光束在信息科学、微操控、天文学、生物医学等领域都有着广泛的应用。

2.1.2 矢量光束

当考虑全矢量的亥姆霍兹方程时，式（2.1）可写为[1,4]：

$$\nabla\times\nabla\times\boldsymbol{E}-k^2\boldsymbol{E}=0 \tag{2.7}$$

此时，轴对称的矢量解具有以下形式：

$$\boldsymbol{E}(r,z)=U(r,z)\exp[\mathrm{i}(kz-\omega t)]\boldsymbol{e}_\theta \tag{2.8}$$

在傍轴条件和慢变包络近似下，式（2.8）中的 $U(r,z)$满足以下关系：

$$\frac{1}{r}\frac{\partial}{\partial r}\left(r\frac{\partial u}{\partial r}\right)-\frac{U(r,z)}{r^2}+2\mathrm{i}k\frac{\partial u}{\partial z}=0 \tag{2.9}$$

式（2.9）遵从角向偏振对称，有一个试探解：

$$U(r,z)=E_0J_1\left(\frac{\beta r}{1+\mathrm{i}z/z_0}\right)\exp\left[-\frac{\mathrm{i}\beta^2 z/(2k)}{1+\mathrm{i}z/z_0}\right]u(r,z) \tag{2.10}$$

式中，$J_1(x)$为第一类一阶贝塞尔函数；$u(r,z)$为式（2.6）中的基模高斯解。

这个解对应于角向偏振的贝塞尔高斯光束。类似地，应存在一个横磁场的解：

$$H(r,z)=-H_0J_1\left(\frac{\beta r}{1+\mathrm{i}z/z_0}\right)\exp\left[-\frac{\mathrm{i}\beta^2 z/(2k)}{1+\mathrm{i}z/z_0}\right]u(r,z)\exp[\mathrm{i}(kz-\omega t)]\boldsymbol{h}_\theta \tag{2.11}$$

式中，H_0为磁场振幅常量；$\boldsymbol{h}_\theta$为角向的单位矢量。

对于这个角向磁场的解，其截面对应的电场即沿着径向方向。因此，对于电场而言，式（2.11）便表示了径向偏振。值得一提的是，在傍轴条件下，电场的 z 分量非常微弱，可以忽略不计。

图 2.2（a）和图 2.2（b）所示分别为径向偏振矢量光束和角向偏振矢量光束的偏振态分布示意图。在径向偏振矢量光束的波阵面上，任意位置处的偏振方向都沿着径向，而角向偏振矢量光束各点的偏振方向都垂直于径向。中心偏振奇点的存在也导致了矢量光场的环形分布。径向偏振和角向偏振是矢量光束的两个比较典型的例子，而图 2.2（c）所示的矢量光场则是它们线性叠加的结果。

矢量光束偏振态分布空间变化的特性使其具有许多特殊性质，在诸多领域有着重要的应用。例如，经过高数值孔径的透镜聚焦后，径向偏振矢量光束的紧聚焦光场具有极强的纵向场分量，焦斑的横向尺寸减小，从而可获得突破衍射极限的聚焦。进一步地，利用一些衍射光学元件调制入射光波前，可拉伸聚焦场的焦深，实现强纵向偏振光场的“光针”。矢量光束环状光场的分布，应用在受激辐射损耗荧光显微技术中，可实现超分辨荧光显微成像。此外，矢量光束在单分子探测与显微成像、飞秒矢量光场微纳加工、表面等离子体的共振激发、光学微粒操控等方面都有着广泛的应用。

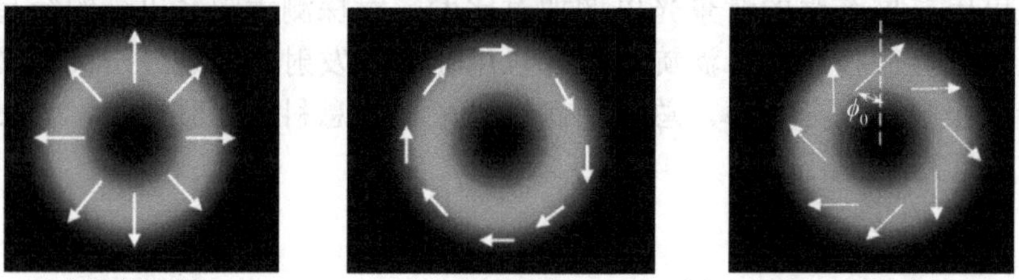

（a）径向矢量光　　（b）角向矢量光　　（c）径向和角向线性叠加的矢量光

图 2.2　矢量光场偏振分布[1]

►► 2.1.3　艾里光束

光束在传播过程中，由于衍射的存在，光斑不可避免地逐渐变大，能量也逐渐发散。随着激光在长距离传输等领域中的应用，消除光衍射效应的需求也愈发迫切。艾里光束的发现与产生便可解决这一问题。

光学归一化的衍射傍轴方程为：

$$\mathrm{i}\frac{\partial\phi}{\partial\xi}+\frac{1}{2}\frac{\partial^2\phi}{\partial s^2}=0 \tag{2.12}$$

式中，ϕ为电场包络；$\xi=z/kx_0^2$为归一化传播距离，$k=2\pi n/\lambda_0$为光波数，n为传播介质的折射率，λ_0为真空中的波长；$s=x/x_0$为无量纲横向坐标，x_0为选取的横坐标常量。

式（2.12）有以下艾里无衍射解[5]：

$$\phi(\xi,s)=\mathrm{Ai}[s-(\xi/2)^2]\exp[\mathrm{i}(s\xi/2)-\mathrm{i}(\xi^3/12)] \tag{2.13}$$

在初始位置，有 $\phi(0,s)=\mathrm{Ai}(s)$。式（2.13）表明，此光波在传播过程中会保持光束轮廓不变，而且具有横向的自加速运动，其中$(\xi/2)^2$描述了此弹道轨迹。图 2.3（a）描述了自加速艾里波包随距离 ξ 的无衍射传播过程。理想艾里光束的能量是无限的，为了实现有限能量的输出，需附加截断窗口的指数衰减，即：

$$\phi(0,s)=\mathrm{Ai}(s)\exp(as) \tag{2.14}$$

式中，a 是正数，且 $a\ll1$。

将式（2.14）代入式（2.12），可得有限能量的艾里光束在自由空间中的场分布：

$$\phi(\xi,s)=\mathrm{Ai}[s-(\xi/2)^2+\mathrm{i}a\xi]\exp[as-(a\xi^2/2)-\mathrm{i}(\xi^3/12)+\mathrm{i}(a^2\xi/2)+\mathrm{i}(s\xi/2)] \tag{2.15}$$

图 2.3（b）所示为 a=0.05 时有限能量艾里波包的传播动态，可以看出，光束光强从主瓣到支瓣呈指数型衰减，且此时的光束仍具有理想艾里波包的特性：在传播几个衍射长度

之后，光束仍保持近似不变；直到最终衍射占据主导作用，且光束依然沿着弯曲的路径传播。此外，无限能量艾里光束的自愈特性也依然保留，即在光瓣被障碍物遮挡的情况下，光场传播一定的距离后，仍可恢复到原艾里光束的形态，并保持此形态继续传播。

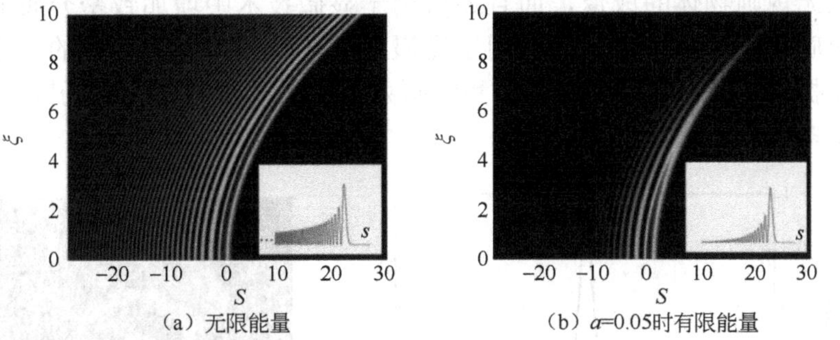

图 2.3 艾里光束传播动态（插图为起始位置时艾里光束的光强分布）[5]

无衍射、自加速和自愈的特性赋予了艾里光束广泛而独特的应用前景。无衍射的性质使其具有时空不扩散的能力，利用此特点可制备艾里贝塞尔光子弹。自加速的本质使艾里光束可用于弯曲气体中等离子通道的产生、介质液体中飞秒光丝的形成及固体介质材料中弯曲微结构的飞秒加工。此外，艾里光束还可以作为光镊用于介质微粒的收集、搬运、清理等。而自愈特性不仅使得其在扰动环境中传输时具有较强的抗干扰能力，而且应用在激光片层扫描显微技术中实现了高分辨、高对比度、大视野的突破。此外，艾里光束在非线性光学、表面等离子体光子学等领域都有着广泛的应用。

2.1.4 贝塞尔光束

贝塞尔光束是另一类无衍射光场。由自由空间波动方程［见式（2.16）］可得沿 z 轴传播的一组特解[6]：

$$\left(\nabla^2-\frac{1}{c^2}\frac{\partial^2}{\partial t^2}\right)E(r,t)=0 \tag{2.16}$$

$$\begin{aligned}E(r,t)&=\frac{1}{2\pi}\exp\left[\mathrm{i}(\beta z-wt)\right]\int_0^{2\pi}\left[\mathrm{i}\alpha(x\cos\varphi+y\sin\varphi)\right]\mathrm{d}\varphi\\&=\exp\left[-\mathrm{i}(\beta z-wt)\right]J_0(\alpha\rho)\end{aligned} \tag{2.17}$$

式中，$\rho^2=x^2+y^2$；$\alpha^2+\beta^2=(\omega/c)^2$；$\omega$ 为光的角速度；α 为横向波数；β 为轴向波数；J_0 为第一类零阶贝塞尔函数。

当 $\alpha=0$ 时，对应的解为简单的平面波；当 $0<\alpha\leqslant\omega/c$ 时，可得到无衍射光束，即零阶贝塞尔光束，它的主峰光强以反比于 $\alpha\rho$ 的速率衰减，其横向光束轮廓的分布如图 2.4（a）所示。零阶贝塞尔光束的中心光斑周围有许多旁瓣，形成一系列的同心圆环结构；每个环形光圈所含的能量跟中心光斑几乎是相等的[7]，其光场形貌分布如图 2.4（b）所示。高阶贝塞尔光束的中心是中空的环状光斑。

贝塞尔光束极细的主极大中心光斑具有很强的焦深，一方面，与高斯光束相比，它降低了调焦精度，可用于激光打孔时材料的微细加工；另一方面，其纵向电场有利于提供带电粒子较多的能量，从而实现带电粒子加速。利用贝塞尔光束中心极细光斑的无衍射及不存在几何阴影的特性，将两个小物体置于贝塞尔光束中心可实现精度很高的准直效果，也可实现光学互联中的精密准直。贝塞尔光束的自愈特性不仅可使其应用于 4f 光学系统中实现多个平面上无规则物体的成像，而且还可用于显微技术中增加致密介质的渗透深度和提高显微图像的质量。此外，它还可应用于光镊领域，利用贝塞尔光束的光强分布特点，可以同时捕获高折射率粒子（在亮环上）和低折射率粒子（在亮环间暗场区域），且利用其自愈特性可实现多平面的微粒捕获。

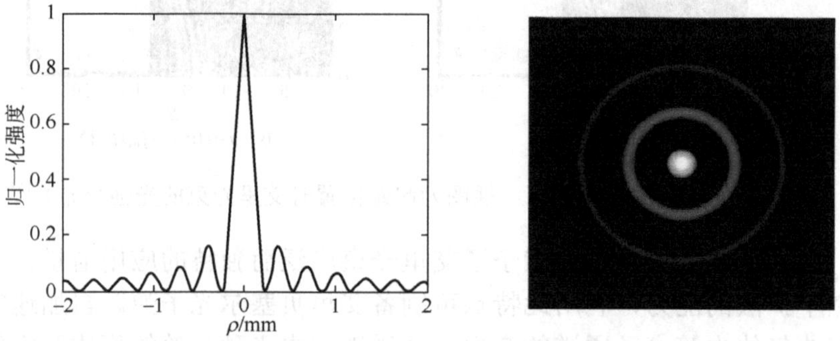

（a）光强轮廓　　（b）光场形貌分布

图 2.4　$\alpha=10^4\mathrm{m}^{-1}$ 时零阶贝塞尔光束

▶▶ 2.1.5　光场调控的方法

鉴于结构光场丰富的用途，它们的产生与调控也成为国内外诸多研究组致力探索的课题。目前，实现光场调控通常可采用特殊设计的波片、透/棱镜、光刻胶相位模板、基于 V 形或棒状等微结构的超构表面等光学器件，或者通过对普通高斯光束的振幅、相位和偏振等参数的调控。例如，由透明介质加工而成的螺旋相位片，可直接把平面波的波前调制成螺旋状，从而实现涡旋光束的产生。类似地，通过把快轴随空间渐变的半波片组合在一起制备的偏振转换器，可将入射线偏光的偏振态随空间调控至不同的方向，从而形成矢量光束。通过平凸与平凹透镜的结合制备的表面轮廓与三阶多项式相拟合的特殊透镜，可对高斯光束进行立方相位调制，进而产生艾里光束；而轴棱锥的使用则可实现不同阶数贝塞尔光束的产生。然而，上述提及的元器件，或者加工工艺烦琐，制备成本较高，或者所需搭建的光路系统复杂，体积庞大，有些对入射光的偏振方向等条件有所限定，更重要的是，它们只适用于特定的工作波长，固定的结构导致了其功能的不可调节，光能利用率也较低。诸多的不足给光场调控带来极大的不便，也限制了这些特殊光场的应用。

液晶是一种兼具液体的流动性和晶体的各向异性、短程无序而长程有序的特殊物质，其磁场、电场、光场等外场可调性使其广泛应用于显示及非显示领域。图 2.5 所示为一般情况下液晶指向矢在液晶盒里的排列状态，底部的平面为液晶盒其中的一个衬底，θ 和 φ 分别是液晶指向矢相对于垂直底面方向的倾角和平行于底面一边的方位角。由于棒状分子结构的特殊对称性，这类液晶具有介电和光学的各向异性[8]。介电性质方面，液晶材料沿着 z 方向的长轴和 x，y 方向的短轴上分别呈现 $\varepsilon_{/\!/}$ 和 $\varepsilon_{\perp}$ 两个不同的介电常数。该介电各向异性使液晶指向矢随着外场作用而发生改变。当 $\Delta\varepsilon = \varepsilon_{/\!/} - \varepsilon_{\perp} > 0$ 时，定义此类型的液晶材料为正性液晶，在外加电场（磁场）的作用下液晶分子倾向于平行电场（磁场）方向排列；反之，当 $\Delta\varepsilon=\varepsilon_{/\!/}-\varepsilon_{\perp}< 0$ 时，定义此类液晶为负性液晶，在外加电场（磁场）的作用下液晶分子倾向于垂直电场（磁场）方向排列。光学性质方面，当液晶材料整体取向一致时，就可将其视为一个单轴晶体[9]。当入射光的偏振方向沿着光轴（长轴方向）时，液晶材料体现出的折射率为非常光折射率 n_e；而当入射光的偏振方向与光轴垂直时，折射率为寻常光折射率 n_o。折射率之差，即双折射率为 $\Delta n= n_e-n_o$。当入射光的偏振方向与光轴有一定夹角时，此时的有效双折射率会发生变化。对于特定的入射偏振光，经过不同排列方式、不同厚度 d 的液晶体系，其相位延迟量不同。因此，可通过一定的材料体系、取向技术、外场作用等控制液晶分子的排列，进而有效调控入射光的波前。液晶材料的选取，可赋予上述静态的元器件动态调谐特性，为光场调控提供了一个灵活方便的途径。

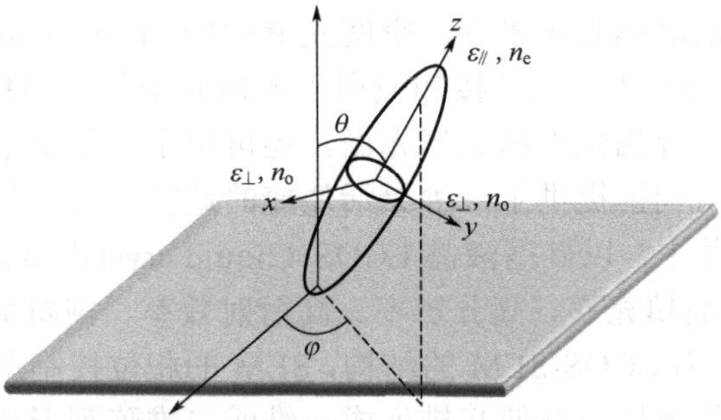

图 2.5　液晶分子的介电和光学各向异性

如上所述，为了达到特定的相位延迟量以调控入射光场，可通过取向或电场控制调制液晶分子的倾角 θ 或方位角 φ 完成。虽然这两种方法均可以有效地实现光场调控，但具体的原理及效果略有不同，下面将分别对这两个方面做简要介绍。

2.2　基于倾角控制的液晶调光技术

2.2.1　原理

基于倾角控制的液晶光场调控技术，是利用液晶分子的不同倾角调控光的。这里讨论的绝大部分都是向列相液晶，液晶分子呈棒状。当入射光的偏振方向与光轴有一定夹角 θ 时，有效异常光折射率为 $n_{\text{eff}}(\theta)$：

$$n_{\text{eff}}(\theta)=\frac{n_e n_o}{\sqrt{n_e^2\sin^2\theta+n_o^2\cos^2\theta}} \tag{2.18}$$

式中，n_e 和 n_o 分别为液晶的非常光折射率和寻常光折射率。

因此对于该入射偏振光，经过液晶层后的相位延迟为：

$$\Gamma(\theta)=\frac{2\pi}{\lambda}n_{\text{eff}}(\theta)d=\frac{2\pi n_e n_o d}{\lambda\sqrt{n_e^2\sin^2\theta+n_o^2\cos^2\theta}} \tag{2.19}$$

式中，λ 为入射光在真空中的波长；d 为液晶层的厚度。

这类因光程差引入的相位，又称为动态相位，动态相位与介质的折射率和厚度有关。

2.2.2 实例

下面以正性液晶为例，分析基于倾角控制的液晶调光的原理。考虑一个均匀取向的液晶盒，即液晶盒内液晶指向矢沿同一方向平行于基板排列。在液晶盒上下两侧施加电压，随着电场强度不断增大，液晶指向矢受电场驱动逐渐竖直，即液晶分子的倾角逐渐增大。不同驱动电压对应不同指向矢倾角的平衡态，若入射线偏振光的偏振方向与液晶取向方向一致，则液晶指向矢倾角（入射光的偏振方向）与光轴之间的夹角为 θ。因此，可通过电压的调节，改变入射光经过液晶层后的相位延迟；再通过独立的电驱动进行局部选区控制，即可实现对入射光相位波前的整形。

1．液晶空间光调制器

在基于倾角控制的液晶调光技术中，空间光调制器 SLM（spatial light modulator）[10]是一个比较典型的例子。SLM 可以直接加载用于调控光场的各种相位信息或全息图形，也可用于产生涡旋光束的螺旋相位板和叉形光栅，还可用于产生艾里光束的立方相位板等，为结构光场的实时产生与调控提供了一种灵活便捷的途径。目前基于液晶的 SLM 主要分透射式和反射式两种，其中，以硅基液晶 LCOS（liquid crystal on silicon）为核心组成部分的反射式 SLM，因具有高填充率、高分辨率、高衍射效率、刷新率快等优势，受到研究人员们的青睐。图 2.6 所示为 LCOS-SLM 的结构，SLM 的相位控制单元是由许多独立的像素构成的，根据特殊设计的电极分布使其排列成一维或二维阵列形式，每个像素化的电极都可以独立接收计算机驱动的电压信号并进行控制。在无电压施加的情况下，中间液晶层里的分子在取向层的作用下平行于衬底排列。当输入一定的信息后，不同区域对应的驱动电压不同，致使相应位置的液晶指向矢形成不同的倾角。当特定线偏振光入射后，不同倾角的液晶分子表现出的有效折射率不同，故入射光在不同位置处经过不同光程差的调制后，会引入不同的相位延迟量，这样便达到了区域化调控波前的目的。

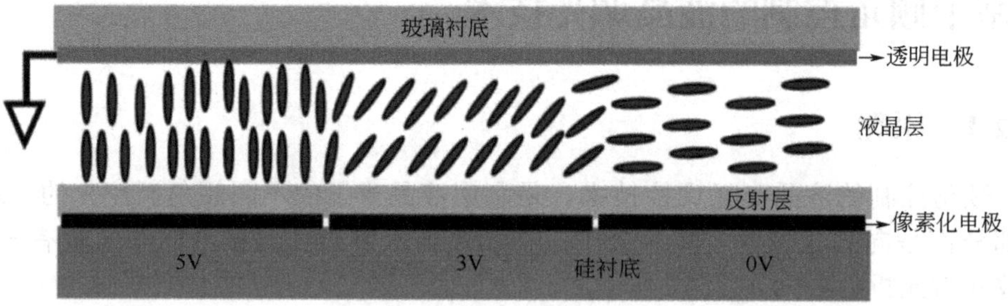

图 2.6　LCOS-SLM 的结构

虽然基于液晶的 SLM 在用于光场调控方面具有显著的优势，但其本身存在的一些不足也不可忽视。①SLM 的像素单元尺寸（约 10μm×10μm）较大，限制了图形的精细度，一定程度上会影响目标光束的质量；②整个芯片的大小与实验室用的激光光斑尺寸不能完全匹配，故需要增添光学元件以搭建扩束系统，增加了原本价格就比较昂贵的 SLM 的使用成本，且光路系统需要占据一定的空间；③SLM 的芯片由一系列复杂电极矩阵驱动的分立的像素单元组成，这会导致目标光束存在背景衍射光斑的问题，降低了出射光的光束质量；④SLM 对入射光偏振敏感，必须调整入射偏振满足特定条件才能获得比较高的光能利用率；⑤电极等材料对光的吸收限制了其在强光下的应用。

近年来，随着液晶材料种类不断丰富及操控液晶分子排列技术的不断发展，越来越多的研究组致力于用液晶制备调控光场的元件，如液晶透镜、液晶光栅/叉形光栅、液晶艾里模板等，以解决 SLM 的弊端，下面将以这些元件为例为大家做简要介绍。

2. 液晶透镜

由于液晶的外场可调节特性，因此基于液晶制备的透镜具有外场调焦的功能。例如，利用液晶的电光性质制备的液晶透镜，通过改变电压的大小即可实时调节透镜焦距。这种特性使液晶透镜可被广泛地应用于三维（3D）显示、成像系统、变焦系统、显微镜、光镊等领域，且小型化和低功耗等特点亦使其有望组建成微投影仪等便携式器件。

本小节中介绍的基于倾角调控的液晶透镜的主要机理为：通过设计或控制液晶分子的指向矢，使其排列形成像透镜轮廓的有效折射率分布，当入射的平面波经过液晶区域后，其波前便会被调制成汇聚或发散的球面波。这些液晶透镜从结构上主要分为以下几类。

（1）盒厚不均匀型。如图 2.7 所示，此种类型液晶透镜由液晶层、平面玻璃衬底和凹透镜衬底组成，且在后两者的内侧均涂敷有取向层（反平行取向），ITO 导电层在两个衬底的平面一侧（于凹面衬底而言，有的会在凹面镀导电层）。透镜前的偏振片用于调节入射光的偏振方向和取向方向一致，以获得较好的变焦效果。在这种情况下，液晶层形成的透镜焦距 f_{LC} 可表示为[11,12]：

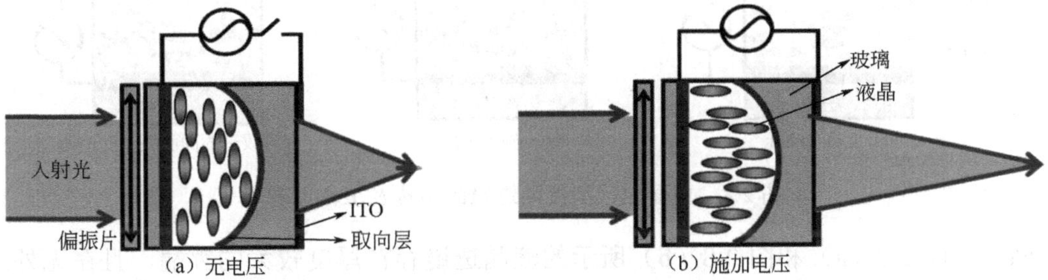

图 2.7　盒厚不均匀型液晶透镜的结构及工作原理

$$f_{LC}=\frac{R}{n_{eff}(V)-1} \tag{2.20}$$

式中，R 为凹透镜的曲率半径；$n_{eff}(V)$为与电压值相关的液晶有效折射率。

整个液晶透镜的焦距 $f(V)$ 由液晶层和凹透镜两部分构成，其大小可由式（2.21）计算[13]：

$$f(V)=\left[\frac{1}{f_{LC}(V)}+\frac{1}{f_g}\right]^{-1}=\frac{R}{n_{eff}(V)-n_g} \tag{2.21}$$

式中，f_g 为凹透镜的焦距；n_g 为凹透镜的折射率。

在图 2.7（a）中，在不施加电压的情况下，液晶透镜的有效折射率为 n_e。当施加一定的电压后，液晶分子的指向矢随着电压值的增加逐渐倾向于沿着电场线方向排列，相应的

有效折射率也由 n_e 逐渐改变至 n_o，故整个液晶透镜的焦距也由 $R/(n_e-n_g)$渐变至 $R/(n_o-n_g)$。因此，通过改变液晶体系及凹透镜的材料不仅可以获得不同焦距的液晶透镜，甚至还可以改变透镜的正负（取决于 n_{eff} 和 n_g 的大小：$n_{eff}>n_g$，正透镜；$n_{eff}<n_g$，负透镜）。当然，通过改变凹透镜的曲率半径也可调节液晶透镜的焦距。这种基于不均匀盒厚设计的液晶透镜，在制作菲涅尔透镜上也有所应用。

（2）曲面电极型。另一种借助衬底弯曲弧面组成的液晶透镜是曲面电极型液晶透镜，其结构和工作原理如图 2.8 所示。与盒厚不均匀型液晶透镜相似的是，这种透镜整体的焦距同样是由液晶层和透镜两部分贡献。不同的是，这种液晶透镜的液晶层盒厚均匀，好的液晶取向效果会减少散射效应；ITO 电极镀于外加凸透镜或凹透镜的曲面处[14]，可以提供一个非均匀且圆对称的电场分布。当施加电压时，由于平凸透镜的厚度由中心到边缘逐渐减小，故液晶盒内部的电场从中心到边缘逐渐增大，液晶分子指向矢的倾角也如图 2.8（b）所示发生相应的变化，从而达到中心对称梯度折射率分布的调制效果。此时，液晶层焦距 f 为[12]：

$$f=\frac{\pi D^2}{4\lambda\Delta\delta} \tag{2.22}$$

式中，D 为液晶层透镜的孔径宽度；λ 为入射光波长；$\Delta\delta$ 为边缘和中心之间的相位差，$\Delta\delta=2\pi\Delta n(V)d/\lambda$，$\Delta n(V)$为折射率之差，$d$ 为液晶层的厚度。

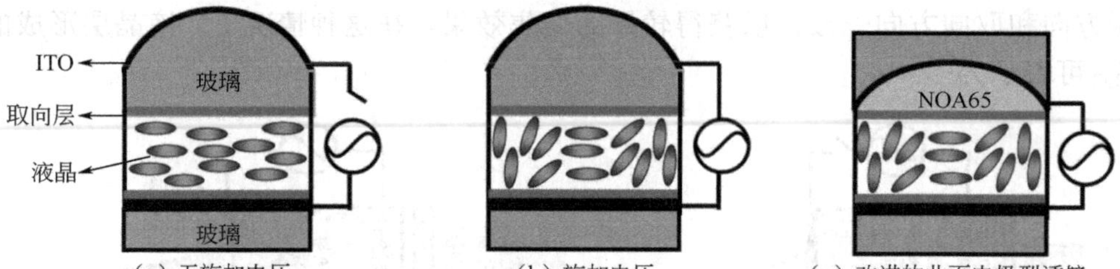

（a）无施加电压　（b）施加电压　（c）改进的曲面电极型透镜

图 2.8　曲面电极型液晶透镜的结构及工作原理

然而，图 2.8（a）和图 2.8（b）所示的液晶透镜存在厚度较大的弊端，且在无外加电场的情况下存在透镜导致的初始焦距。为了消除这两个不足，用紫外光固化的聚合物 NOA65 填充于平凹透镜的弧形区域，如图 2.8（c）所示，且此聚合物和透镜具有相同的折射率[14]。通过恰当地设计曲面电极的形状，这种液晶透镜可以具有更高的成像质量和更小的焦距。

（3）圆孔电极型。相较于前两种液晶透镜，元件厚度均一的圆孔电极型液晶透镜的结构更紧凑。如图 2.9（a）所示，在组成液晶盒的其中一个 ITO 衬底中心，把电极刻蚀掉一个圆孔形状，或在其中一个玻璃衬底镀上铝圆孔电极[15]。这样，当在这两个电极上施加电场时［见图 2.9（b）］，不均匀电场诱使液晶分子的倾角变化形成像透镜一样的相位分布，从而可对入射偏振光达到聚焦的效果。当液晶透镜的孔径尺寸大于 1mm 时，电场分布无法遍及圆孔中心，聚焦效果则会减弱。为了增大孔径尺寸并使电场遍布整个孔径区域，玻璃衬底或平面聚合物透镜作为介质层被添加至圆孔电极和液晶层之间。为了获得可正负切换的液晶透镜，可采用图 2.9（c）所示的双重电极结构：当 $V_1>V_2$ 时，电场从边缘到中心区域逐渐降低，液晶分子的有效折射率逐渐增大，此时的液晶透镜对入射线偏光产生汇聚作用，是正透镜；反之，当 $V_1<V_2$ 时，为负透镜[16]。

（a）无电压　　（b）施加电压　　（c）施加双重电压

图 2.9　圆孔电极型液晶透镜的结构及工作原理

液晶透镜一直是液晶光子学领域的研究热点，除了上述结构设计，有的研究工作注重于液晶材料体系的选取。例如，利用较高折射率或大双折射的液晶材料制备的液晶透镜具有较宽的焦距调谐范围；通过引入蓝相液晶，可赋予透镜快速响应的性质等。不同种类液晶材料的特性已在其他章节展开，在此不再一一赘述。

3. 液晶光栅

光栅作为一类常见的调控光场的光学元件，广泛应用于光谱分析、全息光学、光通信等领域，液晶的可调节性为光栅增添了三维显示、束流控制、可重构光互联等用途。

液晶光栅的工作原理为：通过控制相邻液晶条纹区域的有效折射率，或通过不同的初始取向，或采用光栅结构电极，或引入周期性相分离的液晶聚合物体系等，使入射偏振光通过相邻的条纹区域后经历不同的光程，产生的相位差使光栅功能得以实现。其中，对液晶分子的取向制备的光栅多数是通过方位角控制的；而对倾角的控制则可实现通过结构电极，相应的液晶光栅也具备良好的电调性能。

在基于结构电极制备的液晶光栅中，往往会通过光刻等技术在构成液晶盒的其中一个ITO导电玻璃衬底上刻蚀出光栅结构电极，然后再对两个衬底的液晶取向层进行均匀配向。图 2.10（a）所示为基于叉指电极形成的液晶光栅侧面结构示意图[17]，在靠近液晶盒衬底的两侧，液晶分子被统一取向至垂直于衬底表面排列。施加电场后，结构电极间的横向电场使得液晶分子的倾角发生改变，从而形成相位型的光栅结构。图 2.10（b）上面的插图为靠近结构电极一侧的液晶指向矢分布示意图，其中，$\psi(x)$为液晶指向矢与 z 轴之间的夹角。对于图 2.10（a）中的 TM 波入射而言，有效折射率轮廓 $n_{\text{eff}}(\theta,x)$可由式（2.23）计算：

$$n_{\text{eff}}(\theta,x)=\frac{n_{\text{o}}n_{\text{e}}}{\sqrt{n_{\text{o}}^2\sin\left[\theta_{\text{LC}}+\psi(x)\right]+n_{\text{e}}^2\cos\left[\theta_{\text{LC}}+\psi(x)\right]}}\tag{2.23}$$

式中，θ 为入射光与 z 轴的夹角；θ_{LC} 为 TM 波在液晶里的传播角度。

图 2.10（b）描绘了在不同入射角度（0°、10°、20°、30°）下，对于 TM 波所表现出的有效折射率轮廓曲线。从图 2.10（b）中可以看出，在这种情况下，叉指电极液晶光栅的有效折射率分布与入射角度有关。相应地，光栅的衍射效率也会随 θ 发生变化。当正入射（θ =0°）时，有效折射率曲线是对称的，正级次和负级次的最大衍射效率相同，但都比较低，分别为：±1 级，8%；±2 级，16%。当入射角度增加到 30° 时，有效折射率曲线不对称性明显，正级次和负级次的最大衍射效率不同，分别为：−1 级，30%；+1

级，15%；-2 级，16%；+2 级，7%——最大衍射效率有着较大幅度的提升。值得一提的是，通过精细的加工技术，此种光栅周期可达到 0.8μm，即 1250 线/mm 的高分辨率，有利于液晶光栅在束流控制和衍射光学等方面的应用。

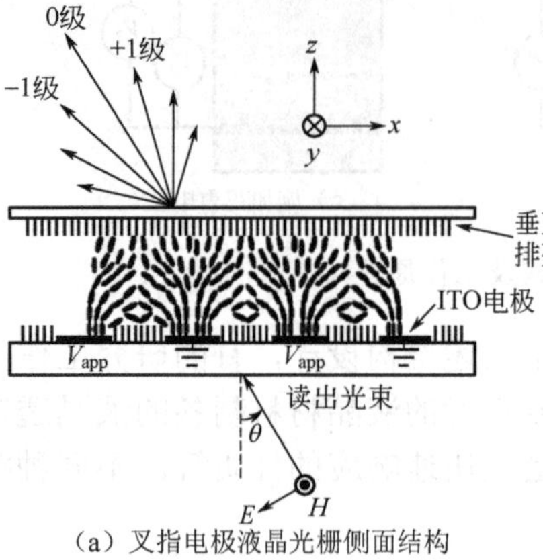

（a）叉指电极液晶光栅侧面结构

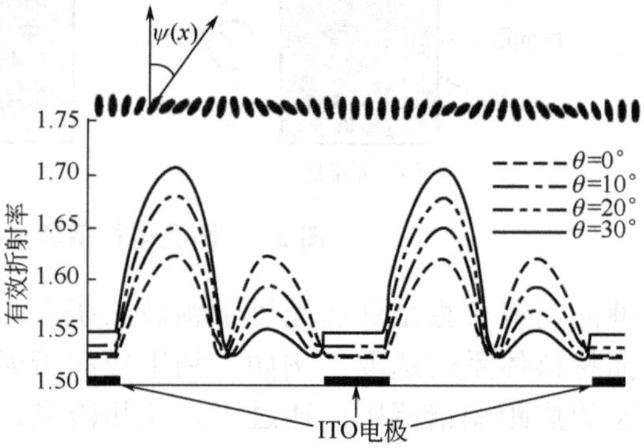

（b）0°，10°，20°，30° 角入射下有效折射率轮廓示意

图 2.10 液晶光栅工作原理[17]

当然，精细电极结构的制备涉及复杂且耗时的微加工。通过双光束干涉曝光聚合物分散型液晶（polymer-dispersed liquid crystal，PDLC）得到的液晶光栅可克服这一不足。此外，蓝相液晶的引入，可在增大电极液晶光栅衍射效率（40%）的同时，有效降低开关响应时间（560μs/480μs）。故液晶材料体系的恰当选取，对提升液晶光栅的整体性能有明显帮助。

4．液晶叉形电极光栅

作为液晶光栅的特例，液晶叉形电极光栅[18]被用于实现涡旋光束的产生。其原理为：涡旋光束的相位由 $\Psi_1 = \exp(\mathrm{i}m\theta)$ 表征（m 是涡旋光束的拓扑荷数），鉴于实验室所用的激光一般是具有平面波前的高斯光，使涡旋光束与平面波 $\Psi_2 = \exp(\mathrm{i}kx)$ 相干涉，可根据式（2.24）获得计算全息图形，如图 2.11（a）所示。

$$H = |\Psi_1 + \Psi_2|^2 = |\exp(\mathrm{i}m\theta) + \exp(\mathrm{i}kx)|^2 = 2[1 + \cos(kx - m\theta)] \tag{2.24}$$

因为这些图形类似叉子的结构，故又被称为叉形光栅，且可用 m 描述不同的结构。当用束斑宽度为 w 的高斯光 $\Psi_G = \exp(-r^2/w^2)$ 照射叉形光栅时，其远场的夫琅禾费衍射正比于函数 Ψ_G 与 H 乘积的傅里叶变换，相应的光强分布可由式（2.25）表示：

$$I = F[\Psi_G H] = F[\exp(-r^2 / w^2)|\exp(\mathrm{i}m\theta) + \exp(\mathrm{i}k_x x)|^2] \tag{2.25}$$

式中，k_x 为入射倾斜波矢的 x 方向的分量。

这样，高斯光经过 m 结构的叉形光栅调制之后，在不同的衍射级次 n 上可得到拓扑荷数为 nm 的涡旋光束，一级衍射光斑所需的拓扑荷数为 m 的目标涡旋光束。

图 2.11（a）所示为用于刻蚀结构电极的 $m = 2$ 的透明叉形光栅模板，右下角的插图为中心区域的放大图，图 2.11（b）～图 2.11（d）所示为施加不同电压情况下，用 CCD 探测到的液晶叉形光栅的衍射光斑。从图 2.11 中可以看出，±1 级及更高级次的衍射光斑的光束轮廓皆为环形，即涡旋光束。随着外加电场的不断增大，相邻的电极与非电极区域液晶

指向矢倾角的不同逐渐拉开，一级涡旋光束的衍射效率也不断增加。当电压增至 6.2V 时，衍射效率达到最大，为 27.5%。此结构电极液晶叉形光栅所产生的涡旋光束，测得其响应开/关时间分别为 9.7ms/6.5ms。同样地，聚合物分散型液晶和蓝相液晶也被引入，用于简化液晶叉形光栅制备工艺及提高涡旋光束的响应。

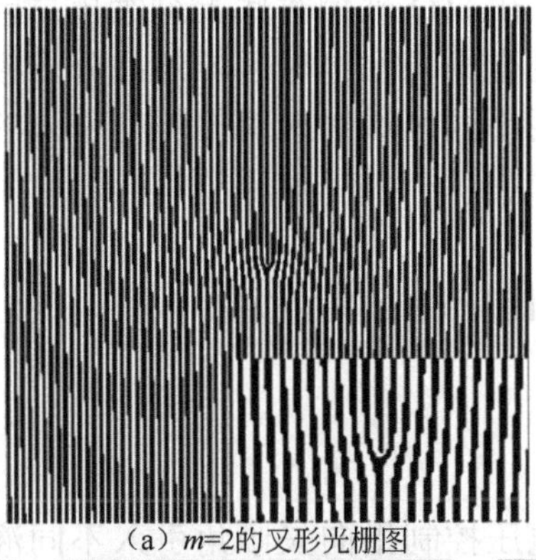

（a）m=2的叉形光栅图

（b）3.6V电压下的衍射光斑分布　（c）4.8V电压下的衍射光斑分布　（d）6.2V电压下的衍射光斑分布

图 2.11　液晶叉形光栅及其衍射光斑图[18]

5. 液晶艾里模板

基于倾角调控制备液晶元件，也可用于实现艾里光束的产生与调控。通过相位调制来获得艾里光束的机理为：对有限能量艾里光束在自由空间中的场分布［见式（2.15）］进行傅里叶变换，可得[5]：

$$\Phi_0(k) \propto \exp(-ak^2)\exp(\mathrm{i}k^3/3) \tag{2.26}$$

由式（2.26）可看出，艾里光束的傅里叶谱是包含立方相位因子的高斯型分布，这个结果表明，对高斯光束进行立方相位调制，再经透镜进行傅里叶变换，即可产生艾里光束。对于二维的情况，则有：

$$\Phi_0(k_x,k_y) \propto \exp\left[-a(k_x^2+k_y^2)\right]\exp\left[\mathrm{i}(k_x^3+k_y^3)/3\right] \tag{2.27}$$

式中，k_x 和 k_y 为傅里叶频谱坐标。

图 2.12（a）所示为用于产生二维艾里光束计算出的立方相位模板，其相位范围为−20π～+20π，并被折合至 0～2π，从全黑到全白依次对应 0～2π。激光经过立方相位模板的调制后，再经过透镜进行傅里叶变换，即可在透镜的焦平面上观察到艾里光束。

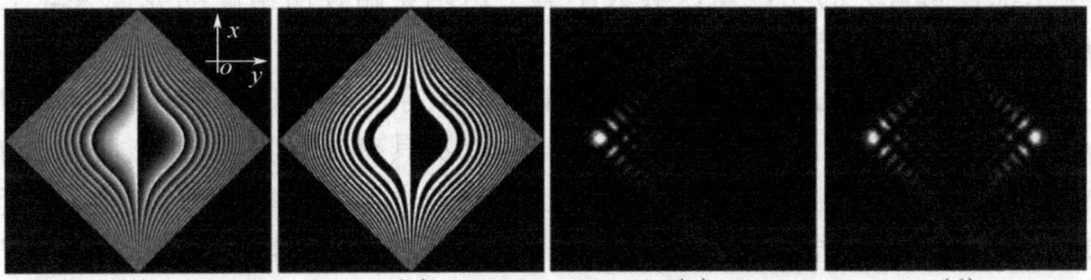

(a)　(b)　(c)　(d)

图 2.12　立方相位图及其调制产生的艾里光斑模拟图

H. T. Dai 等人将连续灰阶的立方相位模板进行二值化处理[19]，即把原来 0～π 的区域设为最小灰度值 0，π～2π 设为最大值 255，得到的二元化立方相位如图 2.12（b）所示。图 2.12（c）和图 2.12（d）所示为在这两种相位模板的调制下产生的艾里光场分布模拟，相较于灰阶连续变化的立方相位模板，二元化的模板可同时产生两支相对朝向的艾里光束。D. Luo 等人通过光刻的方法，在 ITO 玻璃衬底上刻蚀出二元化的立方相位模板电极[20]，并对向列相液晶 E7 加场，通过电场调控电极区域液晶分子倾角的变化，以呈现相对无电极区域不同的有效折射率，利用不同区域对入射偏振光引入的相位差便可实现高斯光束至艾里光束的转换。

2.3 结合方位角控制的液晶调光技术

▶▶ 2.3.1 原理

除了上一节所述的不同电压控制指向矢倾角引入不同液晶有效折射率外，另一类就是利用液晶指向矢的方位角不同调控光。液晶指向矢在面内的排列方向（方位角），对不同方位角排列的液晶材料同一线偏振而言，其有效折射率也是不同的［此时的方位角即式（2.18）中的 θ］，相应的有效双折射率为：

$$\Delta n_{\mathrm{eff}} = n_{\mathrm{eff}}(\theta) - n_{\mathrm{o}} = \frac{n_{\mathrm{e}} n_{\mathrm{o}}}{\sqrt{n_{\mathrm{e}}^2 \sin^2\theta + n_{\mathrm{o}}^2 \cos^2\theta}} - n_{\mathrm{o}} \tag{2.28}$$

入射偏振光经过的光程差为：

$$\Delta\Gamma = 2\pi d \Delta n_{\mathrm{eff}}/\lambda$$

通过控制液晶盒内不同区域的液晶指向矢排列方向，可实现对入射光的相位整形，这类方法也属于动态相位的范畴。

与动态相位相对应的是几何相位，也称为 PB 相位[21,22]。它是近些年来光学领域的研究热点，它起源于光的自旋轨道相互作用（描述光的偏振和轨迹之间的耦合），并且带来光子的自旋霍尔效应，即自旋（圆偏振）相关的光的分离现象[23]。不同于由光程差引入的动态相位，几何相位与空间渐变的光的偏振态调控有关，只依赖于几何特征。通常，几何相位的大小正比于局部有效光轴的排列方向，并且其符号与入射光的偏振相关。从庞加莱球上看，每个点都代表一个特定的偏振态，从一点出发，到另一固定点，可以有任意路径。不同路径的初态和终态的偏振状态完全一样，但不同路径中间所经历的偏振中间态不同，引入一个与光轴方向有关的相位差，其大小等于这两条路径所组成的庞加莱球上的一闭合曲面所对应的立体角的一半（见图 2.13）[9]。

实际上，绝大部分的几何相位器件都是基于半波条件实现的，由空间非均匀的各向异性介质形成，包括天然双折射材料——液晶[25]，以及具有各向异性散射体的超构表面等人工材料。由于液晶具有优良光电响应特性、较大的光学双折射率和可控连续渐变的指向方向，因此成为制备几何相位器件的首选材料。下面通过琼斯矩阵的计算过程，直观展现几何相位的特征。假设液晶指向矢分布满足 $\alpha(x,y)$，是 x-y 平面坐标系内的任意函数，该半波

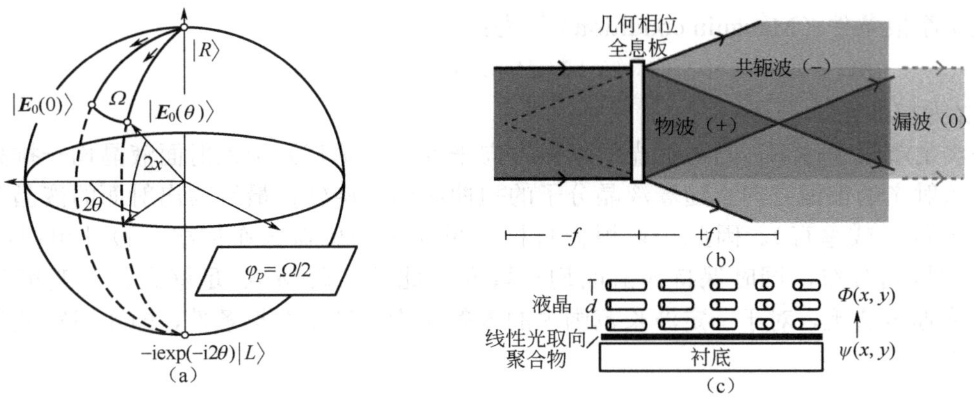

图 2.13 庞加莱球和几何相位原理[9,24]

片的琼斯矩阵形式为：

$$J(x,y)=\begin{bmatrix}\cos 2\alpha & \sin 2\alpha \\ \sin 2\alpha & -\cos 2\alpha\end{bmatrix} \tag{2.29}$$

考虑圆偏振入射，左、右旋分别可用琼斯矢量的形式表示为：

$$|L\rangle=\frac{1}{\sqrt{2}}\begin{pmatrix}1\\ \mathrm{i}\end{pmatrix} \text{和} |R\rangle=\frac{1}{\sqrt{2}}\begin{pmatrix}1\\ -\mathrm{i}\end{pmatrix} \tag{2.30}$$

则经过该液晶波片后，出射光分别为：

$$J|L\rangle=\mathrm{e}^{\mathrm{i}2\alpha}|R\rangle \text{和} J|R\rangle=\mathrm{e}^{-\mathrm{i}2\alpha}|L\rangle \tag{2.31}$$

式中，$\pm 2\alpha$ 为几何相位。

入射一圆偏振，经空间非均匀的半波片，出射变为相反圆偏振，相当于从庞加莱球的南极走到北极（或北极走到南极）；同时，由光轴空间分布引入一几何相位分布，与入射圆偏振符号相反，局部几何相位的大小等于相应光轴角度的两倍。因此，可以对半波片光轴分布进行设计，以产生目标光场。

空间非均匀的波片除了对光的相位进行调制，也可用来改变入射光的线偏振状态。一线偏振经过空间光轴变化的半波片，不同光轴方向的半波片会将入射光转变为不同角度的线偏振，最终出射光整体呈现空间非均匀的偏振分布，即矢量偏振光束。除了基于波片原理的液晶偏振调制器，扭曲向列相（TN）液晶的偏振旋转效应也可实现对入射光偏振的调控（见图 2.14）。

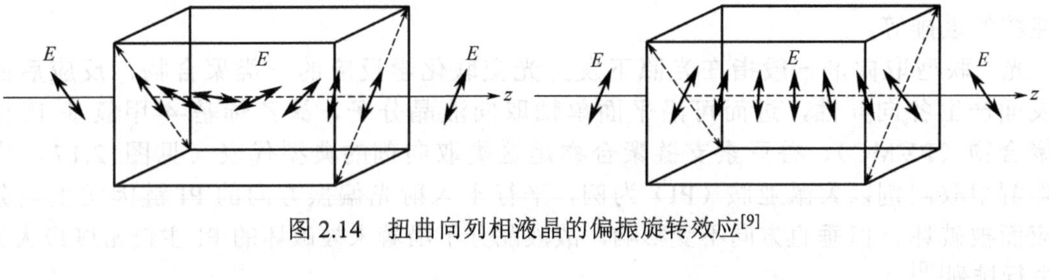

图 2.14 扭曲向列相液晶的偏振旋转效应[9]

满足摩根条件（Mauguin condition）[9]为：

$$2\pi d\Delta n/\lambda >> \chi \tag{2.32}$$

式中，χ 为扭曲角。

在满足摩根条件下，当入射光线偏振方向平行（或垂直）于入射面液晶均一排列的方向时，入射光的偏振方向会随着液晶分子的扭曲而同步旋转，最终与出射面的液晶分子排列方向一致（或垂直）。因此，可根据目标矢量光束的偏振分布情况，设计出射面上液晶分子的排列分布，同时保持入射面均一取向。此外，若 $d\Delta n$ 足够大，一般可采用较大液晶盒厚度实现，对于一定波长范围内的入射光均可满足摩根条件，即实现宽波段矢量光束的产生。

▶▶ 2.3.2 液晶取向技术

欲实现上述基于方位角控制的液晶调光，液晶的结构配向至关重要。为了获得液晶分子指向矢的分布，通常用的取向技术有传统的摩擦取向和新型的光控取向。摩擦取向技术因其成熟可靠，一直在液晶显示器工业中广泛应用；而光控取向技术因其工艺方便，对表面容忍度高，应用越来越广。

摩擦取向技术是 1911 年由 Mauguin 发明的[26]，即利用尼龙、纤维或棉绒等材料按特定的角度摩擦与液晶接触的高分子取向膜，使取向膜表层产生一定的凹槽[27]，如图 2.15 所示，对表层液晶分子产生均一的锚定作用，再利用液晶分子间的相互作用，使液晶分子在两片玻璃片之间的特定区域内以一定的预倾角呈现一致的排列，而取向膜的种类决定了液晶排列方向与基板平行还是垂直。摩擦取向具有稳定性高、可靠性好及适合大面积处理等优点，在短期内仍将是工业生产的主要技术；但摩擦取向工艺也存在颗粒污染、静电危害、不适用于非平面基板、在一块基板上难以实现分区域不同方向取向等问题。近年来，针对传统摩擦取向技术的问题，基于原子力显微镜（AFM）的微区摩擦和图案化摩擦技术，实现了液晶的选区取向和结构化制备。

为了进一步解决上述摩擦取向面临的诸多问题，研究者们提出了一些非接触式的取向方法。其中，光取向技术因其独特的优势引起了广泛关注。光控取向技术（见图 2.16）的基本原理是，利用光敏材料在紫外线偏光照射下发生物理或化学反应，产生各向异性的表面作用力，进而诱导液晶分子定向排列[28]。光控取向方法按实验处理过程主要可分为两类：一类为复合体系，即不需要表面预处理，直接用光照射掺有感光高分子的液晶来取向；另一类为非复合体系，即用偏振光预处理聚合物的衬底，再使液晶分子在衬底上实现定向的排列，目前该方法使用较多。后者根据聚合物取向材料不同，又可分为以下几类：光交联、光降解、光致顺反异构和偶氮染料发色团分子或者偶氮染料分子溶剂的纯粹的重排等。

光交联型取向剂一般指在光照下发生光交联化学反应的一类聚合物，反应后的产物表面产生各向异性，进而可沿平面单轴取向液晶分子，聚乙烯基-4-甲氧基-肉桂酰类聚合物（PVMC）、香豆素支链聚合物是这类取向剂的典型代表（见图 2.17）[29]。光降解型取向剂以聚酰亚胺（PI）为例，平行于入射光偏振方向的 PI 链因发生光分解反应而被破坏，但垂直方向不受影响，故液晶分子沿着未被破坏的 PI 主链密度最大的方向进行排列[30]。

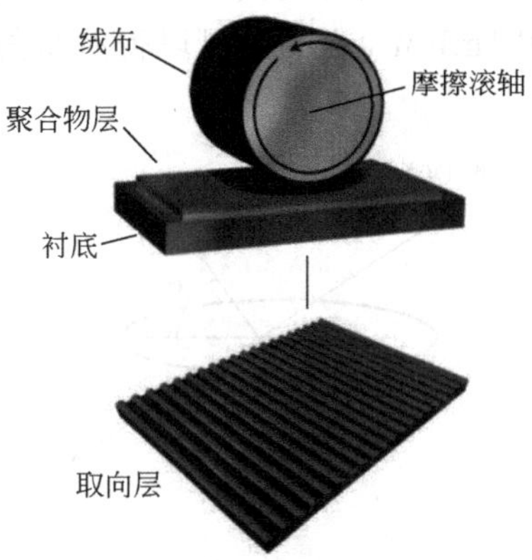

图 2.15 液晶的摩擦取向

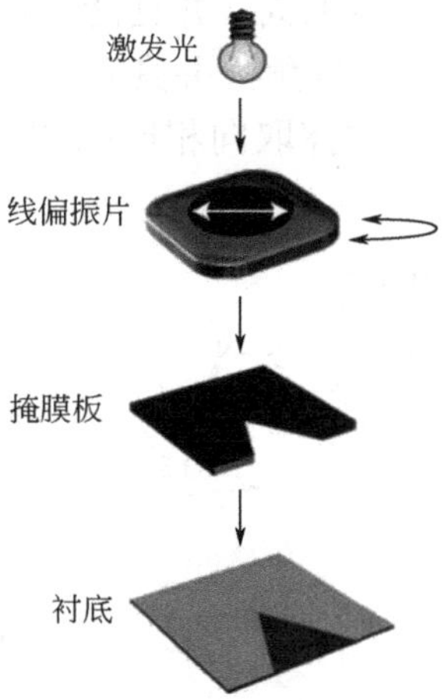

图 2.16 液晶的光控取向

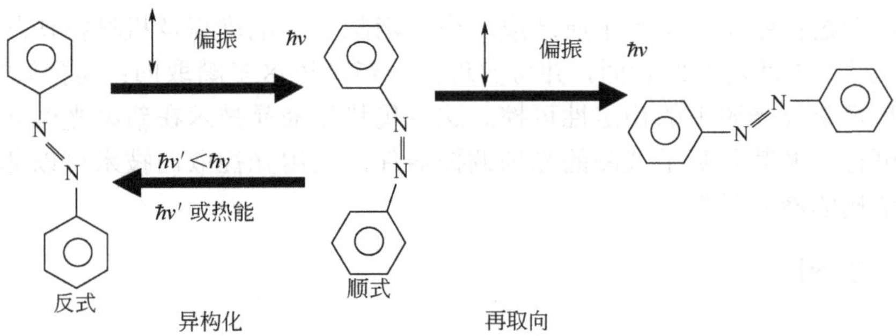

图 2.17 含偶氮基团分子的结构异化

在偏振光照射下，有些化学物质（如含偶氮染料的分子）会发生顺反异构反应，其结构不同导致液晶分子的取向方式不同，这些物质即光致顺反异构型的光控取向剂。在常态下，因反式比顺式能量低、结构稳定，偶氮苯分子以反式状态存在。当吸收偏振紫外光（λ=365nm）的能量后，反式向顺式转变，且此过程是可逆的，再次用非偏振的可见光（λ=440nm）照射后，偶氮苯分子恢复到反式[31]。故可通过紫外光和可见光的交替照射，来操控偶氮苯分子的顺反异构变化，从而实现液晶分子垂直于基板取向和平行于基板取向的可逆变换。香港科技大学 Chigrinov 教授研究组合成了具有两个偶氮基团的 4,4′-二重（4-羟基-3-羧基-偶氮苯基）对二氨基联苯（联苯胺）-2,2′-二磺酸钠取向材料（SD1）[32]，其分子结构和光诱导取向模型如图 2.18 所示。

SD1 含有偶氮基团，具有反式和顺式两种构象，在吸收特定波长及偏振方向的光后会产生结构异化的反应。反式构象分子为棒状，其长轴方向的吸收率要比短轴的高，吸收振子平行于分子的长轴，因此当吸收与棒状分子长轴同方向的光子能量后会受激发转变为顺式构象的同素异构体。因为反式的位能相对较低，所以分子易处于反式，而已转变成顺式构象的分子极易因热能或再吸收光子能量而转变回反式构象。此时回到反式构象的分子有可能转向任何方向，再次吸收光子能量并且不断循环此过程，直到分子与光场偏振方向垂直变得不容易吸收能量而维持取向不变[33]。这种光取向方法不仅可以应用于水平取向，也可以应用于垂直取向，并且能够达到垂直取向预倾角接近 90°，用于水平取向时则能够达到 2° 左右的预倾角，并具有可重复擦写的特性。SD1 取向膜可达到极好的均匀排列，具有较高的可与摩擦取向相比拟的方位锚定能（大于 0.1mJ/m^2），因此可以得到很好的取向液晶。

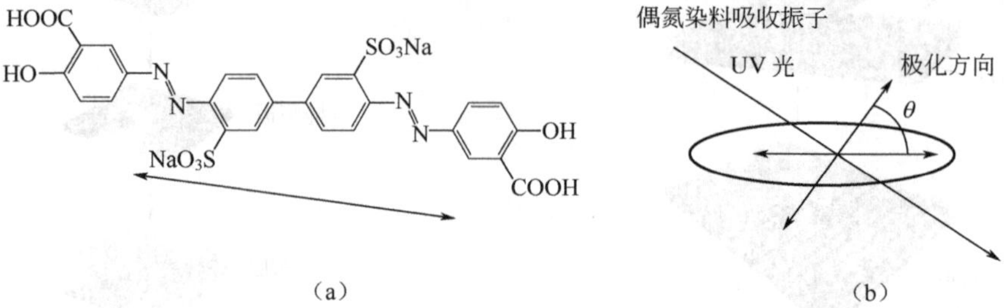

图 2.18 SD1 分子结构式（a）和光诱导 SD1 取向模型（b）[33]

相较于传统的摩擦取向技术，光控取向技术有许多的优点。例如，作为非接触式的取向技术，在取向过程中不会引入杂质造成污染，消除了静电堆积及机械损伤从而提升良品率；另外，可用于柔性及弯曲表面，并可实现高分辨率微区多畴取向；其预倾角、锚定能、离子纯度、热及紫外光照下的稳定性可控。这些优势使液晶技术在新型光学元件制造中变得更为简便可行，尤其是基于液晶的光场调控器件，采用光控取向技术可以非常容易地实现复杂取向结构的液晶元件。

▶▶ 2.3.3 实例

1．基于动态相位的液晶光场调控器件

同一线偏振光对不同的液晶方位角，其有效折射率是不同的，因此入射偏振光经过不同面内排列方向的液晶后产生光程差。通过控制液晶盒内不同区域的液晶的排列方向（方位角），一般为周期性或满足一定规律的二值化的液晶排列分布，可实现对入射光的相位整形，属于动态相位调制的范畴。

1）液晶光栅

液晶光栅的基本作用是调制入射光的振幅和相位，利用液晶自身结构形成的光栅主要为相位光栅。其原理在于液晶层形成周期性排列，进而得到周期性的折射率分布和相位延迟，从而发生衍射。

最初采用的是微摩擦或二次摩擦法[34]。如图 2.19 所示，先沿一方向均匀摩擦，再对局部条状区域以垂直方向摩擦，构成正交排列的摩擦取向膜；另一面衬底均匀摩擦，最终形成的液晶光栅为周期性间隔排列的平行（PA）和扭曲（TN），正交偏光显微镜下呈现出交替的亮暗条纹。

2012 年，Wei Hu 等人将光控取向材料 SD1 引入液晶光栅的设计中，开发出偏振无依赖的液晶光栅（见图 2.20）[35]。利用 SD1 的可擦写性，采用两步曝光法：第一步均匀曝光；第二步加上具有光栅条纹空隙的掩膜板，同时偏振片旋转 90°，透光的区域再次被曝光且取向方向被重写为与第一步相垂直。灌入液晶后，形成正交 PA 取向的液晶光栅，无论是一维（1D）结构还是二维（2D）结构，均具有偏振无依赖的衍射特性，且衍射效率电控可调。除成盒后曝光外，也可两片衬底分开曝光，制备出交替 PA 和 TN 取向的液晶光栅[36]，与前者不同的是，这类液晶光栅不是纯相位型，结合了振幅型光栅的特点[37]。此后，除了一般的向列相液晶，其他多种特殊液晶材料也引入基于光控取向材料 SD1 的液晶光栅结构中，例如，双频液晶[38]和铁电液晶[39]可大大缩短液晶光栅的响应时间，实现快速响应光开关。由于 SD1 具有可擦写性，因此这类液晶光栅还具有光可调谐、可擦写的衍射特性。

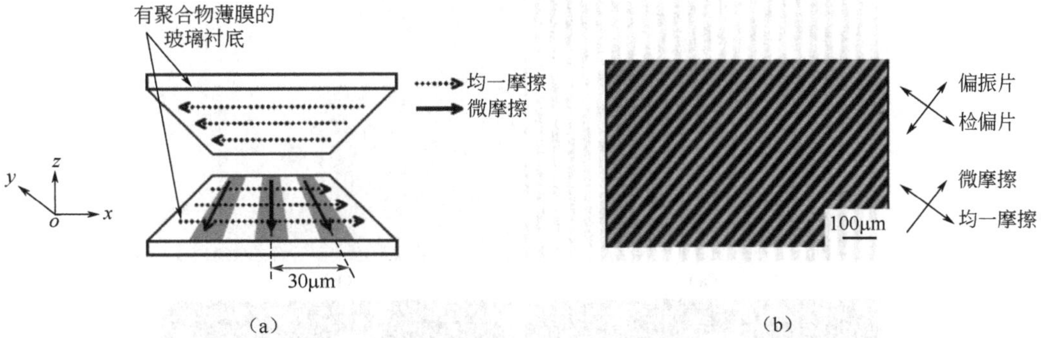

图 2.19 基于摩擦取向形成的液晶光栅[34]

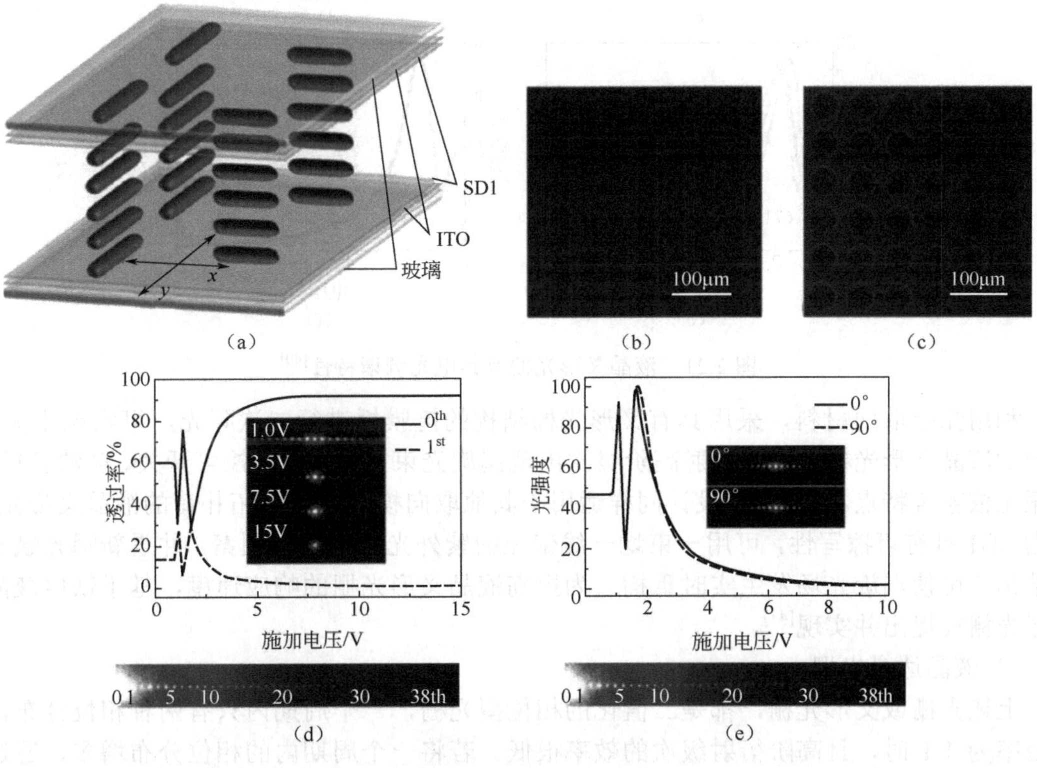

图 2.20 基于光控取向的液晶光栅及其衍射特性[35]

2）液晶叉形光栅

涡旋光束和高斯光束的电脑计算全息图是一个叉形光栅，因此可通过叉形光栅产生涡旋光束（见图 2.21）。与上述光栅不同的是，它是一个衍射光栅，中心区域出现位错，看上去像个叉子，故称作叉形光栅。一束高斯光束照射到叉形光栅上，会被衍射成一系列的涡旋光束。

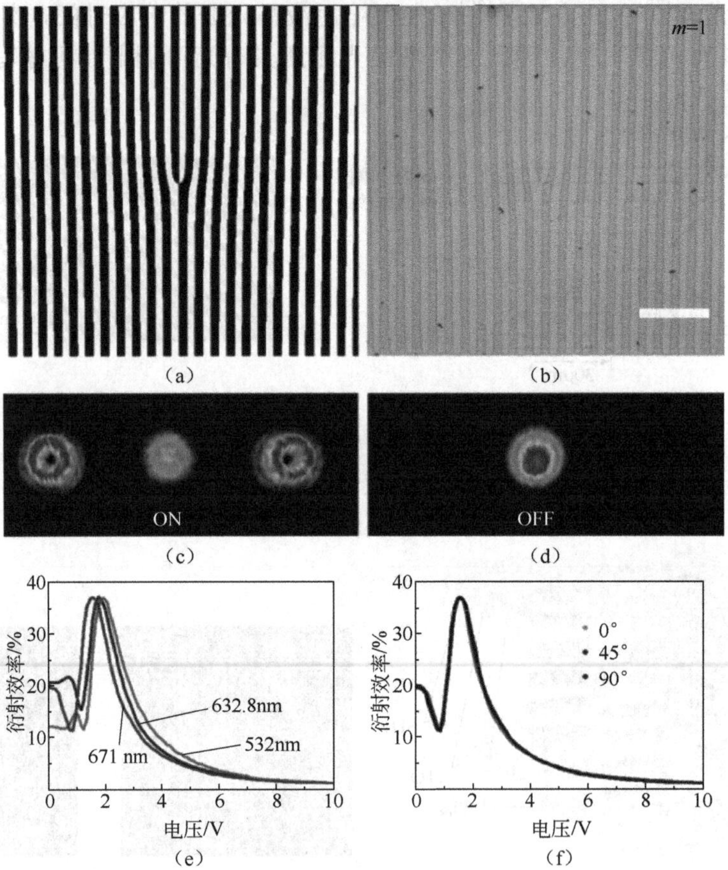

图 2.21 液晶叉形光栅及其电光调谐特性[40]

利用光控取向材料，采用具有叉形光栅结构的掩膜板进行二次曝光，可实现正交 PA 取向的液晶叉形光栅[40]，其衍射高阶级次出现涡旋光束，且具有电控可开关、多波长适用、偏振无依赖等特点。此外，该设计同样适用于其他取向模式和不同拓扑荷的液晶叉形光栅。因为 SD1 具有可擦写性，可用一束均一线偏振的紫外光擦写已有图案，并重新曝光赋予新的结构，可使涡旋光场发生实时重构。为提高液晶叉形光栅的响应速度，基于铁电液晶的叉形光栅被提出并实现[41]。

3）液晶达曼光栅

上述光栅或叉形光栅，都是二值化的相位型光栅，一个周期内只有两种相位分布，最高效率为 1:1 时，且高阶衍射级次的效率很低。若将一个周期内的相位分布增多，通过选取一定数量和特殊位置的相位转变点，可以实现若干个目标级次的等能量的阵列衍射，这类光栅就是达曼光栅（见图 2.22）[42]。同样基于光控取向，可实现一维和二维的液晶达曼光栅[43,44]，产生可电控开关的等能量的点阵。

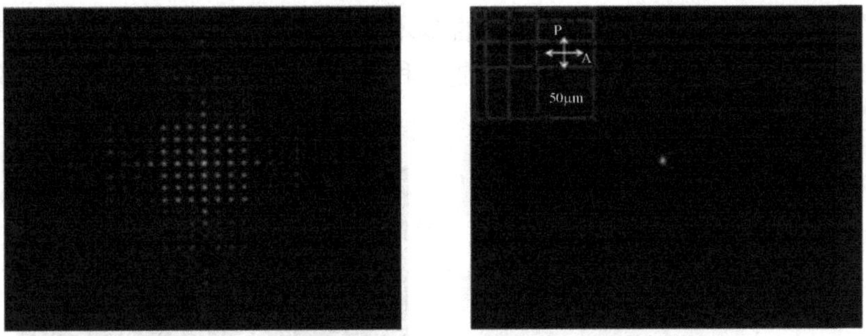

(a) (b)

图 2.22 液晶达曼光栅及其电调衍射图案[43]

达曼光栅的相位分割原理，可拓展到更一般的情况，对圆形光栅和叉形光栅同样适用。利用偶氮掺杂液晶，两步曝光可制备液晶圆形达曼光栅，实现偏振依赖的等能量的环状衍射[45]。达曼叉形光栅可以用来产生等能量的涡旋光束阵列，级次不同 OAM 不同，可作为基于 OAM 复用的光通信技术中 OAM 的并行处理和探测[46]。基于光控取向技术，采用两步曝光法，可获得一种液晶达曼叉形光栅[47]，具有正交平行取向的液晶排列结构。其衍射产生的涡旋光束阵列的拓扑荷分布满足 $n_xm_x + n_ym_y$，其中，n_x 和 n_y 分别为 x 和 y 方向的衍射级次数，m_x 和 m_y 分别为 x 和 y 方向的叉形光栅的拓扑荷数。不同级次的衍射光斑的形状不同，光斑黑洞的大小也不同。由于液晶具有电调特性，因此施加不同电压可达到不同波长下的半波条件，即可适用于不同波长，图 2.23（e）和图 2.23（f）分别是在 632.8nm 和 532nm 情况下的衍射光斑。这类液晶达曼叉形光栅在 OAM 的产生、操控和检测等方面有着广阔的应用前景。

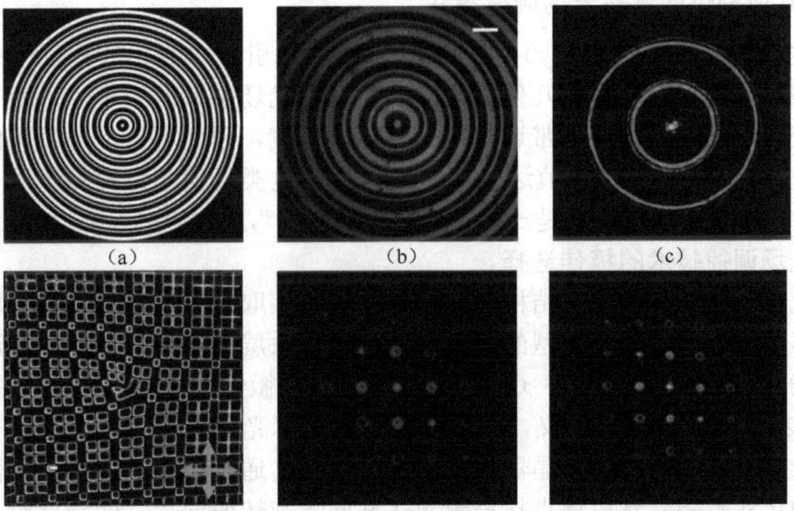

(a) (b) (c)
(d) (e) (f)

图 2.23 液晶圆形和叉形达曼光栅及其衍射光斑[45,47]

4）液晶菲涅尔透镜

相比传统的球面透镜，菲涅尔透镜（见图 2.24）通过将透镜划分为一系列理论上无数多个的同心圆纹路（菲涅尔带）达到相同的光学效果，同时缩小了器件的体积，易于集成，而且还节省了材料用量。二元菲涅尔透镜的基本原理与菲涅尔波带片相同。与传统透镜利用光的折射形成聚焦不同，菲涅尔波带片是一种利用光的衍射原理实现聚焦效果的元件，它由一系列亮暗交替分布的同心圆环构成。

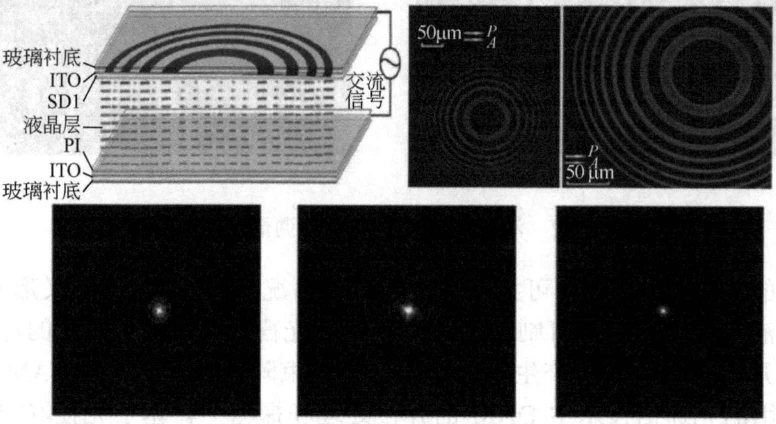

图 2.24 液晶菲涅尔透镜[48]

利用光控取向材料，可制备出 TN 和 PA 相互交错的液晶菲涅尔透镜[48]。随后，基于单侧图样化取向层的液晶菲涅尔透镜被报道[49]，由于其属于二元相位型菲涅尔透镜，因此其最大衍射效率的理论值达到 40.5%。利用类似技术手段，通过引入快速响应的铁电液晶和双频液晶，制备出具有亚毫秒响应时间的液晶菲涅尔透镜[50,51]，其综合性能也得到进一步优化。

2．基于几何相位的液晶光场调控器件

上节所述均为二值化（binary）取向的液晶器件，引入二值化的相位分布，利用衍射对光场进行整形。可以通过引入几何相位进一步提高光场整形的效率。入射光按特定规律通过连续渐变取向的液晶后，携带连续渐变的相位梯度，因而不再是二值化的台阶型相位分布，衍射效率大为提高，理论值达到100%。同时，这类几何相位液晶器件一般工作在半波条件下，物理光学厚度很小，是一种“平面光学器件”，兼具高效率、高质量、高集成度等优点，是光场调控技术的极佳选择。

对于如此复杂的液晶取向微结构，利用传统的摩擦取向难以实现，光控取向中的掩膜曝光法也不再适用。近年来，新型的光控取向曝光方法层出不穷，包括干涉法［见图 2.25（a）］[52]、激光直写法［见图 2.25（b）］[53]和基于数控微镜阵（DMD）的动态无掩膜曝光法[54]［见图 2.25（c）］。顾名思义，干涉法是指用目标光束和平面参考光相干涉形成全息图，并用光敏感材料记录制备液晶器件。激光直写法，通过缩微物镜将激光器的出射光束缩小到很小的尺寸范围，然后逐点扫描曝光，并同步旋转偏振片，做到点对点的精确取向控制。基于 DMD 的动态无掩膜曝光法中 DMD 由成千上万个微米尺度的微镜组成，这些镜子可以通过微机械控制实现开态或关态。一束均匀准直的紫外光被反射到 DMD 芯片上，DMD 作为一个动态模板，通过电脑控制端输入不同的图形，处于开态的镜子把相应位置的紫外光反射进光路，携带图案信息。经过一个消色差物镜聚焦和一个电控旋转偏振片，携带图案信息的结构光照射到位于焦平面处的涂有光控取向薄膜的液晶盒或玻璃基板上。利用 CCD 收集从样品上反射出的光斑，并保证样品到 DMD 与样品到 CCD 为共轭光路，以此实现调焦和实时监控曝光过程。由于 DMD 输出图形的任意性，结合偏振片角度的同步旋转，可便捷地实现任意取向分布的液晶微结构[25]，用于产生和调控结构光场。

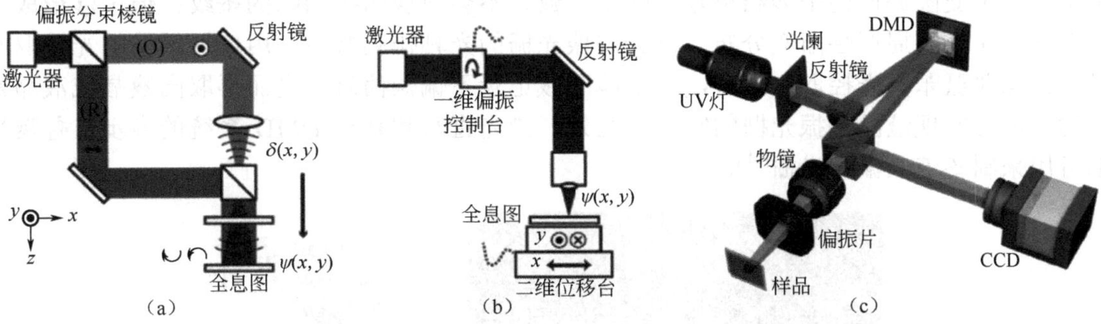

图 2.25 干涉法、激光直写法和基于 DMD 的动态无掩膜曝光法的系统[24,56]

1）液晶偏振光栅

最简单的基于几何相位的液晶光场调控器件就是液晶偏振光栅（见图 2.26），它同时包含对入射光传播方向（位相）、强度和偏振的调制。液晶偏振光栅不同于前述基于动态相位的液晶光栅，它在空间局域调控入射光偏振的同时，引入渐变的倾斜相位分布，从而产生光束衍射与偏折。其结构特征是，液晶指向矢（局域光轴）在液晶盒基板平面内呈周期性渐变排列，每个周期内从 0° 到 180° 连续渐变，而在垂直于液晶盒的方向上平行排列，满足公式：$\alpha(x,y)\propto\dfrac{\pi x}{\Lambda}$ [57]，其中 Λ 为液晶偏振光栅的周期。通过琼斯矩阵的计算[9]可得到其衍射性质：液晶偏振光栅只存在三个衍射级次（0 级和±1 级），0 级的偏振态与入射偏振保持一致，−1 级与+1 级分别为左右旋圆偏振；0 级与±1 级之间能量分布取决于相位差，当 o 光与 e 光相位差为 π 的奇数倍时，即满足半波条件时，0 级被完全抑制；而−1 级与+1 级之间能量分布取决于入射光的偏振，若是线偏振入射，两级次能量相等；若左旋或

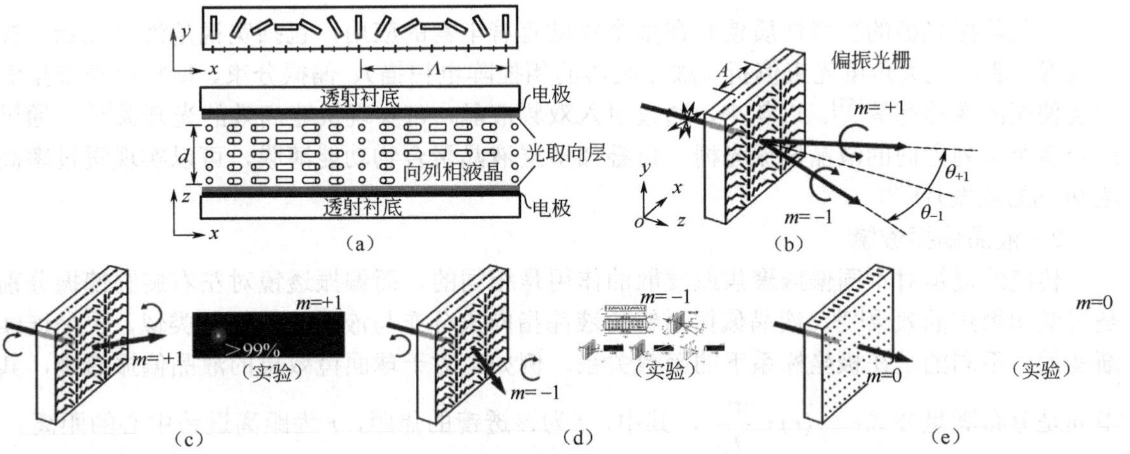

图 2.26 液晶偏振光栅结构及衍射特性[57]

右旋圆偏振入射，则只存在+1 级或-1 级，且衍射级次的圆偏振旋性与入射光相反。因此，基于液晶偏振光栅，理论上可以实现 100%效率的光束偏折和衍射。

基于液晶光轴容易操控的特性，利用微区摩擦取向或光控取向技术可实现偏振光栅的制备（见图 2.27）。目前，广泛采用偏振全息的方法，即左旋圆偏振和右旋圆偏振两光束相干涉。正交圆偏振的干涉结果是，强度一致，不会出现明暗相间的条纹；但干涉形成线偏振方向在空间周期性渐变分布，符合偏振光栅的光轴排列规律。用偏振敏感的光控取向材料，如偶氮苯类光控取向材料，在干涉区域记录下偏振信息，进而再取向液晶或液晶聚合物，即可实现液晶偏振光栅的制备。此外，激光直写和基于 DMD 系统的多步重叠曝光都可用来制备液晶偏振光栅[58]。

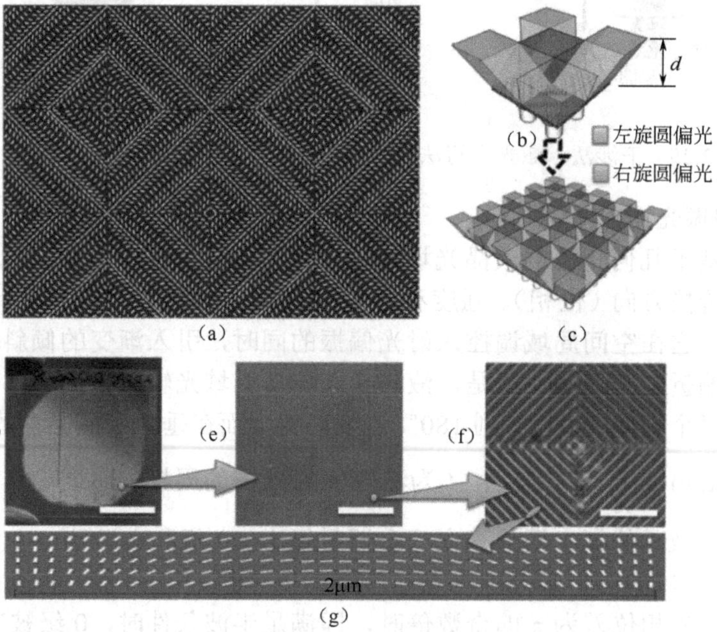

图 2.27 基于复合液晶偏振光栅结构的高效偏振片[59]

液晶偏振光栅的独特性质使其在多个领域有着丰富的应用，包括宽视角液晶显示、投影成像、非机械大角度光束偏折（激光武器的相控阵电扫描）、偏振分束、斯托克斯参量测量及偏振图像传感等[57]。近年来，通过引入双频液晶，可实现快速高效的光开关[58]；通过组合多个排列方向的液晶偏振光栅，再叠加多层液晶聚合物功能薄膜，可以实现透过率高达 90%的偏振片[59]。

2）液晶偏振透镜

传统的透镜对不同偏振聚焦或发散的作用是相同的，而偏振透镜对左右旋圆偏振分别是发散和聚焦的效果[60]。液晶偏振透镜的液晶指向矢分布与液晶偏振光栅类似，也是连续渐变的，不同的是在极坐标系下的函数关系，例如，对于球面镜效果的液晶偏振透镜，其指向是分布满足公式：$\alpha(r)=\dfrac{\pi r^2}{f\lambda}$，其中，$f$ 为该透镜的焦距，r 为距离透镜中心的距离。

由琼斯矩阵计算可以发现，左右旋圆偏振对应的几何相位分布分别为$\pm\dfrac{2\pi r^2}{f\lambda}$，分别对应发散和聚焦的球面波；同时，出射光转变为与入射相反的圆偏振态。这类特别的偏振敏感的液晶透镜（见图 2.28）在三维显示、自旋光子态筛选、多焦点聚焦等方面有着广阔的应用前景。

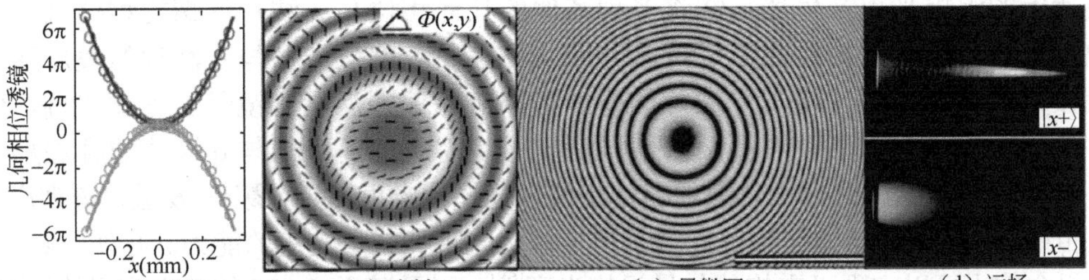

（a）相位　（b）光轴　（c）显微图　（d）远场

图 2.28　液晶偏振透镜

3）液晶 q 波片

液晶 q 波片由 L. Marrucci 等人于 2006 年提出[61]，是一种兼具高光束质量、高转换效率、低制作成本、可调节且无光束偏折等优点的涡旋光束、矢量光束产生器（见图 2.29）。液晶 q 波片本质是一个半波片，液晶指向矢（局域光轴）在空间极坐标系中随方位角呈周期性渐变分布，满足：

$$\alpha(\varphi)=q\varphi+\alpha_0$$

式中，φ 为方位角；q 为拓扑荷，描述指向矢方向随方位角变化快慢这一几何特征；α_0 是极轴上液晶指向矢方向，也被称为初始光轴角度。

入射一圆偏振光，经液晶 q 波片作用，出射为相反圆偏振，并引入螺旋形相位，即产生涡旋光束（拓扑荷$|m| = 2q$），并且该螺旋相位旋性的正负与入射圆偏振左右旋有关。若入射一线偏振，经液晶 q 波片作用，出射光线偏振在空间非均匀、呈中心对称的周期性渐变分布，即产生柱对称矢量光束（偏振级数$|P| = 2q$）[62]。

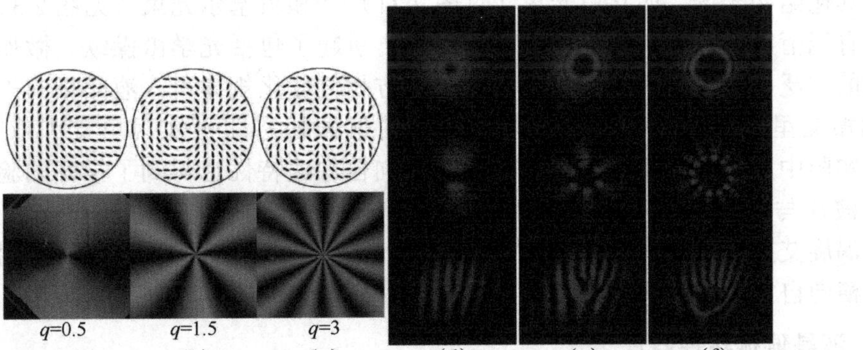

（a）　（b）　（c）　（d）　（e）　（f）

图 2.29　液晶 q 波片及其产生的涡旋光束和矢量光束[63]

在入射光与液晶 q 波片相互作用的过程中，伴随着光的自旋角动量（对应圆偏振）和轨道角动量（对应螺旋相位）的耦合或相互转化，在经典光学和量子光学等领域都有独特的应用，例如，光学捕获、粒子操纵，激光加工，超分辨显微成像（受激发射损耗荧光显微技术，STED），模式复用光通信，量子秘钥传输、量子隐形传态和量子随机行走等。可以说，液晶 q 波片是当今光的轨道角动量研究领域的宠儿。

近年来，基于液晶 q 波片的变形层出不穷：①引入新的材料体系或自组装三维结构，例如，通过微流控形成液晶微滴/微球，具有自组装螺旋超结构的胆甾相液晶可构成反射式宽波段适用的涡旋光束产生器；②将多种其他的几何相位与 q 波片的螺旋相位进行叠加，包括空间变化 q 波片结构参数形成液晶 meta-q 波片[56]，偏振光栅与 q 波片的叠加形成液晶叉形偏振光栅[64]，偏振透镜与 q 波片的叠加形成液晶偏振涡旋透镜[65]，偏振光栅、偏振透镜与 q 波片三者的叠加形成液晶叉形偏振涡旋透镜[66]，达曼光栅与 q 波片的叠加形成液晶达曼 q 波片[67]等。这些几何相位叠加器件将偏振选择性光束偏折、聚焦/发散、阵列产生等功能与之相结合，极大地丰富了液晶 q 波片产生涡旋光束和矢量光束的能力。此外，多个液晶 q 波片的组合使用可以实现可重构的矢量涡旋光束[68]，以及基于 OAM 的数学逻辑算法[69]等。

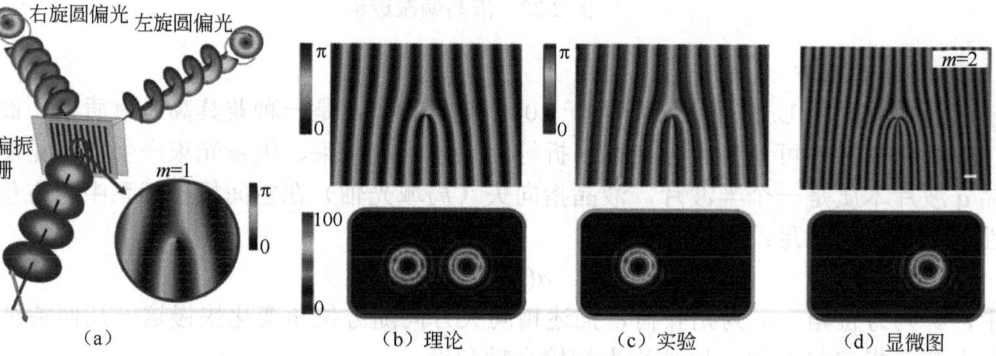

图 2.30　液晶叉形偏振光栅[64]

4）其他特殊光场

类似地，根据目标特种光束的相位分布，设计具有相应光轴分布的液晶波片，同样能够实现其他结构光场，如艾里光束（见图 2.31）[70]和贝塞尔光束（见图 2.32）[71]等。艾里光束具有无衍射、横向自加速和自愈等特性，引起了包括光学微操纵、微加工和生物医学等领域的广泛关注。通过将艾里模板的三次方相位变化规律引入液晶指向矢的分布，制备液晶偏振艾里模板[70]，通过控制入射光束的偏振状态即可实现单支和双支艾里光束的切换。实验中产生的艾里光束的无衍射和横向自加速特性也得到了很好的验证。此外，将液晶 q 波片与液晶偏振艾里模板组合后，可产生兼具涡旋光束和艾里光束特征的复合光场——涡旋艾里光[72]。BY Wei 等人还从实验上验证了此复合涡旋光场的拓扑荷、无衍射、自愈和横向自加速等性质。

3．液晶偏振转换器件

液晶 q 波片本质上是一个光轴不均一的半波片，因此会将入射的线偏振光转变为空间非均匀的偏振光束，即柱对称矢量光束。此外，类似液晶 q 波片，光轴在空间有一定规律的 1/4 液晶波片也可产生矢量光束（见图 2.33），不同的是，此时需要入射一圆偏振光[73]。

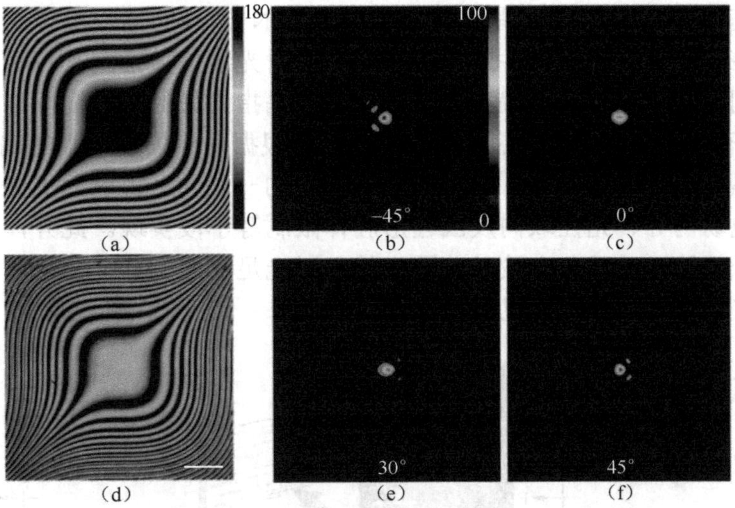

图 2.31 液晶偏振艾里模板及其产生的偏振可调艾里光束[70]

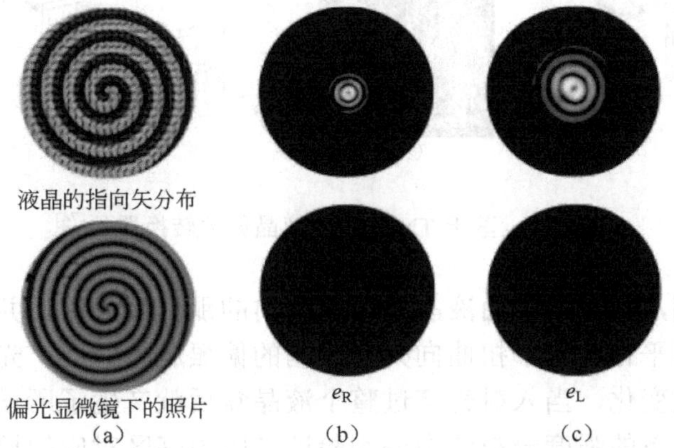

图 2.32 液晶贝塞尔光束产生器[71]

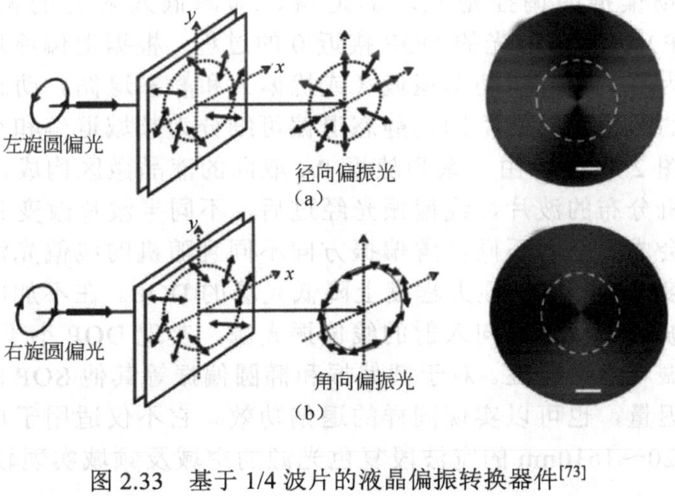

图 2.33 基于 1/4 波片的液晶偏振转换器件[73]

除了上述基于波片原理的液晶偏振转换器件，TN 液晶的偏振旋转效应也可实现对入射光偏振的调控。在满足摩根条件的情况下，当入射光线偏振方向平行（或垂直）于入射面液晶均一排列的方向时，光的偏振方向会随着液晶指向矢的扭曲而同步转动，最终与出射面的液晶分子排列方向一致（或垂直）。因此，可根据目标矢量光束的偏振分布情况，设计出射面上液晶分子的排列分布，同时保持入射面均一取向。出射面上液晶分子的分布可通过圆摩擦、电场诱导、光控取向及圆柱形腔体限制等手段实现。此外，有别于波片对偏振调控的单波长特性，对于一定波长范围内的入射光足够厚的 TN 盒均可满足摩根条件，即可实现宽谱矢量光束的产生（见图 2.34）。

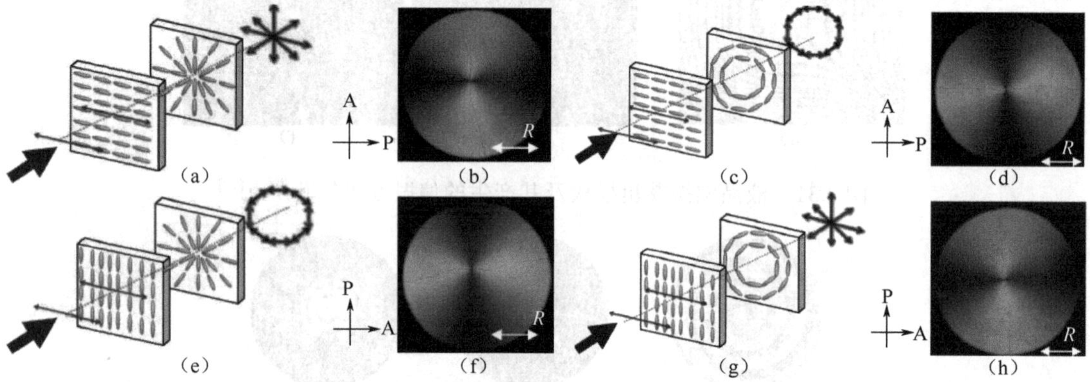

图 2.34 基于 TN 效应的液晶偏振转换器件[74]

在实验中观察到，入射光束由液晶盒均匀取向的那一面入射，并且使其偏振方向与这一面的液晶取向方向平行。由于扭曲向列相液晶的偏振旋转效应，光的偏振会跟随局域的液晶指向矢分布发生变化，当入射光穿过整个液晶盒后就产生了所设计的矢量光束。这可以从正交偏光显微镜下的强度分布图中得到验证（图中亮区对应的局域出射偏振方向与检偏器方向平行，而暗区对应的局域出射偏振方向与检偏器方向垂直）。

另一种对光场偏振的调控是光场的退偏，即降低入射光的偏振度（degree of polarization，DOP）或使出射光的 DOP 接近 0 的过程。根据退偏原理的不同，目前的退偏技术主要分为两大类，即动态退偏（或扰偏）和静态退偏。动态退偏为时域上的退偏；根据具体的退偏方式的不同，静态退偏可细分为频域退偏和空域退偏。其中，液晶退偏器（见图 2.35）[55]由一系列随机 PA 取向的液晶微区构成，属于空域退偏。利用系列光轴随机分布的波片，线偏振光经过后，不同半波片改变其偏振方向的角度不同，出射光便会成为空间不同位置偏振方向不同且随机的线偏光混合而成的光场，从空间平均的角度分析，可以很大程度上降低光场的 DOP。在不加电的情况下，液晶退偏器可对通信波段的任意方向入射的线偏振光源，实现 DOP 小于 5%的退偏效果，展现了很好的偏振不敏感特性。对于圆偏振和椭圆偏振等其他 SOP 的入射光，通过电调样品的位相延迟量，也可以实现同样的退偏功效。它不仅适用于单波长 1550nm 的光源，还可对 1520～1610nm 的宽波段复色光源的空域及频域实现较好的退偏作用。

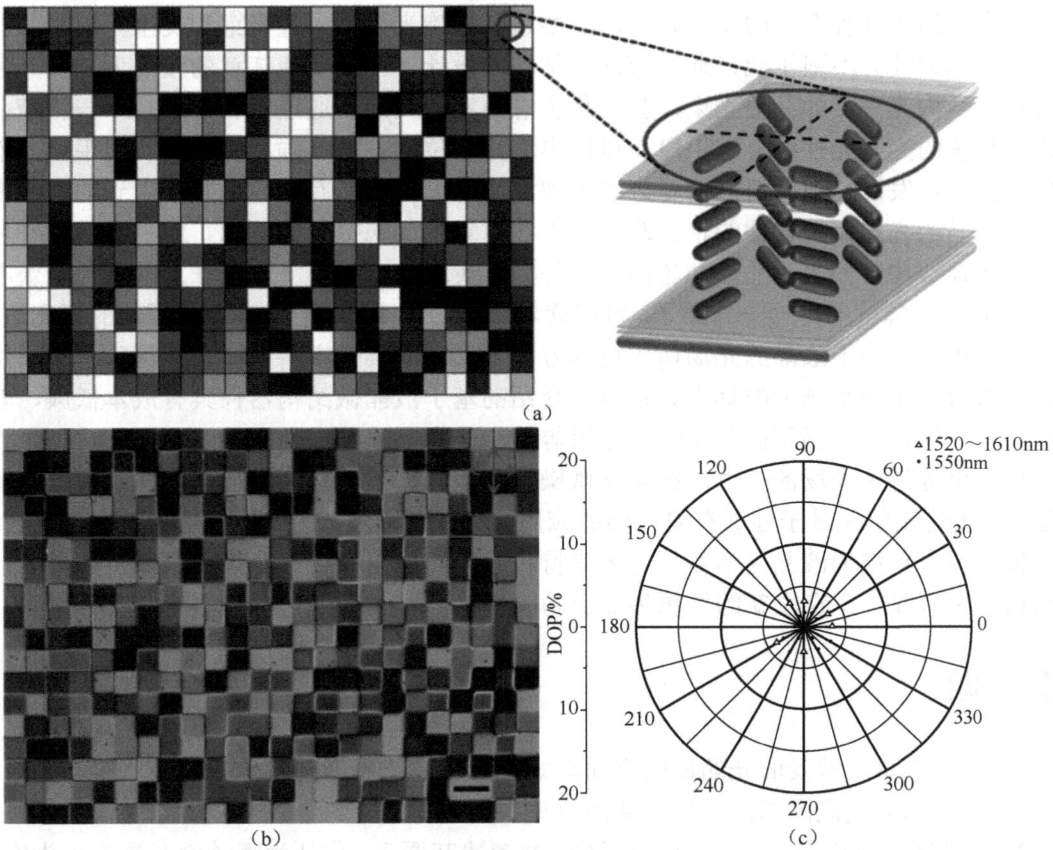

图 2.35　液晶退偏器[55]

2.4　讨论和展望

在这里需要特别指出的是，本章所介绍的主要成果都是基于全液晶体系（以向列相液晶为主）的可见光波段的光场调控，这也是目前科学工作者们研究得较为成熟的热点领域。由于液晶具有极宽波段的光学各向异性，从可见光到（近）红外、太赫兹甚至微波波段，结合液晶优良的电光调谐特性，同一器件可适用于不同波段。通过设计液晶盒的盒厚或选取特定双折射率的液晶材料，可以精确控制所需达到的相位差条件（如半波条件），因此可省去吸收型的电极，使基于液晶的光场调控器件可以适用于短脉冲强光调制。

除了本章着重介绍的基于向列相液晶的光场调控器件，一些特种液晶材料，包括胆甾相液晶、铁电液晶和近晶相液晶及各类液晶材料自身拓扑缺陷态或形成的液晶微滴等，也可实现光场调控的功能。将液晶光场调控技术拓展到其他相态的液晶材料体系是非常有意义的。例如，利用胆甾相液晶的自组装螺旋超结构，可以实现反射式宽波段同等高效的涡旋光束；双频液晶、蓝相液晶和铁电液晶等新型液晶材料的引入，可以大大提高液晶光场调控器件的响应速度；近晶相液晶紧密规则排列的自组装焦锥态缺陷，可产生有序的涡旋光束阵列。

本章介绍了几种典型的特殊光场，主要包括涡旋光束、矢量光束和艾里光束等，实际光场产生和调控并不限于此，通过液晶微结构的设计，可以实现任意的波前调制，产生更为复杂的结构光束，如马丢光束，甚至是全息图案。此外，通过相位集成技术、将液晶微结构与传统的光学元件结合等手段，可以丰富光相位、偏振、强度操控的实现手段。液晶光场调控技术发展迅速，短期内要想涵盖液晶光场调控的所有方面是无法做到的，很多其他基于液晶的光场调控器件的特性及其应用在本章中尚未提及，例如，用液晶作为环境介质调谐特殊结构（如光子晶体和超构材料等）以实现光束整形（这点在本书其他章节有所涉及），限于篇幅就不再一一介绍了。希望读者通过阅读本章，能了解相关领域的研究进展。

近些年来，基于液晶的光场调控技术方兴未艾，从实验室科学研究到国防建设、生产生活，来彰显出越来越大的魅力。本章所介绍的基于液晶微结构器件具有成本低廉、轻便集成、电光可调、偏振可控和宽波段适用等特点，高品质、高效率的涡旋光束、矢量光束和艾里光束等特殊光场的产生，在光学微操控、激光加工、超分辨显微成像、模式复用光通信、非线性光学和量子领域有着广阔的应用前景。液晶为光场调控技术带来了新的选择，有望催生各类新型的液晶光学器件并拓宽特种光场的应用领域。在显示领域至关重要的传统材料——液晶，正在全新的领域彰显出勃勃生机。

习　题

1．请举出本章涉及的光的横向空间模式，你还能想到哪些特殊的光束？

2．基于向列相液晶调控光场主要的物理机制是什么？

3．液晶透镜有许多种类，请列举五例，并简述其原理。你认为哪种液晶透镜更为实用，为什么？

4．对光场的相位调制主要分哪两种，其区别是什么？

5．光控取向与摩擦取向相比，有哪些优势，目前最先进的技术手段有哪些，其优劣势是什么，分别适合在哪些情况下使用？

6．液晶偏振转换器件主要分为哪两种，分别简述其特点。你是否想到兼顾两者优势的途径？

参考文献

[1] Zhan Q. Cylindrical vector beams：From mathematical concepts to applications [J]. Adv. Opt. Photonics，2009，1（1）：1-57.

[2] Yao A M，Padgett M J. Orbital angular momentum：Origins，behavior and applications [J]. Adv. Opt. Photonics，2011，3（2）：161-204.

[3] Torres J P，Torner L. Twisted photons：Applications of light with orbital angular momentum [M]. Wiley-VCH Verlag GmbH & Co. KGaA，2011.

[4] Hall D G. Vector-beam solutions of Maxwell's wave equation [J]. Opt. Lett.，1996，21（1）：9-11.

[5] Siviloglou G，Broky J，Dogariu A，et al. Observation of accelerating Airy beams [J]. Phys. Rev. Lett.，2007，99（21）：213901.

[6] Durnin J. Exact solutions for nondiffracting beams [J]. J. Opt. Soc. Am. A，1987，4（4）：651-654.

[7] Hafizi B，Sprangle P. Diffraction effects in directed radiation beams [J]. J. Opt. Soc. Am. A，1991，8（5）：705-717.

[8] Khoo I C，Wu S T. Optics and nonlinear optics of liquid crystals [M]. Singapore：World Scientific，1993.

[9] Yeh P，Gu C. Optics of liquid crystal displays [M]. New Jersey：John Wiley & Sons，2010.

[10] Forbes A，Dudley A，McLaren M. Creation and detection of optical modes with spatial light modulators [J]. Adv. Opt. Photonics，2016，8（2）：200-227.

[11] Teich M C，Saleh B. Fundamentals of photonics [M]. Canada：John Wiley & Sons，1991.

[12] Lin H C，Chen M S，Lin Y H. A review of electrically tunable focusing liquid crystal lenses [J]. Trans. Electr. Electron. Mater.，2011，12（6）：234-240.

[13] Ji H S，Kim J H，Kumar S. Electrically controllable microlens array fabricated by anisotropic phase separation from liquid-crystal and polymer composite materials [J]. Opt. Lett.，2003，28（13）：1147-1149.

[14] Ren H，Fan Y H，Gauza S，et al. Tunable-focus flat liquid crystal spherical lens [J]. Appl. Phys. Lett.，2004，84（23）：4789-4791.

[15] Lin Y H，Chen H S，Lin H C，et al. Polarizer-free and fast response microlens arrays using polymer-stabilized blue phase liquid crystals [J]. Appl. Phys. Lett.，2010，96（11）：113505.

[16] Wang B，Ye M，Sato S. Liquid crystal lens with focal length variable from negative to positive values [J]. IEEE Photonic. Tech. L.，2006，18（1）：79-81.

[17] Lindquist R，Leslie T，Kulick J，et al. High-resolution liquid-crystal phase grating formed by fringing fields from interdigitated electrodes [J]. Opt. Lett.，1994，19（9）：670-672.

[18] Liu Y，Sun X，Luo D，et al. Generating electrically tunable optical vortices by a liquid crystal cell with patterned electrode [J]. Appl. Phys. Lett.，2008，92（10）：101114.

[19] Dai H，Sun X，Luo D，et al. Airy beams generated by a binary phase element made of polymer-dispersed liquid crystals [J]. Opt. Express，2009，17（22）：19365-19370.

[20] Luo D，Dai H，Sun X，et al. Electrically switchable finite energy Airy beams generated by a liquid crystal cell with patterned electrode [J]. Opt. Commun.，2010，283（20）：3846-3849.

[21] Pancharatnam S. Generalized theory of interference，and its applications. Part I. Coherent pencils [J]. P. Indian AS-Math. Sci.，1956，44（5）：247-262.

[22] Berry M V. The adiabatic phase and pancharatnam phase for polarized-light [J]. J. Mod. Optic.，1987，34（11）：1401-1407.

[23] Yin X，Ye Z，Rho J，et al. Photonic spin Hall effect at metasurfaces [J]. Science，2013，339（6126）：1405-1407.

[24] Kim J，Li Y，Miskiewicz M N，et al. Fabrication of ideal geometric-phase holograms with arbitrary wavefronts [J]. Optica，2015，2（11）：958-964.

[25] Chen P，Lu Y Q，Hu W. Beam shaping via photopatterned liquid crystals [J]. Liq. Cryst.，2016，43：2051-2061.

[26] 黄锡珉，黄辉光，李之熔. 液晶器件手册 [M]. 北京：航空工业出版社，1992.

[27] Berreman D W. Solid surface shape and the alignment of an adjacent nematic liquid crystal [J]. Phys.

Rev. Lett., 1972, 28 (26): 1683.

[28] Schadt M, Seiberle H, Schuster A. Optical patterning of multi-domain liquid-crystal displays with wide viewing angles [J]. Nature, 1996, 381 (6579): 212-215.

[29] Schadt M, Schmitt K, Kozinkov V, et al. Surface-induced parallel alignment of liquid crystals by linearly polymerized photopolymers [J]. Jpn. J. Appl. Phys., 1992, 31 (7R): 2155.

[30] Hasegawa M, Taira Y. Nematic homogeneous photo alignment by polyimide exposure to linearly polarized UV [J]. J. Photopolym. Sci. Tec., 1995, 8 (2): 241-248.

[31] Ichimura K, Suzuki Y, Seki T, et al. Reversible change in alignment mode of nematic liquid crystals regulated photochemically by command surfaces modified with an azobenzene monolayer [J]. Langmuir, 1988, 4 (5): 1214-1216.

[32] Chigrinov V, Pikin S, Verevochnikov A, et al. Diffusion model of photoaligning in azo-dye layers [J]. Phys. Rev. E, 2004, 69 (6): 061713.

[33] Akiyama H, Kawara T, Takada H, et al. Synthesis and properties of azo dye aligning layers for liquid crystal cells [J]. Liq. Cryst., 2002, 29 (10): 1321-1327.

[34] Honma M, Nose T. Polarization-independent liquid crystal grating fabricated by microrubbing process [J]. Jpn. J. Appl. Phys., 42003, 42 (11R): 6992.

[35] Hu W, Srivastava A K, Lin X W, et al. Polarization independent liquid crystal gratings based on orthogonal photoalignments [J]. Appl. Phys. Lett., 2012, 100 (11): 111116.

[36] Hu W, Srivastava A, Xu F, et al. Liquid crystal gratings based on alternate TN and PA photoalignment [J]. Opt. Express, 2012, 20 (5): 5384-5391.

[37] Li J N, Hu X K, Wei B Y, et al. Simulation and optimization of liquid crystal gratings with alternate twisted nematic and planar aligned regions [J]. Appl. Optics, 2014, 53 (22): E14-E18.

[38] Lin X W, Hu W, Hu X K, et al. Fast response dual-frequency liquid crystal switch with photo-patterned alignments [J]. Opt. Lett., 2012, 37 (17): 3627-3629.

[39] Srivastava A K, Hu W, Chigrinov V, et al. Fast switchable grating based on orthogonal photo alignments of ferroelectric liquid crystals [J]. Appl. Phys. Lett., 2012, 101 (3): 031112.

[40] Wei B Y, Hu W, Ming Y, et al. Generating switchable and reconfigurable optical vortices via photopatterning of liquid crystals [J]. Adv. Mater., 2014, 26 (10): 1590-1595.

[41] Ma Y, Wei B, Shi L, et al. Fork gratings based on ferroelectric liquid crystals [J]. Opt. Express, 2016, 24 (6): 5822-5828.

[42] Zhou C, Liu L. Numerical study of Dammann array illuminators [J]. Appl. Optics, 1995, 34 (26): 5961-5969.

[43] Wang X Q, Srivastava A K, Fan F, et al. Electrically/optically tunable photo-aligned hybrid nematic liquid crystal Dammann grating [J]. Opt. Lett., 2016, 41 (24): 5668-5671.

[44] Fan F, Yao L, Wang X, et al. Ferroelectric liquid crystal Dammann grating by patterned photoalignment [J]. Crystals, 2017, 7 (3): 79.

[45] Luo D, Sun X W, Dai H T, et al. Polarization-dependent circular Dammann grating made of azo-dye-doped liquid crystals [J]. Appl. Optics, 2011, 50 (15): 2316-2321.

[46] Lei T, Zhang M, Li Y, et al. Massive individual orbital angular momentum channels for multiplexing

enabled by dammann gratings [J]. Light-Sci. Appl., 2015, 4 (3): e257.

[47] Chen P, Ge S J, Ma L L, et al. Generation of equal-energy orbital angular momentum beams via photopatterned liquid crystals [J]. Phys. Rev. Appl., 2016, 5 (4): 044009.

[48] Wang X Q, Srivastava A K, Chigrinov V G, et al. Switchable Fresnel lens based on micropatterned alignment [J]. Opt. Lett., 2013, 38 (11): 1775-1777.

[49] Wang X, Fan F, Du T, et al. Liquid crystal Fresnel zone lens based on single-side-patterned photoalignment layer [J]. Appl. Optics, 2014, 53 (10): 2026-2029.

[50] Srivastava A K, Wang X, Gong S, et al. Micro-patterned photo-aligned ferroelectric liquid crystal Fresnel zone lens [J]. Opt. Lett., 2015, 40 (8): 1643-1646.

[51] Wang X Q, Yang W Q, Liu Z, et al. Switchable Fresnel lens based on hybrid photo-aligned dual frequency nematic liquid crystal [J]. Opt. Mater. Express, 2017, 7 (1): 8-15.

[52] Crawford G P, Eakin J N, Radcliffe M D, et al. Liquid-crystal diffraction gratings using polarization holography alignment techniques [J]. J. Appl. Phys., 2005, 98 (12): 123102.

[53] Miskiewicz M N, Escuti M J. Direct-writing of complex liquid crystal patterns [J]. Opt. Express, 2014, 22 (10): 12691-12706.

[54] Wu H, Hu W, Hu H C, et al. Arbitrary photo-patterning in liquid crystal alignments using DMD based lithography system [J]. Opt. Express, 2012, 20 (15): 16684-16689.

[55] Wei B Y, Chen P, Ge S J, et al. Liquid crystal depolarizer based on photoalignment technology [J]. Photonics Res., 2016, 4 (2): 70-73.

[56] Ji W, Lee C H, Chen P, et al. Meta-q-plate for complex beam shaping [J]. Sci. Rep., 2016, 6: 25528.

[57] Kim J. Liquid crystal geometric phase holograms for efficient beam steering and imaging spectropolarimetry [D]. Raleigh: North Carolina State University, 2011.

[58] Duan W, Chen P, Wei B Y, et al. Fast-response and high-efficiency optical switch based on dual-frequency liquid crystal polarization grating [J]. Opt. Mater. Express, 2016, 6 (2): 597-602.

[59] Du T, Fan F, Tam A M W, et al. Complex nanoscale-ordered liquid crystal polymer film for high transmittance holographic polarizer [J]. Adv. Mater., 2015, 27 (44): 7191-7195.

[60] Tam A M W, Fan F, Chen H S, et al. Nanoscopic patterned photo-alignment for electrically switchable liquid crystal Pancharatnam-Berry phase diffractive lens [J]. Sid Symposium Digest of Techical Papers, 2016, 47 (1): 599.

[61] Marrucci L, Manzo C, Paparo D. Optical spin-to-orbital angular momentum conversion in inhomogeneous anisotropic media [J]. Phys. Rev. Lett., 2006, 96 (16): 163905.

[62] Cardano F, Karimi E, Slussarenko S, et al. Polarization pattern of vector vortex beams generated by q-plates with different topological charges [J]. Appl. Optics, 2012, 51 (10): C1-C6.

[63] Slussarenko S, Murauski A, Du T, et al. Tunable liquid crystal q-plates with arbitrary topological charge [J]. Opt. Express, 2011, 19 (5): 4085-4090.

[64] Chen P, Wei B Y, Ji W, et al. Arbitrary and reconfigurable optical vortex generation: A high-efficiency technique using director-varying liquid crystal fork gratings [J]. Photonics Res., 2015, 3 (4): 133-139.

[65] Tam A M, Fan F, Du T, et al. Bifocal optical-vortex lens with sorting of the generated nonseparable

spin-orbital angular-momentum states [J]. Phys. Rev. Appl., 2017, 7 (3): 034010.

[66] Duan W, Chen P, Ge S J, et al. Helicity-dependent forked vortex lens based on photo-patterned liquid crystals [J]. Opt. Express, 2017, 25 (13): 14059-14064.

[67] Chen P, Ge S J, Duan W, et al. Digitalized geometric phases for parallel optical spin and orbital angular momentum encoding [J]. ACS Photonics, 2017, 4 (6): 1333-1338.

[68] Tang M J, Chen P, Zhang W L, et al. Integrated and reconfigurable optical paths based on stacking optical functional films [J]. Opt. Express, 2016, 24 (22): 25510-25514.

[69] Delaney S, Sánchez-López M M, Moreno I, et al. Arithmetic with q-plates [J]. Appl. Optics, 2017, 56 (3): 596-600.

[70] Wei B Y, Chen P, Hu W, et al. Polarization-controllable Airy beams generated via a photoaligned director-variant liquid crystal mask [J]. Sci. Rep., 2015, 5: 17484.

[71] Larocque H, Gagnon-Bischoff J, Bouchard F, et al. Arbitrary optical wavefront shaping via spin-to-orbit coupling [J]. J. Opt., 2016, 18 (12): 124002.

[72] Wei B Y, Chen P, Ge S J, et al. Generation of self-healing and transverse accelerating optical vortices [J]. Appl. Phys. Lett., 2016, 109 (12): 121105.

[73] Fan F, Du T, Srivastava A K, et al. Axially symmetric polarization converter made of patterned liquid crystal quarter wave plate [J]. Opt. Express, 2012, 20 (21): 23036-23043.

[74] Tzeng Y Y, Ke S W, Ting C L, et al. Axially symmetric polarization converters based on photo-aligned liquid crystal films [J]. Opt. Express, 2008, 16 (6): 3768-3775.

第 3 章

蓝相液晶材料

郑致刚　李　萧
华东理工大学
理学院/材料科学与工程学院

3.1　蓝相液晶材料简介

作为出现在各向同性相液晶和手性向列相液晶之间的一种特殊液晶相态，蓝相液晶于1888 年首次被 Reinitzer 发现[1]。蓝相液晶（blue phase liquid crystal，BPLC）是普通向列相液晶与手性向列相液晶以某比例混合而成的，因而蓝相液晶具有高手性，所得材料在降温过程中即可出现蓝相。在降温过程中，液晶分子自组装形成具有双螺旋结构的双螺旋柱，双螺旋柱进一步堆叠形成三维立方晶格，与此同时，蓝相Ⅲ、蓝相Ⅱ及蓝相Ⅰ三种不同类型蓝相依次出现[2]，且分别表现为无规则排列的雾状相、简单立方晶格结构和体心立方晶格结构[3~7]。图 3.1 所示为典型的蓝相Ⅰ及蓝相Ⅱ立方晶格结构。

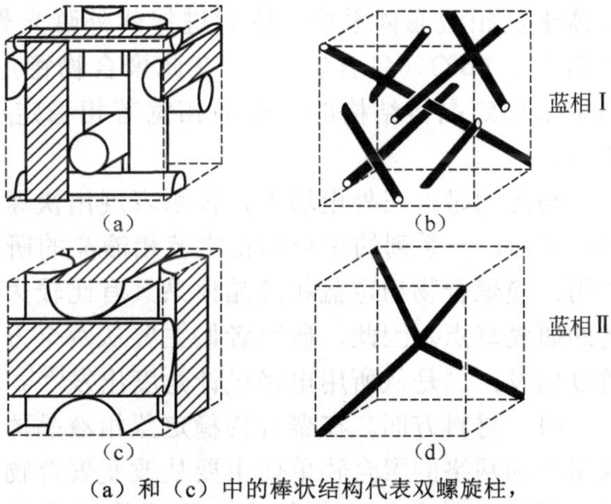

（a）和（c）中的棒状结构代表双螺旋柱，（b）和（d）中的粗线代表缺陷

图 3.1　蓝相Ⅰ及蓝相Ⅱ的结构[12]

蓝相这种复杂的结构导致其在宏观上没有平均指向矢，故而具有光学各向同性的特性。它之所以被叫作蓝相，是因为第一次被发现时它是蓝色的，1956 年，G. W. Gray 将其定义为蓝相[8]。事实上，研究者发现蓝相并不一定只是蓝色，这是由其特定的选择性布拉格反射决定的，由于各晶格的晶格取向（晶面指数）不一致，各晶格的反射色也不一

致，因此显微织构五颜六色都有可能[9]。蓝相已经应用于三维光子晶体的激光应用。另外，由于蓝相的连续性及流动性，蓝相液晶也可以进行外场调制，用于光学纤维。近年来，由于蓝相液晶材料具有快速的响应时间、宽泛的可视角、光学各向同性等优异的特性，已经引起研究者越来越大的关注，并且有望成为下一代快速显示及光子器件领域的理想材料[10~13]。蓝相液晶的一些缺点也限制了蓝相液晶材料的广泛应用。一方面，蓝相液晶材料具有很窄的稳定温宽（1～2℃）；另一方面，由于蓝相液晶的电致双折射极低，且蓝相液晶的电场响应主要源于 Kerr 效应，因此对一些光子器件的折射率进行调制则比较困难[14]。除此之外，当然还有一系列相关问题，基于此，科学家们做出了各种研究，以改善其各项性能，从而发挥其最大应用。

目前，对于蓝相液晶材料的研究有很多方面，本章将分类介绍蓝相液晶材料，对研究者们在此领域做出的代表性工作做一个简要概括。本章涉及的蓝相液晶材料主要有聚合物稳定蓝相液晶材料、弯曲形蓝相液晶材料、掺杂纳米粒子的蓝相液晶材料、氢键稳定的蓝相液晶材料、光调控的蓝相液晶材料，以及在此基础上衍生的各类方法交叉及蓝相液晶材料在光子学方面的一些器件应用等。希望通过本章的介绍，为研究者们今后的研究工作提供一个良好的参考。

3.2 聚合物稳定的蓝相液晶材料

众所周知，由于缺陷的存在，蓝相液晶很不稳定，因此聚合物稳定蓝相液晶的方法是目前最为有效的拓宽蓝相温宽的方法之一[15]。2002 年，Kikuchi 等人[16]发表的关于聚合物稳定蓝相液晶的文章激起研究者对聚合物稳定蓝相液晶浓厚的兴趣，点燃了科学家们的信心，开启了一段新的征程。这篇文章中提到，通过引入少量（7%～8%）可聚合单体于蓝相液晶体系中，然后进行紫外曝光聚合，从而形成高分子网络，首次将蓝相温宽拓宽至 60℃（包含室温）。在此聚合物稳定的蓝相液晶体系中，聚合物是通过进入缺陷中来稳定晶格结构的，进而拓宽蓝相稳定温宽的。聚合物稳定蓝相液晶模型如图 3.2 所示。

与此同时，在外电场下，体系表现出快速的电光响应特性，这为其应用打下坚实的基础。之后，一系列的聚合物稳定蓝相液晶的研究层出不穷[17~21]。然而，由于高分子的锚定作用，使聚合物稳定蓝相液晶体系具有比较大的驱动电压及明显的迟滞，这些都是值得推进的研究重点。因此，研究者们主要从两个方面着手对其性能进行改善：一是从材料本身角度出发；二是从所用电极设计角度出发[22]。

（1）材料方面。在聚合物稳定蓝相液晶体系中主要存在聚合物网络和液晶两相，而构成聚合物网络的聚合物单体主要从改变聚合物网络的密度和聚合物网络的螯合力两个方面影响其光电性能。密集的聚合物网络有助于降低迟滞效应、减小响应时间，但会在一定程度上增大驱动电压；低螯合力的聚合物网络则有利于降低驱动电压，并有效地改善迟滞效应[15]。因此，一些课题组通过功能性单体材料的掺杂来削弱高分子锚定作用，从而降低驱动电压，提升了聚合物稳定蓝相体系的电光性能[23~25]。郑致刚课题组在聚合物稳定蓝相体系中引入含氟小分子，通过降低聚合物网络和液晶分子之间的锚定力和体系黏度，不仅将蓝相温宽拓宽至 110℃，而且在极端温度下（-50℃），该体系也有良好的电光调制特性，在驱动电压降低60%的同时，还保证很弱的迟滞效应。在此极端温度下，其Kerr系数几乎比普通聚合物稳定蓝相液晶体系（约 0.01nm/V^2）大两个数量级。通过模拟计算，与未加氟体系相比，氟化后体系中聚合物网络与液晶分子之间的界面能降低了16%[26]。此外，Shin-Tson Wu课题组通过掺杂单官能度单体C12A来促进聚合物网络和液晶分子之间的相分离，使液晶分子容易再定位、易驱动[25]。

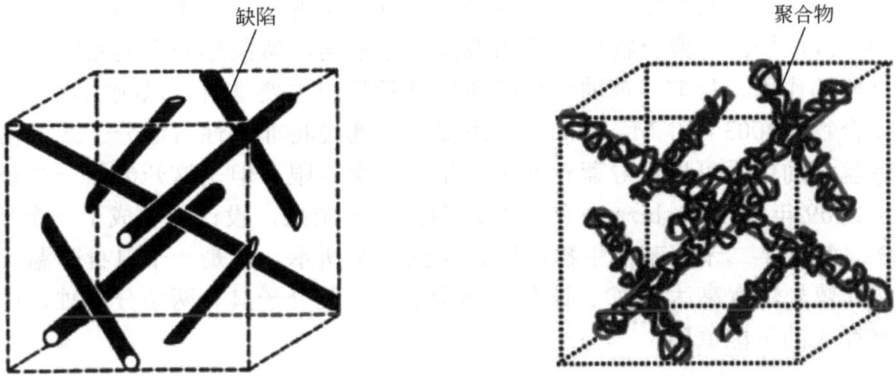

（a）　　（b）

图 3.2　聚合物稳定蓝相 I 的可能模型[16]

（2）还有一些课题组，从设计电极角度出发，来达到最终目的。对于普通IPS电极，可以通过减小电极宽度来增强水平电场强度，但是随着电极间距变窄，渗透深度也会变浅，于是导致光学效率变低。为了克服此困难，Rao等人设计了一种凸电极结构［见图3.3（a）］[27]，在这个设计中，在x轴方向和z轴方向上都可以产生相应电场，前者促进驱动电压的降低，后者可以使其获得高透过率。结果戏剧性地降低驱动电压至10V，并且同时具有约70%的高透过率。另外，此器件还可以由a-Si TFTs驱动。随着较大Kerr系数液晶材料的发展，相信驱动电压还可以进一步降低，进而更好地广泛应用于液晶显示等方面。Jiao等人设计了一种波纹电极［见图3.3（b）］，他发现驱动电压得到良好改善，并且在一定程度上提高了透过率；此外，大大地增加了其可视角范围及响应速度[28]。当然，也有墙电极等通过电极设计角度来替代普通的IPS及VFS电极[29]。可见，通过对电极形状的特殊设计，来改善蓝相液晶电光特性是一种有效方法。

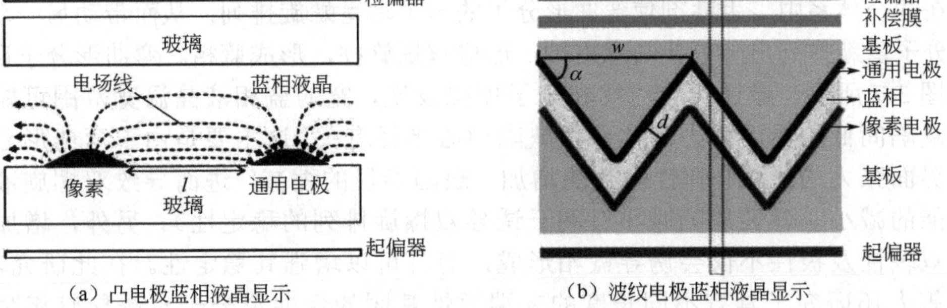

（a）凸电极蓝相液晶显示　　（b）波纹电极蓝相液晶显示

图 3.3　蓝相液晶显示[27,28]

3.3 弯曲形分子诱导形成的蓝相液晶材料

自从 1996 年 Niori 提出非手性弯曲形液晶的极性可调节特性后[30]，弯曲形材料就引起了研究者的浓厚兴趣。弯曲形分子诱导蓝相液晶的形成发展至今，已经取得卓越进展[31~38]。弯曲形分子，是指那些具有中心弯曲核的分子，其分子的形状与香蕉相像，也称为香蕉形分子（见图 3.4）[39]。与聚合物稳定蓝相液晶原理不同，弯曲形分子的双轴性对稳定蓝相起着至关重要的作用。目前，弯曲形分子诱导蓝相形成主要是引入以噁二唑、噻吩、苯环等为核的化合物。2003 年，M. Nakata 小组提出，通过将非手性弯曲分子或外消旋分子加入本身没有蓝相的体系可以诱导蓝相产生，虽然温宽有限，但是这开创了一个获得蓝相的新手段[40]。2009 年，A. Yoshizawa 结合其之前的研究结果，设计并合成了一个新的分子，联萘的 2,3-二氟-1,4-二苯基苯衍生物，结构如图 3.5 所示。这是一个自身降温就能出现蓝相的分子，其蓝相温宽高达 30℃。该分子模型表明，此分子具有两条分子轴，这也是宽温宽蓝相能够存在的可能原因[41]。

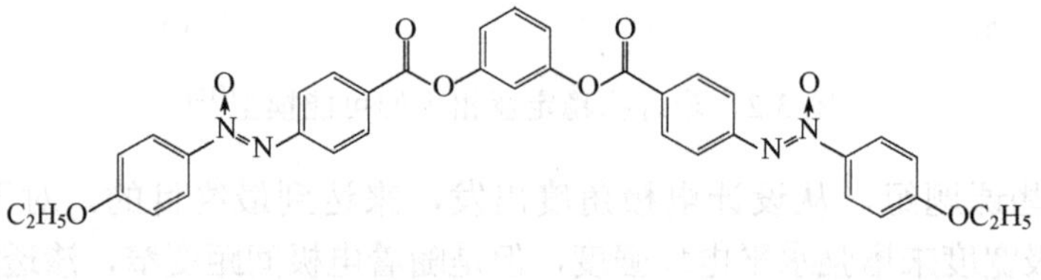

图 3.4　首个弯曲形分子[39]

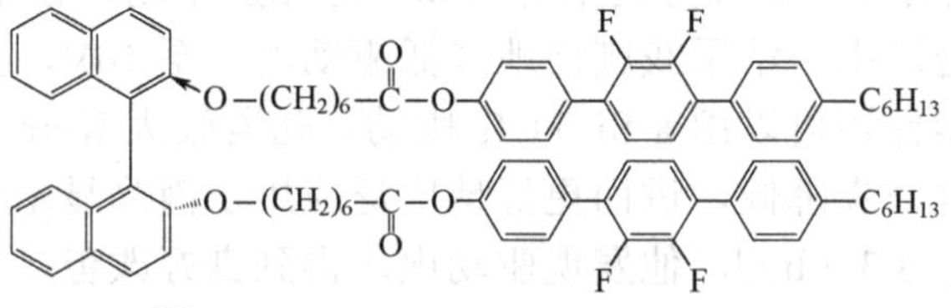

图 3.5　联萘的 2,3-二氟-1,4-二苯基苯衍生物[41]

2010 年，郑致刚等人对弯曲形分子诱导蓝相做了深入研究，合成了噁二唑类弯曲形分子（见图 3.6）[38]，然后将其加入普通手性向列相体系中，所诱导出的蓝相温宽最高可达 29℃，在混合体系中，手性剂使弯曲形分子的一个轴呈螺旋排列，从而带动另一个轴使周围液晶分子重新排列出一个新的螺旋轴，形成双螺旋柱，形成蓝相。弯曲形分子诱导蓝相原理如图 3.7 所示。通过实验对比和分子模拟发现，宽的蓝相液晶温宽范围可能与液晶分子和缺陷间低的界面张力及体系里缺陷中心半径有关。这主要是由于弯曲形分子的掺杂导致界面张力的降低、弹性常数的增加、缺陷半径的缩减，进而导致双螺旋液晶及缺陷弹性能的减小（弹性能的减小有利于诱导双螺旋排列的稳定性）。另外，增加弯曲形分子的双轴性及极性不仅会诱导蓝相形成，而且可以增强其稳定性。在此研究基础上，郑致刚等人还研究了具有不同长度的末端柔性基团的弯曲形分子对诱导蓝相液晶的影响[37]。他们通过分析结果发现，长末端基团能降低液晶分子和缺陷之间的表面能，但是过长会扰乱界面液晶分子的排列，导致蓝相液晶不稳定，也就是说，尾链长度与蓝相温宽并不成正比。

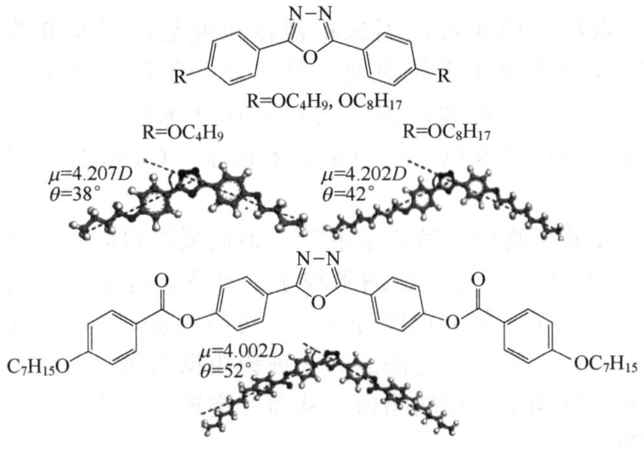

图 3.6 弯曲形分子的结构及其分子动态模拟[38]

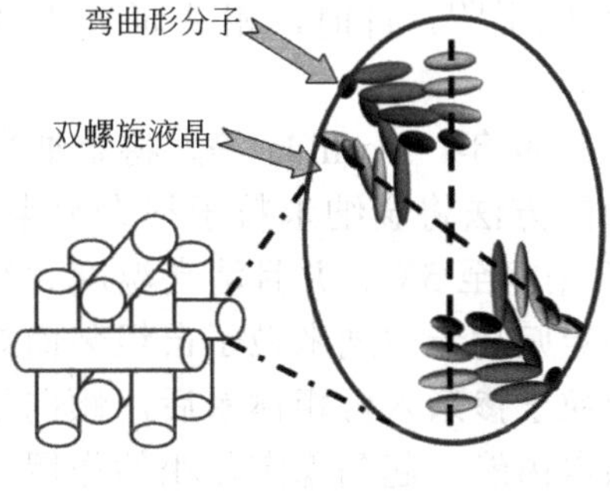

图 3.7 弯曲形分子诱导蓝相原理[38]

王欣等人合成了一系列的对称及非对称弯曲形分子，通过对比发现，具有同样核的对称及非对称弯曲形分子在诱导及稳定蓝相形成方面有同样的效应，对称分子与液晶母体混合性比非对称分子更好，更高的掺杂比例更有利于蓝相稳定。非对称分子相比对称分子具有更大的 Kerr 系数，表现出更优异的电光特性[36]。

在诸戈等人研究设计分子的基础上[33]，杨魏强等人将原来的烯丙基尾部替换成了丙烯酸尾部，增加了两臂刚性体长度，合成了一种溶解性较好的两端具有可聚合丙烯酯的弯曲形分子。不同于一般的聚合物稳定蓝相液晶，这种材料结合了传统的聚合物稳定蓝相液晶和弯曲形分子，给出了设计弯曲形分子拓宽蓝相温宽的新视角。一方面，这种弯曲形分子本身可以诱导蓝相的产生并拓宽温宽；另一方面，两个可聚合终端可以通过光致聚合进一步拓宽蓝相温宽，这两种效应叠加，使蓝相温宽达到 58℃，并且覆盖室温。这也是目前为止，弯曲形分子诱导蓝相所能达到的最大温宽。他们研究其电光特性发现，该材料兼具快速响应及零迟滞的效应，且在外电场下可以进行反复驱动[42]。

3.4 掺杂纳米粒子的蓝相液晶材料

蓝相液晶独特的双螺旋柱结构导致其堆积时结构中会形成缺陷。正是这些缺陷的存在，为纳米粒子进入缺陷稳定结构、拓宽温宽提供了可能与条件。这与聚合物稳定蓝相大相径庭。纳米粒子，因为尺寸小、表面能低等特性深受各领域广大研究者欢迎。当然，在稳定蓝相液晶方面也有一定的作用。纳米粒子拓宽蓝相温宽的一个关键点是稳定其晶格缺陷，由于纳米颗粒的尺寸可以与缺陷相匹配，因此对蓝相体系进行纳米颗粒掺杂拓宽蓝相温宽的工作也被国内的研究者多次报道，并且发现了纳米颗粒掺杂蓝相液晶的一些优异特性。

纳米粒子稳定蓝相可能的主要机理为：通过纳米粒子分散在蓝相液晶中，一般可以利用纳米粒子自身的体积取代耗能的缺陷区域，降低液晶表面能，进而增强蓝相液晶稳定性[43]。根据缺陷理论，随着表面弹性的引入，缺陷处的自由能减小。已经证明的是，蓝相可以通过移除被缺陷占据的部分体积，然后用非液晶材料（如高分子、纳米粒子等）取代[10,16,21,44~48]。无疑，纳米粒子确实可以用来稳定蓝相液晶，只是其浓度需要一个优化的过程。I. Dierking 等人对此做了系统研究，结果表明不同尺寸纳米粒子对拓宽蓝相温宽有着不同的影响。当然，使温宽达最宽的最优化纳米粒子浓度也不尽相同[49]。目前，相关研究主要是基于 Au 纳米粒子、ZnS 纳米粒子、CdSe 纳米粒子等。

2009 年，Yoshida 等人将金纳米粒子分散在蓝相液晶体系中[45]。他们采用自创的喷涂掺杂的方法将金纳米粒子掺杂到蓝相液晶体系中。随着金纳米粒子的加入，蓝相温宽由 0.5℃拓宽至 5℃，并且清亮温度大约降低了 13℃。他们已经分析了其可能的机理，将蓝相被稳定归功于由纳米粒子自组装而导致的自由能降低（见图 3.8）。理论模拟结果显示[50]，纳米粒子掺杂入蓝相体系后，倾向于进入并富集于蓝相缺陷内，从而稳定缺陷结构，降低体系自由能，起到稳定蓝相的作用（见图 3.9）。

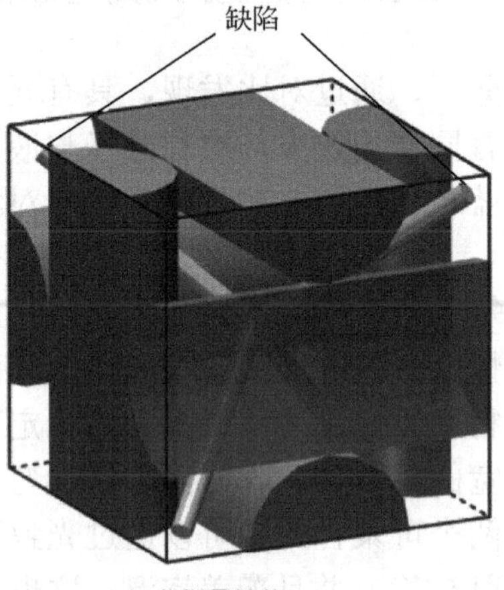

（a）蓝相Ⅱ结构

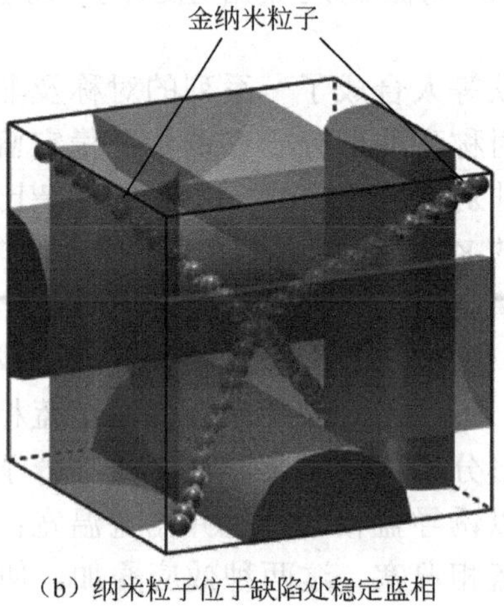

（b）纳米粒子位于缺陷处稳定蓝相

图 3.8　纳米粒子稳定蓝相结构[45]

2012 年，王玲等人在纳米粒子稳定蓝相液晶方面开创了一项有意义的研究[51]，第一次报道了通过纳米粒子稳定蓝相液晶的另外一种现象：通过在蓝相中分散少量 ZnS 纳米粒子，不仅蓝相温宽可达 15.6℃，还可以实现像聚合物稳定蓝相液晶一样的可逆电光调制效果。驱动电压比聚合物稳定蓝相液晶的更低，当在体系中分散质量分数为 0.5%～0.7%ZnS 纳米粒子时，几乎可以实现零迟滞，很大程度上提高了蓝相液晶的电光特性。而且也为提高蓝相液晶的电光特性提供了简单有效的方法。在另一项研究中，王玲等人对具有铁电性质的纳米粒子也做了相关研究[48]，并与分散 ZnS 纳米粒子在蓝相液晶中电光特性做对比，结果发现，通过简单的方法——在蓝相液晶中分散少量铁电 $BaTiO_3$ 纳米粒子，使蓝相液晶具有更低的驱动电压（减小约 40%），同时实现零迟滞及快速响应效应。其中，$BaTiO_3$ 纳米粒子大的偶极矩导致了零迟滞，而铁电自身固有的特性有利于驱动电压的降低。这主要归因于分散铁电特性纳米粒子可以通过增加液晶材料的内在双折射及介电各向异性等参数来增强 Kerr 效应。

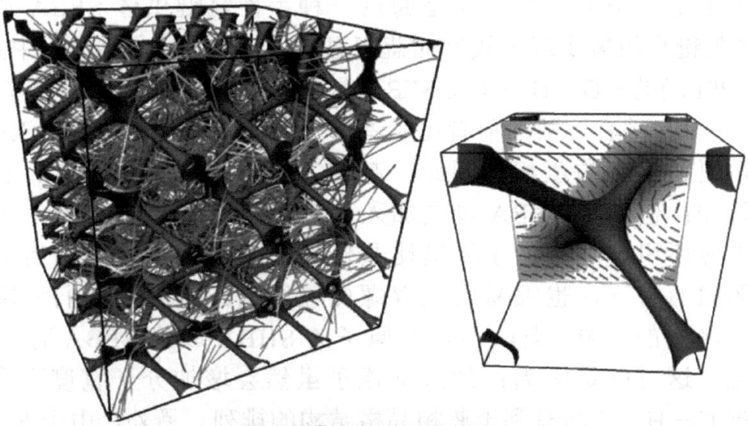

（a）蓝相Ⅱ缺陷网络及位置线

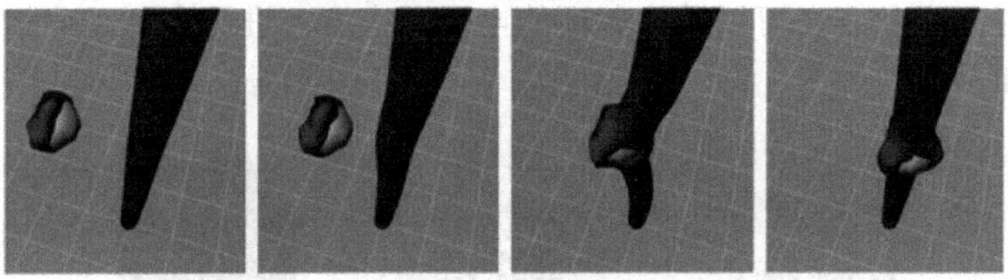

（b）纳米粒子被缺陷捕获过程

图 3.9　纳米粒子进入缺陷网络[50]

Che-Ju Hsu 等人研究了疏水性硅纳米粒子对蓝相液晶的影响，发现稀释的硅纳米粒子可以自由调节它们的位置来缓解蓝相液晶晶格形成过程中的压力，从而增加了蓝相液晶织构尺寸；他们还发现，当加入质量分数为 0.2%的硅纳米粒子时，蓝相温宽达最大，并得出了温宽对硅纳米粒子浓度的依赖性特点。与此同时，硅纳米粒子的加入还减小了驱动电压及响应时间，这是硅纳米粒子的加入减小液晶主体的弹性常数及蓝相液晶混合物的弛豫时间常数所导致的。Karatairi 等人把经疏水处理的 CdSe 纳米粒子分散在蓝相液晶中，将蓝相液晶温宽成功拓宽至 20℃[52]。

目前，对于掺杂纳米粒子来优化蓝相液晶光电性能的研究仍在进行。也有人将纳米粒子与聚合物稳定蓝相液晶相结合共同作用于蓝相液晶体系，达到双重功效，相信在不久的将来会取得更多进展。

3.5　氢键稳定的蓝相液晶材料

氢键是一种特殊形式的分子间或分子内相互作用力。氢键不仅在生物体系中起着重要作用，而且在构建超分子结构和形成功能性软材料方面它也是一种重要的作用力来源。蓝相液晶作为一种特殊软材料，可以自组装为不同子相态。因此，将二者结合起来，必会擦出不一样的火花。众所周知，一直以来蓝相因其狭窄的温度温宽而导致其应用受到限制，而氢键在此方面却可以起到重要的作用。目前，氢键对拓宽蓝相温宽的研究主要是在对液晶主体进行分子设计引入氢键及对液晶体系进行氢键分子的掺杂[53~56]。

2009 年，何万里等人就报道了一种具有宽蓝相温宽的氢键液晶体系[44]，既不是通过引入手性中心，也不是掺杂手性剂，而是通过一种手性氢键供体 SFBA 及一种非手性氢键受体 PPI 间的氢键自组装实现了较宽的蓝相温宽（约 23℃）。该体系中主要存在两种氢键——SFBA 与 PPI 间的—O—H…N 及 SFBA 与 SFBA 间的—O—H…O=C—（见图 3.10），由于 SFBA 更易与 PPI 结合，故而前者比后者更强。研究证明，在氢键液晶体系中，高手性更有利于获得更宽温宽的蓝相。因此，起初，随着 SFBA 的加入，SFBA 与 PPI 混合的蓝相温宽增加；但随着 SFBA 过度加入，蓝相温宽减小。另外，氢键拓宽蓝相温宽可能是自身效应所引起的，由于氢键比共价键更弱、更柔软，相当于弯曲分子的存在，即使是在弱扭曲力下，也很易实现双螺旋柱结构。此外，他们还研究了作为侧基的 F 原子对蓝相稳定的影响。当以不含 F 原子的 SHBA 取代 SFBA 时，即使增加手性，蓝相也不会出现，这可能是因为：加入 F 原子虽然会增加分子宽度不利于液晶形成，但其形成的氢键 C—H…F 却有利于蓝相晶格结构的排列。另外，由于 F 原子的小尺寸和比较强的电负性，它的存在可以减小苯环的电子云密度，进而有利于蓝相的组合。当然，有关研究还在继续。

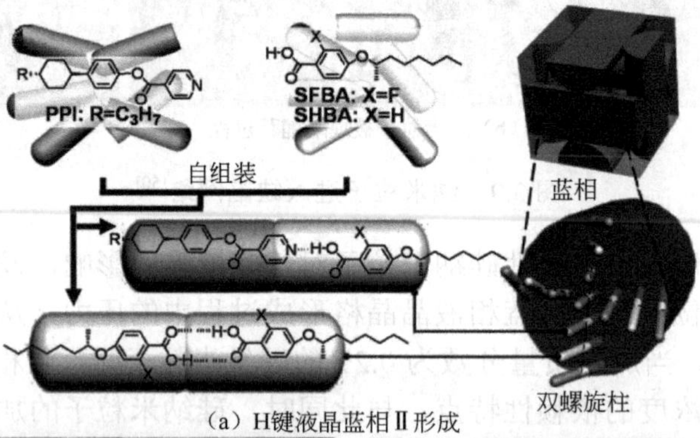

（a）H键液晶蓝相Ⅱ形成

（b）(SFBA)2-PPI的显微织构

（c）含摩尔浓度为10.0% S811的SFBA-PPI的显微织构

图 3.10 通过氢键稳定蓝相液晶体系[44]

除此之外，对蓝相液晶体系进行氢键掺杂也不失为拓宽蓝相温宽直接有效的方法。Keiki Kishikawa 等人[57]提出，在含琥珀酸亚胺衍生物（1）的 EBBA 蓝相中通过，摩尔浓度为添加烷二醇（D8）来构筑氢键网络。当加入摩尔浓度为 0.5%的 D8 时，蓝相温宽可拓宽至 35℃。这是因为，当高极性弯曲棒状分子 1 与低极性直棒状分子 EBBA 混合时，由于受EBBA的排斥，分子1存在于EBBA的双螺旋柱周围，以自身弯曲棒状分子穿插在双螺旋柱中，且羟基是朝外的，这些羟基在双螺旋柱间形成氢键，因此，当摩尔浓度为5%的分子1掺入时，蓝相温宽可以拓宽至9.5℃；而当起到交联氢键作用的D8加入时，温宽可以进一步得到拓宽（当摩尔浓度为0.5%D8加入时，温宽约为35℃），且D8是在缺陷处存在的，这与纳米粒子稳定蓝相的原理相差无几，都是源于缺陷处自由能的降低。

3.6 外界刺激响应的蓝相液晶材料

作为一种三维自组装纳米结构软物质，在外界的刺激下蓝相会有不同的响应。目前主要通过温度、光[10,58]、电等三种外界刺激来实现蓝相波带的调控。一般地，蓝相的温度效应已经直观地反映在其升降温过程中，在这里不再赘述。在外电场下，Harry J. Coles课题组于2005年发现蓝相反射色的可逆转换。在外电场下，由于体系中的二聚体结构及较高的挠曲电系数，蓝相体系发生电致伸缩，导致晶格指数改变，则折射率改变，进而对反射波长产生影响，并研究了反射波长对电场的依赖性。图3.11清楚地表明了反射波长及反射色对电场的依赖性[10]。

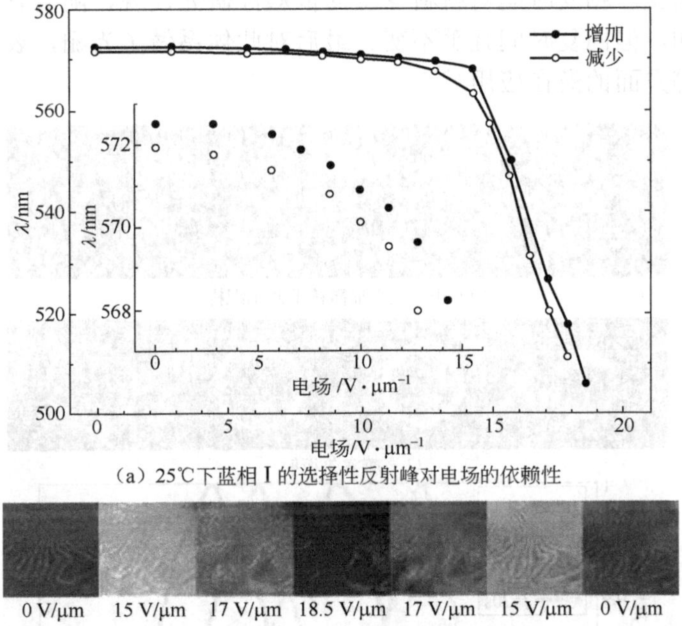

（a）25℃下蓝相Ⅰ的选择性反射峰对电场的依赖性

（b）25℃下蓝相Ⅰ*在不同外加电场下反射色变化

图3.11 25℃下蓝相Ⅰ的反射波长及反射色对电场的依赖性[10]

当然，目前研究较多的还属光对蓝相液晶材料（偶氮类的化合物）的调控。偶氮类化合物是一种具有N═N偶氮基团的对光敏感型的一类分子。作为一种典型的光控材料，偶氮基团可以在适当光照条件下产生顺反异构。顺式结构呈现出弯曲状，反式结构呈现直棒状。通过可见光和紫外光照可以实现顺式到反式及反式到顺式的顺反异构状态转换。一般情况下，反式异构体在热力学上比顺式异构体稳定。因此，常温下，顺式会慢慢向反式异构体转化；而在光或者热的作用下，顺式和反式异构体会相互转化。这种现象是由偶氮分子中的电子跃迁造成的[59,60]，如反式异构体在紫外曝光（300～400nm）下，位于π轨道的电子会吸收紫外光的能量跃迁至π*轨道，从而实现分子结构从反式到顺势的改变。偶氮分子的这种特性使得其在很多领域有广泛应用。如光化学传感器、光储存器、液晶及生物领域等[61,62]。尤其当此类偶氮化合物混入蓝相液晶后，更会对蓝相液晶造成很大影响。

2003 年，A. Chanishvili 等人首次将偶氮化合物掺入蓝相，研究体系顺反异构行为，但是没有做出明晰解释[63]。直到 2010 年，Liu 等人通过 Kossel 衍射法证明通过偶氮分子的光致异构使蓝相晶格发生变化的事实，并且实现了对蓝相体系红绿蓝的可逆调控[64]（见图 3.12）。当然，类似的研究还有很多。2012 年，文莹等人设计合成了几种新颖的偶氮基弯曲形分子（见图 3.13），然后将其掺入手性向列相液晶体系，可拓宽蓝相温宽至 20℃以上。另外，这类材料还有另外一种显著特性，即光引发的顺反异构。研究发现，UV 下，随着照射时间的增加，先是蓝相相变为手性向列相；继续进行 UV 照射，手性向列相相变为各向同性态。整个过程大概几十秒。在黑态环境下放置 1～2h，体系又会从各向同性态首先相变为手性向列相，之后回复至最初的蓝相状态。分析发现，可能的原因有两个：一是光致异构改变了偶氮分子的几何结构及双轴性；二是顺反异构的改变破坏了液晶排列，进而导致了可逆相变。相变时间对材料厚度的依赖性研究发现，随着材料厚度的增加，光引发相变时间增加，但回复时间几乎不变。最后对此体系做了光栅，表明其在光驱动蓝相显示及信息储存等方面的潜在应用[65]。

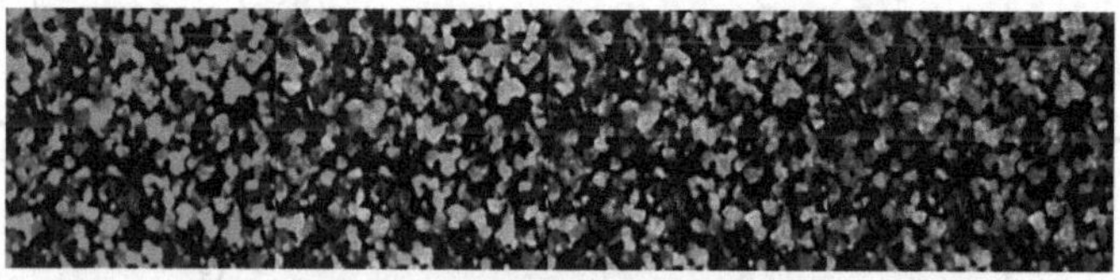
(a) 正交偏光显微镜下蓝相织构

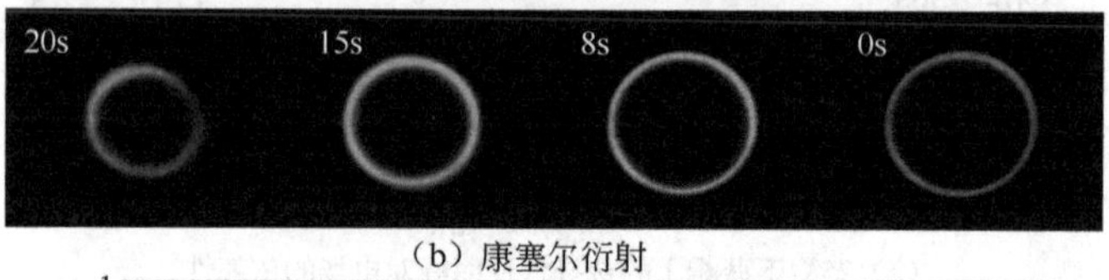

(b) 康塞尔衍射

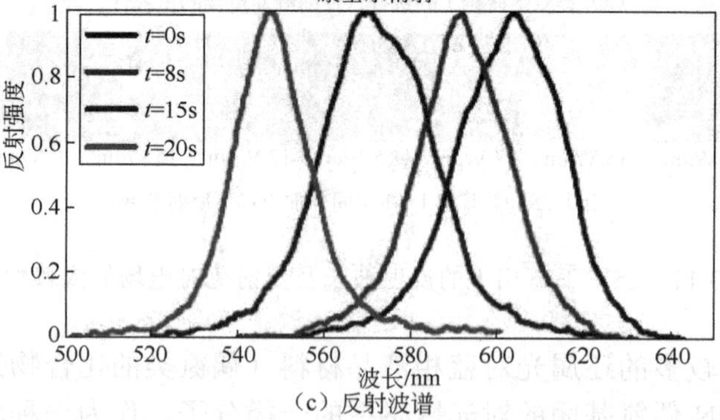

(c) 反射波谱

图 3.12 不同光照时间下的蓝相液晶光调控[64]

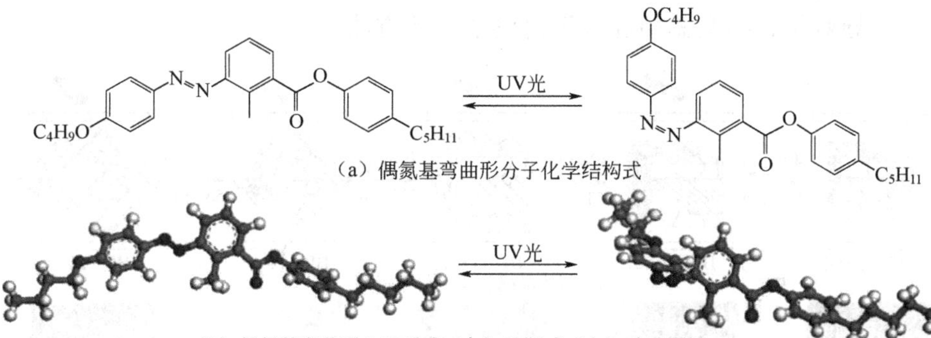

（a）偶氮基弯曲形分子化学结构式

（b）偶氮基弯曲形分子反式（左）及顺式（右）动态模拟

图 3.13 偶氮基弯曲形分子[65]

2013 年，李全课题组合成一种轴向手性偶氮材料 1（见图 3.14），并将其掺入蓝相液晶体系，得到一种光学可调的三维立方纳米结构体系。表现出比之前所报道的蓝相更宽的 PBG 可调性，这是通过分子的光致顺反异构特性来改变蓝相液晶手性大小，进而调控其光学行为。文章中提到，当材料 1 浓度为 3.5%时，在 408nm 光照下，原本处于 37℃下的蓝相Ⅱ手性减小，产生 PBG 的红移，反射波长从紫外区红移至 520nm，继续照射 408nm 激光，晶格结构突变（蓝相Ⅱ变为蓝相Ⅰ），反射波长突变至 560nm，当照射时间为 27s 时，反射波长可最终红移至 710nm。更重要的是，体系还可以在 532nm 可见光下进行可逆调控，整个回复过程只需要 33s。实现了对光的快速响应。另外，他们分别做了对应相态下的康塞尔衍射，以此来验证上述说法。图 3.15 显示了整个过程。为了排除热效应影响，整个过程中，温度是保持恒定的。这样一种三维自组装软光子晶体材料突破性地实现了蓝相的 RGB 光驱性调控，进一步推动了光驱性材料设备的发展[66]。

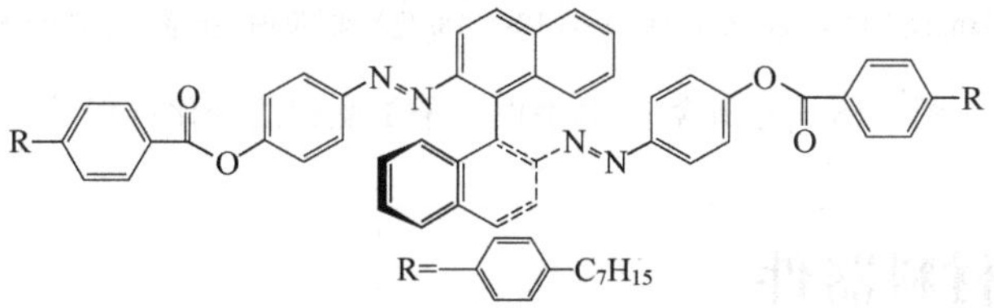

图 3.14 光驱性轴向材料的化学结构[66]

当然也有研究是结合上述拓宽蓝相温宽的相关研究进行的。2015 年，郭金宝课题组设计合成一种新型的弯曲形 H 键组装偶氮材料[67]。这里的 H 键是由带有偶氮基团的质子受体与酸质子供体组成。一方面，由氢键组装而成的弯曲形分子具有诱导稳定蓝相的作用（蓝相温宽可拓宽至 16.7℃）；另一方面，由于存在偶氮基团，UV 光照下会产生光致异构现象，所以 UV 光照下表现出布拉格反射波带从绿到蓝的蓝移，且可反复用 UV/可见光驱动。此项工作创造性地结合多种方法，既拓宽蓝相温宽，又赋予其光致异构功效，为蓝相的应用又进一步提供了可能。另外，据何万里等人报道，偶氮分子的顺反异构及偶氮苯与手性中心的连接位点都对体系 HTP 有着影响：经紫外光照射后，p-型（对位型）偶氮苯 HTP 减小，而 m-型（间位型）偶氮苯的 HTP 却增加四倍。当将其掺杂在手性向列相液晶里时，会引起体系蓝相与手性向列相的可逆相变。这项工作为通过设计分子来控制蓝相液晶，如调节颜色、诱导蓝相、拓宽蓝相温宽等提供了有效方法。

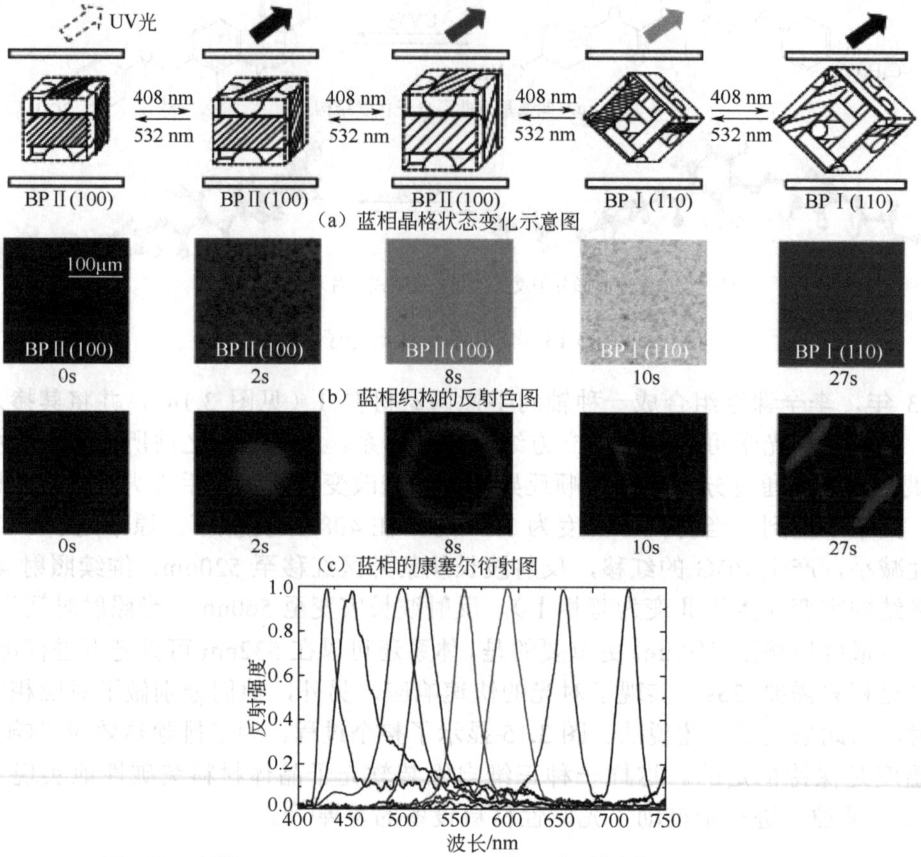

（d）408nm光照2s、4s、6s、8s、9s、12s、18s及27s时反射波谱图（532nm光照33s回复）

图 3.15 光调含 3.5%手性分子 1 蓝相的变化过程[66]

3.7 蓝相液晶材料器件

3.7.1 相位光栅

蓝相液晶具有无须取向、响应速度快、可视角宽、制造方法简单等独特的特性，使得其在光子器件方面有着突出的造诣。近年来，许多偏振无依赖及快速响应蓝相液晶相位光栅被研究者报道。一般地，光栅的形成是需要周期性改变折射率的。研究者们从以下两个方面来实现周期性折射率[68]：一方面通过电极的设计实现周期性电场分布；另一方面，可以通过机械或光取向刻蚀图案及全息技术直接对液晶进行导向。Yan 等人提出了第一个用水平电场驱动的基于聚合物稳定蓝相液晶相位光栅，但是此光栅具有偏振依赖性[69]。诸戈等人通过电极设计[68]，使用垂直电场驱动，获得了具有很高透射率的一维和二维光栅，且相应的一级衍射效率分别达 38.7%及 17.8%；与之前的非蓝相体系相比，诸戈等人得到了既高效又具有迅速转换且偏振无依赖的蓝相液晶光栅。Jing Yan 等人提出了一种新的聚合物稳定蓝相液晶相位光栅，通过电极设计，得到了具有高衍射效率、亚毫秒响应时间、偏振无依赖的聚合物稳定蓝相液晶相位光栅，且其偶数级衍射强度几乎为零。另外，衍射强度可以通过改变外加电压来控制（见图 3.16）。运用这些微纳米制造技术制造的梯形的、闪耀的、正弦曲线的光栅都可用来实现衍射效率最大化[70]。通过控制驱动机制，Jing Yan等人实现了对聚合物稳定蓝相液晶的双周期可调相位光栅，小周期相位光栅的衍射效率为35.3%，大周期的达 28.7%。此器件除了偏振无依赖且快速响应外，还可通过调节驱动机制，对光栅周期、衍射角及衍射效率进行控制。图 3.17 显示了双周期聚合物稳定蓝相液晶相位光栅示意图，蓝相液晶材料夹在水平电极和梳状电极之间，而梳状电极又由 A 和 B 两种电极交叉组成。通过选择驱动模式，来获得双周期可调相位光栅。当电压 V=0 时，聚合物稳定蓝相液晶的折射率为 0（各向同性态），当电场施加在电极 B 与水平电极之间时，电极 B 覆盖下的液晶分子受电场控制排列如图所示，得到大周期相位光栅；但电极 A 上的液晶分子不受影响。同理，当电场施加在梳状电极 A 与水平电极之间时，而电极 B 上的液晶分子不受影响，得到另外一种小周期的相位光栅[71]。

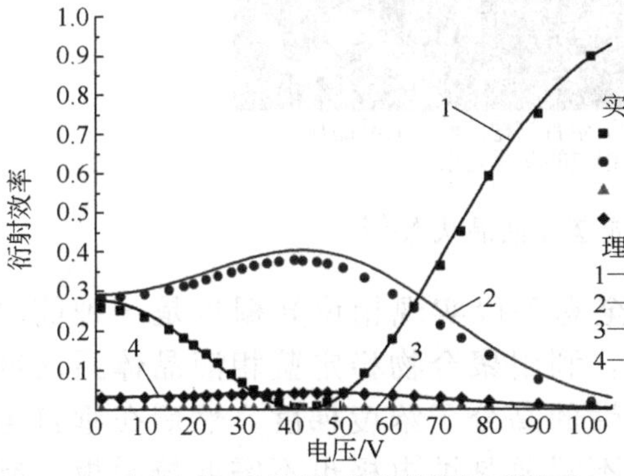

（a）0, 1, 2, 3极衍射效率模拟及实验结果

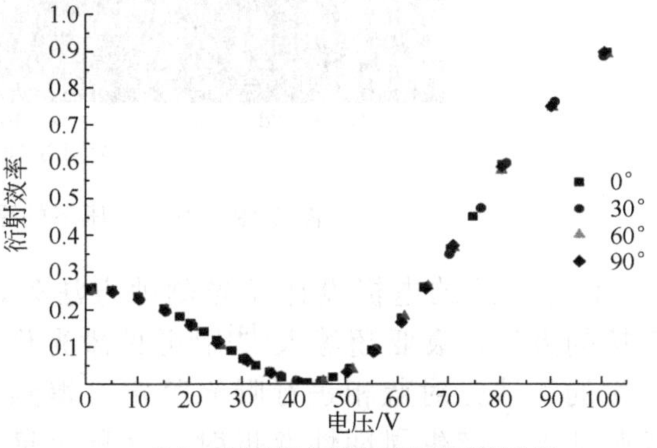

（b）不同偏振入射光下的0极衍射效率

图 3.16 电压与衍射效率关系[70]

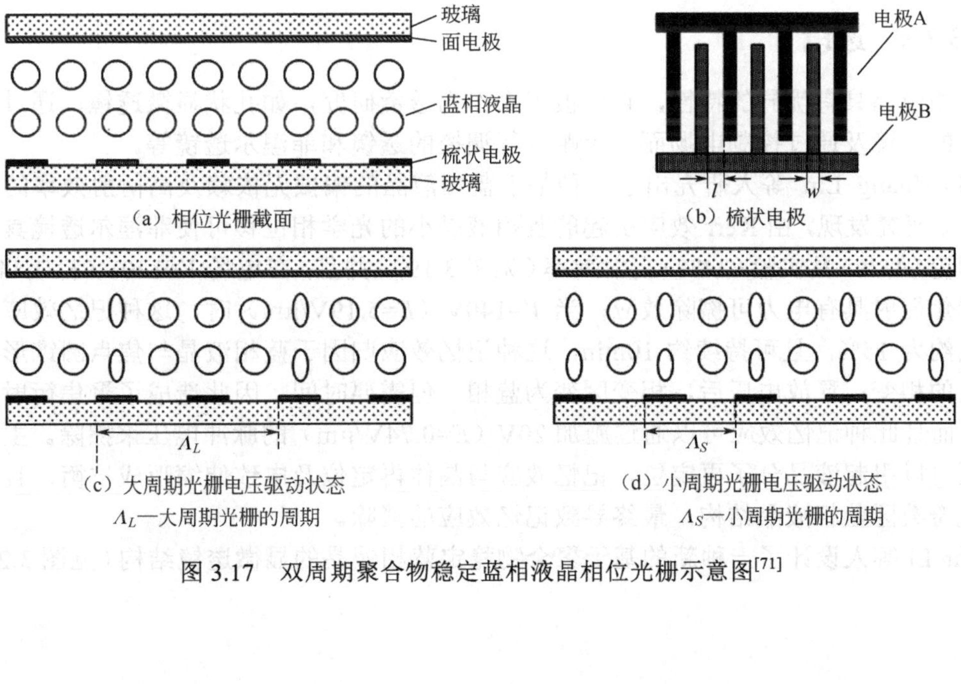

（a）相位光栅截面

（b）梳状电极

（c）大周期光栅电压驱动状态

Λ_L—大周期光栅的周期

（d）小周期光栅电压驱动状态

Λ_S—小周期光栅的周期

图 3.17 双周期聚合物稳定蓝相液晶相位光栅示意图[71]

在传播过程中艾里光束具有无衍射、自加速等特性，因此它在等离子体通道产生及光学涡旋产生方面都有应用。罗丹等人[72]通过光刻蚀的 ITO 电极得到立方相位调制的艾里波包图案。该工作基于垂直电场驱动模式，得到了基于聚合物稳定蓝相液晶的艾里光束，工作温宽宽、响应快、电场可调，不同电压下的艾里光束如图 3.18 所示。随着电压增加，艾里光束越来越清晰明亮。另外，陆延青课题组通过结合达曼光栅与叉形光栅[73]，并使用特别设计的掩膜板对聚合物稳定蓝相体系进行曝光，得到各衍射级次光强相等的涡旋光束。它们通过改变各向同性态的折射率及垂直电场引发的普通折射率来形成相位图。达曼光栅具有同等能量的序列分布，而引入叉形光栅后就得到了具有不同拓扑电荷的多重涡旋光束。

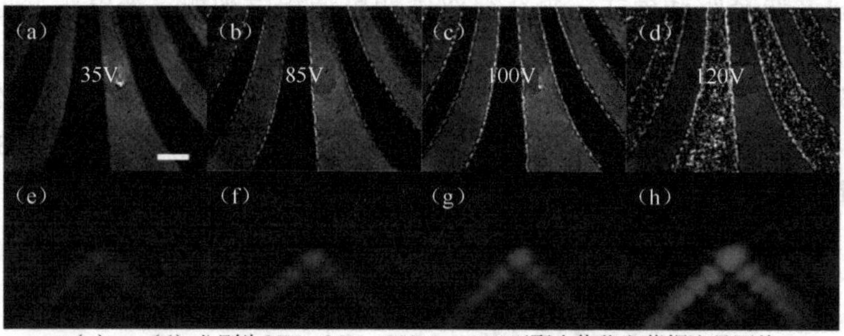

(a)～(d) 分别为35V、85V、100V、120V下聚合物稳定蓝相液晶图片
(e)～(f) 分别为 (a)～(d) 相应的艾里光束

图 3.18 不同电压下的聚合物稳定蓝相液晶状态[72]

除了上述的电极设计及光刻蚀方法外，利用全息手段实现相位光栅也是一种简单直接的方法。袁亚超等人[74]用可见激光作为光源，利用聚合物稳定蓝相液晶体系内部产生的干涉光对蓝相进行曝光稳定，得到了周期性的高分子浓度梯度。然后在垂直电场驱动下，产生周期性双折射。这种全息手段既不需要刻蚀电极也不需要掩膜板，制造简单，且具有偏振无依赖、温宽宽及响应时间短等特性，为聚合物稳定蓝相液晶开辟了新的光学道路。

▶▶ 3.7.2 透镜

蓝相液晶具有优异的特性，它还被用来作为透镜研究，如孔状显微透镜、通过弯曲电极设计的透镜及通过控制电场而对焦距进行调控的透镜和菲涅尔透镜等。

Chi-Huang Lin 等人研究出了一种基于蓝相液晶的偏振无依赖及高衍射效率的菲涅尔透镜[75]。研究发现，由 Kerr 效应引起的蓝相液晶小的光学相位移可使菲涅尔透镜具有足够高的理论（41%）及实验（34%）衍射效率（见图 3.19）。并且，在电场 V>120V（E>4.44V/μm）时，聚焦衍射具有电力可擦除效应；当 V=140V（E=5.19V/μm）时，这种记忆效应的衍射效率大约为 15%，且可持续约 10min，这种记忆效应归因于蓝相液晶与焦点圆锥形之间的偶数区的相变；释放电压后，相变区变为蓝相，但需要时间，因此造成了聚焦衍射的记忆效应。而且此种记忆效应可以通过施加 20V（E=0.74V/μm）的脉冲电压来擦除。主要是脉冲电压可以引起液晶分子再定位，记忆效应与晶体再定位及电致伸缩形成抗衡，且电致伸缩干扰奇数区蓝相液晶结构，最终导致记忆效应的消除。

Yan Li 等人设计了一种新的基于聚合物稳定蓝相液晶的显微透镜结构（见图 3.20）[76]。

上基板电极呈弯曲状，下基板电极为水平状，于是形成梯度电场，得到类似透镜效果的结构。通过改变凹面或凸面电极电压（0～100V），还可以实现对焦距长度的连续调节（∞到4cm），且此体系偏振无依赖。另外，Jian-Peng Cui 等人使用了一种光学隐藏绝缘结构，在这个设计中，上下基板内部都涂覆上 ITO 电极，上基板由两层不同介电常数材料组成的隐藏结构形成非均一电场分布。通过调制光学隐藏层的有效介电常数来实现对穿过透镜的空间电场进行调制，即通过调节电压（0～100V）来调节焦距长度（∞到 16.6mm），从而得到具有偏振无依赖及抛物线型相位[77]。

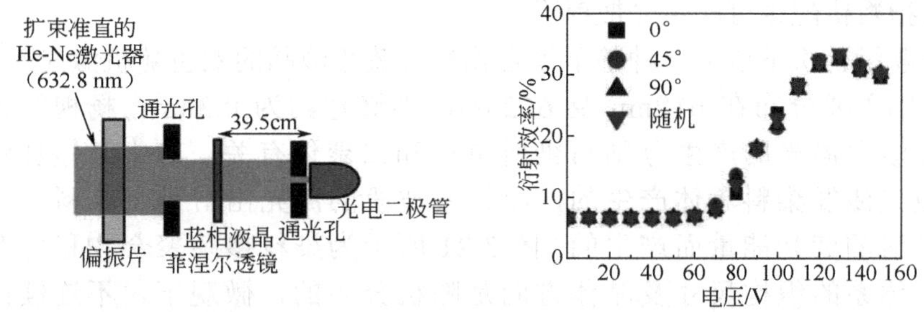

（a）蓝相液晶菲涅尔透镜聚焦特性测量实验装置　（b）不同偏振状态及外加电压下蓝相液晶菲涅尔透镜的衍射效率

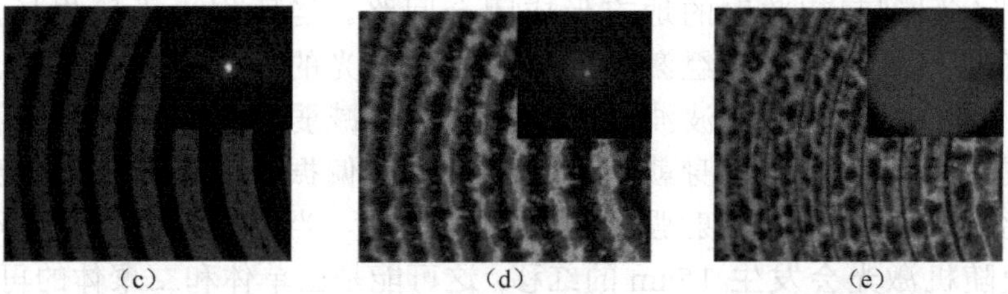

（c）　（d）　（e）

（c）～（e）加V=140V、V=0V、V=20V脉冲电压时的蓝相液晶菲涅尔透镜衍射图

图 3.19　菲涅尔透镜[75]

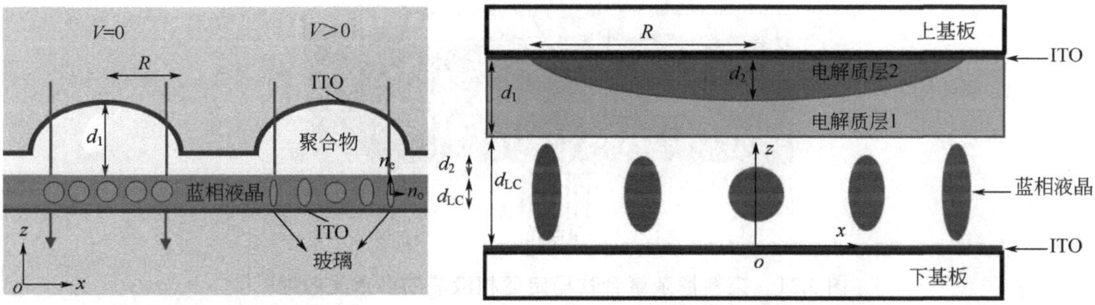

（a）自动适配蓝相液晶透镜侧视图　（b）蓝相液晶显微透镜结构截面图

图 3.20　蓝相液晶透镜侧视图及截面图[76,77]

3.7.3　激光

1．随机激光

蓝相液晶在激光方面的应用主要是基于光子禁带蓝相液晶激光及蓝相液晶随机激光两个方面。蓝相液晶具有很多优异特性：①多重激光波长；②低的空间相干性；③全方位出射；④致密的无反射镜腔尺寸；⑤无斑点图片；⑥医学诊断；⑦文件译码等[78]。随机

激光在很多有机和无机体系中，如磨碎的激光晶体、半导体纳米结构、高分子膜及生物组织中[79~82]，都可以发现随机激光的踪迹。一般地，随机激光分为共振反馈和非共振反馈两种。由于液晶具有极大地双折射及线性的、非线性的光散射能力，给体系提供了调谐机制。由于蓝相液晶具有偏振无依赖、响应快、无须取向且对外界刺激较敏感等特性，因此它更适合作为激光主体材料。虽然蓝相液晶是光学各向同性的，但是其织构边缘可以产生光散射。这与通常的光子禁带蓝相液晶激光不同，其出射波长并不是由蓝相的光子禁带所决定的，而是由蓝相晶畴对光子的散射路径所决定的。在聚合物稳定蓝相液晶体系中，聚合物与液晶间的指数错配也可产生光散射[78]。

杨槐课题组首次报道了一种基于聚合物稳定蓝相液晶的双色随机激光[83]。这两种波段的激光峰分别主要分布在 612nm 及 652nm，半峰宽约为 0.3nm。杨槐等人认为，短波波段和长波波段激光的产生分别与染料单体和二聚体有关。其中，短波波段随机激光是由泵浦激光激发染料单体产生的，而长波波段的激光出射是由染料二聚体吸收染料单体受激发射的荧光能量而产生的。图 3.21 所示为染料掺杂聚合物稳定蓝相液晶的多重光散射，体系的织构尺寸及晶体方向是随机分布的，微观下，不连续的织构边界及聚合物与液晶间指数不匹配造成光散射，由激光染料发出的光波经历晶畴间多重散射，也有的部分回到起初散射的地方形成闭合回路。当所得大于所损耗，随机激光就产生了。实验结果显示，这两组激光强度是由泵浦光的偏振变化控制的。当泵浦光偏振方向从 0° 转至 90° 时，短波波段随机激光强度减弱，而长波波段随机激光强度增强，这可能是因为散射系统本身就对入射光的初始偏振态敏感，从而导致受激光子产生及散射路径的不同，自然出射强度也会受到影响。当角度从 0° 转至 48° 时，样品 2 的长波波段随机激光会发生 15nm 的红移，这可能是由单体和二聚体的再吸收效应及频率牵引模拟效应造成的。

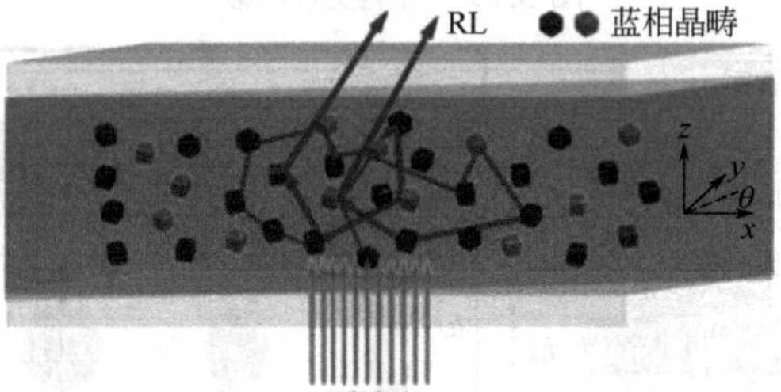

图 3.21　染料掺杂聚合物稳定蓝相液晶的多重光散射[83]

2. 光子禁带蓝相液晶激光

蓝相液晶的特殊周期性结构，使其对特定波长或波段的光子具有禁阻作用，形成光子禁带。因此，与蓝相液晶随机激光不同，光子禁带蓝相液晶激光[84~86]是由蓝相光子晶体的光子效应决定的。Sung-Taek Hur 等人提出具有宽温宽（约 25℃）的相当于可见光波长的掺杂染料的聚合物稳定蓝相液晶出射激光体系。通过调节得到宽的（150nm）、可可逆调节的光子禁带来实现对激光出射的可逆调节。如图 3.22 所示，对于样品 1，当温度从 64℃变化到 80℃时，激光峰向短波长方向移动了 55nm；对于样品 2，当温度从 80℃增加至 88℃

时，激光峰位置向短波方向移动了 60nm。由此可见，通过改变体系温度，两种染料激光都可实现对出射激光的可逆调节[87]。

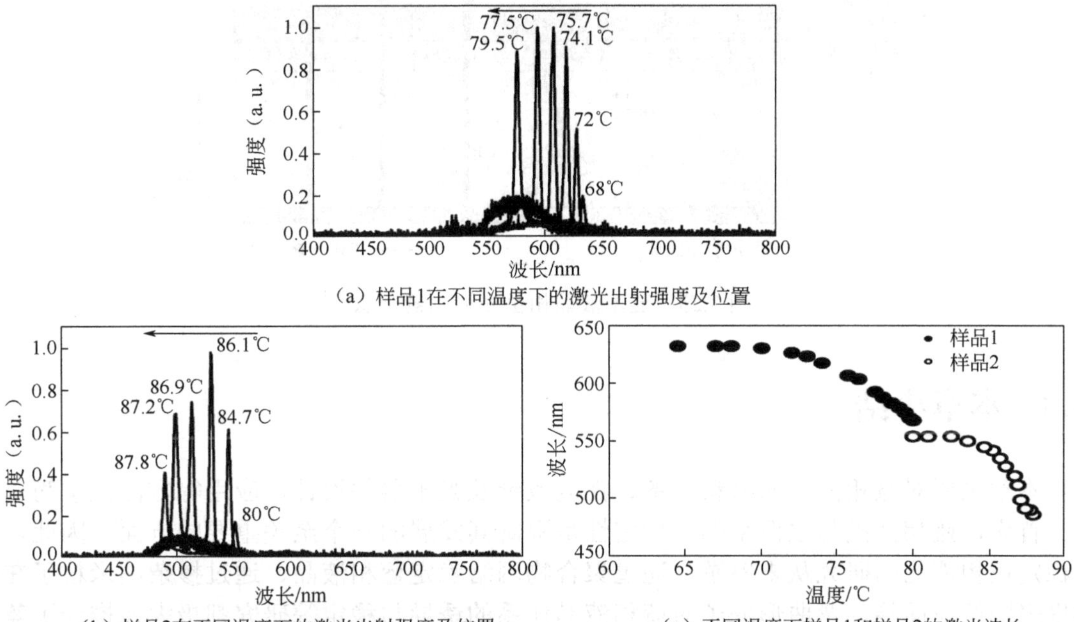

（a）样品1在不同温度下的激光出射强度及位置

（b）样品2在不同温度下的激光出射强度及位置　　（c）不同温度下样品1和样品2的激光波长

图 3.22　不同温度下的激光出射状态[87]

3.7.4　相位调制器和可调光衰减器

目前，在投影市场，硅基液晶（LCoS）空间光调制器作为一项成熟的技术具有很多优点，当然也有相应的限制，如响应时间问题，因为当前材料很难实现 2π相位调制。向列相液晶可以实现全相位调制，但其转换时间长（10～100ms），且其调制对入射光偏振状态具有依赖性。铁电可以提供快速转换（10～100μs），但是在此速度下只能实现二元相位调制。在电场作用下蓝相分子发生转动，趋向电场方向排列，从而会导致折射率变化。所以利用这一折射率的变化可以获得一种基于蓝相液晶的相位调制器。这样既能实现快速转换，亚毫秒的响应速度，对入射光偏振又无依赖，而且还可以对相位进行多重连续相位调制。若进一步优化操作温度、响应条件及设备厚度，还可能实现 2π 相位调制。Jing Yan 等人已经实现了这点，他们提出，对于 532nm 波长，只需要 26.09V 的电压就能获得 2π 的相位调制[88]。另外，Shin-Tson Wu 课题组报道了一种基于聚合物稳定蓝相液晶的硅基液晶相位调制器。其原理如图 3.23 所示，此器件可允许入射激光在离开硅基液晶前穿过蓝相液晶层 4 次，实现了可见区的 2π 相位调制，所需电压减小至 24V 以下，且响应时间约为 3ms[89]。

另外，诸戈等人基于蓝相液晶的特性，制造了快速响应的偏振无依赖的红外波段的可调光衰减器（VOA）[46]，应用范围为 1480～1550nm，几乎覆盖了整个电信 S 波段及部分 C 波段；在不同电压下，各个波长的衰减度都小于 0.4dB，由此打开了蓝相液晶在光导纤维方面应用的大门。

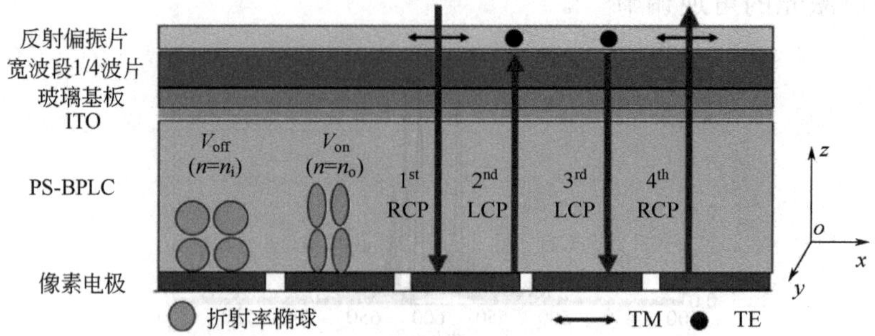

图 3.23 硅基液晶相位光调制器示意[89]

3.8 本章小结

本章主要对蓝相液晶的材料制备、性能改善及光子器件设计、应用等方面做了简单介绍。首先，蓝相液晶与生俱来的不稳定性是限制其发展的一个至关重要的方面，因此，各种稳定蓝相液晶的研究从未停歇。通过聚合物网络稳定蓝相液晶、通过掺杂纳米粒子在缺陷里来降低表面能、弯曲形分子对蓝相液晶体系的诱导与稳定等研究都极大地推动了蓝相液晶的下一步应用。为了实现其进一步应用，研究人员还致力于降低驱动电压、加快响应速度、降低迟滞等优化实验。蓝相特有的选择性布拉格反射也让蓝相更加丰富，特别是偶氮分子的掺杂，使蓝相液晶在具有光致异构现象的偶氮分子驱动下达到光调节的目的，由于偶氮分子会发生顺反异构，进而会造成布拉格反射波长的改变，从而实现蓝相织构、蓝相温宽及光调谐等特性，这也已经成为一个极具研究价值的方向。当然，蓝相的这些优异特性最终都落脚于其潜在的应用。正是由于蓝相液晶特殊的三维纳米软物质特性，赋予了其快速响应、偏振无依赖、无须取向等优点，使蓝相在液晶显示与光子学方面发挥巨大作用。基于蓝相液晶的相位光栅、透镜、激光、相位调制器及可调光衰减器等光子器件的研究工作文献的发表正是蓝相液晶应用的最好体现。

习　题

1．蓝相液晶的分子结构有哪些特点，蓝相液晶材料主要有哪些？

2．聚合物稳定蓝相液晶的基本原理是什么，其优缺点及改善手段有哪些？

3．弯曲形分子诱导蓝相形成的机理是什么？

4．纳米粒子稳定蓝相液晶材料的过程中，纳米粒子主要扮演什么角色？

5．在光或者热的作用下，偶氮分子如何产生的顺反异构，偶氮类化合物如何实现对反射色调制？

6．蓝相液晶材料器件主要有哪些？

7．随机激光是如何产生的？

8．基于蓝相液晶的相位调制器是如何获得的，这种相位调制器有哪些特点？

参考文献

[1] Reinitzer F. Beiträge zur kenntniss des cholesterins [J]. Monatshefte Für Chemie/Chemical Monthly，1888，9（1）：421-441.

[2] Kleiman R，Bishop D，Pindak R，et al. Shear modulus and specific heat of the liquid-crystal blue phases [J]. Physical Review Letters，1984，53（22）：2137.

[3] Henrich O，Stratford K，Cates M，et al. Structure of blue phase Ⅲ of cholesteric liquid crystals [J]. Physical Review Letters，2011，106（10）：107801.

[4] Meiboom S，Sammon M，Berreman D W. Lattice symmetry of the cholesteric blue phases [J]. Physical Review A，1983，28（6）：3553-3560.

[5] Pansu B. Geometrical model of the tetragonal BPX blue phase [J]. Journal de Physique Ⅱ，1995，5（4）：573-585.

[6] Higashiguchi K，Yasui K，Kikuchi H. Direct observation of polymer-stabilized blue phase Ⅰ structure with confocal laser scanning microscope [J]. Journal of the American Chemical Society，2008，130（20）：6326-6327.

[7] Tanaka S，Yoshida H，Kawata Y，et al. Double-twist cylinders in liquid crystalline cholesteric blue phases observed by transmission electron microscopy [J]. Scientific Reports，2015，5：16180.

[8] Gray G. 726. The mesomorphic behaviour of the fatty esters of cholesterol [J]. Journal of the Chemical Society（Resumed），1956：3733-3739.

[9] Zheng Z G，Wang H F，Zhu G，et al. Low-temperature-applicable polymer-stabilized blue-phase liquid crystal and its Kerr effect [J]. Journal of the Society for Information Display，2012，20（6）：326-332.

[10] Coles H J，Pivnenko M N. Liquid crystal 'blue phases' with a wide temperature range [J]. Nature，2005，436（7053）：997-1000.

[11] Chen K M，Gauza S，Xianyu H，et al. Submillisecond gray-level response time of a polymer-stabilized blue-phase liquid crystal [J]. Journal of Display Technology，2010，6（2）：49-51.

[12] Kikuchi H. Liquid Crystalline Blue Phases [J]. Structure&Bonding，2007，128：99-117.

[13] Rahman M D，Mohd Said S，Balamurugan S. Blue phase liquid crystal：Strategies for phase stabilization and device development [J]. Sci Technol Adv Mater，2015，16（3）：033501.

[14] 刘桢，沈冬，王骁乾，等. 蓝相液晶材料与光子学器件研究进展 [J]. 液晶与显示，2017，32（5）：325-338.

[15] 李江伟，别国军，高媛媛，等. 聚合物稳定蓝相液晶用单体研究进展 [J]. 液晶与显示，2016，31（3）：249-257.

[16] Kikuchi H，Yokota M，Hisakado Y，et al. Polymer-stabilized liquid crystal blue phases [J]. Nature Materials，2002，1（1）：64-68.

[17] Yan J，Cheng H C，Gauza S，et al. Extended Kerr effect of polymer-stabilized blue-phase liquid crystals [J]. Applied Physics Letters，2010，96（7）：071105.

[18] Yan J，Wu S T. Polymer-stabilized blue phase liquid crystals：a tutorial [J]. Optical Materials Express，2011，1（8）：1527-1535.

[19] Oo T N，Mizunuma T，Nagano Y，et al. Effects of monomer/liquid crystal compositions on electro-optical properties of polymer-stabilized blue phase liquid crystal [J]. Optical Materials Express，2011，1 (8)：1502-1510.

[20] Iwata T，Suzuki K，Amaya N，et al. Control of cross-linking polymerization kinetics and polymer aggregated structure in polymer-stabilized liquid crystalline blue phases [J]. Macromolecules，2009，42 (6)：2002-2008.

[21] Chen Y，Yan J，Sun J，et al. A microsecond-response polymer-stabilized blue phase liquid crystal [J]. Applied Physics Letters，2011，99 (20)：201105.

[22] Chen Y，Xu D，Wu S T，et al. A low voltage and submillisecond-response polymer-stabilized blue phase liquid crystal [J]. Applied Physics Letters，2013，102 (14)：141116.

[23] Zhu J L，Ni S B，Song Y，et al. Improved Kerr constant and response time of polymer-stabilized blue phase liquid crystal with a reactive diluent [J]. Applied Physics Letters，2013，102 (7)：071104.

[24] Li J，Du W，Gao A，et al. Enlarging the Kerr constant of polymer-stabilised blue phases with a novel chiral monomer [J]. Liquid Crystals，2016，43 (7)：937-943.

[25] Lee Y H，Gou F，Peng F，et al. Hysteresis-free and submillisecond-response polymer network liquid crystal [J]. Opt. Express，2016，24 (13)：14793-14800.

[26] Li X，Yang W Q，Yuan C L，et al. Enhanced low-temperature electro-optical Kerr effect of stable cubic soft superstructure enabled by fluorinated polymer stabilization [J]. Scientific Reports，2017，7 (1)：10383.

[27] Rao L，Ge Z，Wu S T，et al. Low voltage blue-phase liquid crystal displays [J]. Applied Physics Letters，2009，95 (23)：231101.

[28] Jiao M，Li Y，Wu S T. Low voltage and high transmittance blue-phase liquid crystal displays with corrugated electrodes [J]. Applied Physics Letters，2010，96 (1)：011102.

[29] Kim M，Kim M S，Kang B G，et al. Wall-shaped electrodes for reducing the operation voltage of polymer-stabilized blue phase liquid crystal displays [J]. Journal of Physics D：Applied Physics，2009，42 (23)：235502.

[30] Niori T，Sekine T，Watanabe J，et al. Distinct ferroelectric smectic liquid crystals consisting of banana shaped achiral molecules [J]. Journal of Materials Chemistry，1996，6 (7)：1231-1233.

[31] Ocak H，Bilgin-Eran B，Prehm M，et al. Effects of chain branching and chirality on liquid crystalline phases of bent-core molecules：Blue phases，de Vries transitions and switching of diastereomeric states [J]. Soft Matter，2011，7 (18)：8266.

[32] Thisayukta J，Niwano H，Takezoe H，et al. Enhancement of twisting power in the chiral nematic phase by introducing achiral banana-shaped molecules [J]. Journal of the American Chemical Society，2002，124 (13)：3354-3358.

[33] Zhu G，Lin X W，Hu W，et al. Liquid crystal blue phase induced by bent-shaped molecules with allylic end groups [J]. Optical Materials Express，2011，1 (8)：1478-1483.

[34] Chiang I H，Chuang W T，Lu C L，et al. Shape and confinement effects of various terminal siloxane groups on supramolecular interactions of hydrogen-bonded bent-core liquid crystals [J]. Chemistry of Materials，2015，27 (13)：4525-4537.

[35] Aya S，Zep A，Aihara K，et al. Stable electro-optic response in wide-temperature blue phases realized in

chiral asymmetric bent dimers [Invited] [J]. Optical Materials Express, 2014, 4 (4): 662.

[36] Wang X, He W L, Yang Z, et al. The effects of asymmetric bent-shaped compounds on the temperature range and electro-optical performances of liquid crystalline blue phases [J]. RSC Adv., 2016, 6 (112): 110750-110757.

[37] Zheng Z, Shen D, Huang P. The liquid crystal blue phase induced by bent-shaped molecules with different terminal chain lengths [J]. New Journal of Physics, 2011, 13 (6): 063037.

[38] Zheng Z, Shen D, Huang P. Wide blue phase range of chiral nematic liquid crystal doped with bent-shaped molecules [J]. New Journal of Physics, 2010, 12 (11): 113018.

[39] Vorländer D, Apel A. Die richtung der kohlenstoff-valenzen in benzolabkömmlingen (Ⅱ) [J]. European Journal of Inorganic Chemistry, 1932, 65 (7): 1101-1109.

[40] Nakata M, Takanishi Y, Watanabe J, et al. Blue phases induced by doping chiral nematic liquid crystals with nonchiral molecules [J]. Physical Review E, 2003, 68 (4): 041710.

[41] Yoshizawa A, Kogawa Y, Kobayashi K, et al. A binaphthyl derivative with a wide temperature range of a blue phase [J]. Journal of Materials Chemistry, 2009, 19 (32): 5759-5764.

[42] Yang W Q, Cai G Q, Liu Z, et al. Room temperature stable helical blue phase enabled by a photo-polymerizable bent-shaped material [J]. Journal of Materials Chemistry C, 2017, 5 (3): 690-696.

[43] Rožič B, Tzitzios V, Karatairi E, et al. Theoretical and experimental study of the nanoparticle-driven blue phase stabilisation [J]. The European Physical Journal E: Soft Matter and Biological Physics, 2011, 34 (2): 1-11.

[44] He W, Pan G, Yang Z, et al. Wide blue phase range in a hydrogen-bonded self-assembled complex of chiral fluoro-substituted benzoic acid and pyridine derivative [J]. Advanced Materials, 2009, 21 (20): 2050-2053.

[45] Yoshida H, Tanaka Y, Kawamoto K, et al. Nanoparticle-stabilized cholesteric blue phases [J]. Applied Physics Express, 2009, 2 (12): 121501.

[46] Zhu G, Wei B Y, Shi L Y, et al. A fast response variable optical attenuator based on blue phase liquid crystal [J]. Optics Express, 2013, 21 (5): 5332-5337.

[47] Karatairi E, Rozic B, Kutnjak Z, et al. Nanoparticle-induced widening of the temperature range of liquid-crystalline blue phases [J]. Phys Rev E Stat Nonlin Soft Matter Phys, 2010, 81 (4 Pt 1): 041703.

[48] Wang L, He W, Xiao X, et al. Low voltage and hysteresis-free blue phase liquid crystal dispersed by ferroelectric nanoparticles [J]. Journal of Materials Chemistry, 2012, 22 (37): 19629.

[49] Dierking I, Blenkhorn W, Credland E, et al. Stabilising liquid crystalline blue phases [J]. Soft Matter, 2012, 8 (16): 4355.

[50] Ravnik M, Alexander G P, Yeomans J M, et al. Mesoscopic modelling of colloids in chiral nematics [J]. Faraday Discussions, 2010, 144: 159-169.

[51] Wang L, He W, Xiao X, et al. Hysteresis-free blue phase liquid-crystal-stabilized by ZnS nanoparticles [J]. Small, 2012, 8 (14): 2189-2193.

[52] Hsu C J, Huang M K, Tsai P C, et al. The effects of silica nanoparticles on blue-phase liquid crystals [J]. Liquid Crystals, 2018, 45 (2): 303-309.

[53] Wang L, Yu L, Xiao X, et al. Effects of 1,3,4-oxadiazoles with different rigid cores on the thermal and

electro-optical performances of liquid crystalline blue phases[J]. Liquid Crystals, 2012, 39(5): 629-638.

[54] He W L, Wei M J, Yang H, et al. Flexible H-bonded liquid-crystals with wide enantiotropic blue phases [J]. Phys Chem Chem Phys, 2014, 16 (12): 5622-5626.

[55] Shi Y, Wang X, Wei J, et al. Stabilization of blue phases by hydrogen-bonded bent-shaped and T-shaped molecules featuring a branched terminal group [J]. Soft Matter, 2013, 9 (42): 10186.

[56] Li Y, Cong Y, Chu H, et al. Blue phases induced by rod-shaped hydrogen-bonded supermolecules possessing no chirality or mesomorphic behaviour [J]. Journal of Materials Chemistry C, 2014, 2 (10): 1783-1790.

[57] Kishikawa K, Furukawa Y, Watanabe T, et al. Hydrogen bond network-stabilisation of blue phases by addition of a chiral N- (10-hydroxydecyl) succinimide derivative and alkane diols [J]. Liquid Crystals, 2017, 44 (8): 1332-1339.

[58] Lu S Y, Chien L C. Electrically switched color with polymer-stabilized blue-phase liquid crystals [J]. Optics Letters, 2010, 35 (4): 562-564.

[59] Kikuchi H, Hirata S I, Uchida K. Confocal laser scanning microscopic observation of polymer-stabilized blue phase Ⅰ [J]. Molecular Crystals and Liquid Crystals, 2007, 465 (1): 283-288.

[60] Crooker P. The cholesteric blue phase: A progress report [J]. Molecular Crystals and Liquid Crystals, 1983, 98 (1): 31-45.

[61] Feringa B L, Van Delden R A, Koumura N, et al. Chiroptical molecular switches [J]. Chemical Reviews, 2000, 100 (5): 1789-1816.

[62] Liang X, Asanuma H, Komiyama M. Photoregulation of DNA triplex formation by azobenzene [J]. Journal of the American Chemical Society, 2002, 124 (9): 1877-1883.

[63] Chanishvili A, Chilaya G, Petriashvili G, et al. Trans-cis isomerization and the blue phases [J]. Phys Rev E Stat Nonlin Soft Matter Phys, 2005, 71 (1): 051705.

[64] Liu H Y, Wang C T, Hsu C Y, et al. Optically tuneable blue phase photonic band gaps [J]. Applied Physics Letters, 2010, 96 (12): 121103.

[65] Wen Y, Zheng Z, Wang H, et al. Photoinduced phase transition behaviours of the liquid crystal blue phase doped with azobenzene bent-shaped molecules [J]. Liquid Crystals, 2012, 39 (4): 509-514.

[66] Lin T H, Li Y, Wang C T, et al. Red, green and blue reflections enabled in an optically tunable self-organized 3D cubic nanostructured thin film [J]. Adv Mater, 2013, 25 (36): 5050-5054.

[67] Wang J, Shi Y, Yang K, et al. Stabilization and optical switching of liquid crystal blue phase doped with azobenzene-based bent-shaped hydrogen-bonded assemblies [J]. RSC Advances, 2015, 5 (82): 67357-67364.

[68] Zhu G, Li J N, Lin X W, et al. Polarization-independent blue-phase liquid-crystal gratings driven by vertical electric field [J]. Journal of the Society for Information Display, 2012, 20 (6): 341.

[69] Yan J, Li Y, Wu S T. High-efficiency and fast-response tunable phase grating using a blue phase liquid crystal [J]. Optics Letters, 2011, 36 (8): 1404-1406.

[70] Yan J, Li Q, Hu K. Polarization independent blue phase liquid crystal gratings based on periodic polymer slices structure [J]. Journal of Applied Physics, 2013, 114 (15): 153104.

[71] Yan J，Xing Y，Li Q. Dual-period tunable phase grating using polymer stabilized blue phase liquid crystal [J]. Opt. Lett.，2015，40（19）：4520-4523.

[72] Luo D，Dai H T，Sun X W. Polarization-independent electrically tunable/switchable Airy beam based on polymer-stabilized blue phase liquid crystal [J]. Opt. Express，2013，21（25）：31318-31323.

[73] Ge S J，Chen P，Ma L L，et al. Optical array generator based on blue phase liquid crystal Dammann grating [J]. Optical Materials Express，2016，6（4）：1087.

[74] Yuan Y，Li Y，Chen C P，et al. Polymer-stabilized blue-phase liquid crystal grating cured with interfered visible light [J]. Opt. Express，2015，23（15）：20007-20013.

[75] Lin C H，Wang Y Y，Hsieh C W. Polarization-independent and high-diffraction-efficiency Fresnel lenses based on blue phase liquid crystals [J]. Optics Letters，2011，36（4）：502-504.

[76] Li Y，Wu S T. Polarization independent adaptive microlens with a blue-phase liquid crystal [J]. Optics Express，2011，19（9）：8045-8050.

[77] Cui J P，Fan H X，Wang Q H. A polarisation-independent blue-phase liquid crystal microlens using an optically hidden dielectric structure [J]. Liquid Crystals，2016，44（4）：643-647.

[78] Chen C W，Jau H C，Wang C T，et al. Random lasing in blue phase liquid crystals [J]. Optics Express，2012，20（21）：23978-23984.

[79] Wiersma D S，Van Albada M P，Lagendijk A. Coherent backscattering of light from amplifying random media [J]. Physical Review Letters，1995，75（9）：1739.

[80] Cao H，Zhao Y，Ho S，et al. Random laser action in semiconductor powder [J]. Physical Review Letters，1999，82（11）：2278.

[81] Yu S F，Yuen C，Lau S P，et al. Random laser action in ZnO nanorod arrays embedded in ZnO epilayers [J]. Applied Physics Letters，2004，84（17）：3241-3243.

[82] Polson R C，Vardeny Z V. Random lasing in human tissues [J]. Applied Physics Letters，2004，85（7）：1289-1291.

[83] Wang L，Wang M，Yang M，et al. Bichromatic coherent random lasing from dye-doped polymer stabilized blue phase liquid crystals controlled by pump light polarization [J]. Chinese Physics B，2016，25（9）：094217.

[84] Cao W，Munoz A，Palffy-Muhoray P，et al. Lasing in a three-dimensional photonic crystal of the liquid crystal blue phase Ⅱ [J]. Nat Mater，2002，1（2）：111-113.

[85] Isomura T，Yoshida H，Fujii A，et al. Laser Emission from a Photopolymerized Cholesteric Blue Phase Ⅱ [J]. Molecular Crystals and Liquid Crystals，2010，516（1）：197-201.

[86] Kim K，Hur S T，Kim S，et al. A well-aligned simple cubic blue phase for a liquid crystal laser [J]. J. Mater. Chem. C，2015，3（21）：5383-5388.

[87] Hur S T，Lee B R，Gim M J，et al. Liquid-crystalline blue phase laser with widely tunable wavelength [J]. Adv Mater，2013，25（21）：3002-3006.

[88] Yan J，Xing Y，Guo Z，et al. Low voltage and high resolution phase modulator based on blue phase liquid crystals with external compact optical system [J]. Opt. Express，2015，23（12）：15256-15264.

[89] Peng F，Lee Y H，Luo Z，et al. Low voltage blue phase liquid crystal for spatial light modulators [J]. Opt. Lett.，2015，40（21）：5097-5100.

第 4 章

蓝相液晶显示器

马红梅　孙玉宝

河北工业大学

理学院

4.1　引言

早在 1888 年，莱尼泽尔（F. Renitzer）在首次发现液晶相态的过程中就观察到了蓝相状态[1]，主要原因是在此状态下液晶呈现蓝颜色。蓝相液晶具有三维周期性结构和可见光范围内的 Bragg 反射特性，整体光学效应为光学各向同性。蓝相液晶状态最初仅处于低于各向同性相温度几开尔文的温度范围内[2]。在很长的时间内，关于蓝相液晶的研究，仅仅研究其晶格结构、电场致克尔效应和响应时间等 [3~7]，但由于其存在温度范围实在是太窄，无法应用到液晶显示器中。2002 年，Kikuchi 教授提出使用聚合物稳定蓝相液晶结构，成功地获得温度范围超过 60K 的稳定蓝相结构[8]。此后，人们致力于提高电光克尔常数[9~12]。2008 年，三星公司展出了第一台蓝相液晶显示器样机（见图 4.1）[13]，人们开始了蓝相液晶显示器的热点研究。

图 4.1　2008 年三星公司展出的蓝相液晶显示器样机

蓝相液晶处于胆甾相液晶与各向同性相状态之间的一种状态，在向列相液晶中加入足够量的手性剂，使液晶的螺距小于 400nm，并且温度在合适的范围内，胆甾相液晶的单螺旋结构变为双螺旋结构，双螺旋结构形成一个圆柱体，在不同温度范围内，圆柱体又在空间形成可能出现蓝相Ⅰ、蓝相Ⅱ和蓝相Ⅲ三种状态的三维周期性结构，如图 4.2 所示[14]。蓝相液晶的双螺旋柱结构的长度只有几百纳米，因此对于蓝相Ⅰ和蓝相Ⅱ的规则排列结构本身来说并不能够延伸太长，在厚度大一个量级的液晶层中，这种规则结构实际上是杂乱排列的，所以整体表现为光学各向同性。

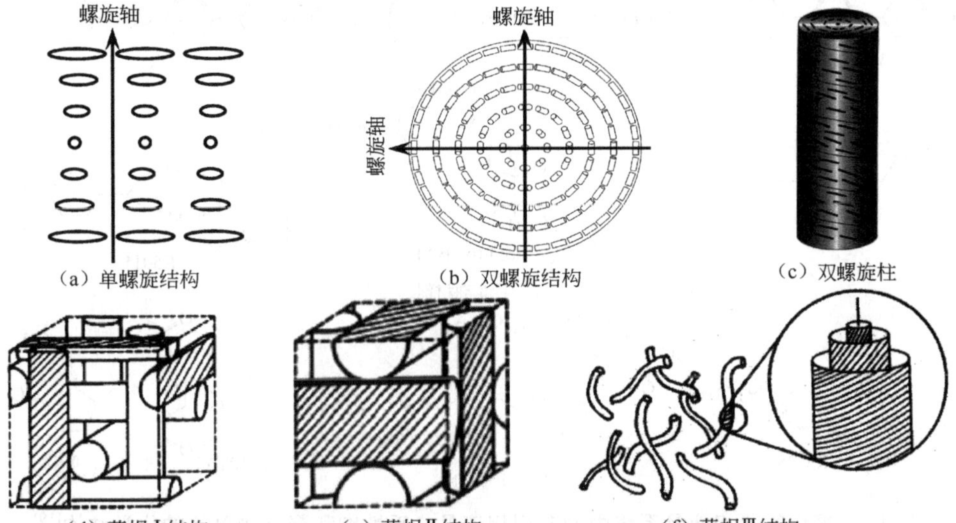

（a）单螺旋结构　（b）双螺旋结构　（c）双螺旋柱
（d）蓝相Ⅰ结构　（e）蓝相Ⅱ结构　（f）蓝相Ⅲ结构

图 4.2　胆甾相液晶的单螺旋结构、蓝相液晶的双螺旋结构和三种液晶相结构[14]

蓝相液晶中包含向列相液晶、手性剂材料、聚合物材料和光诱发剂等材料。向列相液晶最初为常用的 5CB（蓝相液晶中向列相液晶材料的介电各向异性$\Delta\varepsilon$=11.5，蓝相液晶中向列相液晶材料的双折射率Δn=0.18）和 BL038（$\Delta\varepsilon$=16.4，Δn=0.272）液晶材料，具有较高的介电各向异性和双折射率[15]，后来开发介电各向异性更大的高双折射率液晶材料（JM2069-145，$\Delta\varepsilon$=50，Δn=0.215）[16]，如今液晶材料的介电各向异性已经接近 100（JC-BP01M，$\Delta\varepsilon$=94，Δn=0.17）[17]，甚至有的已经高达 400 以上（JC-BP06N，$\Delta\varepsilon$=473，Δn=0.17）[18]，液晶材料质量比从约 50%到如今的近 90%。手性剂材料从最初的螺旋能力不够强的 R（S）811（HTP 约 10.1μm^{-1}）和 CB15（HTP 约 7.9μm^{-1}），因此蓝相液晶系统中的质量比约为 30%，后来使用 R（S）1011（HTP 约 28μm^{-1}）和 R(S)5011（HTP 约 110μm^{-1}），使用的质量比为 3%～7%。聚合物材料早期使用 EHA 和 RM257，使用质量比为 20%以上，现在使用质量比小于 10%的 RM257 和 TMPTA（1,1,1- Trimethylolpropane Triacrylate）[19]。各种材料的基本结构如图 4.3 所示。

另外，使用 0.2%～0.7%质量比的光诱发剂，可使聚合物材料聚合更彻底。在蓝相液晶温度范围内，使用紫外光照射蓝相液晶系统，使聚合物单体材料聚合，该聚合反应优先发生在蓝相液晶的排列缺陷位置。蓝相液晶中的双螺旋柱结构形成三维周期结构中，存在排列扭曲方向相反的接触线；在这个位置液晶排列为各向同性；其他位置的液晶有序排列。由于在液晶中掺杂的聚合物单体材料与液晶分子形状相似，因此它按照液晶的排列状态排列，在紫外光的照射下，各向同性排列的位置聚合物单体更容易形成交叉，从而更容易形成高分子链。蓝相液晶中的缺陷线和聚合物分子链情况如图 4.4 所示[8]。

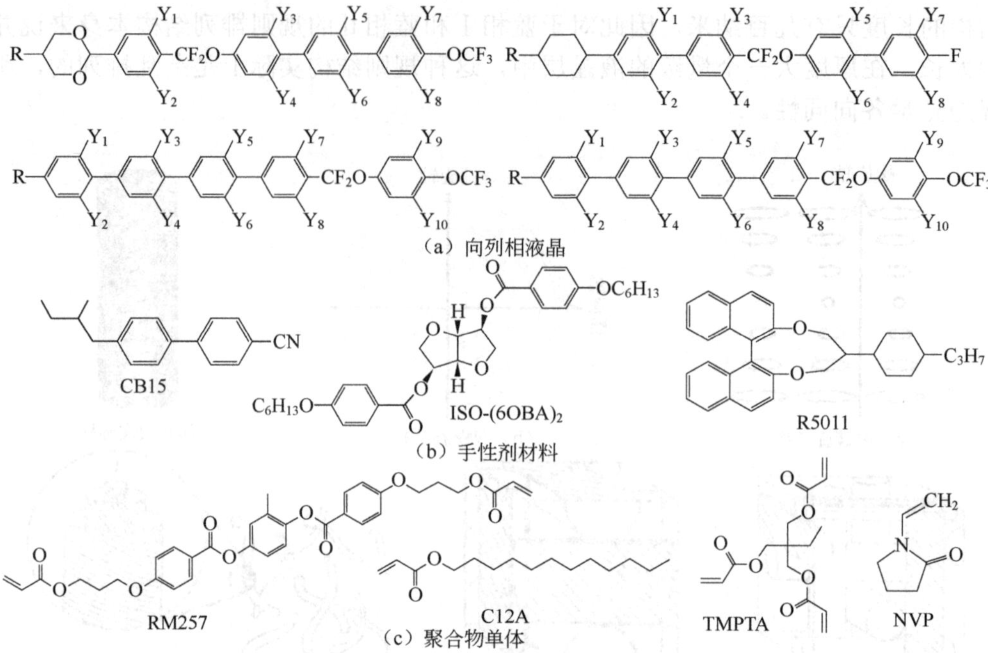

（a）向列相液晶
（b）手性剂材料
（c）聚合物单体

图 4.3 聚合物蓝相液晶系统中的向列相液晶、手性剂和聚合物单体的化学结构[19]

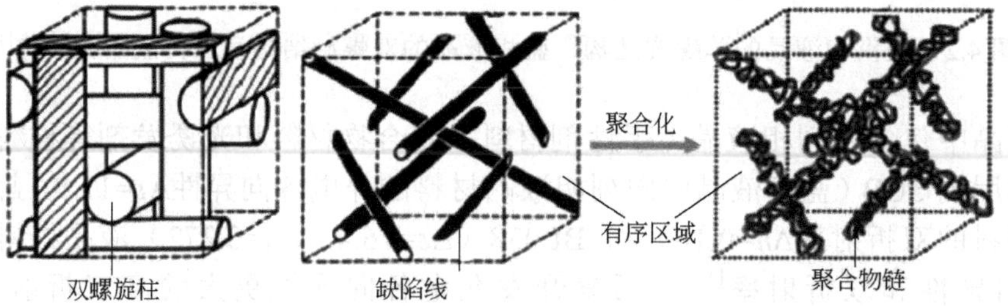

图 4.4 蓝相液晶、蓝相液晶中的缺陷线和聚合物网络结构[8]

由于蓝相液晶中存在周期性排列的结构，与胆甾相液晶的周期性结构相似，因此在某个光波长范围具有光反射。由于蓝相液晶排列结构与胆甾相液晶排列结构有显著的不同，因此反射率和反射光谱带宽也不同。蓝相液晶的反射率较低，反射波带也较窄。在电场作用下，蓝相液晶中的液晶排列发生变化，但由于聚合物网络结构的限制作用，蓝相液晶的螺距变化很小，因此 Bragg 反射依然存在，且反射波长和带宽变化不大，如图 4.5 所示[20]。

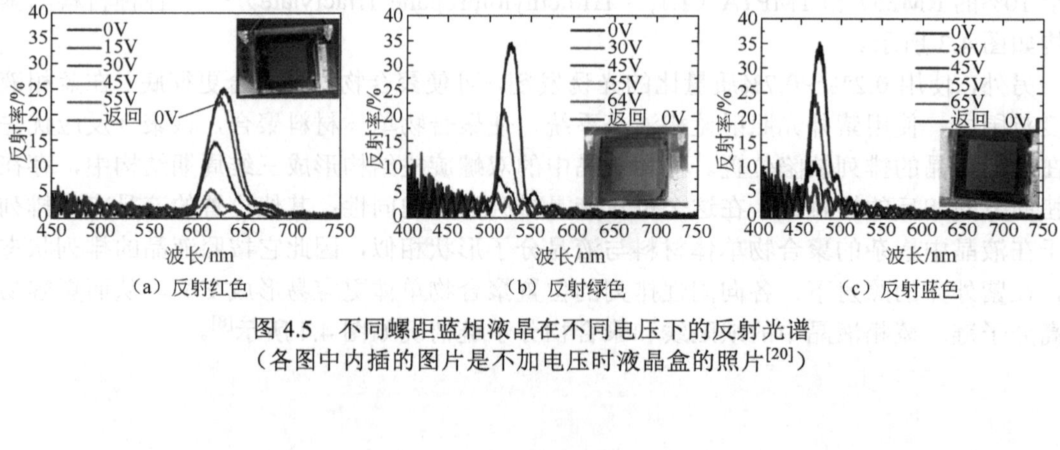

（a）反射红色
（b）反射绿色
（c）反射蓝色

图 4.5 不同螺距蓝相液晶在不同电压下的反射光谱
（各图中内插的图片是不加电压时液晶盒的照片[20]）

蓝相液晶材料的 Bragg 反射往往会使液晶显示器带有颜色，也就是说，液晶显示器即使放在偏光片之间，依然有光反射，从而影响暗态透过率和对比度。因此，在蓝相液晶应用到显示器上时，都是要把螺距减小到 Bragg 反射光到紫外光范围（不设置到红外光范围的原因是要求蓝相液晶的螺距要小于 500nm，不满足蓝相液晶的形成条件），考虑 Bragg 反射光的位置和带宽，一般将蓝相液晶的螺距控制在 200nm 以下，在可见光范围内就不会存在反射光，蓝相液晶盒放在正交偏光片间构成的蓝相液晶显示器，能够保证为黑态。当电场施加于蓝相液晶时，液晶分子受到电场力的作用而发生旋转，从而破坏了原有的光学各向同性，出现在电场方向为光轴的光学各向异性，如果该光轴不与偏光片的透光轴（或吸光轴）重合，或者光轴不垂直于液晶屏表面，就可以有光透过蓝相液晶显示器。由于蓝相液晶中分子排列结构复杂，电场作用下的分子排列结构更加复杂，为了描述蓝相液晶在加电场作用下产生双折射的效应，人们使用了晶体中的克尔效应公式[8~12]：

$$\Delta n_{\text{ind}} = \lambda K E^2 \tag{4.1}$$

式中，λ 为光波长；K 为克尔常数；E 为电场强度。

Yan J 等人提出用扩展克尔公式来描述蓝相液晶的诱导双折射率Δn_{ind}与电场强度 E 之间的关系[15,21]：

$$\Delta n_{\text{ind}} = \Delta n_{\text{s}} \left\{ 1 - \exp\left[-\left(\frac{E}{E_{\text{s}}} \right)^2 \right] \right\} \tag{4.2}$$

式中，Δn_{s} 和 E_{s} 分别为饱和双折射率和饱和电场强度，这两个参数是从蓝相液晶的双折射率与电场强度的曲线得来的（或者说是通过曲线拟合方法得到），克尔常数 K 与它们之间的关系为 $\Delta n_{\text{s}} = \lambda K E_{\text{s}}^2$ 。

使用一般克尔公式和扩展克尔公式计算结果与实验结果的对比如图 4.6 所示。

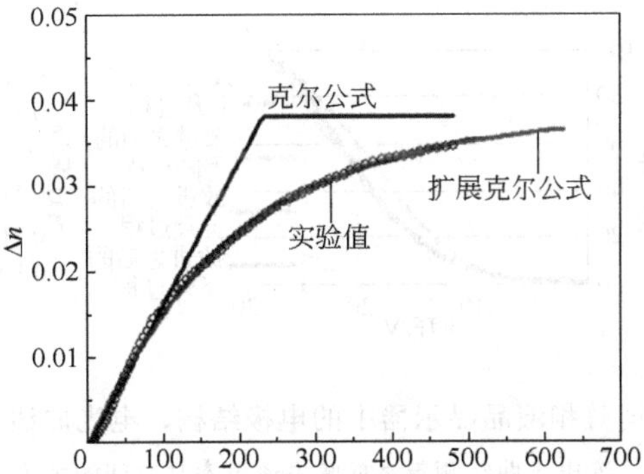

图 4.6　蓝相液晶的电场致双折射率与电场强度之间的关系[21]

蓝相液晶的克尔常数与所使用的液晶材料参数之间的关系可以近似为[17]：

$$K \sim \frac{\Delta n(E)}{\lambda E^2} \approx \Delta n \Delta\varepsilon \frac{\varepsilon_0 P^2}{k\lambda(2\pi)^2} C$$

式中，$\Delta n(E)$为电场诱导的双折射率；Δn 和$\Delta\varepsilon$分别为蓝相液晶中的向列相液晶材料的双折射率和介电各向异性；ε_0为真空中的介电常数；P 为蓝相液晶的螺距；k 为液晶的弹性常数（等效弹性常数，不能确定为哪个特定的弹性常数）；C 为液晶材料的含量。

由式（4.1）可知，蓝相液晶的克尔常数越大，获得相同的双折射率所需要的电场强度就越小，从而对应的驱动电压就越小；从液晶材料角度来说，就需要增大液晶材料本身的双折射率和介电各向异性，增大螺距或降低弹性常数。对于液晶材料，双折射率一般选择在 0.2 左右，太大会要求液晶中有不太稳定的烯基或其他不饱和键，从而影响液晶材料的稳定性。由于蓝相液晶要求螺距小于 400nm 和 Bragg 反射波长不能在可见光内，现在常用螺距为 200nm，所以螺距增大基本不可能。介电各向异性与液晶中的极性基团数量和强度相关。如图 4.3 所示的液晶材料，与一般向列相液晶分子相比，液晶分子的刚性基团部分更长，侧向基团多而且朝一个方向，从而获得更大的极性，得到大的介电各向异性，这样结构的分子弹性常数由于刚性基团的更长而有所增大，与要求小的弹性常数相违背。蓝相液晶系统中液晶的含量已经接近 90%，由于聚合物网络和手性剂的存在，没有了再提高的空间。为了获得更大的克尔常数，这几个参数的选择需要进行综合考虑，目前最常用的方法就是增大液晶的介电各向异性。

2008 年三星公司展出蓝相液晶显示器的样机之后，蓝相液晶显示器的优点便获得了人们的认可，这些优点包括：①响应时间为亚毫秒量级，比向列相液晶显示器的响应时间短；②制作工艺中不需要制作取向层；③暗态的光学各向同性和开态的多畴结构，从而视角宽而且对称；④当液晶层厚度超过 5μm，透过率与液晶层厚度的关系不再敏感。对蓝相液晶显示器的研究主要针对蓝相液晶显示器以下的缺点进行的：①驱动电压高；②磁滞效应；③相对低的光利用率；④残留的双折射率[22~28]。图 4.7 所示为三星公司的蓝相液晶显示器的电极结构和电光特性[28]。

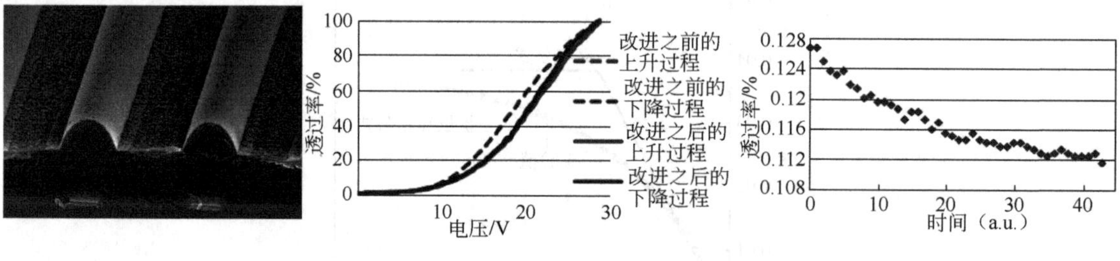

图 4.7　三星公司蓝相液晶显示器中的电极结构、电光曲线和暗态漏光变化

（第二次电光曲线测量之前暗态透过率与时间的关系）[28]

在降低驱动电压的研究中，各种凸起电极结构和垂直电场驱动结构是通过电极设计来提高电场驱动液晶的深度实现的（见 4.2 节）。凸起电极结构的制作相对比较困难[29~35]；垂直电场驱动模式虽然获得很低的驱动电压和极低的磁滞效应，但所需要的特殊光学器件设计则使其产业化更困难，如图 4.8 所示[36~39]。

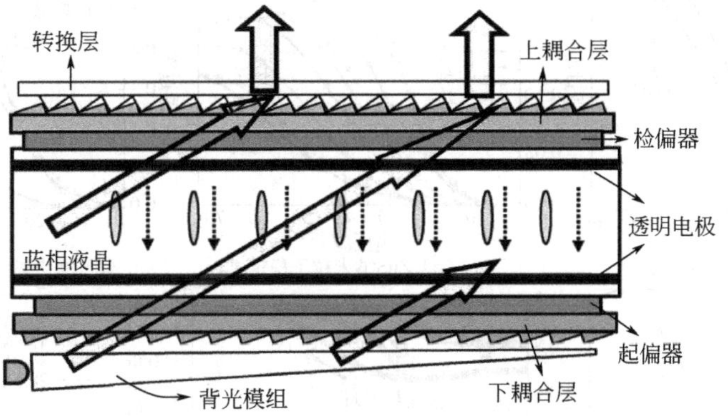

图 4.8　垂面电场驱动蓝相液晶显示器结构

Lan Y F 研究了聚合物稳定蓝相液晶显示器中磁滞效应产生的机制[40]，陆续发现了很多降低磁滞效应的方法。例如，线偏振紫外光聚合，使用偏振方向与电场方向相同或垂直的线偏振紫外光聚合，获得聚合物网络中的单体方向的优先稳定排列，从而很好地降低了磁滞效应[41]，如图 4.9（a）所示；不同深度不同聚合强度的方法，同时也控制了磁滞效应减弱[42]；在蓝相液晶层中，电场强度高的位置聚合强度高，电场强度弱的位置聚合强度稍弱，使用纳米粒子或铁电纳米粒子掺杂方法在稳定蓝相液晶结构的同时消除磁滞效应，在不使用聚合物材料的情况下，也就不存在由外场引起的液晶分子重排列而导致的聚合物网络形状变化的不稳定，并且纳米粒子占据蓝相液晶中缺陷位置，不再存在导致液晶形变不易恢复的区域，从而消除磁滞效应[43,44]，如图 4.9（b）和图 4.9（c）所示；使用低表面张力单体材料降低磁滞效应，使用与液晶分子之间相互作用力小的聚合物单体材料降低液晶分子的旋转对聚合物网络的影响，从而降低磁滞效应[45]，如图 4.9（d）所示；使用热循环方法，通过在聚合过程中不断加热和降温，增大蓝相液晶结构尺度，从而形成性能单一的蓝相液晶，降低结构尺寸小的蓝相液晶中呈现各向同性排列部分的体积，进而能够降低磁滞效应[46]，如图 4.9（e）所示；虽然以上各种方法都能够非常有效地降低磁滞效应，但依然不能完全消除，其主要原因还是驱动电场强度过大，通过降低驱动电场强度减小液晶分子取向的变化，降低液晶对聚合物网络的作用，从而消除磁滞效应[47]［见图 4.9（f）］，但是在这种方法下，透过率会降低很多。

在蓝相液晶显示器只能使用共面电极来驱动的前提下，想要提高其较低的光利用率，也是很难的。虽然使用齿状电极结构可获得接近 100%的光利用率，但这种电极结构在生产中很难实现[48]。因为在共面电极的上方，电场方向几乎都垂直于电极，诱导的双折射不能产生有效的相位延迟，在正交偏光片下也就为常黑态，所以蓝相液晶显示器的光利用率低的问题很难解决，只能通过增加共面电极间隙来提高开口率。在磁滞效应解决的同时也可以解决残留的双折射率，但在蓝相液晶显示器的长期使用过程中，残留的双折射率会使显示器的暗态逐渐变差、对比度降低，这是因为聚合物网络在外力长期作用下而发生变形的结果[49,50]。

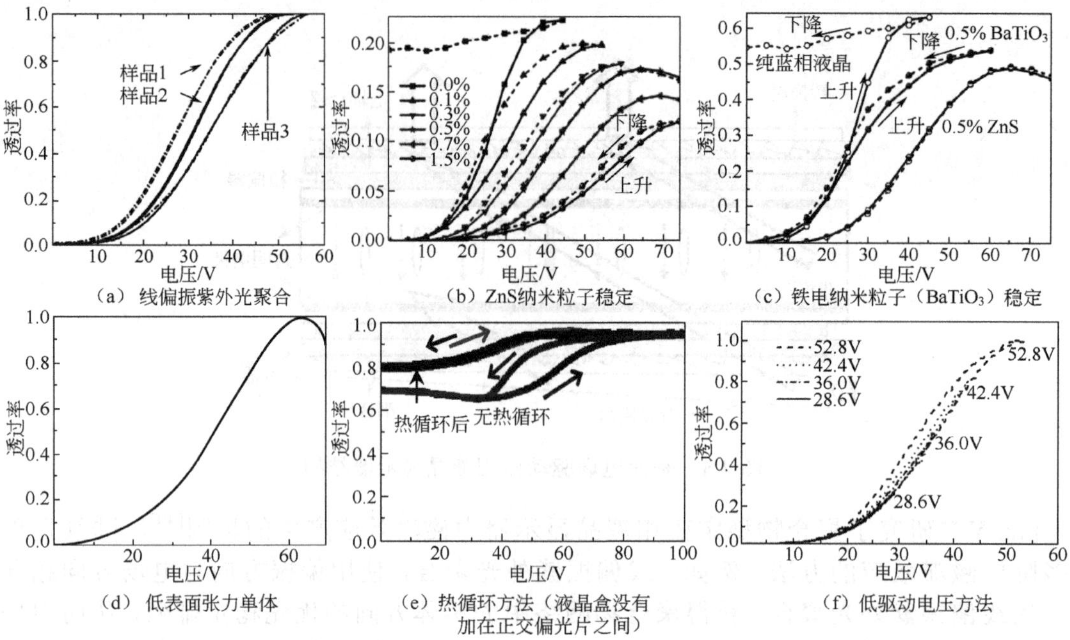

（a）线偏振紫外光聚合　（b）ZnS纳米粒子稳定　（c）铁电纳米粒子（BaTiO$_3$）稳定

（d）低表面张力单体　（e）热循环方法（液晶盒没有加在正交偏光片之间）　（f）低驱动电压方法

图 4.9　各种消除磁滞效应方法的电光曲线[41,43~47]

4.2　蓝相液晶显示器相关参数

液晶显示器是光学控制元件，不能独立发光。施加在液晶显示器上的电压驱动液晶分子的取向发生变化，从而控制背光源发出的光通过液晶层的多少。液晶显示器的透光特性的参数为透过率，与背光源的光强大小无关。与各种发光型显示器不同，液晶显示器的透过率不会随着驱动电压的增大而无限增大，而是有个对应最大透过率的电压（光学饱和电压），当驱动电压超过这个电压后透过率会下降，因此液晶显示器的驱动电压不超过光学饱和电压。对于液晶显示器来说，控制灰度显示就是施加低于饱和电压的电压，最小透过率出现在不施加电压时（常白模式的扭曲向列相液晶显示器除外）。为了实现液晶显示器的全色显示，液晶显示器至少能够实现 256 级灰度显示，每级灰度需要一个很小范围的电压来驱动获得，液晶显示器透过率和电压的关系（电光曲线）表现为：低电压时透过率变化很小，当驱动电压超过某个值（对应透过率为最大透过率的 10%）时，透过率随驱动电压的变化而快速变化，因此人们在考察液晶显示器电光曲线的好坏时，往往也很注意这个透过率为10%时对应的电压（光学阈值电压）[51]。光学阈值电压和光学饱和电压不同于理论物理中的阈值电压和饱和电压，理论物理中的两个电压对应着液晶指向矢取向的突变，当电场方向与液晶指向矢初始方向垂直（介电各向异性为正）或平行（介电各向异性为负）时，只有电压超过阈值电压液晶指向矢排列才发生变化，只有电压超过饱和电压液晶指向矢排列才达到另外一个均匀状态[52]；光学阈值电压和光学饱和电压是液晶形变中的两个特殊情况，并不对应液晶指向矢取向的突变。

蓝相液晶中的液晶指向矢排列具有双螺旋柱结构和由柱形成的三维周期结构，无论电场方向为哪个方向，它也不能与所有的液晶指向矢排列方向垂直或平行，不存在理论物理意义上的阈值电压和饱和电压。由于蓝相液晶在无外场作用时可被认为是光学各向同性材料，因此在正交偏光片下呈现暗态，在正交偏光片的透光轴角平分线方向施加电场，由电场诱导双折射率，从而获得对光的调制实现光的透过，通过设计液晶显示器件的参数可以得到透过率的最大值，也就有了光学阈值电压和光学饱和电压。

4.2.1 蓝相液晶显示器的结构及临界电场强度

1. 蓝相液晶显示器的结构

蓝相液晶显示器中最早的结构为共面电极结构，称为共面转换模式蓝相液晶显示器（IPS-BPLCD），如图 4.10 所示。该结构与工业生产中的共面转换液晶显示器（IPS-LCD）结构是相同的，不同点是所使用的液晶材料不同和液晶的取向不同，普通的 IPS-LCD 中的液晶需要取向层来使所有液晶处于相同的排列方向，而在 IPS-BPLCD 中不需要对液晶做任何取向处理，依靠聚合物网络来稳定蓝相液晶的结构。在向列相 IPS-LCD 中，共面电极产生的电场驱动电极间隙中的液晶发生旋转，这些旋转的液晶带动电极上方的液晶也发生旋转，从而可以实现在电极上方也有较大的光透过率[53~55]。图 4.10 中的圆球和椭球分别对应无电场作用和有电场作用下的蓝相液晶的光率体表现，无电场作用时，光率体为圆球，表明蓝相液晶的折射率各向同性；有电场作用时，液晶的取向在电场方向的有优先，所以在电场方向的折射率大一些而垂直于电场方向的折射率小一些，并且在垂直于电场的各方向都相等，因此光率体为椭球[56~58]。由共面电极引起的电场在电极正上方以 z 方向为主，光率体的长方向垂直于基板，在电极间隙中以 x 方向为主，光率体的长方向平行于基板，在正交的偏光片下，电极位置的透过率很低［见图 4.11（a)］，因此液晶显示器的透过率比较低，不同电极宽度和间隙的电光曲线［见图 4.11（b)］。从电光曲线来看，在电极间隙小的情况下，驱动电压也小些；在相同电极间隙情况下，电极宽度大的驱动电压小些，但是透过率也小，这是因为透光区域比例变小；很高的克尔常数，会带来很小的驱动电压。

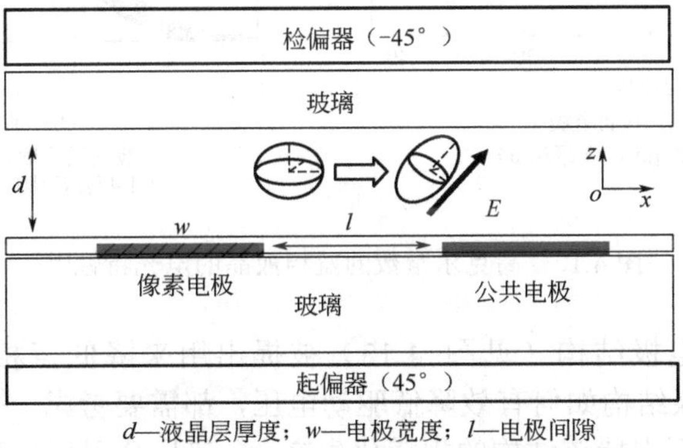

d—液晶层厚度；w—电极宽度；l—电极间隙

图 4.10 IPS-BPLCD 的结构和驱动原理

IPS-BPLCD 的驱动电压相对较高，只有当克尔常数超过 100nm/V^2 时，驱动电压才能低到十几伏特，才能使用 TFT-LCD 的驱动器进行驱动。现在蓝相液晶材料的克尔常数已经达到 20～40nm/V^2[18]，在使用共面电极驱动可以获得 20～30V 的驱动电压［见图 4.12（a)］；而使用垂面电场驱动方法的蓝相液晶显示器（VFS-BPLCD），则可以低到 10V 以下［见图 4.12（b)］，其原因是光在蓝相液晶中行走的路径超过 10μm，且每处的双折射率都相同，对光的调制强于

IPS-BPLCD。单纯从驱动电压大小的角度来说，VFS-BPLCD 已经能够适用于 TFT-LCD 中了，但是该显示器需要复杂的光学转换部分[36~39]，所以在 BPLCD 的研究中依然不被重视。

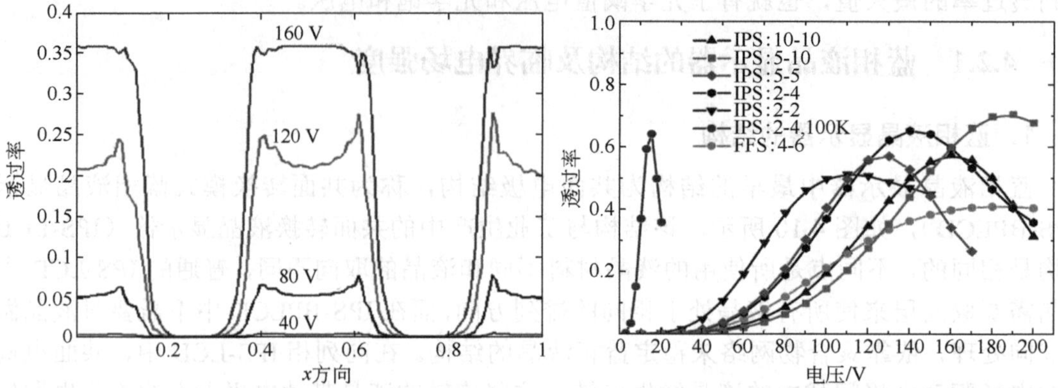

（a）透过率与位置的关系　（b）不同电极宽度和间隙情况下的电光曲线

图 4.11　IPS-BPLCD 的电光特性[56]

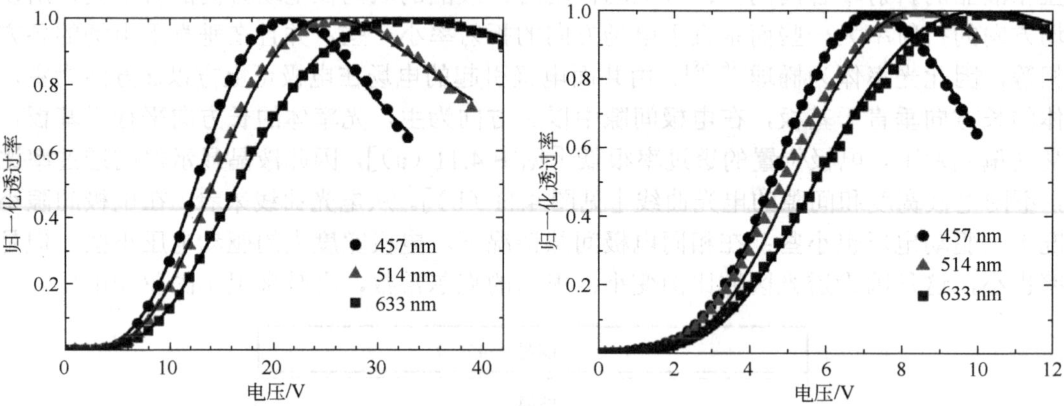

（a）共面电极（电极宽5μm，盒厚7μm）　（b）垂面电场驱动（液晶层厚度为5μm，光在折射率为1.47介质中以倾斜角度为70°入射）

图 4.12　高克尔常数的蓝相液晶的电光特性[18]

各种形状的凸起电极结构（见图 4.13）被提出用来降低蓝相液晶显示器的驱动电压[62~72]。不管上述电极结构如何有效降低驱动电压，都需要考虑一个关键问题，即现有的 TFT-LCD 生产工艺能否支持该结构的规模化生产。自三星公司展出蓝相液晶显示器的样机后，直到 2015 年友达公司才展出墙状电极结构的蓝相液晶显示器（见图 4.14）[34]，同时来看三星公司和友达公司的蓝相液晶显示器，其最大透过率对应的驱动电压都高达 30V，因此，都需要特殊的高压驱动电路[34]。

2．临界电场强度

在研究蓝相液晶显示器的磁滞效应过程中发现，随着驱动电压的降低，磁滞效应会降低，直至可以完全忽略。从现有的蓝相液晶显示器样机和实验研究来看，能够实现完全消除磁滞效应的电极结构很少，目前仅在 VFS-BPLCD 中不存在磁滞效应[18,36~39,73,74]。Rao 博士给出了弧形凸起电极结构的 IPS-BPLCD 中消除磁滞效应的临界电场强度[47]。当驱动电场强度低于该临界电场强度时，磁滞效应很小或可忽略；当驱动电场强度超过该临界电场强度时，磁滞效应出现并逐渐增大，同时动态响应速度明显变慢[73]。临界电场强度仅在少数几个文献中出现，例如，文献[18]中临界电场强度 2.67V/μm（K=20.9nm/V^2，Δn_s=0.156，E_s=3.8V/μm，λ=514nm），文献[37]中的临界电场强度为 3.5V/μm（对应的液晶参数为 Δn_s=0.17，E_s=6.0V/μm，K=7.5nm/V^2，λ=633nm），文献[73]中临界电场强度 8.5V/μm（Δn_s=0.12，E_s =12.8V/μm，K=1.2nm/V^2，λ=633nm）。从以上几个数据来看，蓝相液晶的克尔常数越大，临界电场强度就越小，与蓝相液晶的饱和电场强度（E_s）相比，该临界电场强度小，在该临界电场强度以下，蓝相液晶的电场致双折射率与电场强度的平方几乎可以完全成正比，即传统的克尔公式可以成立。因此，若要获得无磁滞效应和快速响应的蓝相液晶显示器，必须将蓝相液晶显示器的驱动电场强度（光学饱和电压与电极间隙之比，简单认为电极之间的介质介电常数为常数）降低到该临界电场强度。

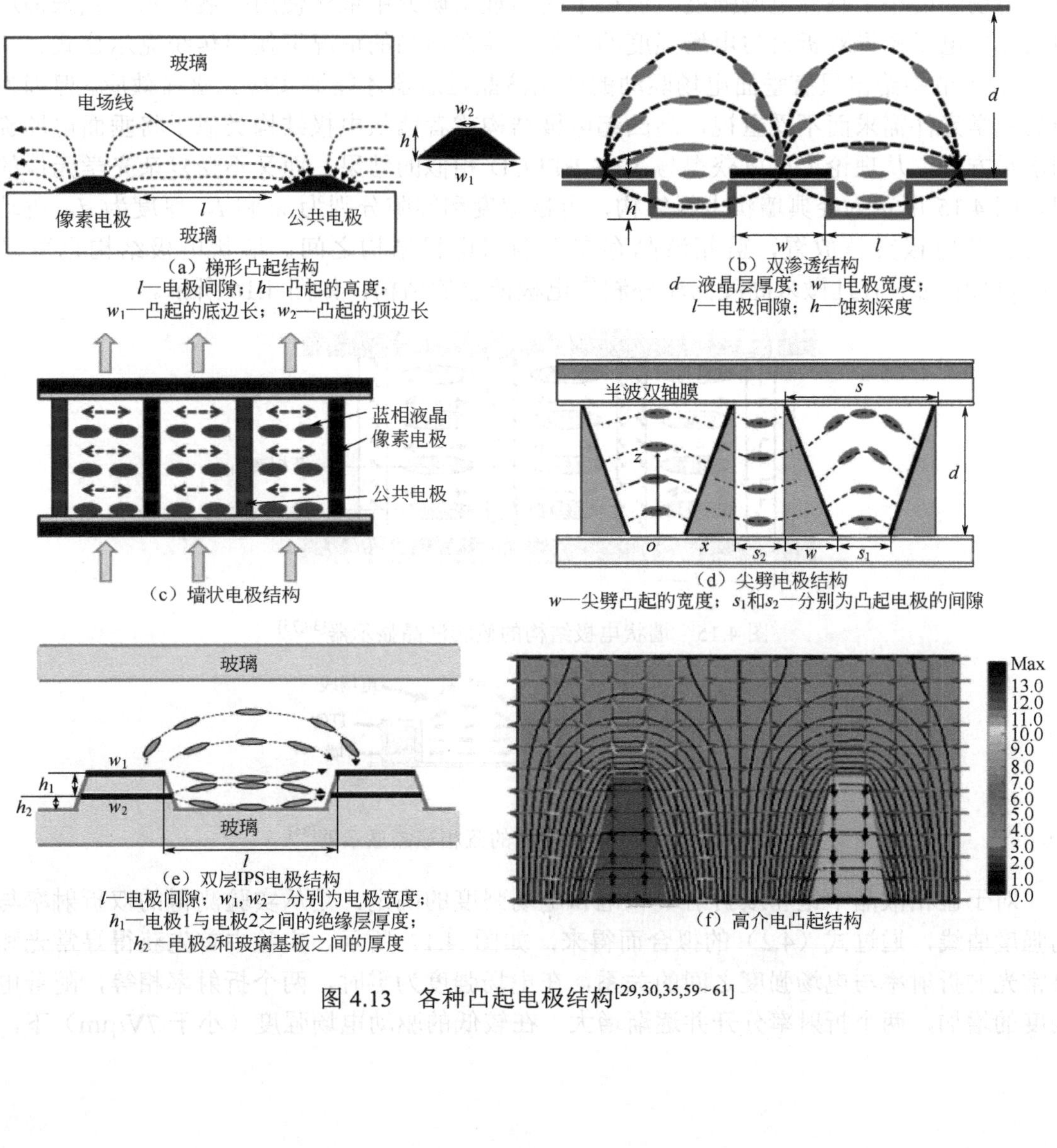

（a）梯形凸起结构
l—电极间隙；h—凸起的高度；
w_1—凸起的底边长；w_2—凸起的顶边长

（b）双渗透结构
d—液晶层厚度；w—电极宽度；
l—电极间隙；h—蚀刻深度

（c）墙状电极结构

（d）尖劈电极结构
w—尖劈凸起的宽度；s_1和s_2—分别为凸起电极的间隙

（e）双层IPS电极结构
l—电极间隙；w_1, w_2—分别为电极宽度；
h_1—电极1与电极2之间的绝缘层厚度；
h_2—电极2和玻璃基板之间的厚度

（f）高介电凸起结构

图 4.13 各种凸起电极结构[29,30,35,59~61]

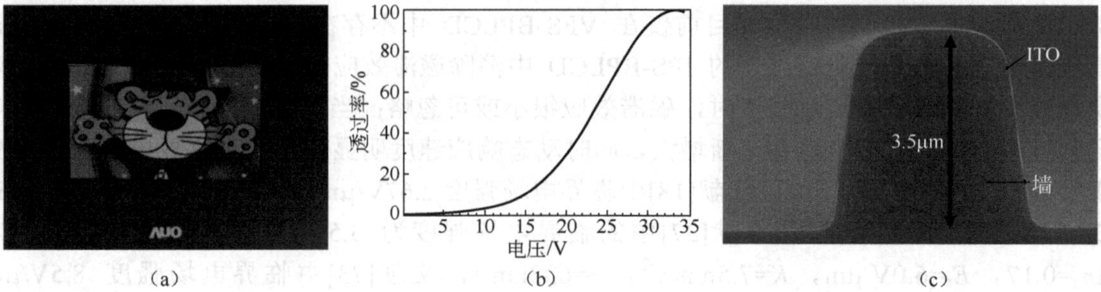

图 4.14 友达公司的 10in 蓝相液晶显示器、电光曲线和墙状电极结构的扫描电子显微镜图[34]

▶▶ 4.2.2 光学阈值电压和光学饱和电压

如前面所述，光学阈值电压对应透过率为最大透过率 10%时的驱动电压，光学饱和电压对应透过率为最大透过率时的驱动电压。尽管 4.2.1 节中对理想的蓝相液晶显示器要求驱动电场强度小于临界电场强度，但在下面的理论研究中依然使用扩展克尔公式来描述蓝相液晶中电场诱导双折射与电场强度的关系，并在适当的情况下使用传统克尔公式。

4.2.1 节中给出只有垂面电场驱动的蓝相液晶显示器才能够实现无磁滞效应，但因为复杂的光学元件需求而不受重视，高凸起电极结构或者墙状电极结构类似于将垂面电场旋转到水平方向，从理论上可以获得与 VFS-BPLCD 相似的结果，而又不受复杂光学元件的限制。图 4.15 所示为经典墙状电极结构，电极宽度和间隙分别为 w 和 l，厚度为 d，驱动电极与公共电极交替放置，蓝相液晶存在于墙状电极结构之间。墙状电极结构也可采用文献[34]中的只有几微米高度的墙外制作电极薄层的结构，如图 4.16 所示。

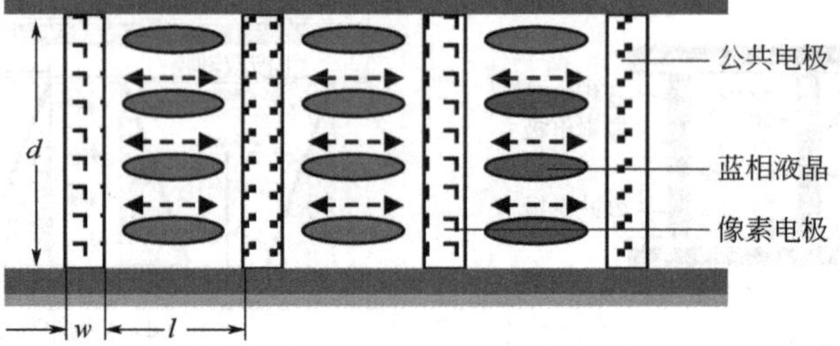

图 4.15 墙状电极结构的蓝相液晶显示器[30,75]

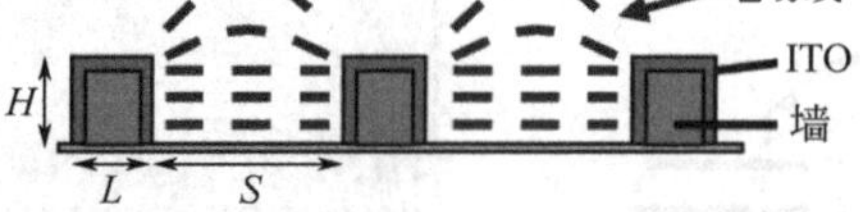

图 4.16 墙状电极结构的蓝相液晶显示器[34]

对于蓝相液晶中饱和双折射率和饱和电场强度的确定，是从实验测得的双折射率与电场强度曲线，通过式（4.2）的拟合而得来，如图 4.17 所示。实验中首先获得寻常光和非寻常光的折射率与电场强度之间的关系，在电场强度为零时，两个折射率相等，随着电场强度的增加，两个折射率分开并逐渐增大，在较低的驱动电场强度（小于 7V/μm）下，双折射率的变化与电场强度的平方几乎成正比关系，随着电场强度的增加，双折射率变化离开线性变化，则需要式（4.2）来拟合，拟合时不断变化Δn_s和E_s，使拟合曲线与实验圆点达到最大程度重合，便得到这两个拟合参数（见图 4.17，拟合参数分别为$\Delta n_s = 0.0873$和$E_s = 12.15\text{V}/\mu\text{m}$）。又因为测量所用光波长为 633nm，所以该蓝相液晶的克尔常数为 $0.93\text{nm}/\text{V}^2$。

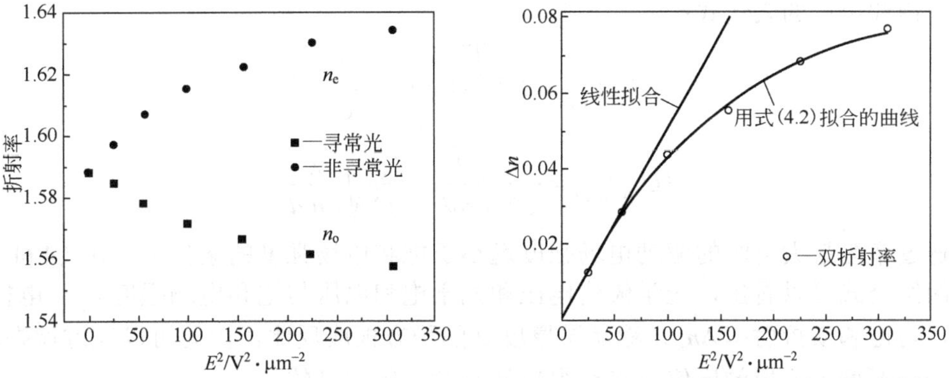

（a）电场致蓝相液晶寻常光和非寻常光折射率的变化

（b）电场致双折射率在低驱动电场下的线性拟合（直线）和用式（4.2）拟合的曲线

图 4.17 蓝相液晶的折射率和双折射率与电场强度的关系[83]

当驱动电场强度比饱和电场强度小一半时，扩展克尔公式可以简化为经典克尔公式［式（4.1）］。在墙状电极结构的蓝相液晶显示器中，在不考虑绝缘层和其他导致不均匀电场分布的介质情况下，可以近似认为电场强度 $E=U/l$（U 为电极电势差，l 为电极间隙）。偏光片的透光轴与电场方向之间的夹角为π/4，且两个偏光片的透光轴互相垂直。为了简便计算，光通过偏光片和液晶层的光损失和开口率导致的不透光等都忽略掉，则正交偏光片下的液晶盒的透过率 T 为：

$$T = \sin^2 \frac{\pi \Delta n_{\text{ind}} d}{\lambda} \tag{4.3}$$

式中，d 为液晶层厚度。

由式（4.3）可以看出，当括号中的部分不大于π/2 时，最大透过率小于 1.0，此时定义光学最大透过率为 $T_{\max}=\sin^2\pi\Delta n_s d/\lambda$，而前面给出的光学阈值电压和光学饱和电压分别对应的透过率为 $0.1T_{\max}$ 和 $0.9T_{\max}$。事实上，液晶显示器设计时，都会把$\pi\Delta n_s d/\lambda$设计为大于π/2，以获得最大的透过率，所以暂不考虑特殊情况。

将式（4.1）或式（4.2）代入式（4.3），可得：

$$T = \sin^2 \frac{\pi \Delta n_s d}{\lambda}\left\{1-\exp\left[-\left(\frac{U}{E_s l}\right)^2\right]\right\} \tag{4.4a}$$

或

$$T = \sin^2 \pi K d U^2 / l^2 \tag{4.4b}$$

将光学阈值电压和光学饱和电压的定义代入以上两式，可以得到光学阈值电压的表达式：

$$(U_{\text{th}})_{\text{optic}} = E_s l \sqrt{-\ln\left(1-\frac{\lambda \arcsin^{-1}\sqrt{0.1}}{\pi \Delta n_s d}\right)} \tag{4.5a}$$

$$(U_{\text{th}})_{\text{optic}} = l \sqrt{\frac{\arcsin\sqrt{0.1}}{\pi K d}} \approx \frac{l}{\pi}\sqrt{\frac{1}{Kd}} \tag{4.5b}$$

光学饱和电压的表达式：

$$(U_{\text{sat}})_{\text{optic}} = E_s l \sqrt{-\ln\left(1-\frac{\lambda}{2\Delta n_s d}\right)} \tag{4.6a}$$

$$(U_{\text{sat}})_{\text{optic}} = \frac{l}{\sqrt{2}}\sqrt{\frac{1}{Kd}} = \frac{E_s l}{\sqrt{2}}\sqrt{\frac{\lambda}{\Delta n_s d}} \tag{4.6b}$$

在透过率为最大值时的驱动电场强度远小于饱和电场强度的条件下，式（4.6b）成立。从以上两组公式可以看出，光学阈值电压和光学饱和电压与饱和电场强度 E_s、电极间隙 l 成正比，与饱和双折射率 Δn_s、液晶层厚度 d 的平方根成反比。由此可以通过调整电极间隙和液晶层厚度平方根的比值，来获得较低驱动电压的目的。

接下来研究墙状电极结构蓝相液晶显示器的电光特性。从以上两组公式，可得光学阈值电压和光学饱和电压的比值，即：

$$(U_{\text{sat}})_{\text{optic}} / (U_{\text{th}})_{\text{optic}} = \sqrt{\ln\left(1-\frac{\lambda}{2\Delta n_s d}\right) \Big/ \ln\left(1-\frac{\lambda \arcsin\sqrt{0.1}}{\pi \Delta n_s d}\right)} \tag{4.7a}$$

$$(U_{\text{sat}})_{\text{optic}} / (U_{\text{th}})_{\text{optic}} = \sqrt{\frac{\pi}{2\arcsin\sqrt{0.1}}} \approx 2.21 \tag{4.7b}$$

由式（4.7b）可以看出，当最大透过率时的驱动电场强度远小于饱和电场强度时，该蓝相液晶显示器的光学饱和电压和光学阈值电压的比值为常数，这将为驱动器分配不同灰度所对应的电压范围提供极其方便的参数。

使用式（4.5）和式（4.6）计算得到的光学阈值电压和光学饱和电压如图 4.18 所示。从图 4.18 中可以看到：对于光学阈值电压，当 $\Delta n_s d/\lambda > 0.5$ 时，式（4.5a）与式（4.5b）的计算结果相差不大；对于光学饱和电压，当 $\Delta n_s d/\lambda > 2.0$ 时，式（4.6a）与式（4.6b）计算的结果相差不大。当 $\Delta n_s d/\lambda$ 较小时，由式（4.5a）和式（4.6a）可知，$\Delta n_s d/\lambda$ 对于光学阈值电压和光学饱和电压存在理论上的最小临界值，即液晶层厚度小于临界值时，光学阈值电压和光学饱和电压趋向于无穷大。从图 4.18 中还可以看到，如果 $\Delta n_s d/\lambda$ 选择为 2.0 左右，驱动电压已经足够小，再增大将对液晶盒的制作有更高的要求；同时厚的液晶层存在较大的光散射效应，影响暗态的亮度。

对于不同的液晶层厚度，光学饱和电压与光学阈值电压的比值如图 4.19 所示，使用式（4.7a），该比值随着盒厚的增加而减小，并趋向于式（4.7b）所给出的常数。

为了验证以上结果，在模拟计算中采用饱和双折射率与饱和电场强度为 0.13 与 3.3V/μm，对应的克尔常数为 12.78nm/V^2（550nm）[15,16,21]。模拟中使用韩国 Sanayi 系统公司的 TechWiz LCD 3D 软件模拟墙状电极（宽度固定为 ω=2μm），电极间隙和液晶层厚度变化的蓝相液晶显示器。首先固定电极间隙为 l=10μm，液晶层厚度 d 从 5μm 变化到 20μm，模拟计算得到的随着盒厚变化的电光曲线如图 4.20 所示。

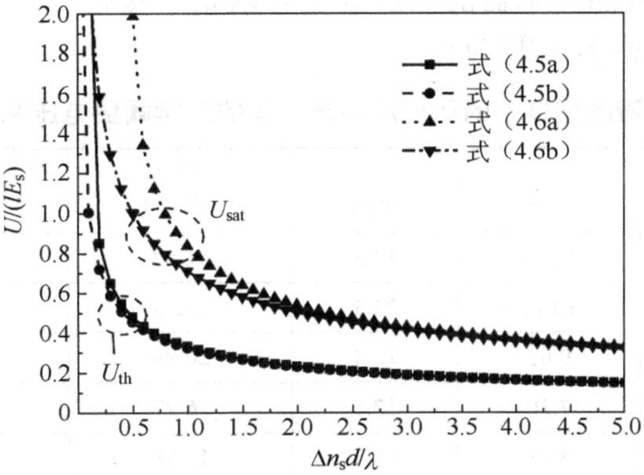

图 4.18 光学阈值电压和光学饱和电压与 $\Delta n_s d/\lambda$ 的关系

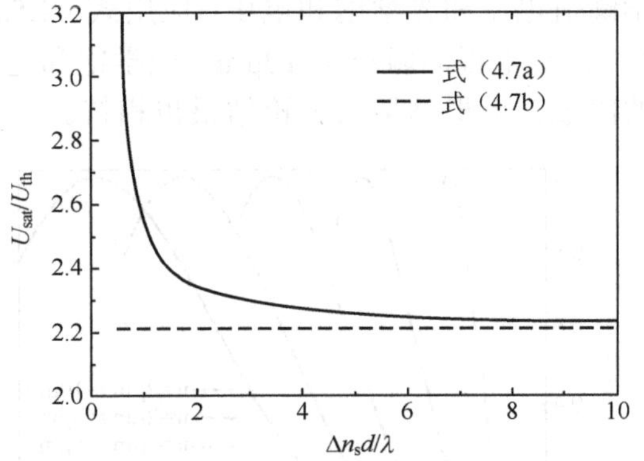

图 4.19 光学饱和电压与光学阈值电压的比值与 $\Delta n_s d/\lambda$ 的关系

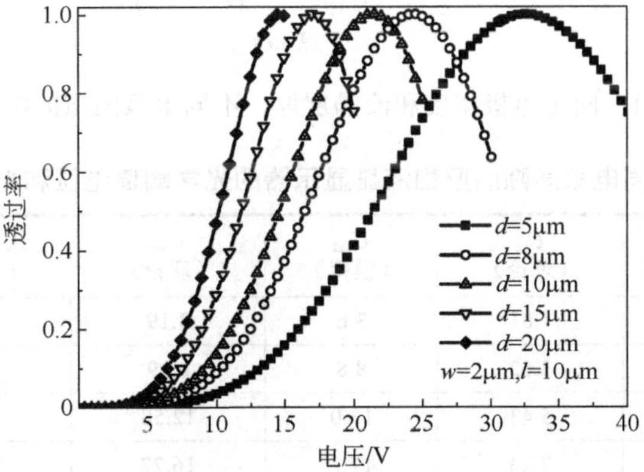

图 4.20 蓝相液晶显示器随盒厚变化的电光曲线，固定电极宽度和间隙

以上电光曲线的光学阈值电压和光学饱和电压见表 4.1，使用式（4.5a）、式（4.6a）和式（4.7a）的计算结果也列在表 4.1 中。由表 4.1 可以看到，理论光学阈值电压和光学饱和电压稍微低于模拟结果，这是由于墙状电极结构在模拟计算中被处理为陡度很大的梯形电极，并非理想的墙状电极结构。当液晶层厚度超过 8μm 时，工作电场强度小于 2.43V/μm，

该电场强度与该蓝相液晶的饱和电场强度的比值为56.5%。从4.2.1节的结果可以知道，这个工作电场强度下，该液晶显示器的磁滞效应可以完全忽略。光学饱和电压与光学阈值电压的比值，模拟结果与理论结果相符。

表4.1　不同液晶层厚下的蓝相液晶显示器的光学阈值电压和光学饱和电压

d	U_{th}（模拟）	U_{th}（理论）	U_{sat}（模拟）	U_{sat}（理论）	比　值（模拟）	比　值［式（4.7a）］
d=5μm	13.2	12.95	32.5	31.89	2.46	2.46
d=8μm	10.35	10.15	23.3	23.83	2.38	2.35
d=10μm	9.23	9.05	21.4	20.96	2.32	2.32
d=15μm	7.5	7.30	17.1	16.77	2.28	2.28
d=20μm	6.49	6.31	13.7	13.38	2.265	2.26

在固定液晶层厚度为10μm，变化电极间隙从2μm到10μm，电光曲线如图4.21所示。从电光曲线上得到的光学阈值电压和光学饱和电压，应用式（4.5a）、式（4.6a）和式（4.7a）的计算结果都列在表4.2中。当电极间隙小于10μm，光学饱和电压可以小于20V。光学饱和电压与光学阈值电压的比值，模拟结果与理论结果也相符。

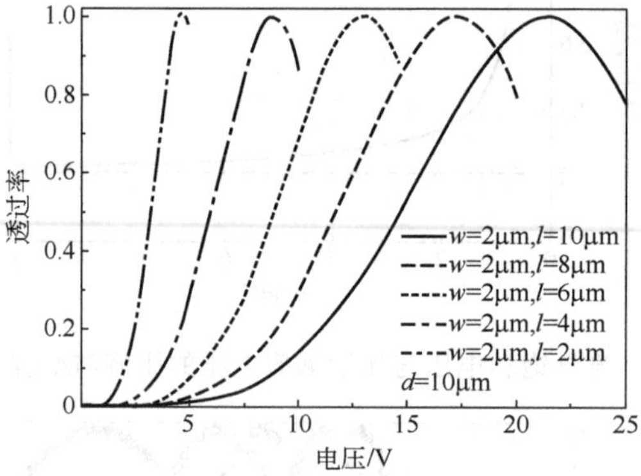

图4.21　固定电极宽度和液晶层厚，不同电极间隙的电光曲线

表4.2　不同电极间隙的蓝相液晶显示器的光学阈值电压和光学饱和电压

l	U_{th}（模拟）	U_{th}（理论）	U_{sat}（模拟）	U_{sat}（理论）	比　值（模拟）	比　值［式（4.7a）］
l=2μm	2.0	1.81	3.6	3.19	2.30	2.32
l=4μm	3.82	3.62	8.8	8.39	2.30	2.32
l=6μm	5.61	5.43	13.0	12.58	2.32	2.32
l=8μm	7.42	7.24	17.2	16.77	2.32	2.32
l=10μm	9.23	9.05	21.4	20.96	2.32	2.32

因为理论结果与模拟结果符合的非常好，所以我们可以使用式（4.7a）来设计低驱动电压的蓝相液晶显示器。工作电场强度［$E_{op}=(U_{sat})_{optic}/l$］依赖盒厚、波长和液晶参数，而不依赖于电极间隙，工作电场强度与盒厚的关系如图4.22所示。工作电场强度随着盒厚

的增大而快速减小，当液晶层厚大于 5.5μm，工作电场强度小于 3.0V/μm（该强度与饱和电场强度的比值为 69.7%），也可以认为可忽略磁滞效应。在液晶显示器驱动中，仅仅考虑工作电场强度是不够的，还需要考虑工作电压的数值，因为其受限于非晶硅薄膜晶体管的驱动电压。不同液晶层厚和电极间隙的等光学饱和电压线如图 4.23 所示。从图 4.23 中可以选择适合工作电压的液晶层厚度和电极间隙。

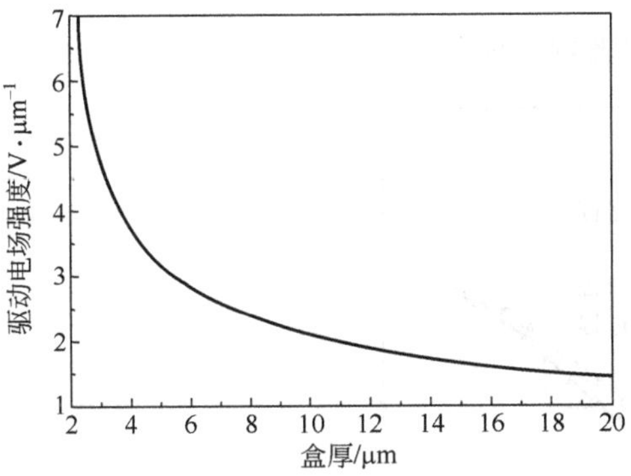

图 4.22　与液晶层厚相关的工作电场强度

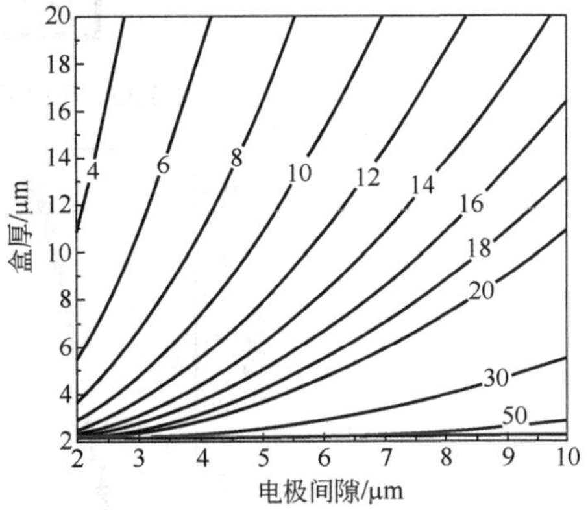

图 4.23　不同电极间隙和液晶层厚度的等饱和电压曲线

垂面场驱动蓝相液晶显示器（VFS-BPLCD），其驱动本质与墙状电极结构蓝相液晶显示器是相同的；不同点是：光通过液晶层的路径不再是液晶层厚度，而是倾斜比较大的角度通过液晶层的路径，在这个路径上液晶的双折射起作用；因为电极在两个基板上，所以可以认为蓝相液晶层中的电场致双折射率处处相同，并且非寻常光光轴方向垂直于基板，其结构和光路如图 4.24 所示。文献[37]中所给测试装置如图 4.25 所示，蓝相液晶盒放在折射率为 1.47 的甘油溶液中，保持光路与液晶盒表面法线成 70° 角，两偏光片放置在甘油容器外侧，正交放置。由此结构可知，由液晶层产生的相位延迟量对光的调制作用，不再考虑偏光片的视角特性。使用该装置测试获得的实验结果如图 4.26 所示。图 4.26 中还给出了一种 IPS-BPLCD 的电光曲线，IPS-BPLCD 器件结构参数为电极间隙和宽度都为 10μm、液晶层厚度为 7.5μm，VFS-BPLCD 的液晶层厚度为 5.74μm，ITO 电极在上下基板上，没有取向层材料。从图 4.26 中可以清晰地看到，IPS-BPLCD 中存在严重的磁滞效应，而 VFS-BPLCD 中没有磁滞效应。

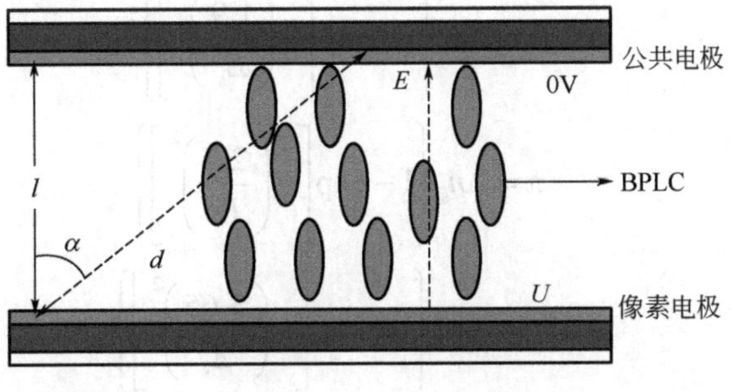

图 4.24　VFS-BPLCD 中的电极结构和光路[37]

（电场垂直于基板，液晶层厚为 l，光倾斜穿过液晶层，路径为 d）

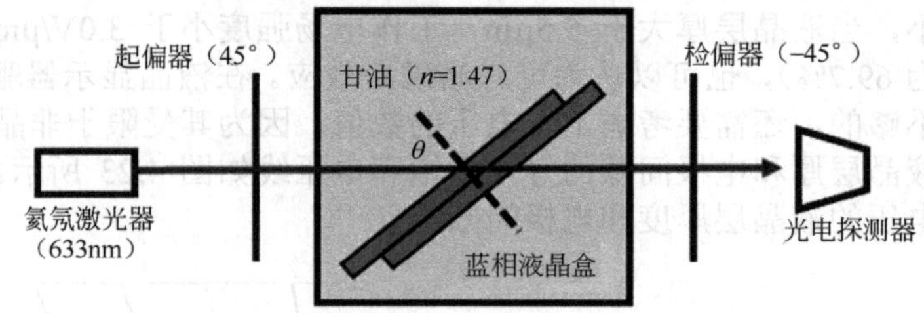

图 4.25 VFS-BPLCD 的测试光路[37]

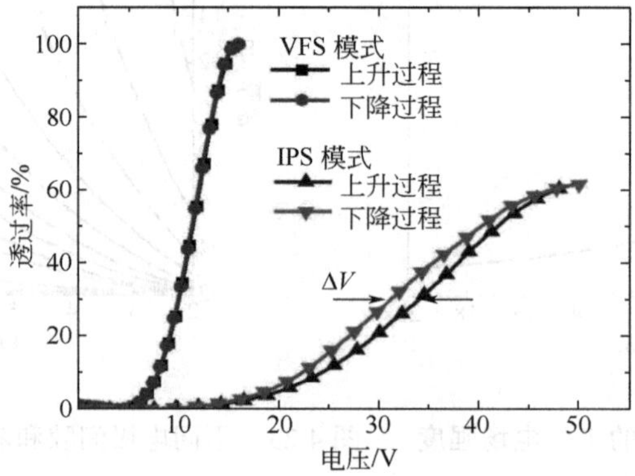

图 4.26 IPS 和 VFS 蓝相液晶显示器的电光曲线和磁滞效应对比[37]

为了研究该蓝相液晶材料的临界电场强度，文献[37]的作者继续研究了相位延迟量在最大驱动电压分别为 20V、28V 和 40V 情况的变化，如图 4.27 所示。当电压为 20V 时，磁滞效应很弱，此时所对应的电场强度为该蓝相液晶材料的临界电场强度（3.5V/μm）。应用图 4.27 中的数据可以求得该蓝相液晶材料的克尔常数、饱和电场强度和饱和双折射率。下面使用图 4.27 中数据进行计算（计算结果与该文献中所给不同，但本书的方法更合理，该文献中的计算基于图 4.26，计算中的光在液晶中的方向与基板法线的夹角设置为外部入射角 70°，是错误的，因为蓝相液晶材料的折射率与甘油的折射率相等是很难调制的）。在图 4.27 中选择几个实验点（不要降电压的曲线），为了计算中的方便性，选择相位延迟量为 0.5π、1.0π和 1.5π，所对应的电场强度分别为 1.9V/μm、2.7V/μm 和 3.65V/μm。由式（4.4a）可得以下几个等式：

$$0.5\pi = \Delta n_s \left\{1-\exp\left[-\left(\frac{1.9}{E_s}\right)^2\right]\right\} \tag{4.8a}$$

$$\pi = \Delta n_s \left\{1-\exp\left[-\left(\frac{2.7}{E_s}\right)^2\right]\right\} \tag{4.8b}$$

$$1.5\pi = \Delta n_s \left\{1-\exp\left[-\left(\frac{3.65}{E_s}\right)^2\right]\right\} \tag{4.8c}$$

由式（4.8a）～式（4.8c）可得，该蓝相液晶材料的饱和电场强度和饱和双折射率分别为 3.68V/μm 和 0.0975，与该文献中给的 6.0V/μm 和 0.17 相差很大；对应的克尔常数为

K=7.0nm/V^2（633nm），与该文献中给的 7.5nm/V^2 相当。

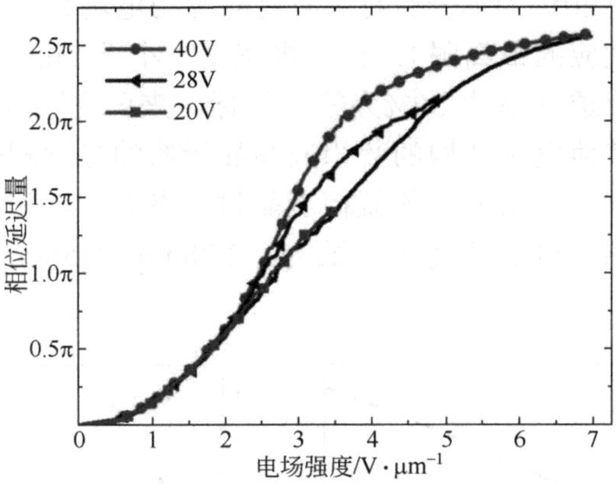

图 4.27 测量的相位延迟量在不同电场强度之间的关系（λ=633nm）

通过应用式（4.1）和实验上较小的相位延迟量，我们也可以得到光在液晶中的路径倾斜角度（α）。因为在低驱动电场强度情况下，普通的克尔公式可以适用，因此式（4.8a）可以改写为：

$$0.5\pi = \frac{2\pi \Delta n_{\text{ind}} d}{\lambda} = 2\pi K E^2 d \tag{4.9}$$

将上面得到的 K=7.0nm/V^2 和实验数据 E=1.9V/μm 代入式（4.9），得到光在蓝相液晶中的路径为 d=9.89μm，此处忽略寻常光和非寻常光的差别，因为此时的诱导双折射率仅为 0.016，两种光的折射率差别很小，它们在液晶中的路径差可以忽略。再由液晶层厚度为 5.74μm，则可以得知光在蓝相液晶中的倾斜角度为α=53.5°。应用以上数据，计算了该液晶显示器在该设置下的光学阈值电压、光学饱和电压及驱动电场强度，如图 4.28 所示。由图 4.28 可以看到，光学阈值电压随着盒厚的增加而增加；光学饱和电压先下降然后上升，这是因为太薄的盒厚产生最大透过率所对应相位延迟量需要的诱导双折射率更高，所以驱动电场强度更高；而随着盒厚的增加，因为需要的诱导双折射降低，驱动电场强度更低，与增加的盒厚乘积逐渐增大。在图 4.28（b）中，驱动电场强度随着液晶层厚度的增加而减小，当液晶层厚度大于 3.3μm 时，驱动电场强度降低到 3.5V/μm，也就是说此时的磁滞效应可以忽略。如果该种蓝相液晶用于墙状电极结构的蓝相液晶显示器，则需要液晶层厚度大于 3.3μm/cos53.5° =5.7μm。

继续研究式（4.5）和式（4.6），当传统克尔公式可以使用的情况下，光学阈值电压和光学饱和电压都正比于电极间隙，反比于液晶层厚的的平方根。在液晶显示器制造中，液晶层厚度通常控制 5%的精度，因此两个特征电压的偏差为−2.4%～+2.6%，从液晶显示器的控制调制方面来说是可以接受的。

4.2.3 其他结构 BPLCD 的驱动电压与驱动电场强度

如 4.2.1 节所述，虽然蓝相液晶显示器可以有很多种结构，但是与现有生产工艺最相近的是 IPS-BPLCD。在实际制作样机时，又采用椭圆形或低高度的墙状电极驱动的结构，因为其驱动电压比 IPS-BPLCD 低很多。但是从样机给出的驱动电压数值来看，这些样机的驱动电压比较高（约 30V），对于薄膜晶体管驱动的液晶显示器来说，也是很难的。在本小节中，以驱动电压降低到 20V 为第一目标；简化的驱动电场强度低于饱和电场强度的 70%为第二目标（消除磁滞效应的最高限）；在电极宽度不小于 2μm 的情况下，保持该显示器的透过率大于平行偏光片透过率的 50%为第三目标，来研究除 4.2.1 节中介绍的墙状电极结构和 VFS-BPLCD 的其他电极结构的蓝相液晶显示器的光学阈值电压和光学饱和电压。在以下的模拟计算中，统一采用相同的蓝相液晶材料参数：饱和双折射率及饱和电场强度分别为 0.13 及 3.3V/μm，对应的克尔常数为 12.78nm/V^2(550nm)[25,26,31]，电光曲线均用 TechWiz 3D 软件模拟。

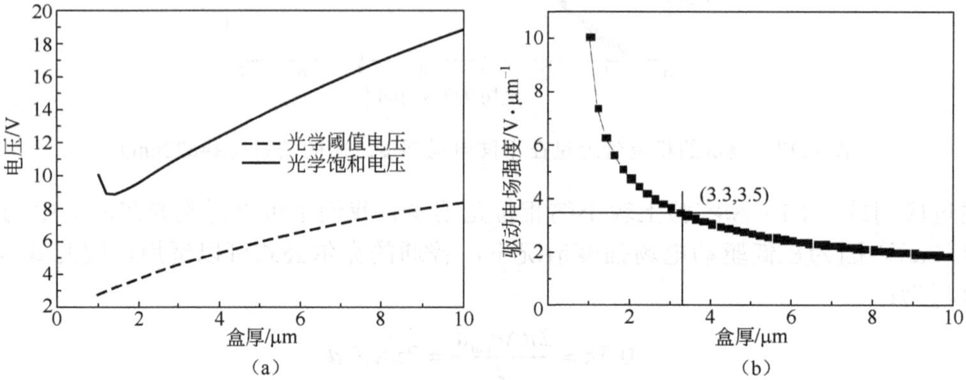

图 4.28 VFS-BPLCD 的光学阈值电压、光学饱和电压和驱动电场强度随液晶层厚度的变化

1．IPS-BPLCD

IPS 电极结构是目前液晶显示器工艺中是非常成熟的结构，在所有 TFT-LCD 生产工厂都可以生产，因此在研究蓝相液晶显示器时人们常使用该类型电极结构来制作样品盒，并进行实验。图 4.29 给出在不同电极间隙（3μm 和 5μm）、不同电极宽度（5μm，10μm，20μm 和 50μm）情况下，IPS-BPLCD 的电光曲线。从图 4.29 中可以看到，随着电极宽度的增大，驱动电压降低，同时透过率也降低；电极间隙下降，不仅不能带来驱动电压的明显下降，而且透过率还下降明显。使电极宽度增大到 20μm，驱动电压也未降到 20V，简化的驱动电场强度也大于 5V/μm（比饱和电场强度大）。上述的两个目标均未达到，所以在 IPS-BPLCD

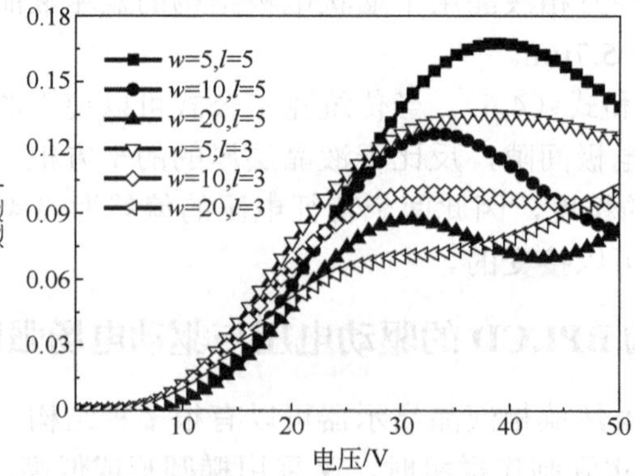

图 4.29 不同电极间隙、不同电极宽度的 IPS-BPLCD 的电光曲线

中要消除“磁滞效应”是不可能的。尽管在工业生产中 IPS 液晶盒是制作蓝相液晶显示器的最成熟技术，但是因为该显示模式存在上述缺点，从而使其不能够适用于蓝相液晶显示器的直接驱动，只能寄希望与材料发展或其他电极结构。

2. 低高度墙状电极结构 BPLCD

在上一节中的墙状电极结构的厚度为液晶层的厚度，但在实际制作中，制作出既窄又高的墙状结构非常难，因此在实际制作中常常制作较低的墙状结构，以便使制作工艺简单和最后图形均匀性好。友达公司展出的样机就是基于这样的结构[34]。我们模拟用的电极宽度为 w=3μm，间隙为 l=5μm（用来获得较高的开口率），高度为 H，图 4.30 给出了不同高度的墙状电极结构的电光曲线。当电极高度超过 2μm，驱动电压小于 20V，当电极高度超过 4μm，简化的驱动电场强度小于 3.0V/μm（小于饱和电场强度的 70%）。在牺牲一点透过率的基础上，电极高度超过 3μm 也可以实现驱动电场强度小于 3.0V/μm。因此，该结构可以实现消除磁滞效应和低驱动电压的特性。

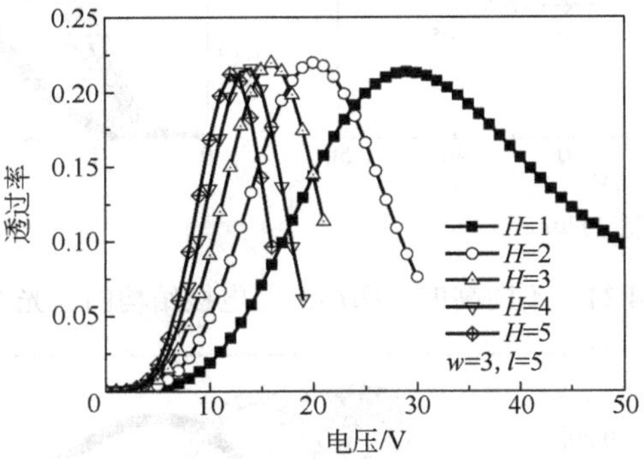

图 4.30 不同高度的墙状电极结构蓝相液晶显示器的电光曲线

3. 梯形凸起电极结构 BPLCD

在液晶显示器中制作光刻胶衬垫料结构中梯形凸起结构是很容易获得的，所以在研究中也较早使用了该结构。梯形凸起结构与墙状结构相比，在制作中更容易出现，并且电极层材料更容易附着在梯形凸起结构上，从而可以避免电极层制作中的不连续性（因其结构特点造成电极材料沉积时形成的电极层存在断裂，因此在制作中常控制电极层厚度为 10nm，远低于正常电极层 100nm 的厚度，即便电极厚度控制到这么薄，也很容易出现结构上的缺陷和断裂）。我们模拟用的梯形凸起结构的参数设置为底边宽度为 3μm、顶边宽度为 2μm 和 1μm、底边间隙为 5μm、高度（以微米计）为 H。模拟计算结果如图 4.31 所示，当梯形电极高度超过 5μm，则驱动电场强度可以小于 3V/μm，相比于墙状电极结构，所需要的凸起高度要大一些［见图 4.31（b）］；对比透过率，可以看到梯形顶边宽度越小，透过率越高，这是因为顶边宽度小可以使更宽的液晶层获得横向驱动，从而对透过率有贡献。

4. 椭圆形凸起电极结构 BPLCD

三星公司在 2011 年披露的 2008 年的蓝相液晶显示器结构特点中，就是使用了椭圆形凸起电极结构[28]。在文献[47]中研究了 IPS 电极、梯形凸起电极结构和椭圆形凸起电极结构获得无磁滞效应的临界电场强度，也给出了椭圆形凸起电极结构具有最低的峰值电场强度，这是因为光滑的表面结构使电势分布光滑；而有形状突变的结构中，在突变的位置电势分布不光滑，从而导致该处的电场强度大于其他位置。但是当时的研究还是基于普通的克尔公式来进行模拟计算的，模拟计算的电光曲线结果与实际有较大偏差，现在的计算结果如图 4.32 所示。图 4.32 中所示驱动电压稍高于梯形电极结构的驱动电压，因此也可以实现消除磁滞效应的结果。

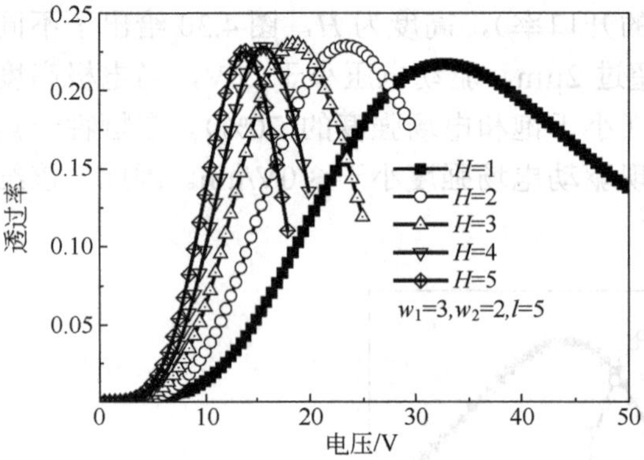

（a）顶边宽度为2μm

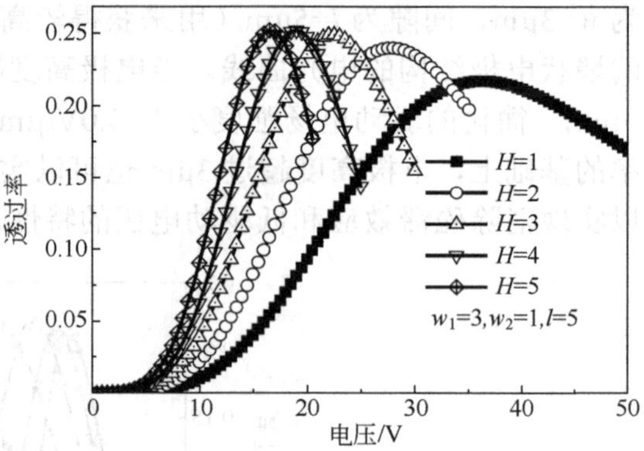

（b）顶边宽度为1μm

图 4.31 不同高度的梯形凸起电极结构的电光曲线

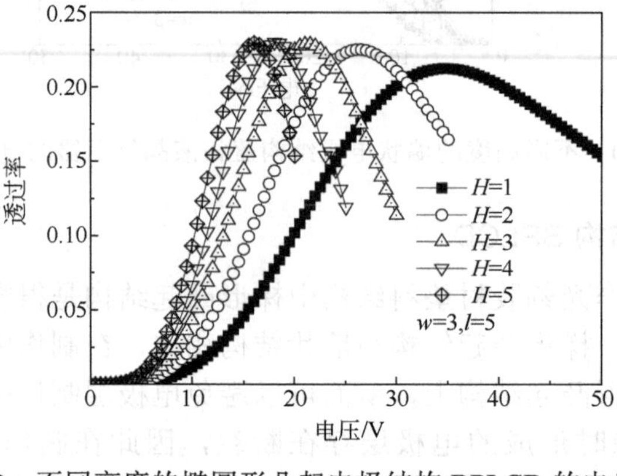

图 4.32 不同高度的椭圆形凸起电极结构 BPLCD 的电光曲线

5. 双层 IPS 电极结构 BPLCD

文献[60]报道了双层 IPS 电极结构来获得低驱动电压的透射和透反式蓝相液晶显示器。在该结构中使用的双层 IPS 电极结构加深了电场作用深度，从而降低了驱动电压。如图 4.13（e）中的 w_1=2μm，w_2=3μm，h_1=h_2，H=h_1+h_2，下层电极之间的间隙为 5μm。在我们的模拟中设置 H=4μm，H=5μm，H=6μm 情况下的电光曲线（见图 4.33），结果与梯形电极结构的结果相似。

6. 高介电凸起结构 BPLCD

在文献[61]中，Sun 研究组提出使用高介电材料在 IPS 电极上方制作凸起结构，高介电凸起结构把 IPS 电极产生的电场排斥到液晶层的深处，从而获得与凸起电极结构相类似的结果，如图 4.34 所示。

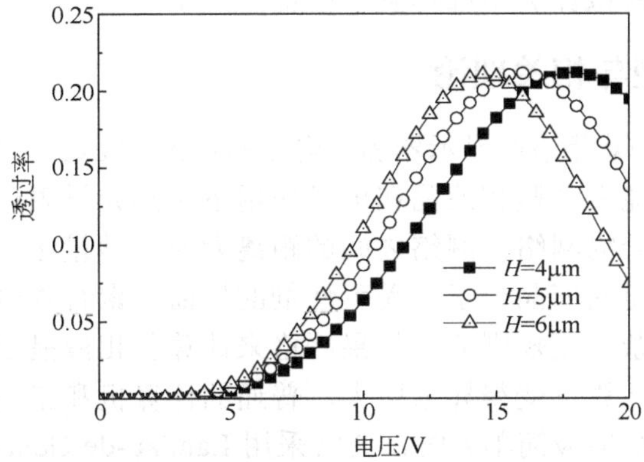

图 4.33　不同高度的双层电极结构 BPLCD 的电光曲线

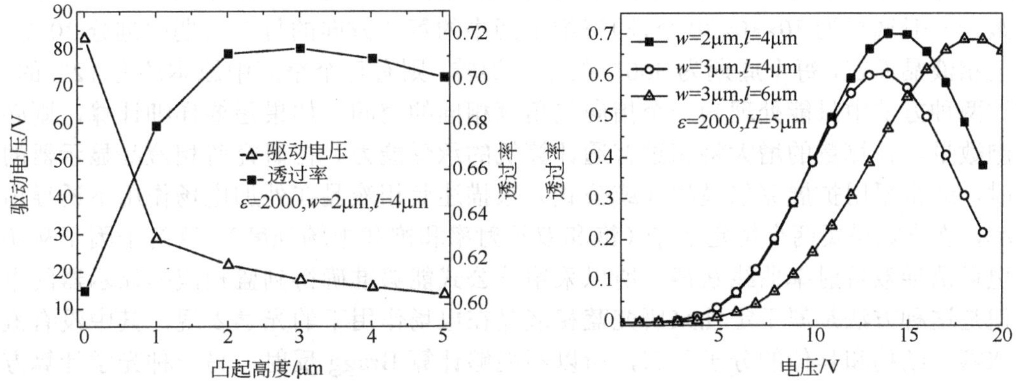

（a）凸起高度对驱动电压和透过率的影响　（b）凸起宽度与间隙对电光曲线的影响关系

图 4.34　驱动电压和透过率与凸起高度、宽度和间隙的关系

4.2.4　小结

传统 IPS 电极驱动的蓝相液晶显示器中的驱动电压很难降低到 20V 以下，其中的驱动电场强度大于蓝相液晶材料的饱和电场强度，从而该电极结构蓝相液晶显示器在最大亮度显示情况下，磁滞效应不可能消除；而对于各种有凸起形状的电极结构，在凸起高度达到 4μm 以上，则可以做到驱动电场强度小于蓝相液晶材料的饱和电场强度的 70%，从而可以消除磁滞效应。

4.3　蓝相液晶显示器的模拟计算

蓝相液晶是胆甾相液晶与各向同性相之间的一个特殊状态，从结构上来看具有三维周期性结构或者螺旋柱状结构任意排列。对比蓝相液晶和胆甾相液晶结构上的特点，相同点为都为螺旋状排列结构；不同点是：胆甾相液晶的螺旋结构具有分层式结构，而蓝相液晶为双螺旋结构不具有明显的分层结构。再考虑胆甾相液晶的焦锥态结构，似乎与蓝相液晶就很像了。从光学表现上来看，蓝相液晶也有类似于胆甾相液晶的布拉格反射特性和旋光特性，这一点在实验和模拟计算中都得到了验证[76~79]。

▶▶ 4.3.1 理论模型与相关理论

聚合物介电常数影响蓝相液晶显示器驱动电压的效应，在第 3 章中已经详细研究过了，但其模型太过简单，不能表现蓝相液晶在电场作用下实际光学表现。聚合物稳定蓝相液晶中包含有大量细密的聚合物网络，网络之间的距离为亚微秒量级，且网络的排列规整程度很低，由聚合物网络稳定的液晶分子，受手性剂的扭曲和聚合物网络的限制作用，导致液晶指向矢分布是非常复杂且无规则的，如果严格来计算蓝相液晶中具体液晶指向矢分布随电场变化的情况，将使计算量变得异常巨大，普通的计算机和工作站是不能承受的。人们在研究蓝相液晶Ⅱ相（结构最简单）时，通常采用 Landau-de Gennes 理论[80]或者双扭曲柱模型[76]来构建，一般都采用格胞结构来建设模型，每个格胞中的液晶分子排列方向一致，格胞之间的液晶分子排列变化由液晶系统的性质来决定，为了在计算机上能够实现计算，格胞数量一般选择为 30×30×30 个，即三维空间中的每个方向的每个周期内划分 30 个空间，对于蓝相液晶而言，每个周期为 360° 的角度旋转，则有每个空间中原本还有 12° 的旋转，但在这两种方法中只能处理为一个指向矢角度相同的空间。如果想要详细计算，则必须增加格胞数量，计算量的增大将超过普通计算机的承受能力。在研究蓝相液晶显示器的光学特性时，通常采用扩展克尔模型（或公式）来描述蓝相液晶在外加电场作用下诱导出的双折射率，该公式需要两个待定因子（饱和双折射率和饱和电场强度），这两个因子从实验测得的电场诱导双折射率曲线获得，所以采用该公式能够准确得到蓝相液晶显示器的电光特性，但是这种方法是属于定性来研究蓝相液晶在电场作用下的光学表现，其中没有液晶分子的双螺旋结构和具体的分子分布，所以不能够计算 Bragg 反射。另一种光学计算方法是时域有限差分法，它是基于电磁波的麦克斯韦微分方程来研究光在折射率变化的介质中传播的，在建立了蓝相液晶中的液晶分子具体分布的情况下，可以使用该方法来研究蓝相液晶的 Bragg 反射，但建立液晶盒体系的蓝相液晶分子分布，是需要非常多的格点来描述的，举个简单的例子来说，10μm 厚的液晶层将至少包含 50 个液晶螺距，如上面的格胞模型，则有 50×30=1500个分格，算上水平面内的分格，也是计算机难以承受的计算量，并且如此建立的格点结构，在电场作用下的变化，也是无比的复杂，相邻格点之间的相互作用是很难用一般的弹性理论来描述的。使用上面描述的蓝相液晶模型和光学计算方法，虽然可以实现蓝相液晶显示器部分电光特性的研究，但是不能够研究蓝相液晶中的动力学响应过程和磁滞效应，而这两部分是蓝相液晶显示器中急需描述和解决的问题。

2012 年，有人提出一维指向矢模型来研究蓝相液晶显示器[81]，模型中将蓝相液晶盒分成很多具有高预倾角的向列相液晶层，每个液晶层都有自己的强锚定边界条件，如图 4.35 所示。液晶层中的液晶为平行排列，加电压后与普通平行排列液晶显示器相同，表面处液晶的倾斜角度不变，其他地方的液晶向着电场方向排列。在模拟计算蓝相液晶的电场诱导双折射率时，不断改变模型中 d_h 的数值，最后获得了与实验值相同的电场诱导双折射率；同时，响应时间也可以被估计出来，估计的结果与实验测得的响应时间也能相符。但是该模型需要不断尝试 d_h 的数值，并且由于液晶层中液晶分子排列为平行排列，肯定也不能模拟出 Bragg 反射特性，因此该模型存在重大缺陷，需要建立新的理论模型来研究蓝相液晶的各种光学性质。

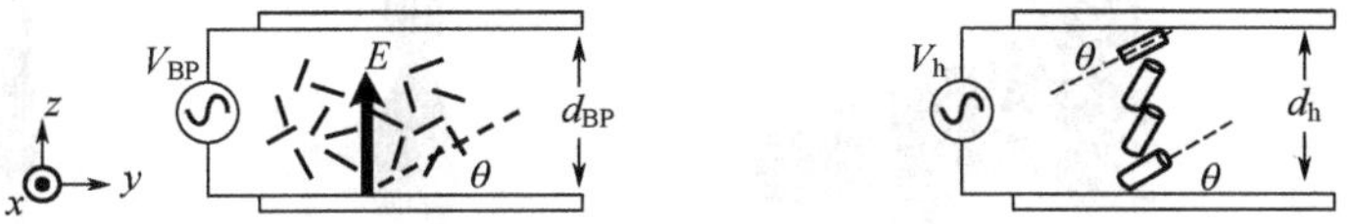

（a）蓝相液晶盒的理论模型　（b）模拟中使用的高预倾角向列相液晶盒

图 4.35　蓝相液晶的平行排列指向矢模型[81]

E—电场；V_{BP}—加在蓝相液晶上的电压；d_{BP}—蓝相液晶的厚度；θ—液晶的平均倾角；

d_h—平行盒的层厚；V_h—加在平行盒上的电压

从如图 4.36（b）所示的蓝相液晶中的基本结构可以看到，蓝相液晶中的指向矢排列非常复杂。结合上面的介绍可知，在蓝相液晶的一维模型中不考虑扭曲排列结构，肯定是存在问题的。因为蓝相液晶是胆甾相液晶与各向同性相液体之间的状态，所以我们从胆甾相液晶的角度来建立蓝相液晶的一维模型，如图 4.36（c）和图 4.36（d）所示，胆甾相液晶的液晶分子垂直于 z 轴并绕着 z 轴旋转，蓝相液晶的一维模型中液晶分子有一个倾斜角度并绕 z 轴旋转。因为蓝相液晶的一维模型中液晶有螺旋结构，所以可以存在 Bragg 反射，高的预倾角度则是蓝相液晶中液晶分子倾斜角度的平均表现。

在胆甾相液晶液晶中存在 Bragg 反射，Bragg 中心反射波长λ_B和反射波带的宽度$\Delta\lambda$分别表示为：

$$\lambda_B = \bar{n}P\text{，}\quad \Delta\lambda = \Delta nP \tag{4.10}$$

式中，$\bar{n} = (n_e + n_o)/2$ 为液晶的平均折射率，n_e 和 n_o 为蓝相液晶材料中传播的非寻常光和寻常光的折射率；P 为胆甾相液晶的螺距；$\Delta n = n_e - n_o$ 为液晶的双折射率。

如图 4.36 所示，胆甾相液晶的指向矢都垂直于 z 轴，并绕 z 轴旋转；蓝相液晶中的液晶分布是双螺旋和三维周期性结构，因为蓝相液晶有与胆甾相液晶相似的 Bragg 反射效应，所以按照胆甾相液晶的螺旋轴来定义蓝相液晶的螺旋轴，并保持蓝相液晶的螺距；因为液晶分子与螺旋轴的夹角是不固定的，所以引入平均倾角来替代不同位置不同倾角的分布。在这样特殊的胆甾相液晶中，光的传播方向为 z 轴，液晶的非寻常光折射率在 xy 平面的分量是需要确定的。对于蓝相液晶而言，因为它具有光学各向同性的特点，所以蓝相液晶在 xy 平面内的折射率为 $n_{iso} = \sqrt{(n_e^2 + 2n_o^2)/3}$，在寻常光和非寻常光折射率相差不太大的情况下，可以近似为 $n_{iso} = (n_e + 2n_o)/3$。于是特殊胆甾相液晶中的平均倾角便可以由式（4.11）得到：

$$n_{iso} = \frac{n_e n_o}{\sqrt{n_e^2 \sin^2\theta_0 + n_o^2 \cos^2\theta_0}} \tag{4.11}$$

式中，θ_0 为蓝相液晶的平均倾角。

在模拟计算中，我们采用文献[82]中的材料参数，对比的也是该文献中的实验结果。液晶层厚度为 9μm，寻常光和非寻常光的折射率分别为 $n_o = 1.5738$ 和 $n_e = 1.6324$，螺距为 270nm。使用这些参数，应用式（4.11）可以得到平均倾角约为 54°。模拟计算中使用公共模拟软件（TechWiz LCD）设置液晶分子的排列，光学计算方法使用 Berreman 矩阵方法来计算，光源直接设置为理想的圆偏振光。

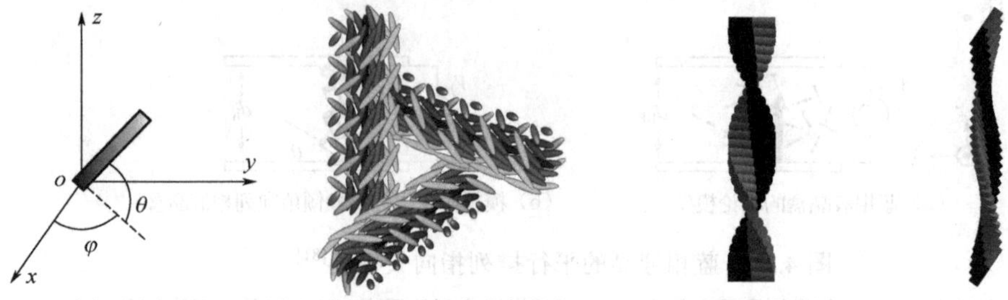

（a）坐标系　（b）蓝相液晶中双扭曲柱的排列　（c）胆甾相液晶的指向矢排列状态　（d）蓝相液晶的一维模型

图 4.36　蓝相液晶的一维胆甾相液晶理论模型

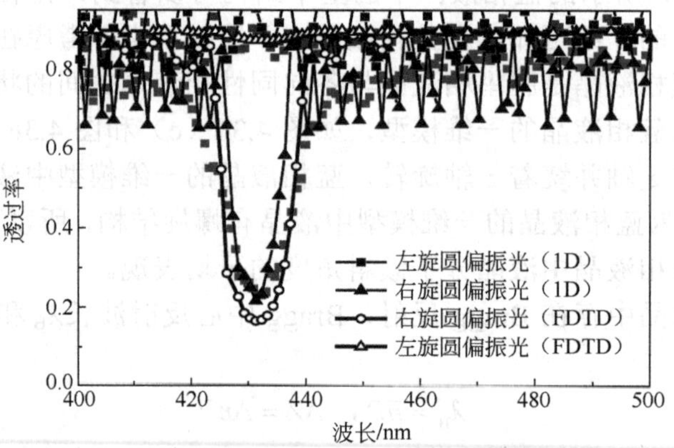

图 4.37　蓝相液晶的透过率光谱图

（图中方块点是实验点[80]，连续的线是使用时域有限差分法和三维模型来计算的结果[78]，线和三角（或方块）图案的是一维模型的计算结果）

图 4.37 中给出了文献[80]中实验得到的透过率光谱，方块点分别对应右旋（靠下方的）和左旋（靠上方的）的圆偏振光。空心圆和三角的线是三维模型和时域有限差分法计算的结果，可以看到模拟计算结果和实验结果相符的很好。实心的方块或三角图形的连续线为图 4.36 建立的一维模型所计算的结果，该计算结果也能够与实验结果相符。图 4.36 的蓝相液晶一维模型具有合理性，并且该结构相比于三维模型结构简单得多，可以采用更进一步的处理来解决模型计算电场诱导双折射效应和动力学响应特性，甚至可以模拟蓝相液晶显示器中的磁滞效应。

▶▶ 4.3.2　蓝相液晶的等效弹性常数

假设所加驱动电场方向为 z 轴方向，由于液晶的介电各向异性为正，因此液晶分子倾向于平行 z 轴旋转。在外加电场后，聚合物稳定下的蓝相液晶结构也能够保持蓝相液晶的基本结构，即双螺旋结构和螺距变化很小，实验中给出了 Bragg 反射光频带的变化很小[20]（见图 4.5）因此在电场作用下可以只考虑平均倾角的变化，液晶中的弹性力矩为液晶等效弹性常数和液晶平均倾角变化的乘积，在平衡态情况下，弹性力矩与电场力矩之和为零，其弹性力矩的平衡态方程类似于胡克定律，即：

$$-A_K\left(\theta_E-\theta_0\right)+\varepsilon_0\Delta\varepsilon E^2\sin\theta_E\cos\theta_E=0 \tag{4.12}$$

式中，A_K为蓝相液晶的等效弹性常数，反映具有聚合物网络和手性剂的蓝相液晶的真实表现的弹性常数；θ_E为在电场作用下的蓝相液晶的平均倾角；θ_0为在零电场作用下的蓝相液晶的平均倾角（或者加电场驱动后，撤掉电场蓝相液晶能够回到的平均倾角）；ε_0为真空中的介电常数；$\Delta\varepsilon$为蓝相液晶的介电各向异性；E为电场强度。

模拟计算中所采用的参数来自文献[15]，聚合物蓝相液晶材料包含：向列相液晶［49%（质量分数）BL038，具有介电各向异性为$\Delta\varepsilon=16.9$，双折射率为0.272（n_e=1.799，n_o=1.527）[83]］，手性剂材料［21%（质量分数）CB15和6%（质量分数）ZLI-4572］，聚合物单体［9%（质量分数）EHA和15%（质量分数）RM257］。电场诱导双折射率可以用扩展克尔公式（4.2）来得到，Δn_s和E_s分别为饱和诱导双折射率（0.104）和饱和电场强度（13.9V/μm）。电场作用下的寻常光折射率的变化为$\Delta n=\Delta n_{ind}/3$。图4.38为实验数值（圆圈点）和使用式（4.2）的计算结果（与圆圈点符合的线）。在一维模型中，使用以上的折射率数据和式（4.11）计算得到零电场作用下的蓝相液晶的平均倾角为53.3°。为了计算等效弹性常数，首先应用式（4.2）来计算某电场强度下的诱导双折射率，在计算出非寻常光折射率的变化，然后计算出该电场强度作用下的平均倾角，最后应用式（4.12）计算等效弹性常数，计算结果如图4.38所示。在图4.38中可以看到，等效弹性常数随着电场强度的增加有些小小的增大，在8V/μm处达到最大值（约39 400），然后快速下降，在电场强度达到25V/μm时等效弹性常数降为21 500。

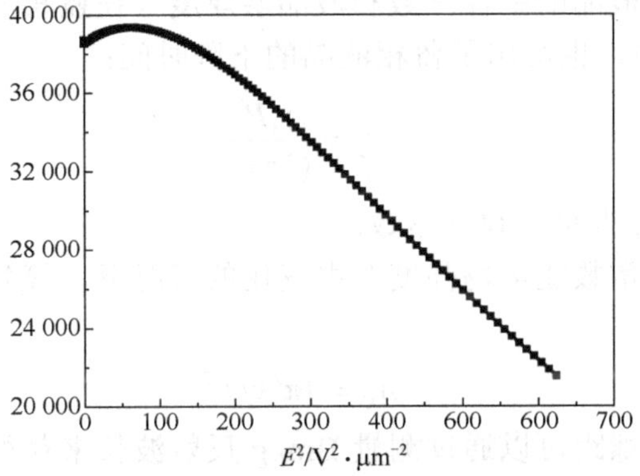

图4.38 应用一维模型得到的蓝相液晶等效弹性常数

由4.2.1节可知，当驱动电场强度超过饱和电场强度的70%后，磁滞效应会越来越明显，其解释为当电场强度很大时，聚合物网络会在液晶形变的作用下而发生形变，进而在降低电压的过程中跟不上电压的变化而出现电光曲线的磁滞回线。这一原理用在这里可得，饱和电场强度的70%为9.7V/mm，当电场强度小于该数值时，液晶的形变较小，聚合物网络不会发生或者发生很小的形变，不影响限制液晶平均倾角（零电场强度下的平均倾角）；电场强度大于该数值后，聚合物网络会发生形变，从而式（4.12）中的θ_0会随着电场强度的增大而逐渐增大。而在图4.38的结果计算过程中，假定式（4.12）中的θ_0没有变化，从而造成θ_E-θ_0变大，则等效弹性常数A_K自然减小。如果令液晶的等效弹性常数不变或者变化很小，可以假定其为常数，然后可以计算出随电场强度变化的θ_0，从其变化也可以看到该蓝相液晶在某驱动电场强度驱动下可产生的磁滞效应的强度变化。在图 4.38 中，选择等效弹性常数 A_K=39 000，然后计算随电场强度变化的θ_0，由此可得θ_0的变化，如图 4.39 所示。从图 4.39 中可以看到，在 10V/mm 以下的电场强度下，θ_0的变化是很小的；当电场强度升高后，随着电场强度的增加，θ_0快速增大，表明撤掉电场后蓝相液晶能回到的平均倾角变大，也可以表明蓝相液晶的回复力矩变小，在同样的驱动电场强度变化为上升和下降过程中存在不对称的变化过程，这就可以解释磁滞效应了。

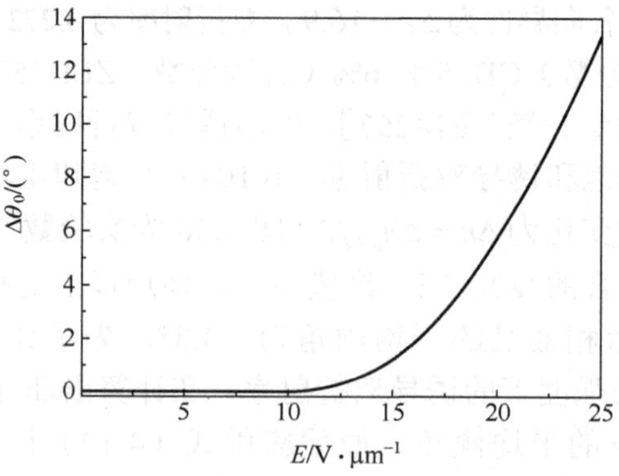

图 4.39 不变等效弹性常数下的θ_0与电场强度的关系

对比蓝相液晶动力学响应时间公式与传统液晶显示器响应时间公式可以看到，蓝相液晶的等效弹性常数是与液晶的弹性常数和液晶层厚度（在蓝相液晶中为螺距 P）相关的。在文献[84]和文献[85]中，也给出了蓝相液晶的下降时间：

$$\tau_d = \frac{\gamma_1 P^2}{(2\pi)^2 k} \tag{4.13}$$

式中，P 为螺距长度；k 为平均弹性常数。

在不考虑等效弹性常数随电场强度发生变化的情况下，等效弹性常数与液晶材料参数之间的关系为：

$$A_K = 4\pi^2 k / P^2 \tag{4.14}$$

虽然该液晶体系的螺距可以通过测量 Bragg 反射波长来获得，但在前面的各种实验报道中未给出该测量。我们可以通过上面的研究结果来获得该液晶体系的螺距值。

考虑上面聚合物稳定的蓝相液晶材料系统，其中两种手性剂材料的螺旋能力分别为 CB15（约 6μm^{-1}）及 ZLI-4572（约 35μm^{-1}），假设在聚合物单体聚合过程中，能够将手性剂材料和液晶材料完全排除在外，则有液晶材料和手性剂材料的总量为 76%（质量分数），其中手性剂材料含量为 21%（质量分数）的 CB15 和 6%（质量分数）的 ZLI-4572，重新计算液晶和手性剂系统中的手性剂含量分别为：27.6%（质量分数）的 CB15 和 7.9%（质量分数）的 ZLI-4572，则根据螺距的计算公式可以得到：

$$P = \frac{1}{c_1 HTP_1 + c_2 HTP_2} \approx \frac{1}{0.276\times 6 + 0.079\times 35} = 0.226\mu\text{m}$$

该螺距值为该液晶体系的极小螺距值，如果考虑该液晶系统聚合过程中未能将液晶完全排除，在聚合过程中将液晶和手性剂封在聚合物中，同时聚合物单体也被手性剂诱导螺旋结构，则该液晶体系的极大螺距值也可以用上式来计算得到，为298nm。平均弹性常数 k 是BL038液晶的三个弹性常数（$K_{11}=13.7\text{pN}$，$K_{22}=7.1\text{pN}$ 和 $K_{33}=27.7\text{pN}$）的平均值，为16.2pN，利用上一节中通过电场致双折射率实验值来获得等效弹性常数值为39 000，代入式（4.14）可以得到螺距为0.128μm，该值小于该液晶体系的极小螺距值，因此式（4.14）是不正确的。如果以一维模型来研究蓝相液晶体系，文献[84]给出的液晶层厚为半螺距，从而得到式（4.13）。但在本书中建立的一维模型的弹性方程中，液晶体系的平均倾角对初始液晶平均倾角可以处理为有形变的液晶系统中的中间层液晶对边界处液晶的作用，从而等效弹性常数的作用程为半个液晶层，也就是半个螺距的一半（四分之一螺距）。从另一个方面来考虑，蓝相液晶体系的螺旋结构也决定了液晶的平均形变只能以四分之一螺距内的形变来做平均，弹性力矩也只在四分之一螺距内作用，在另外的四分之一螺距和该四分之一螺距中间存在与电场方向平行或者垂直的液晶分子界面，在该界面两侧的液晶中的扭矩互相竞争，而中间界面处的液晶分子保持不动，从而保证整个液晶体系的螺距不变，从而符合实验结果。通过以上这些讨论，可以得到蓝相液晶体系的下降时间、等效弹性常数与螺距之间的关系：

$$\tau_d=\frac{\gamma_1 P^2}{(4\pi)^2 k} \tag{4.15}$$

$$A_K=16\pi^2 k/P^2 \tag{4.16}$$

代入以上的参数，得到该液晶体系的螺距为0.256μm，在上面分析的该液晶体系螺距范围之内。

4.3.3 蓝相液晶的动力学响应

在式（4.12）中增加转动黏滞系数的时间作用项的同时，不考虑蓝相液晶与聚合物之间的锚定能（表面锚定能假设为强锚定），则蓝相液晶的动力学方程为：

$$\gamma_1\frac{\partial\theta(t)}{\partial t}=-A_K\left[\theta(t)-\theta_0\right]+\varepsilon_0\Delta\varepsilon E^2\sin\theta(t)\cos\theta(t) \tag{4.17}$$

式中，γ_1 为转动黏滞系数；$\theta(t)$ 为 t 时刻的液晶平均角度；θ_0 为初始的液晶平均倾角。

如果暂不考虑 θ_0 随电场强度的变化，即 θ_0 为常数，则式（4.17）可改写为：

$$\gamma_1\frac{\partial\left[\theta_0+\Delta\theta(t)\right]}{\partial t}=-A_K\Delta\theta(t)+\varepsilon_0\Delta\varepsilon E^2\sin\left[\theta_0+\Delta\theta(t)\right]\cos\left[\theta_0+\Delta\theta(t)\right] \tag{4.18}$$

下面利用该式来推导该蓝相液晶的动力学响应时间。

1. 下降时间

当加某电场强度达到某平均倾角后，在 t=0 时刻撤掉电场强度，则式（4.18）变为：

$$\gamma_1\frac{\partial\Delta\theta(t)}{\partial t}=-A_K\Delta\theta(t)$$

上式的通解为 $\Delta\theta(t)=\Delta\theta_m\exp(-t/\tau_d)$，其中 $\Delta\theta_m$ 为 t=0 时刻的最大平均倾角变化，下降时间常数为：

$$\tau_d=\gamma_1/A_K \tag{4.19}$$

2．上升时间

在电场强度加到初始状态的液晶上，上升变化的平均倾角为[86]：

$$\theta(t)=\theta_0+\Delta\theta_m\exp\left[(t-\tau_r)/\tau_r\right]$$

式中，τ_r为上升时间。

将上式代入式（4.18），可得：

$$\begin{aligned}&\frac{\gamma_1}{\tau_r}\Delta\theta_m\exp\left[(t-\tau_r)/\tau_r\right]\\&=-A_K\Delta\theta_m\exp\left[(t-\tau_r)/\tau_r\right]+\varepsilon_0\Delta\varepsilon E^2\sin\left\{\theta_0+\Delta\theta_m\exp\left[(t-\tau_r)/\tau_r\right]\right\}\cdot\\&\quad\cos\left\{\theta_0+\Delta\theta_m\exp\left[(t-\tau_r)/\tau_r\right]\right\}\end{aligned}$$

当$t=\tau_r$时，上式化简为：

$$\frac{\gamma_1}{\tau_r}\Delta\theta_m=-A_K\Delta\theta_m+\varepsilon_0\Delta\varepsilon E^2\sin\left(\theta_0+\Delta\theta_m\right)\cos\left(\theta_0+\Delta\theta_m\right)$$

则可以得到上升时间τ_r为：

$$\tau_r=\frac{\gamma_1}{\dfrac{\varepsilon_0\Delta\varepsilon E^2\sin\theta_E\cos\theta_E}{\Delta\theta_m}-A_K}\tag{4.20}$$

采用式（4.17）可以直接计算蓝相液晶的动力学响应过程。液晶材料BL038的转动黏滞系数为$\gamma_1=0.46\,\mathrm{Pa\cdot s}$[83]。从式（4.19）可以得到下降时间为12μs，该数值与现在响应时间最快的蓝相液晶显示器给出的数值相近。使用上述BL038的材料参数，模拟计算动力学响应过程如下：先计算不同电场强度驱动下的平均倾角随时间的变化，然后计算寻常光折射率的变化，最后计算透过率的变化。在计算透过率时，采用简单光学计算方程$T=\sin^2\pi\Delta nd/\lambda$，其中设置$d=5\mu\mathrm{m}$和$\lambda=633\mathrm{nm}$。施加的电场强度从零到10V/μm，间隔1V/μm，在此电场强度下，蓝相液晶的等效弹性常数基本不变，模拟计算结果如图4.40所示。图4.40（a）为寻常光折射率的变化量随时间的变化，图4.40（b）为透过率随时间的变化。从图4.40中可以看到光学下降时间为12～15μs，这个响应时间与上述公式所给结果相同，但远小于采用该蓝相液晶配比制作的聚合物蓝相液晶显示器的响应时间实验值（约300μs），因此在实际器件中有其他原因影响响应时间。

（1）一个原因是表面锚定能作用。在蓝相液晶中，蓝相液晶的缺陷处形成的聚合物网络可以用于稳定双螺旋柱结构，液晶与聚合物材料（RM257和12A）之间的锚定能在普通的液晶盒中被测量[87]。在普通液晶盒中，聚合物材料被用于取向层材料，测得的锚定能为$0.187\mathrm{mJ/m^2}$，该锚定能在普通液晶显示器中也不算是强锚定，所以前面假定的强锚定边界条件是不正确的。具有弱锚定边界条件的液晶下降时间可以采用式（4.21）计算[88]：

$$\tau_d=\left(1+\frac{k}{Wd}\right)^2\tau_0\tag{4.21}$$

$$\tau_0=\gamma_1 d^2/(\pi^2 k)$$

式中，W为锚定能；d为四分之一螺距。

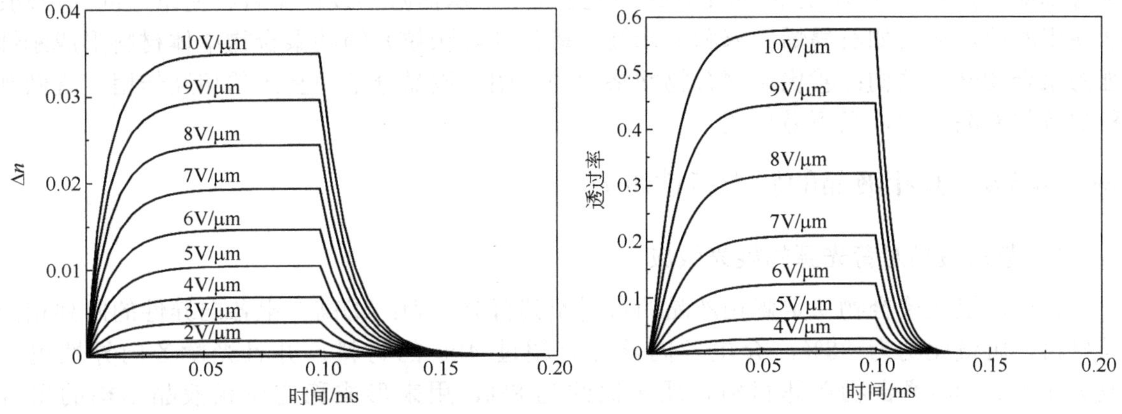

（a）寻常光折射率的变化Δn随时间的变化　　（b）透过率随时间的变化

图 4.40　不同电场强度作用下的响应过程

使用上面的参数和式（4.21）计算得到$\tau_0 = 12\mu s$，该数值与前面模拟计算的结果（12～15μs）相差不大，此两个结果都为强锚定边界条件下的结果。考虑弱锚定边界条件，则下降时间为66.5μs，此结果依然与实验值的300μs相差很大。如果要从式（4.21）计算得到300μs的数值，则锚定能大约为$63\mu J/m^2$。这个锚定能对于聚合物网络来说也是可以达到的，毕竟聚合物网络相比于取向层使用时候的强度要小。本书中涉及的聚合物材料与参考文献中的聚合物材料有所不同，因此还不能确定是否为锚定能导致的响应时间变大。

（2）另一个原因是转动黏滞系数的增加。文献[88]中，研究了含有不同含量的手性剂或聚合物单体的聚合物稳定胆甾相液晶盒的响应时间。实验中固定聚合物（RM257）或手性剂（CB15）的质量分数，变化另一个参数来得到，手性剂的增加使液晶系统的螺距下降，从而降低了下降时间；而聚合物单体的增加使少数的聚合物单体在液晶体系中发生聚合反应，液晶体系中大的聚合物分子限制了液晶的转动，从而增大了下降时间，聚合物材料的这种作用也可以被认为是增加了液晶系统的转动黏滞系数。在文献[88]中，4.5%（质量分数）的聚合物单体含量要比无聚合物单体的液晶体系下降时间增大10多倍，因此在参考文献[15]中涉及24%（质量分数）聚合物单体，应能够使下降时间增加更多倍。

从上一节中得到的蓝相液晶等效弹性常数随着电场强度的增加而减小（当电场强度超过饱和电场强度），从式（4.19）可知下降时间会随着电场强度的增加而增加，这也与实验现象相符[22,73]。如果锚定能足够大，并且蓝相液晶中使用很少的手性剂和聚合物单体，下降时间可以改进到只有十几微秒[16]。

聚合物单体材料中，C12A这类单聚合基团材料的使用，由于烷基链柔软易于在液晶运动的作用下发生形变，而且其回复性能很差，因此其磁滞效应很大；RM257这类双聚合基团和刚性环状基团的中间部分，使形成的聚合物网络具有较高的强度和硬度，因此磁滞效应较小；TMPTA这类三个聚合基团的材料，可以明显增加聚合物网络的粗度，也就是增加聚合物网络的强度，从而能够有效降低磁滞效应[18]，也就是降低了聚合物网络在外力作用下的形变，使下降时间表现为蓝相液晶的响应时间。对于降低聚合物网络的下降时间，参考聚合物网络材料的结构，建议做以下设计：①使用具有刚性很好的多环基团和短烷基链（甚至不需要烷基链）的聚合物单体材料；②对于线性的聚合物单体材料，引入更多的聚合基团，使聚合物单体之间的交联作用更多更强，从而减小线性聚合物网络之间的滑动；③使用刚性填料（如石墨烯粉末和纳米级二氧化硅等颗粒）辅助聚合物单体材料形成刚性强的聚合物网络结构；④优化聚合物网络中的基团与液晶分子中基团的相互作用，既做到稳定蓝相液晶结构，又不易形变。

4.3.4 蓝相液晶的旋光特性研究

1. 蓝相液晶对背光源的旋光效应

目前，组成聚合物稳定蓝相液晶的材料及其百分比为：①高介电各向异性的向列相液晶材料，质量比约为 88%，介电各向异性有超过 400 的材料，并且光学各向异性也一般大于 0.2；②聚合物单体材料，质量比约为 8%，用来形成稳定蓝相液晶结构的聚合物网络；③手性剂材料，质量比约为 4%，用来获得蓝相液晶的小螺距；④很少量的光诱发剂，用于聚合物单体材料短时间内发生光聚合物反应。蓝相液晶本身的螺旋结构而引起的偏振光旋转效应也在影响蓝相液晶显示器的对比度[89,18]。在文献[89]中，通过调整检偏器的角度，使蓝相液晶显示器达到最大对比度。如图 4.41 所示，空心圆圈为波长为 633nm 的光漏光测量值，实心圆点为波长为 514nm 的光漏光测量值，三角为 457nm 的光漏光测量值，虚线为白光的漏光平均值（白光包含 30%的红光、60%的绿光和 10%的蓝光）。

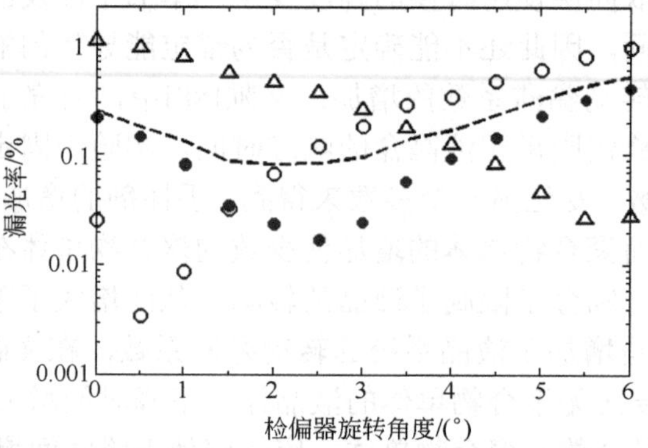

图 4.41　漏光与检偏器旋转角度的关系[89]

（0° 为检偏器与起偏器正交，正的旋转角度代表旋转角度为右旋方向）

对于蓝相液晶的旋光能力φ，文献[89]也对其做了详细的实验研究和计算拟合，所用拟合公式为：

$$\varphi=\varphi_0\frac{\left(\Delta n_{\mathrm{s}}\right)^2}{\lambda^2/\lambda_{\mathrm{B}}^2-1} \tag{4.22}$$

式中，φ_0 为拟合参数；Δn_{s} 为蓝相液晶材料的电场诱导饱和双折射率；λ 为入射光波长；λ_{B} 为 Bragg 反射波长。

所测得实验数据如图 4.42 所示。不同 Bragg 反射波长情况下的该类型蓝相液晶的旋光能力拟合参数 φ_0 为 3.12(°)/μm。蓝相液晶与胆甾相液晶具有非常多的相似性。蓝相液晶的一维模型也是建立在胆甾相液晶结果的基础上，不同的地方在于胆甾相液晶的液晶分子垂直于螺旋轴，蓝相液晶中的液晶分子与螺旋轴之间存在夹角。

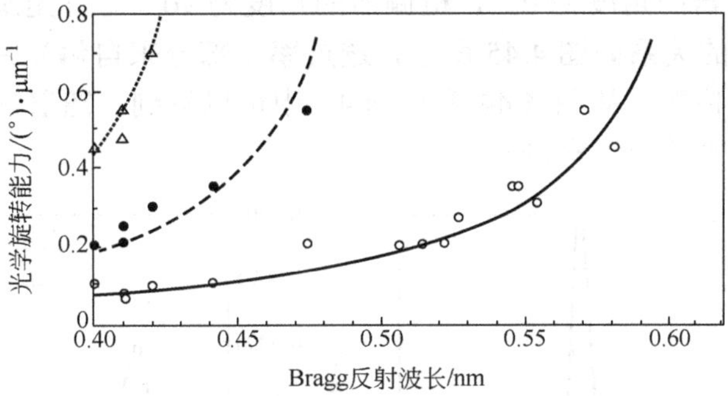

图 4.42 Bragg 反射波长与旋光能力的关系

（圆圈、圆点、三角分别为波长 633nm、514nm、457nm 光的测量结果）

对于蓝相液晶材料，图 4.42 中所给出不同波长光的旋光能力与 Bragg 反射波长之间的关系，可以获得这几个波长情况下的双折射率分别为 0.205（457nm）、0.195（517nm）和 0.183（633nm）。利用以上几个参数模拟计算蓝相液晶的旋光结果，模拟计算中采用一维模型，胆甾相液晶中的液晶平均倾角为 53.74°，该倾角来自蓝相液晶的宏观序参数为零，然后由序参数公式［式（4.23）］[63]可得：

$$S = 0 = \frac{1}{2}\left\langle\left(3\cos^2\theta - 1\right)\right\rangle \tag{4.23}$$

模拟使用 TechWiz LCD 一维软件来计算，光学计算方法采用 Berreman 矩阵方法，模拟结果与由式（4.22）计算的结果相符，如图 4.43 所示。

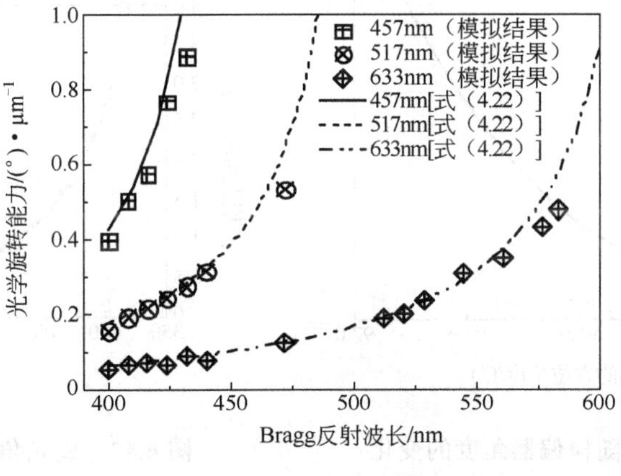

图 4.43 三个波长（457nm、517nm、633nm）的模拟结果与式（4.22）计算结果的对比

由以上模拟计算可知，使用前面的一维模型来计算蓝相液晶的旋光效应是可信的。蓝相液晶显示器设计中，为了避免蓝相液晶的 Bragg 反射影响液晶显示器的显示效果，通常将 Bragg 反射波长设置在紫外光范围。如果 Bragg 反射波长在可见光范围内，可使用圆偏光片对显示器进行补偿，使蓝相液晶中不发生 Bragg 反射。下面利用蓝相液晶的一维模型和 TechWiz 软件对 Bragg 反射波长在紫外光和可见光范围内的蓝相液晶的旋光特性进行模拟计算。

将蓝相液晶的螺距设置为200nm，为了简化计算，液晶的折射率固定为1.5和1.7，蓝相液晶的Bragg反射中心波长为320nm，液晶的倾角为53.74°，蓝相液晶的层厚为10μm，背光源为LED，起偏器的角度为0°，检偏器的角度为90°。背光源的发光光谱如图4.44所示，透过率与波长的关系如图4.45所示，透过率一部分来自偏光片自身的漏光，一部分来自蓝相液晶的旋光特性。从图4.44和图4.45中可以看到，随着波长的增加，由蓝相液晶旋光特性引起的漏光效应逐渐减小。

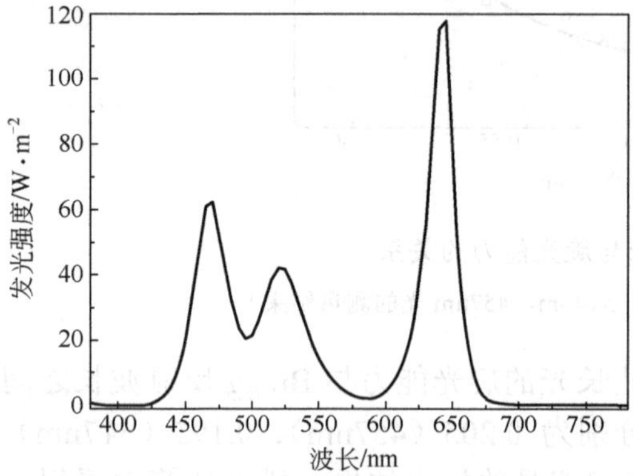

图4.44 LED背光源的发光光谱

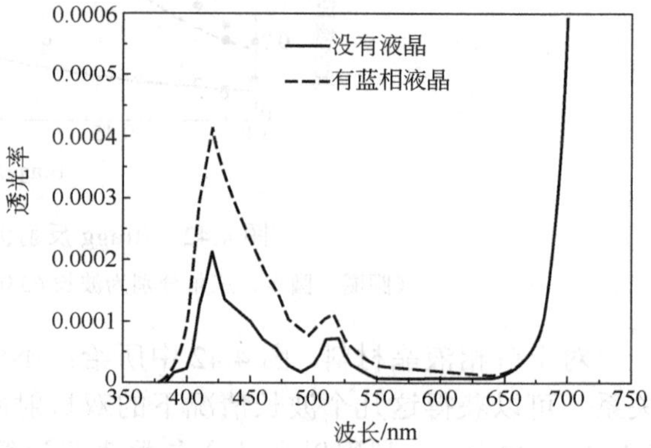

图4.45 正交偏光片有无蓝相液晶时的透过率

具体到正交偏光片下蓝相液晶的旋光特性，整体透过率随检偏偏光片方位角度的变化如图4.46所示，当检偏器旋转0.5°时，透过率达到最小值。图4.47中给出了该10μm厚蓝相液晶层的旋光角度与光波长之间的关系，随着波长的增加，旋光角度下降很快，并趋于零。

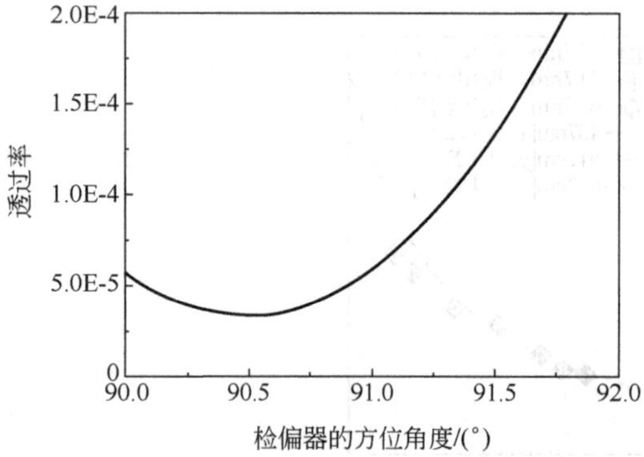

图4.46 整体透过率随检偏器角度的变化

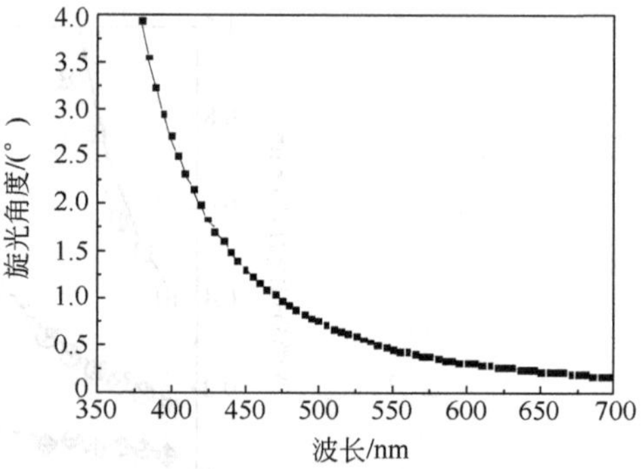

图4.47 旋光角度与光波长的关系

下面计算Bragg反射中心波长在可见光范围内的情况，设置蓝相液晶的螺距为340nm，Bragg反射中心波长为544nm，为了方便计算，将液晶层厚度设置为8.5μm，偏光片有两种设置：一是正交线偏光片；二是正交圆偏光片，使用宽频带四分之一波片。计算得到正交线偏光片和正交圆偏光片的透过率光谱图，如图4.48和图4.49所示。正交线偏光片下，在发生Bragg反射中心波长位置的光透过率比较大；而正交圆偏光片下，不同波长的光透过率都很小。在此计算中，通过圆偏光片的光是左旋还是右旋，对透过率影响很小，只给出其中的一种情况。

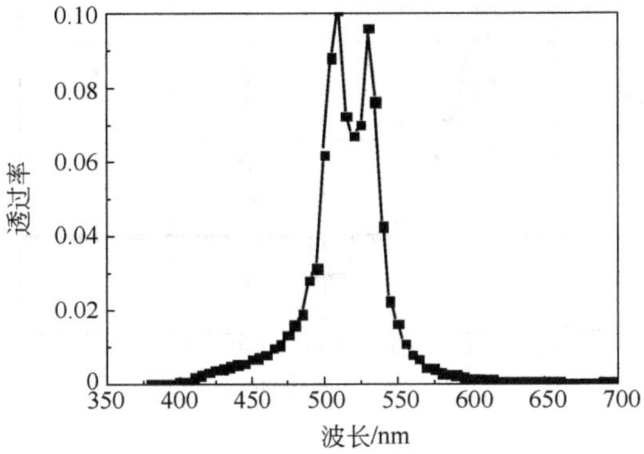

图 4.48 正交线偏光片情况下透过率光谱图

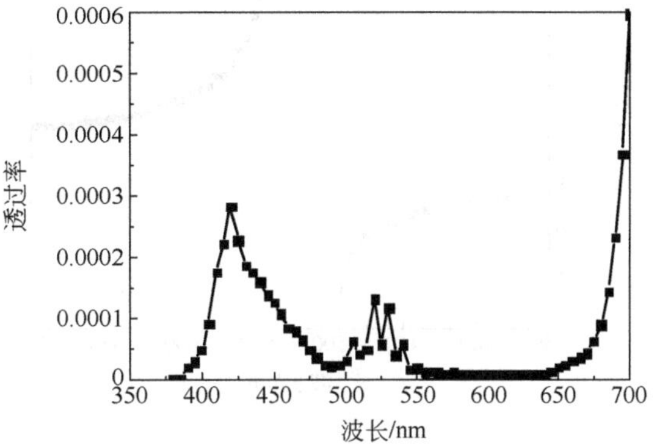

图 4.49 正交圆偏光片情况下透过率光谱图

通过旋转检偏器的角度，来获得整体透过率最低的情况，也就可以得到该蓝相液晶的旋光特性，计算结果如图 4.50 和图 4.51 所示。在线偏光片情况下，蓝相液晶中可见光整体的旋光角度为 5.2°，并且透过率（3.17，大于 0.035）不会很低；在圆偏光片情况下，蓝相液晶中可见光整体的旋光角度为 0.06°，透过率很低（小于 5×10^{-5}）。因此，蓝相液晶显示器的 Bragg 反射中心波长如果设置在可见光范围，则需要正交圆偏光片来获得高的对比度。

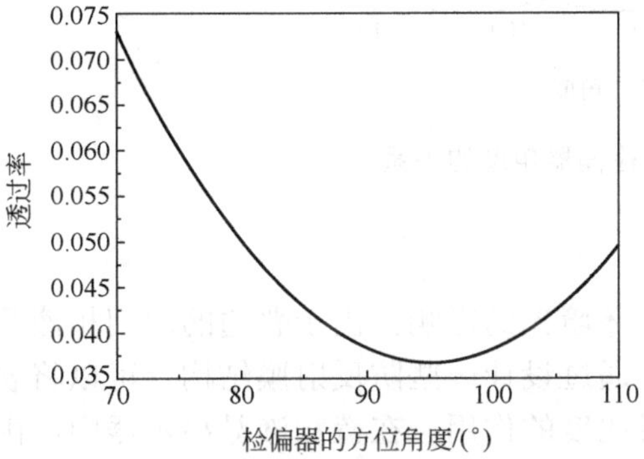

图 4.50 整体透过率随检偏器角度的变化（正交线偏光片）

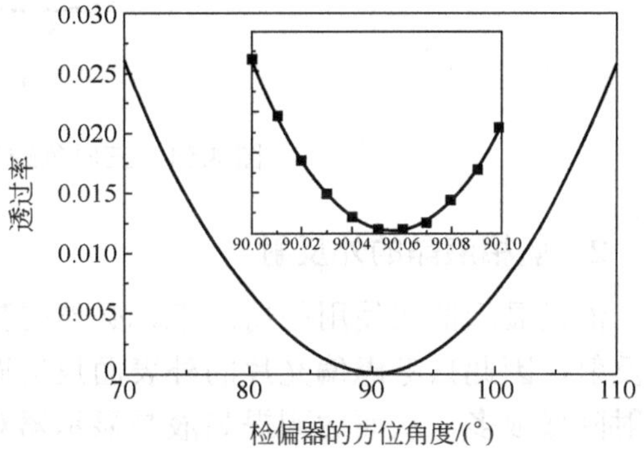

图 4.51 整体透过率随检偏器角度的变化（正交圆偏光片）

对于蓝相液晶处于正交偏光片和正交圆偏光片之间的情况，当 Bragg 反射中心波长在可见光范围内，线偏光片情况下发生的旋光效应要远大于圆偏光片情况，计算给出两种情况下的该蓝相液晶层中不同波长光的整体旋光角度，如图 4.52 和图 4.53 所示。由图 4.52 中看到蓝相液晶对线偏振光有强烈的旋光效应，距离 Bragg 反射中心波长越近，旋光效应就越强；由图 4.53 中看到蓝相液晶对圆偏振光的旋光效应很弱。线偏光片情况下，三原色（450nm，550nm 和 650nm）随着检偏器角度变化而变化，如图 4.54 所示。其结果也是图 4.53 的旋光效果的具体表现。

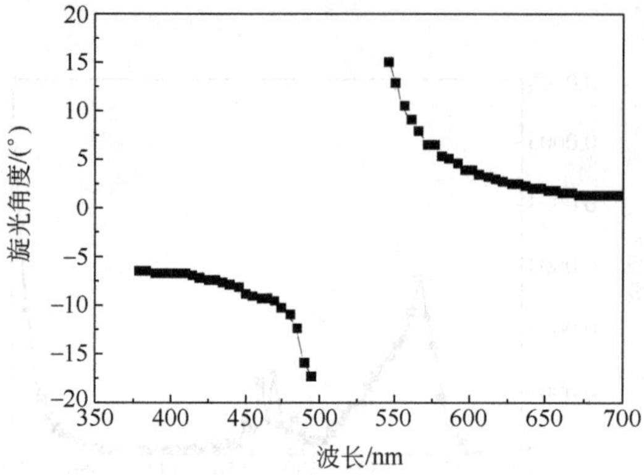

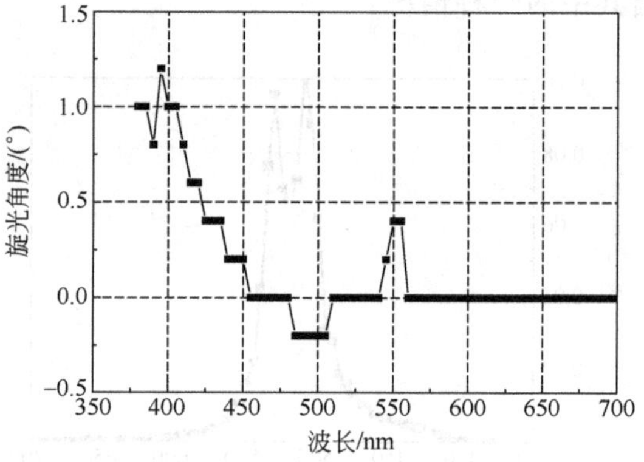

图 4.52 旋光角度与光波长的关系（正交偏光片） 图 4.53 旋光角度与光波长的关系（正交圆偏光片）

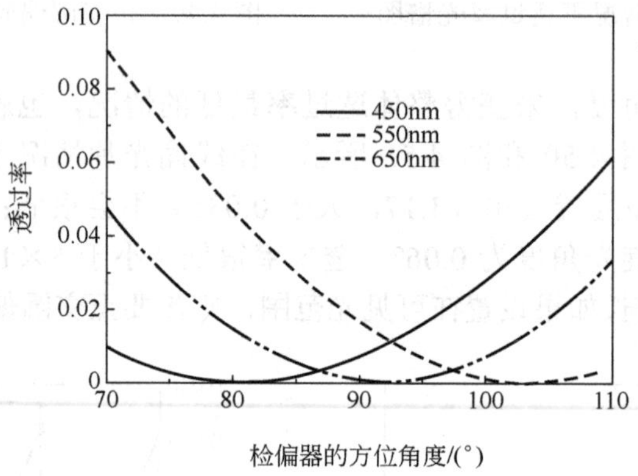

图 4.54 三原色透过率与检偏器角度的关系

2. 蓝相液晶的外反射

液晶显示器在使用的情况下，必然受到外界环境光的影响，由于普通的向列相液晶没有反射，因此只考虑偏光片的外表面反射即可，通过设计一些防反射膜结构，可以将表面反射降低很多，从而达到提高液晶显示器观看对比度的作用。在蓝相液晶显示器中，由于蓝相液晶具有 Bragg 反射，因此如果 Bragg 反射波长设置在可见光范围内，需要考虑外界环境光在蓝相液晶显示器中的反射情况。在模拟计算中，固定偏光片的角度为 90°，偏光片的实数折射率为 1.5，以外界环境光向液晶中传播时为正方向，圆偏光片分为右旋和左旋圆偏振光两种情况，蓝相液晶的螺旋为其中的螺旋结构。模拟计算外界环境光在蓝相液晶显示器中的反射光情况，如图 4.55 所示。图 4.55（a）中给出了无液晶层时的反射率与波长的关系，即偏光片表面的反射率，也给出了有液晶时线偏光片情况下的反射率与波长的关系，可以看到在 500～540nm 之间有很强的反射率，这来自蓝相液晶中的 Bragg 反射效应，当线偏振光进入蓝相液晶后，可以分为等强度的左旋和右旋圆偏振光，与蓝相液晶螺旋方向相反的圆偏振光透射，对反射无贡献；与蓝相液晶螺旋方向相同的圆偏振光有 Bragg 反射效应，反射回来的圆偏振光经过线偏光片，有部分透射，得到了图 4.55（a）中的反射率结果。图 4.55（b）中给出了两种圆偏光片情况下的反射率与波长的关系，其中与蓝相液晶螺旋方向相同的圆偏振光具有强烈的 Bragg 反射效应，相反方向的圆偏振光反射很弱。由此可得，蓝相液晶显示器设计中，如果设计的 Bragg 反射波长在可见光范围内，则上圆偏光片的设计为无 Bragg 反射效应的结构，可以得到无外反射的蓝相液晶显示器件。

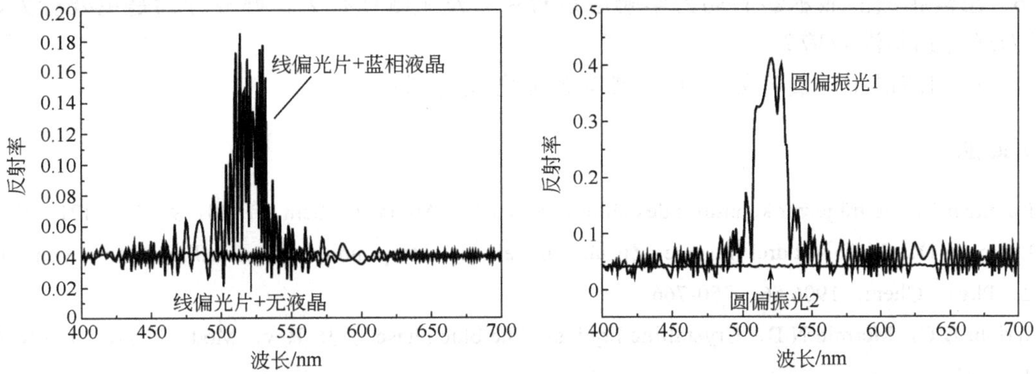

（a）表面反射和线偏光片情况下的反射率　　（b）两种圆偏光片情况的反射率

图 4.55　蓝相液晶显示对外界环境光的反射特性

4.3.5　小结

本节建立了能够模拟蓝相液晶光学特性的一维弹性模型和动力学方程，模拟计算可以得到蓝相液晶的 Bragg 反射和蓝相液晶的宏观弹性常数表现；理论给出蓝相液晶动力学响应的方程，并给出响应时间公式，讨论了蓝相液晶响应时间的影响因素；模拟计算了蓝相液晶的旋光特性，详细研究了蓝相液晶对背光的旋光作用和外界环境光的 Bragg 反射特性，获得了高性能蓝相液晶显示器的光学设计。

4.4　本章小结

蓝相液晶显示器比向列相液晶显示器的响应速度快一个数量级，并且有更好的视角特性和对液晶层厚及无取向处理的特性，从而被认为是下一代液晶显示技术的候选，但自其出现样机至今，尚未实现产业化的主要原因包括驱动电压高、磁滞效应难消除、暗态漏光及蓝相液晶在制作工艺过程中的稳定性问题。未来的研究目标将是：蓝相液晶的克尔常数超过 100nm/V^2，从而使驱动电压与普通的薄膜晶体管技术匹配；未光固化之前的蓝相液晶存在温度范围足够大，保证光固化后的蓝相液晶系统具有稳定的性能；消除磁滞效应和暗态漏光，可以实现高对比度。

习　题

1．蓝相液晶在满足普通克尔公式和扩展克尔公式情况下，有什么样的不同表现？
2．为获得更大的克尔常数，目前采用的方法有哪几种，你还能想到哪些方法？
3．在蓝相液晶显示器中，降低或消除磁滞效应是否是其最重要的研究方向，为什么？

4. 对比沿面电场和垂面电场驱动的蓝相液晶显示器，在制作难易程度上及在显示中的差别。

5. 凸起电极结构的制作难度是什么？

6. 在蓝相液晶显示器的动力学响应过程中，发生哪些行为，哪种行为是主要行为，哪种行为能引起磁滞效应？

7. 蓝相液晶中的旋光效应主要来自哪种物理机制？

参考文献

[1] Reinitzer F. Beiträge zur kenntniss des cholesterins [J]. Monatsh Chem. 1888，9（1）：421-441.

[2] Lehmann O. Stoffe mit drei flüssigen Zuständen，einem isotrop- und zwei kristallinisch-flüssigen [J]. Z. Phys. Chem. 1906 56：750-766.

[3] Wright D C，Mermin N D. Crystalline liquids：The blue phase [J]. Rev. Mod. Phys.，1989，61：385-433.

[4] Fukuda J I，Zumer S. Novel defect structures in a strongly confined liquid-crystalline blue phase [J]. Phys. Rev. Lett.，2010，104：017801.

[5] Kitzerow H S，Bahr C. "Blue phases" in Chirality in liquid crystals [M]. New York：Springer，2001：186-222.

[6] Demus D，Goodby J，Gray G W，et al. Handbook of liquid crystals：Fundamentals [M]. New York：Wiley-Vch，1998，129-130.

[7] Oswald P，Pieranski P. Blue phases：A second example of a frustrated mesophase [M]. Nematic and Cholesteric liquid crystals，London：Taylor & Francis Group，2005 Ch. B Ⅷ，493-552.

[8] Kikuchi H，Yokota M，Hiskado Y，et al. Polymer-stabilized liquid crystal blue phases [J]. Nat. Mater.，2002，1：64-68.

[9] Haseba Y，Kikuchi H，Nagamura T，et al. Large electro-optic Kerr effect in nanostructured chiral liquid-crystal composites over a wide temperature range [J]. Adv. Mater.，2005，17：2311-2315.

[10] Hisakado Y，Kikuchi H，Nagamura T，et al. Large electro-optic Kerr effect in polymer-stabilized liquid-crystalline blue phases [J]. Adv. Mater.，2005，17：96-98.

[11] Choi S W，Yamamoto S I，Haseba Y，et al. Optically isotropic-nanostructured liquid crystal composite with high Kerr constant [J]. Appl. Phys. Lett.，2008，92：043119.

[12] Yoneya M，Takada S，Maeda Y，et al. Electro-optic response of cubic liquid crystal compounds in Kerr cell geometry [J]. Liq. Cryst.，2008，35：339-342.

[13] Oonishi M. Samsung develops high-speed，low-cost LCD panel. http：//techno. nikkeibp. co. jp/ english/ news_en/ 20080515/51754/.

[14] Memmer R. Computer simulation of chiral liquid crystal phases Ⅷ. Blue phases of the chiral Gay-Berne fluid [J]. Liq. Cryst.，2000，27（4）：533-546.

[15] Yan J，Cheng H C，Gauza S，et al. Extended Kerr effect of polymer-stabilized blue-phase liquid crystals [J]. Appl. Phys. Lett.，2010，96：071105.

[16] Chen Y，Yan J，Sun J，et al. A microsecond-response polymer-stabilized blue phase liquid crystal [J]. Appl. Phys. Lett.，2011，99：201105.

[17] Rao L, Yan J, Wu S T, et al. A large Kerr constant polymer-stabilized blue phase liquid crystal [J]. Appl. Phys. Lett., 2011, 98: 081109.

[18] Chen Y, Xu D, Wu S T. A low voltage and submillisecond-response polymer-stabilized blue phase liquid crystal [J]. Appl. Phys. Lett., 2013, 102: 141116.

[19] Chen Y, Wu S T. Recent advances on polymer-stabilized blue phase liquid crystal materials and devices [J]. J. Appl. Poly. Sci., 2014, 131 (13): 40556.

[20] Chen Y, Wu S T. Electric field-induced monodomain blue phase liquid crystals [J]. Appl. Phys. Lett., 2013, 102: 171110.

[21] Yan J, Jiao M, Rao L, et al. Direct measurement of electric-field-induced birefringence in a polymer-stabilized blue-phase liquid crystal composite [J]. Opt. Express, 2010, 18 (11): 11450-11455.

[22] Chen K M, Gauza S, Xianyu H, et al. Submillisecond gray-level response time of a polymer- stabilized blue-phase liquid crystal [J]. J. Disp. Tech., 2010 6: 49-51.

[23] Yan J, Rao L, Jiao M, et al. Polymer-stabilized optically isotropic liquid crystals for next-generation display and photonics applications [J]. J. Mater. Chem., 2011, 21: 7870-7877.

[24] Lu L, Hwang J Y, Chien L C, Effect of IPS cell structure on the electro-optical property of a room-temperature blue phase liquid crystal [J]. SID Symp. Dig. Tech. Paper, 2009, 40: 1608-1610.

[25] Yang Y C, Bao R, Li K, et al. Sub-millisecond liquid crystal mode utilizing electro-optic Kerr effect comprising polymer-stabilized isotropic liquid crystals [J]. SID Symp. Dig. Tech. Paper, 2009, 40: 586-589.

[26] Kim M S, Kim M, Jung J H, et al. Blue phases liquid crystal cell driven by strong in-plane electric field [J]. SID Symp. Dig. Tech. Paper, 2009, 40: 1615-1618.

[27] Kikuchi H, Higuchi H, Haseba Y, et al. Fast electro-optical switching in polymer-stabilized liquid crystalline blue phases for display application [J]. SID Symp. Dig. Tech. Paper, 2007, 38: 1737-1740.

[28] Lee H, Park H J, Kwon O H, et al. The world's first blue-phase liquid crystal display [J]. SID Symp. Dig. Tech. Paper, 2011, 42: 121-124.

[29] Rao L, Ge Z, Wu S T, et al. Low voltage blue-phase liquid crystal displays [J]. Appl. Phys. Lett., 2009, 95: 231101.

[30] Kim M, Kim M S, Kang B G, et al. Wall-shaped electrodes for reducing the operation voltage of polymer-stabilized blue phase liquid crystal displays [J]. J. Phys. D: Appl. Phys., 2009, 42: 235502.

[31] Yoon S, Kim M, Ki M S, et al. Optimization of electrode structure to improve the electro-optic characteristics of liquid crystal display based on the Kerr effect [J]. Liq. Cryst., 2010, 37: 201-208.

[32] Fan H, Cui J, Wang Q H. High transmittance blue-phase liquid crystal display with improved protrusion electrodes [J]. Liq. Cryst., 2015, 42 (4): 481-485.

[33] Yuan L, Cui J P, Li D H, et al. Viewing angle switchable blue-phase liquid crystal display with low voltage and high transmittance [J]. J. Soc. Inf. Disp., 2012, 20 (12): 692-696.

[34] Tsai C Y, Yu F C, Lan Y F, et al. A novel blue phase liquid crystal display applying wall-electrode and high driving voltage circuit [J]. SID Symp. Dig. Tech. Paper, 2015, 46: 542-544.

[35] Sun Y, Zhao Y, Li Y, et al. A low operating electric field blue-phase liquid crystal display with wedge protrusion [J]. J. Disp. Technol., 2014, 10 (9): 797-801.

[36] Cheng H C，Yan J，Wu S T，et al. Vertical field switching for blue-phase liquid crystal devices [J]. Appl. Phys. Lett.，2011，98：261102.
[37] Cheng H C，Yan J，Ishinabe T，et al. Blue-phase liquid crystal displays with vertical field switching [J]. J. Disp. Technol.，2012，8：98-103.
[38] Cheng H C，Yan J，Ishinabe T，et al. Wide-view vertical field switching blue-phase LCD [J]. J. Disp. Technol.，2012，8：627-633.
[39] Yan J，Xu D，Cheng H C，et al. Turning film for widening the viewing angle of a blue phase liquid crystal display [J]. App. Opt.，2013，52 (36)：8840-8844.
[40] Lan Y F，Tsai C Y，Lu J K，et al. Mechanism of hysteresis in polymer-network stabilized blue phase liquid crystal [J]. Polymer，2013，54：1876-1879.
[41] Xu D，Yuan J，Schadt M，et al. Blue phase liquid crystals stabilized by linear photo-polymerization [J]. Appl. Phys. Lett.，2014，105：081114.
[42] Liu Y，Xu S，Xu D，et al. A hysteresis-free polymer-stabilized blue-phase liquid crystal [J]. Liq. Cryst.，2014，41 (9)：1339-1344.
[43] Wang L，He W，Xiao X，et al. Hysteresis-free blue phase liquid-crystal-stabilized by ZnS nanoparticles [J]. Small，2012，8 (14)：2189-2193.
[44] Wang L，He W，Xiao X，et al. Low voltage and hysteresis-free blue phase liquid crystal dispersed by ferroelectric nanoparticles [J]. J. Mater. Chem.，2012，22 (37)：19629-19633.
[45] Hsieh P J，Chen H M P. Hysteresis-free polymer-stabilised blue phase liquid crystals comprising low surface tension monomers [J]. Liq. Cryst.，2015，42 (2)：216-221.
[46] Chen H S，Lin Y H，Wu C H，et al. Hysteresis-free polymer-stabilized blue phase liquid crystals using thermal recycles [J]. Opt. Mater. Express，2012，2 (8)：1149-1155.
[47] Rao L，Yan J，Wu S T，et al. Critical field for a hysteresis-free BPLC device [J]. J. Disp. Technol.，2011，7 (12)：627-629.
[48] Jiao M，Li Y，Wu S T. Low voltage and high transmittance blue-phase liquid crystal displays with corrugated electrodes [J]. Appl. Phys. Lett.，2010，96 (1)：011102.
[49] Fan C Y，Wang C T，Lin T H，et al. Hysteresis and residual birefringence free polymer-stabilized blue phase liquid crystal [J]. SID Symp. Dig. Technical Papers，2011，42 (1)：213-215.
[50] Fan C Y，Jau H C，Lin T H，et al. Influence of polymerization temperature on hysteresis and residual birefringence of polymer stabilized blue phase LCs [J]. J. Disp. Technol.，2011，7 (11)：615-618.
[51] 田民波，叶锋. TFT LCD 面板设计与构装技术 [M]. 北京：科学出版社，2010.
[52] 谢毓章. 液晶物理学 [M]. 北京：科学出版社，1988.
[53] Oh-e M，Kondo K. Electro-optical characteristics and switching behavior of the in-plane switching mode [J]. Appl. Phys. Lett.，1995，67：3895-3897.
[54] Oh-e M，Kondo K. Response mechanism of nematic liquid crystals using the in-plane switching mode [J]. Appl. Phys. Lett.，1996，69：623-625.
[55] Oh-e M，Kondo K. The in-plane switching of homogeneously aligned nematic liquid crystals [J]. Liq. Cryst.，1997，22：379-390.
[56] Ge Z，Gauza S，Jiao M，et al. Electro-optics of polymer-stabilized blue phase liquid crystal displays [J].

Appl. Phys. Lett., 2009, 94: 101104.

[57] Ge Z, Rao L, Gauza S, et al. Modeling of blue phase liquid crystal displays [J]. J. Disp. Technol., 2009, 5: 250-256.

[58] 廖延彪. 偏振光学 [M]. 北京：科学出版社，2003：64-108.

[59] Rao L, Cheng H C, Wu S T. Low voltage blue-phase LCDs with double-penetrating fringe fields [J]. J. Disp. Technol., 2010, 6 (8): 287-289.

[60] Li Y, Huang S, Rong N, et al. Transmissive and transflective blue-phase LCDs with double-layer IPS electrodes [J]. J. Disp. Technol., 2016, 12 (2): 122-128.

[61] Liu J, Ma H, Sun Y. Blue-phase liquid crystal display with high dielectric material [J]. Liq. Cryst., 2016, 43 (12): 1748-1752.

[62] Fan H, Wang Q H, Cui J, et al. Low voltage blue-phase liquid crystal display with triple-penetrating fringe fields [J]. Liq. Cryst., 2015, 42 (1): 41-45.

[63] 堀浩雄，铃木幸治. 彩色液晶显示 [M]. 北京：科学出版社，2003.

[64] Mao J L, Wang J, Fan H X, et al. Low voltage and high-transmittance blue-phase liquid crystal display with concave electrode [J]. Liq. Cryst., 2016, 43 (4): 535-539.

[65] Chen H, Lan Y F, Tsai C Y, et al. Low-voltage blue-phase liquid crystal display with diamond-shape electrodes [J]. Liq. Cryst. 2017, 44 (7): 1124-1130.

[66] Chu F, Dou H, Song Y L, et al. A transflective blue-phase liquid crystal display with alternate electrodes [J]. Liq. Cryst., 2017, 44 (8): 1316-1320.

[67] Wang J, Mao J L, Fan H X, et al. Low voltage transflective blue-phase liquid crystal display with a non-uniform etching substrate [J]. Chin. Phys. B, 2016, 25 (9): 094223.

[68] Algorri J F, Urruchi V, Sanchez-Pena JM. Reflective sidewall electrodes for low voltage and high transmittance blue-phase liquid crystal displays [J]. Liq. Cryst., 2015, 42 (7): 941-946.

[69] Kimura M, Nagumo N, Oo T N, et al. Single-substrate polymer-stabilized blue phase liquid crystal display [J]. Opt. Mater. Express, 2013, 3 (12): 2086-2095.

[70] Su Z, Chen Y, Lu J, et al. High-transmittance polymer-stabilised blue-phase liquid crystal display with double-side protrusion electrodes [J]. Liq. Cryst., 2013, 40 (7): 976-979.

[71] Tang P, Cui J, Fan H, et al. blue phase dual-view liquid crystal display based on directional backlight system [J]. J. Soc. Inf. Disp., 2015, 22 (12): 652-657.

[72] Cui J P, Li Y, Yan J, et al. Time-multiplexed dual-viw display using a blue phase liquid crystal [J]. J. Disp. Technol., 2013, 9 (2): 87-90.

[73] Yan J, Chen Y, Wu S, et al. Dynamic response of a polymer-stabilized blue-phase liquid crystal [J]. J. Appl. Phys., 2012, 111 (6), 063103.

[74] Xu D, Yan J, Yuan J, et al. Electro-optic response of polymer-stabilized blue phase liquid crystals [J]. Appl. Phys. Lett., 2014, 105: 011119.

[75] Ma H, Yang R, Sun Y. The optical threshold and saturation voltage of blue-phase liquid crystal display with uniform operating electric field [J]. Liq. Cryst., 2015, 42 (12): 1743-1747.

[76] Ojima M, Ogawa Y, Ozaki R, et al. Finite-difference time-domain analysis of polarization- dependent transmission in cholesteric blue phase Ⅱ [J]. Appl. Phys. Express, 2010, 3: 032001.

[77] 窦虎，于亚楠，马红梅，等. 蓝相Ⅱ液晶态结构及其光学特性 [J]. 液晶与显示，2015，30（1）：16-21.

[78] 窦虎，于亚楠，马红梅，等. 胆甾相与蓝相液晶的布拉格反射和旋光能力研究 [J]. 液晶与显示，2015，30（3）：381-386.

[79] 窦虎，马红梅，孙玉宝. 胆甾相液晶和蓝相液晶的透射和反射特性 [J]. 物理学报，2015，64：126101.

[80] Ogawa Y，Fukuda J，Yoshida H，et al. Finite-difference time-domain analysis of cholesteric blue phase Ⅱ using the Landau-de Gennes tensor order parameter model[J]. Opt. Lett.，2013，38（17）：3380-3383.

[81] Wu J J，Hu S S，Hsu C C，et al. A director model for the electro-optics of blue phase liquid crystal [J]. IEEE Photon Technol. Lett.，2012，24（6）：503-505.

[82] Liang D，Luo J Y，Zhao W X，et al. 2D/3D switchable autostereoscopic display based on polymer-stabilized blue-phase liquid crystal lens [J]. J. Disp. Technol.，2012，8（10）：609-612.

[83] Merck E. Merck Liquid Crystals Licrilite [M]. Rahway，NJ：Merck Publishing，1995.

[84] Gleeson H F，Coles H J. Dynamic properties of blue-phase mixtures [J]. Liq. Cryst.，1989，5（3）：917-926.

[85] Rao L，Yan J，Wu S T. Prospects of emerging polymer-stabilized blue-phase liquid-crystal displays [J]. J. Soc. Inf. Disp.，2010，18（11）：954-959.

[86] Sun Y，Zhang Z，Ma H，et al. Optimal rubbing angle for reflective in-plane-switching liquid crystal displays [J]. Appl. Phys. Lett.，2002，81（26）：4907-4909.

[87] Lias J B，Kikuchi H，Kimura M，et al. Determination of polar anchoring strength for polymer-stabilized blue phase liquid crystal device [J]. Jpn. J. Appl. Phys.，2011，50：081607.

[88] Huang C Y，Chih Y S，Ke S W. Effect of chiral dopant and monomer concentrations on the electro-optical response of a polymer stabilized cholesteric texture cell [J]. Appl. Phys. B，2007，86：123-127.

[89] Liu Y，Lan Y，Zhang H，et al. Optical rotatory power of polymer-stabilized blue phase liquid crystals [J]. Appl. Phys. Lett.，2013，102（13）：131102.

第5章

液晶激光器

罗　丹
南方科技大学
电子与电气工程系

5.1 引言

自从人类制造出第一台激光器以来，世界各国科学家对激光器的研究一直非常重视，研究重点是寻找新的激光工作物质、压缩输出激光脉宽、提高激光器的转换功率，以及研究激光诱导所出现一些新的光学现象（如量子效应、非线性效应等）。同时，激光器的低成本、器件化、可调谐性也一直是人们研究的热点。

可调谐激光器一直是激光研究的重点领域。目前商用的可调谐激光技术主要包括光参量振荡器（OPO）、钛蓝宝石激光器及染料激光器等，其工作范围涵盖可见光及红外光，在探索光与物质相互作用，以及光谱和原子物理、化学研究、探测检测、光子通信、生物医学等诸多领域得到了广泛应用。然而，上述几种激光器价格昂贵（一般为50万～150万人民币）、体积庞大、结构复杂，增加了维护难度和成本，限制了该类激光器的使用范围。因此，寻找低成本、紧凑型及结构简单的可调谐激光器成为激光科研工作者追求的目标。

通过在自组装形成周期性结构的液晶分子中加入不同辐射波长的激光染料，可以得到可调谐液晶激光器，其波长可以覆盖紫外、可见光到近红外范围。液晶分子对电场、光场、机械力、温度等外界因素比较敏感，因此通过改变外场条件就可以改变液晶分子的排列（如螺距），从而实现可调谐激光辐射。

本章将从液晶激光器的基本原理出发，首先详细介绍两种液晶激光器的主要类型，即带边型激光器和缺陷型激光器，然后介绍液晶激光器的可调谐特性和其应用前景。

5.2 液晶激光器的基本原理

▶▶ 5.2.1 光子晶体

光子晶体是一种由不同介质组成的具有周期性微结构的人工材料，可用于控制电磁波的传播，其在原子尺寸量级对应的是具有周期性结构的半导体材料。类似于半导体中周期性势能对于形成电子带隙，光子晶体材料因其具有周期性折射率可以形成光子频率带隙（photonic band gap），光波的频率落在光子带隙时该光波在光子晶体中不能传播。引入缺陷结构的光子晶体可以由此产生局域电磁态及局域传播态，在此基础上可以制造高 Q 值微型谐振腔和线性波导，从而在无辐射损耗的状态下完成对光的控制。

1887 年，Lord Rayleigh[1]研究了一维周期性堆层结构，并发现该一维结构中带隙的存在，开始了人类对光子晶体最早的探索。1987 年，Yablonovicth[2]和 John[3]分别在《物理评论快报》（Physical Review Letters）上发表了两篇里程碑式的论文。这两篇论文探讨了高维的周期光学结构，首次提出了光子晶体这一概念。Yablonovicth 讨论了一种具备三维周期性结构的介电材料，在该结构中存在电磁带隙，在带隙中自发辐射被严格地禁止。John 则率先提出了在不规则结构中存在对光的安德森（Anderson）局域的观点。1991 年，Yablonovicth 报道了第一个在微波尺寸上实现的三维光子晶体带隙结构[4]。典型的一维（1D）、二维（2D）和三维（3D）光子晶体如图 5.1 所示[4]，不同介电常数的材料用不同的颜色表示。从图 5-1 中可以看到，两种不同材料的周期性排列形成了光子晶体结构。

图 5.1 一维、二维和三维光子晶体结构示例[4]

自然界中存在多种多样的光子晶体结构。从花朵到蝴蝶，从昆虫到海洋生物，这些自然生物身上的光子晶体覆盖了一维到三维结构，既包括简单的光栅，也有复杂的晶格周期，如图 5.2 所示[5]。这些具有特定周期结构的光子晶体能够对波长落在光子禁带范围内的光进行选择性反射，从而显示不同颜色，达到隐蔽、伪装、迷惑天敌、求偶等目的。

与自然界中存在的光子晶体结构相对应的是人工制备的光子晶体微纳结构。通过人为选择制备材料类型，设计光子晶格周期尺寸，人们可以更加灵活地制造出满足不同应用需要的光子晶体微纳结构。人工制备光子晶体结构主要包括自上而下的刻蚀法和自下而上的自主装法两种。刻蚀法主要在半导体材料上通过电子束刻蚀、光刻蚀、激光直写、全息干涉或周期性堆积拉伸等方法形成具有周期性结构的光子晶体，如光子晶体光纤、超透镜等结构[6,7]，如图 5.3 和图 5.4 所示。自组装法主要是指利用具有自主装特性的材料（如聚苯胺、聚苯乙炔等）自发形成有序结构的一种技术。

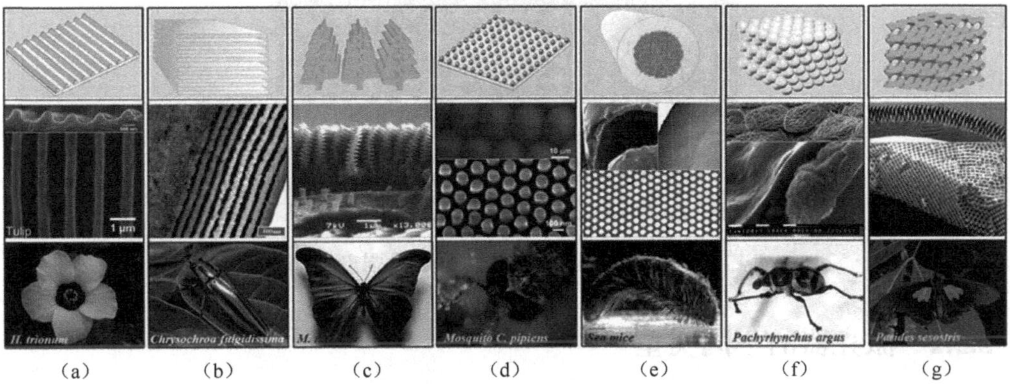

图 5.2 自然界中存在的光子晶体结构[5]

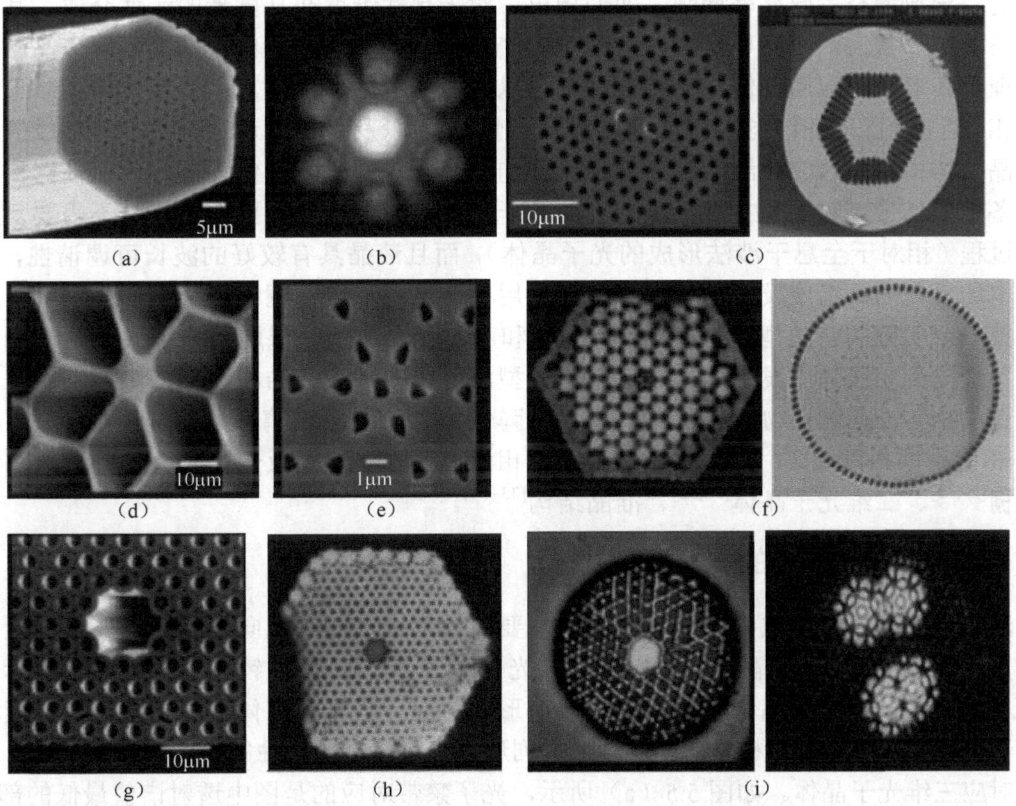

图 5.3 光子晶体光纤的周期性微纳结构[6]

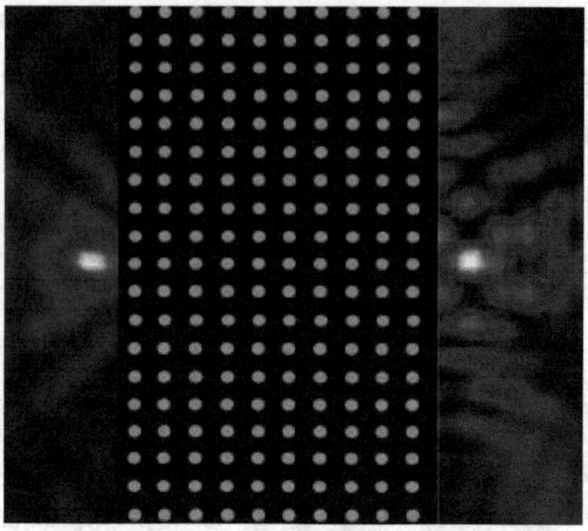

图 5.4 光子晶体超透镜成像，电磁场强度分布图形[7]

►► 5.2.2 激光器的不同类型

基于液晶材料的激光器最早于 20 世纪 70 年代被报道，该工作主要基于具有光子晶体结构的胆甾相液晶[8,9]。Dowling 等人[10]后续的理论研究表明，光子晶体带边上光子态密度的突变，导致增益系数显著增强。他们指出，对于尺寸维度在几微米的活性介质，其增益增强将变得非常大，从而导致低阈值激射的产生。这些研究使人们更好地理解液晶激光器的原理及其潜在的应用价值。多种液晶相可以形成光子晶体结构，主要包括自主装形成的胆甾相、近晶相和蓝相（这类液晶通常包含手性剂），以及少部分通过全息干涉形成的具有光子晶体结构的聚合物分散液晶。上述提到的液晶形成的光子晶体都具有周期性结构，从而具备光子禁带。对于自主装形成的液晶光子晶体而言，一个主要的优点是不需要复杂的制备过程（相对于全息干涉法形成的光子晶体），而且液晶具有较好的波长可调谐性，特别是在电场、光场、温度及压力等外界刺激作用下，从而形成可调谐的液晶激光器件。

第一个明确的带边型激射是由 Kopp[11]和 Taheri[12,13]两个课题组分别独立地在染料掺杂的手性向列相液晶中发现的。之后，带边型激射在多种液晶结构和相态中被发现，包括手性近晶相[14,15]、聚合物液晶[16~20]、胆甾相弹性体[21]、胆甾玻璃态[22,23]、手性向列相和近晶 A 相的中间相液晶[24,25]、蓝相液晶 I 和蓝相液晶 II [26~28]，以及全息聚合物分散液晶形成的光栅[29,30]、二维光子晶体[31,32]、准晶结构[33~36]。

►► 5.2.3 液晶形成的光子禁带结构

液晶分子自主装形成的光子晶体结构主要包括三种，即手性向列相液晶、手性近晶相液晶及蓝相液晶，其液晶分子排列结构、光子禁带及偏光显微镜图像如图 5.5 所示[37]。图 5.5 中手性向列相液晶和手性近晶相液晶形成的是一维光子晶体，即光栅结构；蓝相液晶分子首先形成双螺旋结构，在此基础上排列形成具有三维周期性的蓝相 I 和蓝相 II，这类结构对应三维光子晶体。如图 5.5（a）所示，光子禁带对应的是图中透射谱值最低的部分，中心波长为 $\lambda_c=nP$，这里 $n=(n_e+n_o)/2$ 是液晶的平均折射率，P 是手性向列相的周期长度。光子禁带的宽度为 $\Delta\lambda=\lambda_c\Delta n/n$，其中 $\Delta n=n_e-n_o$[38,39]。光子禁带有两个带边，我们称之为长波带边和短波带边。需要特别强调的是，这里的光子禁带是圆偏光敏感的。这意味着当液晶光子晶体结构中掺杂的是左手（或右手）手性剂时，只有左旋（或右旋）圆偏光入射才会出现光子禁带。相反，对于右旋（或左旋）圆偏光而言，该液晶光子晶体结构是透明的。

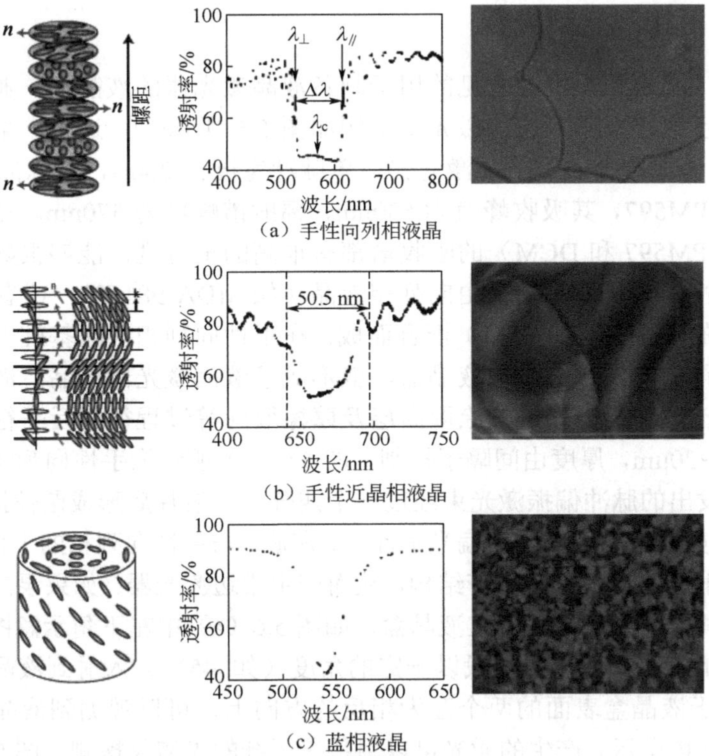

图 5.5 几种具有光子禁带结构的液晶态[37]

5.3 带边型激光器

带边型激光器的形成，需要几个方面的要素。第一个要素是增益介质，通常将稀土元素或者激光染料（如 DCM 或 PM597）掺杂或化学合成链接到液晶材料中。无掺杂的纯液晶材料本身在特定的条件下泵浦也可以产生紫外激射[40]。第二个要素是光子禁带与增益介质辐射谱满足一定的位置关系，起到光学腔的作用。为了获得激光辐射，至少需要光子禁带的一个带边位置与增益介质辐射谱重合，从而得到最大的耦合效率和最小的激光阈值。对于液晶而言，长波带边和短波带边并不是完全等效的，这是由特定带边传播模式的电场矢量排列方向与染料跃迁偶极矩方向的不一致引起[41]。长波带边具有更低的阈值激光模式，这是因为此时染料的跃迁偶极矩和电场矢量更加共线而非相互垂直。

液晶激光器的泵浦方式通常是光泵浦，主要光源为皮秒或纳秒脉冲激光器（如固体调 Q 激光器 Nd：YAG），泵浦激光波长为紫外或可见光。研究表明，泵浦脉冲激光的线宽从皮秒增加到纳秒会提高激光的激发阈值，这与激光二能级理论吻合[42]。泵浦激光的脉冲重复频率也需要合理选择[43]。

本节将主要介绍带边型激光器主要的几种类型：手性向列相（胆甾相）液晶、蓝相液晶及全息聚合物分散液晶。其他类型激光器（如近晶相液晶激光器）的优点不明显，应用范围很窄，研究不是很多，这里不做过多探讨。

5.3.1 胆甾相液晶激光器

手性向列相（胆甾相）是最常见的用于制备液晶激光器的液晶相。典型的手性向列相液晶的透射谱、反射谱及其对应的激光谱示例如图 5.6 所示[44]。这里，泵浦源使用的是波长为 532nm 的调 Q 脉冲 Nd：YAG 激光器，单脉冲宽度为 2.4ns，单脉冲能量为 40μJ。激光染料使用的是 PM597，其吸收峰值为 530nm，辐射谱峰值为 570nm。532nm 的泵浦激光与激光染料（如 PM597 和 DCM）的吸收谱都有很高的重合度，能够很好地被多种激光染料高效吸收。手性向列相液晶通常由向列相液晶（如 MDA-981602，或者更典型的 5CB、E7）与一定浓度的手性剂（如 S811）混合而成。在手性向列相液晶基础上掺杂一定浓度的激光染料，并将得到的混合液灌入液晶盒，就形成了液晶激光器样品。液晶盒通常由两片玻璃组成，两个玻璃内表面通过旋涂取向层及摩擦取向等过程得到反平行取向结构。玻璃盒厚度通常为 5～20μm，厚度由间隔子控制。图 5.6（a）所示为手性向列相液晶激光器的光路图。从泵浦源发出的脉冲偏振激光束经过一个四分之一波片后形成圆偏振光（左旋圆偏光或右旋圆偏光），如果该泵浦光的圆偏光手性（如左旋）与手性向列相的手性一致（如左旋），那么该圆偏光透射谱将出现光子禁带结构，从而产生带边激光器；如果泵浦光的圆偏光与手性向列相的手性相反，则会透射通过液晶盒，如图 5.6（a）中左下角示意图所示。通常，为了观察液晶激光的产生，泵浦光一般以一定的角度（如 45°）入射到液晶盒表面，而非垂直入射。在垂直于液晶盒表面的两个互为相反的方向上，可以观测到液晶激光的产生，如图 5.6（a）中的光斑所示。产生的激光可以用带有尾纤的光谱仪探测。图 5.6（b）展示了手性向列相液晶的透射谱、反射谱及其激光谱，激光辐射波长处于胆甾相液晶结构的长波带边。

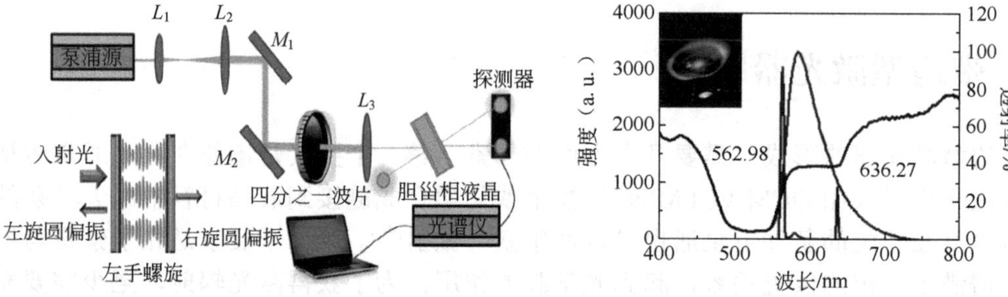

（a）光路示意　（b）透射谱、反射谱及激光谱

图 5.6 手性向列相液晶激光器[44]

液晶激光器其他的重要特性包括斜率效率和泵浦阈值。影响这两个参数的因素包括介质材料的折射率、方向有序参量及染料跃迁偶极矩的有序参量等[45~47]。聚合物染料、齐聚芴染料及掺芘染料等多种染料都被尝试用于提高激光斜率效率和降低激光阈值[48~50]，这些染料可以提供更好的电场矢量排列方向与染料跃迁偶极矩方向的重合度。所得到的激光斜率效率提高通常大于 30%，最高可达 70%[51]。使用低功率的非相干光源（如电致发光层或发光二极管）也可以降低激光阈值。另外，器件结构上的改进（如优化光子局域）可以进一步改进激光特性。如激光光强可以通过在光学腔中加入手性聚合物薄膜或镜子，使激光

在某一个特定方向上振荡的方法实现[52]。聚合物稳定或者胆甾相玻璃相可以通过提高热稳定性从而提高有序参量，进而提高激光辐射光强。

除此之外，胆甾相液晶乳状液激光器也见诸报道[53]。H.Coles 等人报道了聚合物稳定胆甾相液晶乳状液中的激光现象。激光介质由染料掺杂的手性向列相液晶滴分散于聚合物网络中，待薄膜干燥后自发排列形成，这种激光器可以在单个基底上形成薄膜，不需要定向层。胆甾相液晶乳状液激光器如图 5.7 所示。

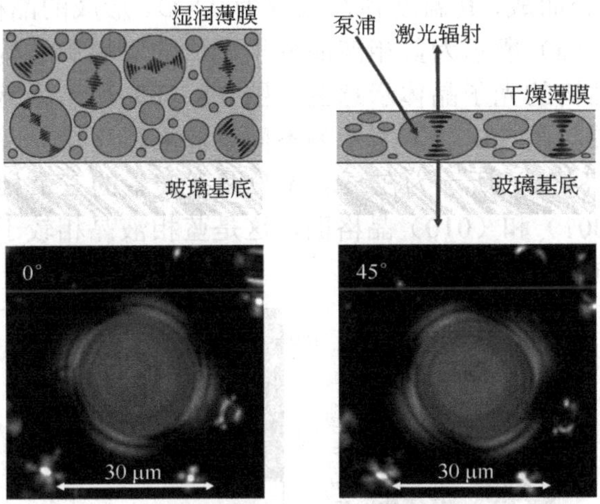

（a）结构示意图和显微镜图案

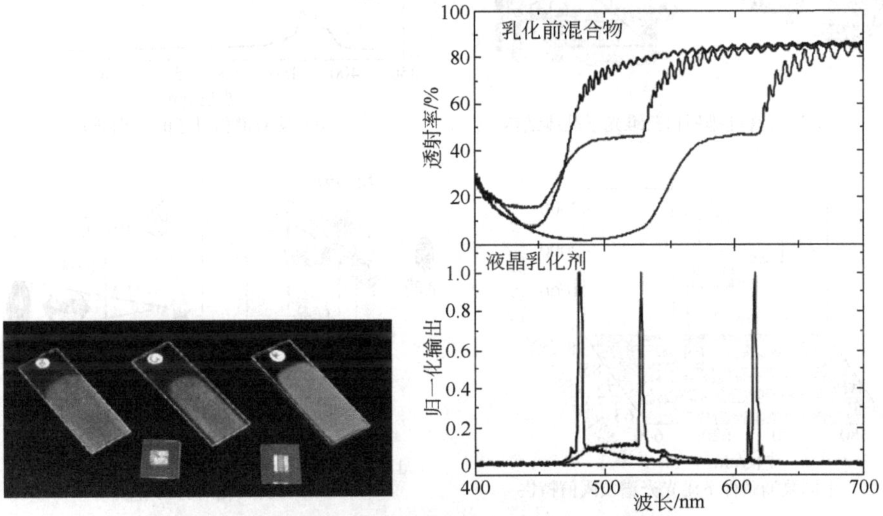

（b）实物图、透射谱及激光谱

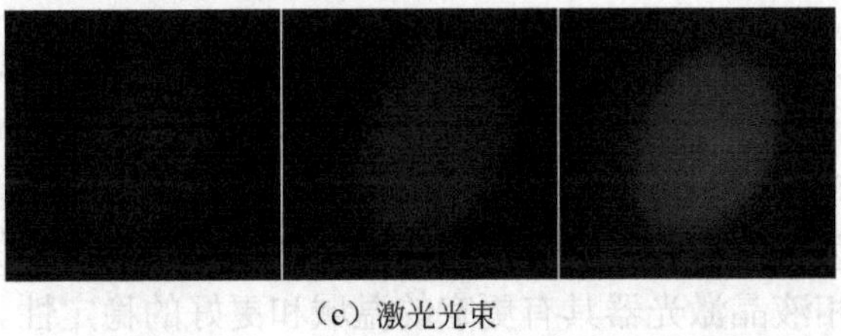

（c）激光光束

图 5.7 胆甾相液晶乳状液激光器[53]

5.3.2 蓝相液晶激光器

相对于手性向列相液晶激光器，蓝相液晶激光器带来显著的一些优点。主要的不同点是激光可以同时在空间三个相互垂直的方向上产生。这是因为蓝相液晶在不同方向上都具有三维光子晶体带边结构。蓝相液晶激光器首先在蓝相Ⅱ中被报道，W. Cao 等人报道了具有双螺旋液晶分子排列的蓝相Ⅱ中三维激光的产生及特性。该蓝相液晶由向列相液晶 E48、手性剂 CB15 及 DCM 混合而成，其温度存在范围为 0.8℃，形成的晶格结构为简立方结构，如图 5.8 所示[26]。图 5.8（a）所示为蓝相液晶分子形成的双螺旋结构及由双螺旋结构构成的具有简立方三维周期结构的光子晶体示意图。图 5.8（b）所示为蓝相液晶的反射谱和其在偏光显微镜下的织构图。图 5.8（c）所示为不同泵浦能量下激光辐射的光谱图和相应的泵浦-输出关系图。图 5.8（d）所示为在泵浦光激发下产生的三个相互正交方向的液晶激光，分别对应（100），（001）和（010）晶格面，这是蓝相液晶相较于手性向列相液晶最大的区别，即具备三维方向的激光输出特性。

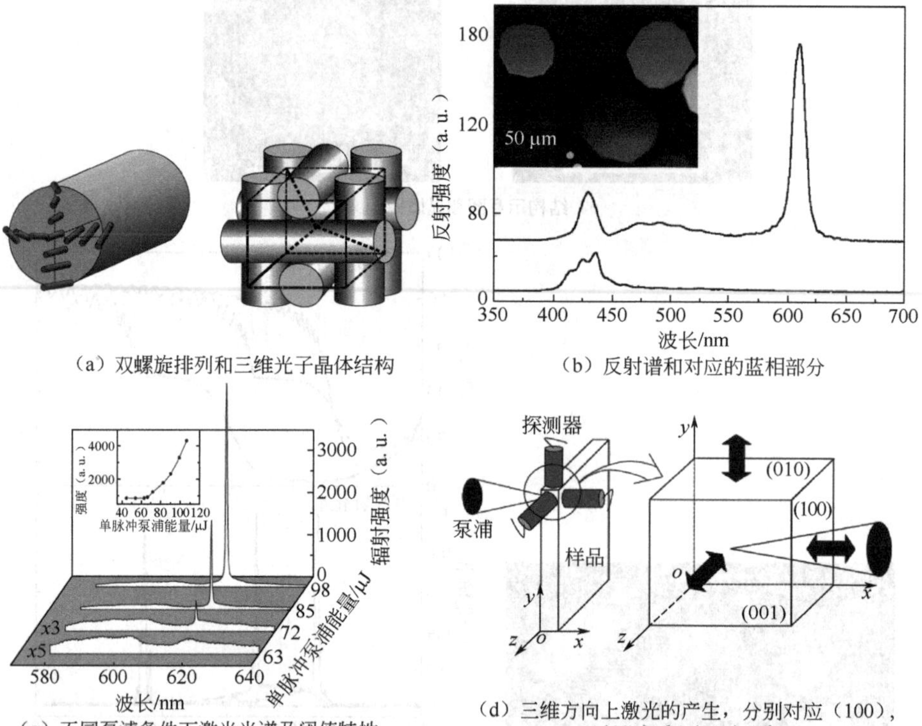

（a）双螺旋排列和三维光子晶体结构　（b）反射谱和对应的蓝相部分

（c）不同泵浦条件下激光光谱及阈值特性　（d）三维方向上激光的产生，分别对应（100），（001）和（010）面

图 5.8　蓝相Ⅱ液晶中的激光辐射[26]

基于聚合物稳定蓝相Ⅰ液晶的激光也被报道[27]。如图 5.9 所示，在蓝相Ⅰ中产生的激光具有很好的圆偏振性。图 5.9（a）展示了用于产生蓝相Ⅰ的光学装置，具有体心立方三维周期性光子晶体的结构示意图和相应的偏光显微镜下的液晶织构图。图 5.9（b）表明，在蓝相液晶中产生的激光也具有很好的圆偏振性，这一点与手性向列相液晶激光特性保持一致。相对于蓝相液晶而言，聚合物稳定蓝相液晶激光器具有更宽的温域和更好的稳定性。除此之外，宽温域的蓝相液晶Ⅰ激光器也被报道[28]。在实验条件（如染料、液晶、染料浓度、带边位置、样品厚度

及泵浦源）类似时，该类激光的泵浦能量被发现低于同样条件下的手性向列相液晶激光器。

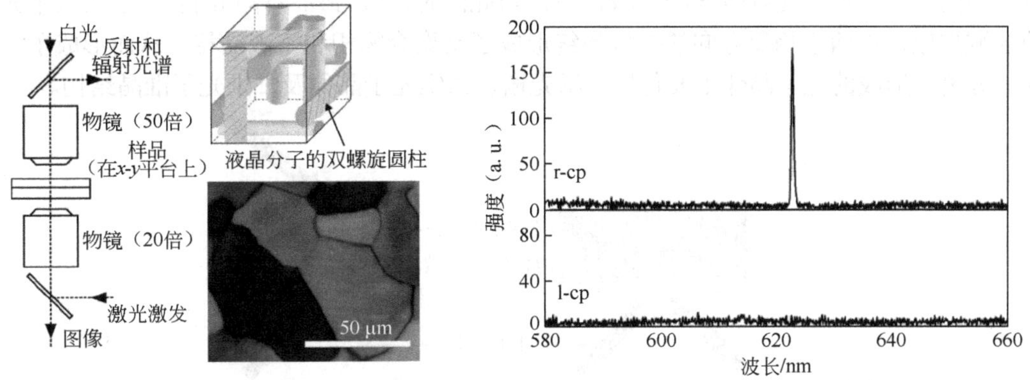

（a）光学装置、体心立方机构及显微镜下的蓝相液晶图案　（b）激光的圆偏振特性

图 5.9　蓝相 I 液晶中的激光辐射[27]

5.3.3　全息聚合物分散液晶激光器

1. 全息聚合物分散液晶

全息光刻，也称为光学干涉技术，是指基于相干光干涉的无掩膜板的光刻技术。假设第 m 个平面波的复电场矢量 $\boldsymbol{E}_m$ 可以表述为[54]：

$$\boldsymbol{E}_m(\boldsymbol{r}) = E_m \exp(\mathrm{i}\boldsymbol{K}_m \cdot \boldsymbol{r} + \mathrm{i}\delta_m)\boldsymbol{e}_m \tag{5.1}$$

式中，E_m 为电场的实振幅；$\boldsymbol{K}_m$ 为传播波矢；$\boldsymbol{r} = (x, y, z)^{\mathrm{T}}$ 为位置矢量；δ_m 为初始位相；$\boldsymbol{e}_m$ 为平面波线偏振方向的单位矢量。

干涉场的光强分布可以表述为：

$$\boldsymbol{I}(\boldsymbol{r}) = \boldsymbol{E}^*_{\mathrm{tot}} \cdot \boldsymbol{E}_{\mathrm{tot}} = \mathrm{Re}\left\{\sum_{l,m=1}^{N} \boldsymbol{E}^*_L \cdot \boldsymbol{E}_m \exp[\mathrm{i}(\boldsymbol{K}_l - \boldsymbol{K}_m) \cdot \boldsymbol{r} + \mathrm{i}(\delta_l - \delta_m)]\right\} \tag{5.2}$$

式中，$\boldsymbol{E}_{\mathrm{tot}} = \boldsymbol{E}_1 + \boldsymbol{E}_2 + \cdots + \boldsymbol{E}_N$；$N$ 为参与全息干涉的平面波的个数；Re 表示实数部分。

利用两束光干涉形成的反射型和透射性光栅是全息光刻形成一维光子晶体的典型例子。如图 5.10 所示，两束光相对于光敏材料（如聚合物离散液晶）的位置选择的不同，分别形成反射型和透射型的光栅结构。光栅的明暗变化代表形成的干涉条纹光强分布。两束光强相等，初始位相相同的相干光干涉形成的光栅周期 $\varLambda$ 可以表述为：

$$\varLambda = \frac{\lambda}{2n\sin\theta_{\mathrm{w}}} \tag{5.3}$$

式中，λ 为干涉光在空气中的波长，n 为接受干涉条纹材料的平均折射率，θ_{w} 为光敏材料内两束干涉光之间夹角的一半。

偏振态的最优化在两束光的线偏振方向互相平行时获得，此时产生的光干涉条纹具有最大的对比度；而相互垂直偏振的两束光相互之间没有干涉存在，此时对比度最小；两束光偏振态的其他相互关系生成的干涉条纹的对比度介于上述两种情况之间。

结合全息光刻技术和聚合物离散液晶材料的全息聚合物液晶（H-PDLC）是近年来兴起的一种新型材料。该材料具有优良的光电调制特性，是记录全息光刻形成的多光束干涉条纹的理想材料。当全息曝光的干涉条纹记录在全息聚合物离散液晶上时，光强引发的光致聚合导致液晶向干涉条纹中光强较弱的区域扩散；与此同时，聚合物单体则向着干涉条纹中光强较强的区域扩散，这两个相反方向的扩散最终形成了富聚合物相和富液晶相，从而形成了不同材料的相分离。形成的光子晶体主要包括一维光栅、二维光子晶体及二维光子准晶结构。

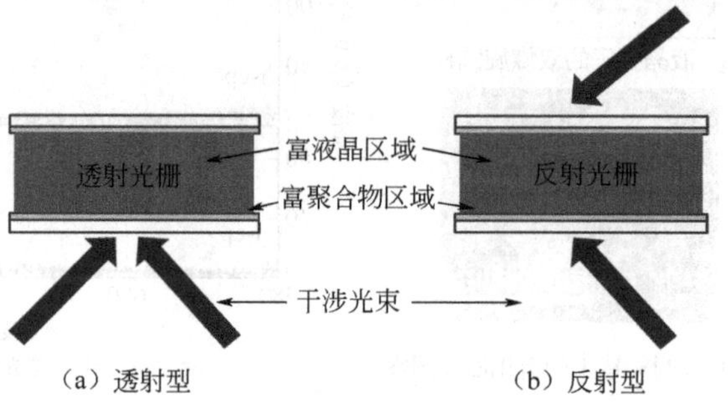

图 5.10　光栅制备示意[55]

在实验中，所用的聚合物离散液晶由液晶/预聚物的混合体经过全息光刻制成。液晶/预聚物混合体的按重量百分比组成混合。例如，61.49%（质量分数）的聚合物单体，三甲基丙烷三酰基基化物（Trimethylolpropane triacrylate，TMPTA）；9.96%（质量分数）的交联聚合物，N-乙烯基吡咯烷酮（N-vinylpyrrollidone，NVP）；0.77%（质量分数）的光引发剂，玫瑰红（Rose Bengal）；1.92%（质量分数）共引发剂，N-苯基甘氨酸（N-phenylglycine，NPG）；8.05%（质量分数）的表面活性剂，辛酸（Octanoic acid，OA）；17.81%（质量分数）向列相液晶，E7。

上述液晶/预聚物各组成部分的作用如下：①聚合物单体 TMPTA 是形成聚合物的基本单元；②交联单体 NVP 作为反应的稀释剂，用于帮助溶解参与反应的各个部分并形成均匀的溶液；③光引发剂 RB 用于与共引发剂 NPG 发生电子转移反应，使 NPG 能够引发高相对分子质量的聚合反应；④表面活性剂 OA 主要用于降低向列相液晶在聚合物表层的锚定力，从而增加聚合物离散液晶的电导率，起到降低驱动电压的作用。

2．一维光栅激光器

相对于自组装形成的手性向列相液晶，基于全息干涉技术的 H-PDLC 不但可以形成一维光栅结构，也能实现二维的光子晶体图案，扩展了激光腔的自由度。上述两种光栅激光器都有报道，包括反射型光栅激光器[29]和透射型光栅激光器[30]，所形成的激光类似于 H. Kogelnik 报道的分布式反馈激光器[56]。反射型 H-PDLC 光栅激光器如图 5.11（a）所示，波长为 532nm 的激光发出来的光束通过分束镜分成两束，这两束激光以 θ 角干涉形成光栅，将液晶样品盒置于干涉区域，可以得到如图 5.11（c）所示的周期小于 200nm 的光栅光场分布。光栅矢量方向这时垂直于玻璃基底表面，沿着该方向泵浦样品，可以得到带边型的激光输出。

相较于反射型 H-PDLC 光栅激光器，透射型 H-PDLC 激光器具有更高的激光效率及更低的激发阈值。Y. J. Liu 等人报道了基于 H-PDLC 透射型光栅的低阈值、窄带宽的激光器[30]。该透射型光栅具有 580nm 的光栅周期，品质因子 Q 为 338，泵浦能量为 120μJ，峰值半宽度为 1.8nm，中心波长为 609nm。它生成的激光方向与反射型光栅不同，其激光辐射方向是位于玻璃表面平面内，称为方向性激光，如图 5.12 所示。

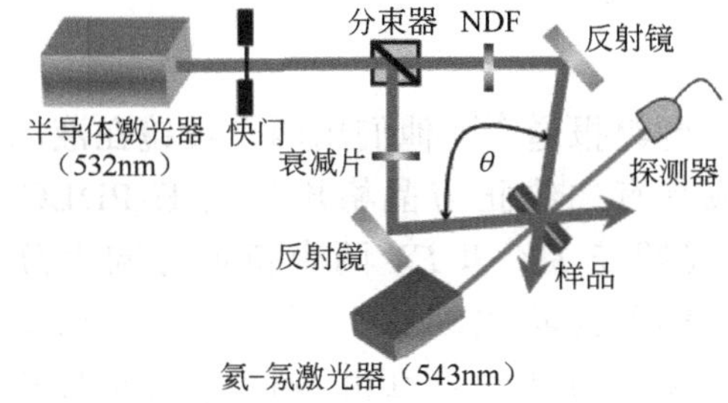

（a）光路图

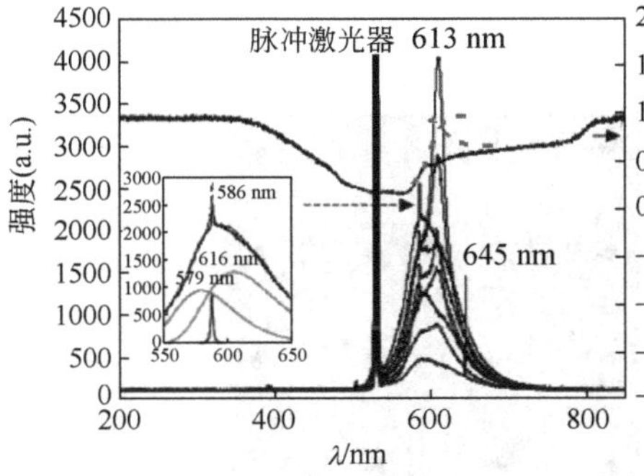

（b）激光光谱

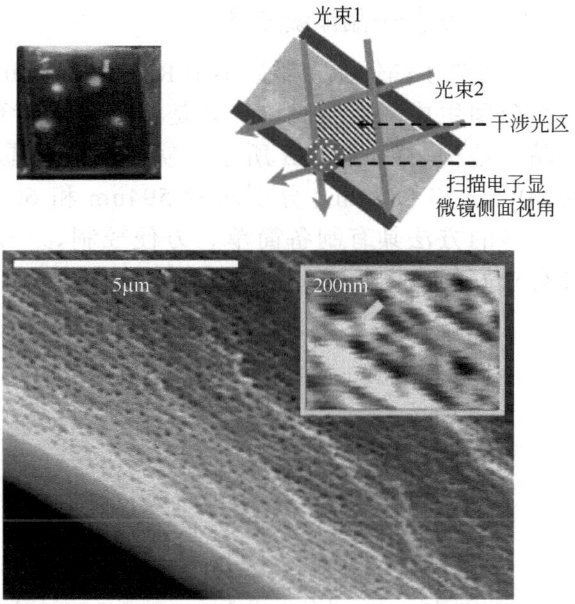

（c）制备的光栅

图 5.11　基于全息聚合物分散液晶的反射型光栅激光器[29]

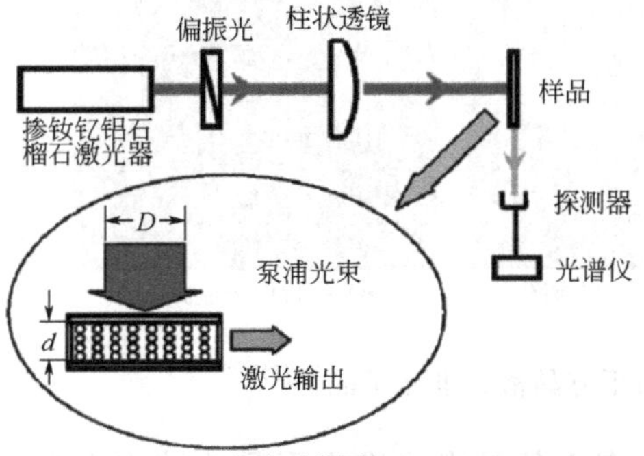

（a）光学装置

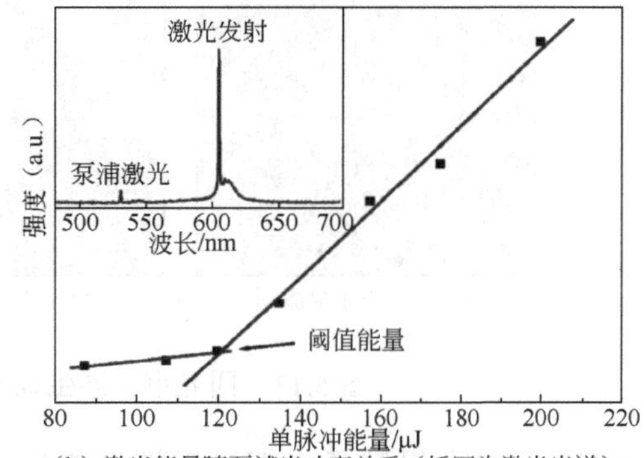

（b）激光能量随泵浦光功率关系（插图为激光光谱）

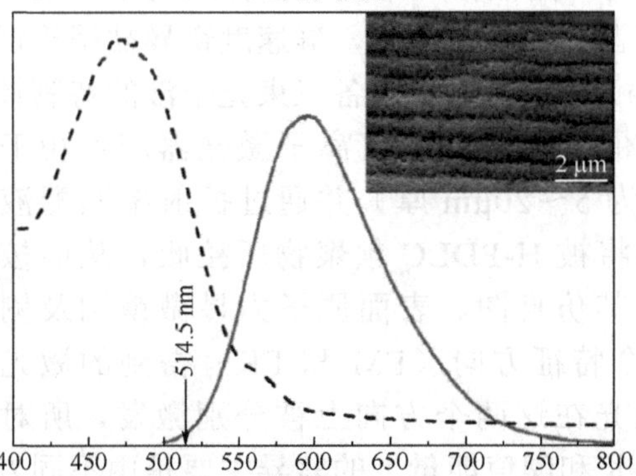

（c）DCM染料的吸收谱和光致发光谱（插图为光栅表面结构在扫描电子显微镜下的图像）

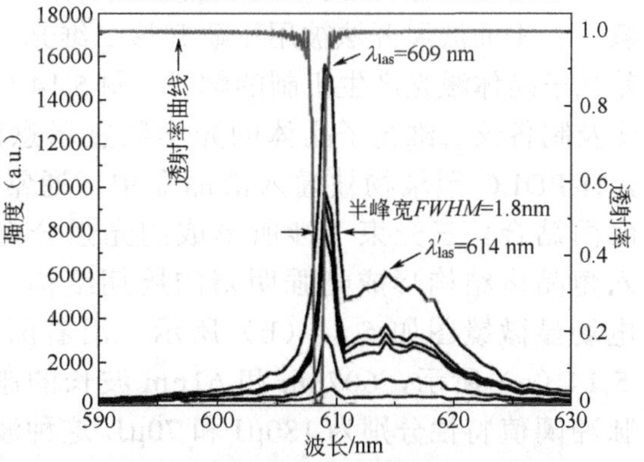

（d）不同泵浦强度下的激光辐射谱，与计算得到的光栅透射谱之间的位置关系

图 5.12　基于全息聚合物分散液晶的透射型光栅激光器[30]

3. 二维光子晶体激光器

二维光子晶体激光器最早由 Richard A. Vaia 课题组报道[31]。他们用两个棱镜在液晶盒两端分别生成两束激光，一共是四束光干涉形成具有二维正方晶格周期的 H-PDLC 光子晶体结构，如图 5.13 所示。实验得到的晶格周期在 *ΓX* 和 *ΓX* 两个特征方向上分别为 400nm 和 587nm，分别对应 594nm 和 600nm 的激光输出波长。利用棱镜生成多光束干涉的方法具有制备简单、方便控制、一次性曝光等优点。在此基础上生成的激光具有较好的方向性。

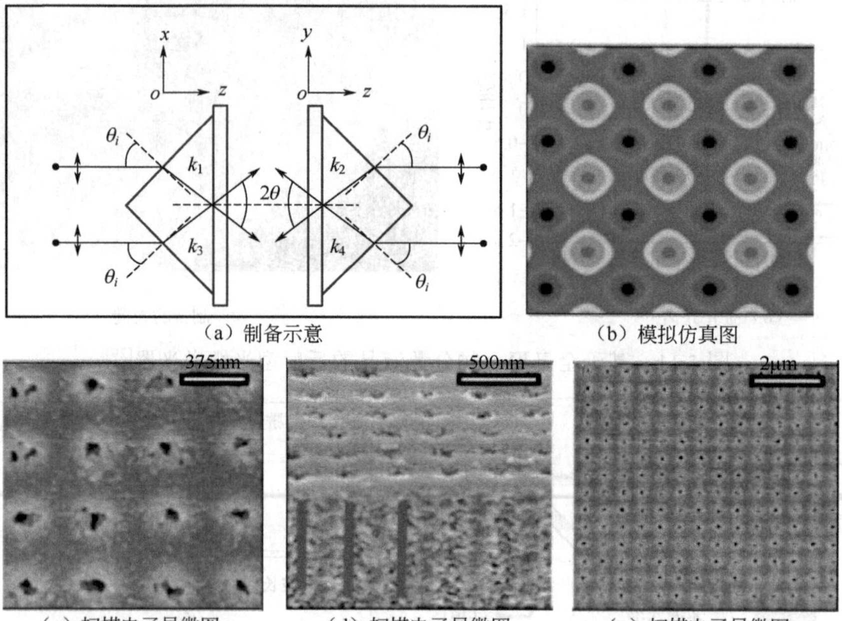

图 5.13 四光束干涉生成的正方晶格二维光子晶体[31]

D. Luo 等人报道了三束光干涉形成的具有六角晶格二维光子晶体结构中产生的激光现象[32]。平面波展开法被用于研究该二维光子晶体的能带结构，群速度奇异被用于低折射率差光子晶体激光产生机制的解释。图 5.14（a）所示为用于制备三束光干涉的特制棱镜的结构及制备该二维光子晶体的光学装置示意图，514.5nm 的氩离子激光器产生相干激光束，H-PDLC 预聚物被灌入液晶盒中（通常为 5～20μm 厚）并通过折射率匹配液与棱镜底面贴合。三光束干涉所形成的光强分布将被 H-PDLC 预聚物所接收，从而按照二维六角晶格结构形成光强明暗的周期结构，其仿真图、表面原子力显微镜图及侧面扫描电场显微镜图如 5.14（b）所示。沿着两个特征方向（ΓM 和 ΓK）得到的激光谱如图 5.14（c）所示，607nm 和 61nm 波长的激光在这两个方向上被分别激发，所对应的单脉冲阈值特性分别为 180μJ 和 70μJ。这种波长和阈值能量上的差异主要是由不同方向上群速度的差异造成的。

基于 H-PDLC 的二维光子晶体激光器，比 H-PDLC 光栅激光器而言，从方向上有更多的自由度。由于二维光子晶体具有平移对称性和旋转对称性，因此从理论上来讲激光可以在具有二维周期结构的 360° 平面内产生，得到的激光波长和阈值特性可随角度的变化出现周期性的变化。

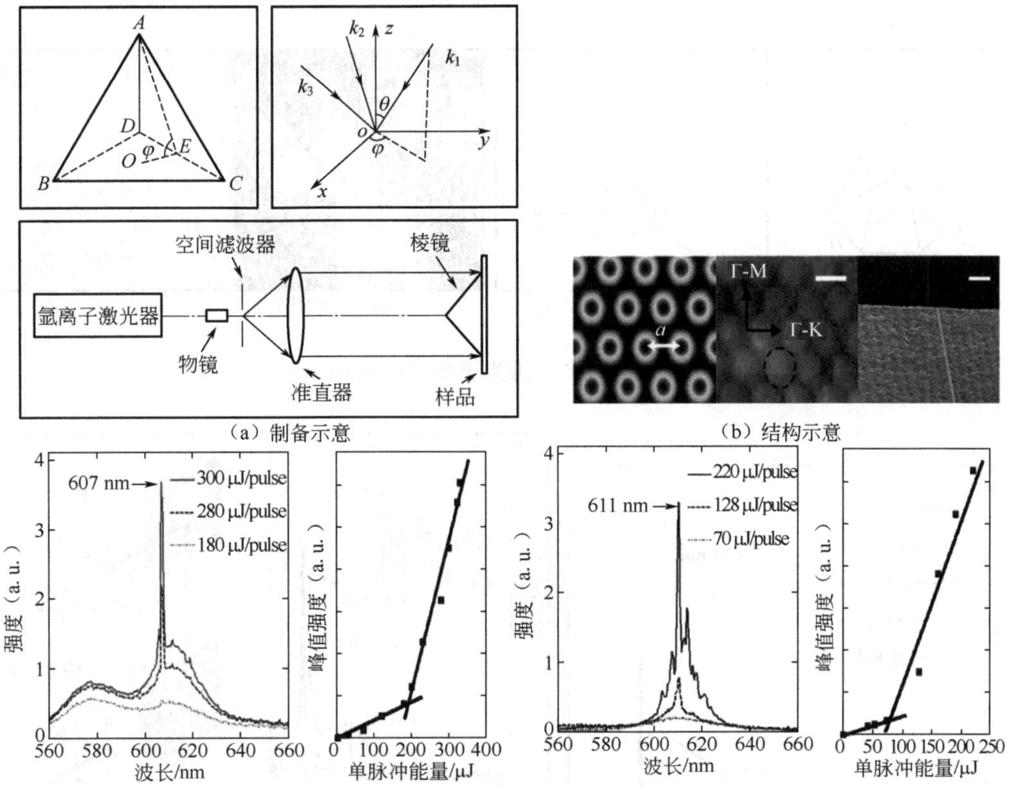

（a）制备示意　（b）结构示意

（c）激光光谱图

图 5.14　三束光干涉生成的六角晶格二维光子晶体[32]

4．二维光子准晶激光器

二维光子准晶最早由 D. Shechtman 在 Al-Mn 金属合金中观察到，不具备平移对称性和周期性，但具有长程有序性和旋转对称性。类似于光子晶体，准晶也具有光子禁带结构。由于光子准晶中旋转对称性，基于半导体材料的光子准晶已被用于生成无限制模式的激光。基于 H-PDLC 的光子准晶激光器近年也逐渐被报道。A. Y. Fuh 等人报道了具有八重旋转对称性的 H-PDLC 二维光子准晶，该准晶结构通过双光束八次曝光得到，基于此结构得到的激光属于多模激光[33]。D. Luo 等人相继报道了基于五、七、九光束干涉形成的 H-PDLC 二维光子准晶激光器[34~36]。对于光子准晶，有限时域差分法（FDTD）通常用于计算光子能带结构或者透射谱，从而帮助确定准晶的带边位置。相比较于具有类似条件下的二维光子晶体 H-PDLC 激光器，由五光束干涉形成的二维彭罗斯（Penrose）光子准晶 H-PDLC 激光（见图 5.15）被报道的泵浦阈值是类光子晶体结构中激光阈值的五分之一。所获得的激光具有极佳的线偏振性（见图 5.16）及很好的方向依赖性（见图 5.17）。这些特性使全息聚合物光子准晶成为一种潜在的新型的全有机微纳激光器。

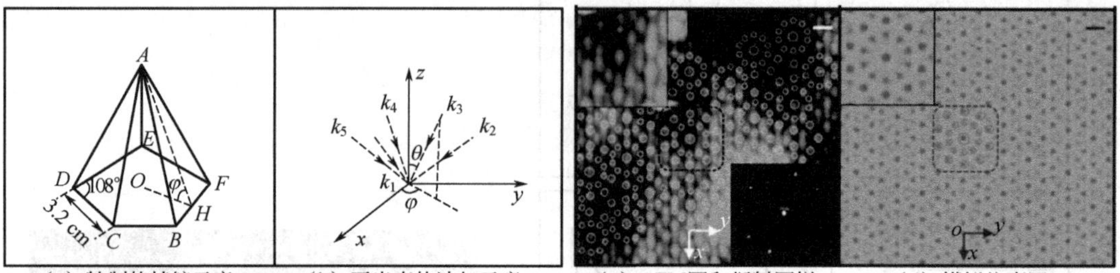

（a）特制的棱镜示意　（b）五光束的波矢示意　（c）AFM图和衍射图样　（d）模拟仿真图

图 5.15　H-PDLC 二维光子准晶（Penrose）[34]

（a）不同角度下得到的激光谱　（b）光子准晶激光的偏振特性　（c）类似条件下光子晶体激光的偏振特性

图 5.16　H-PDLC 二维光子准晶（Penrose）激光器的偏振特性[34]

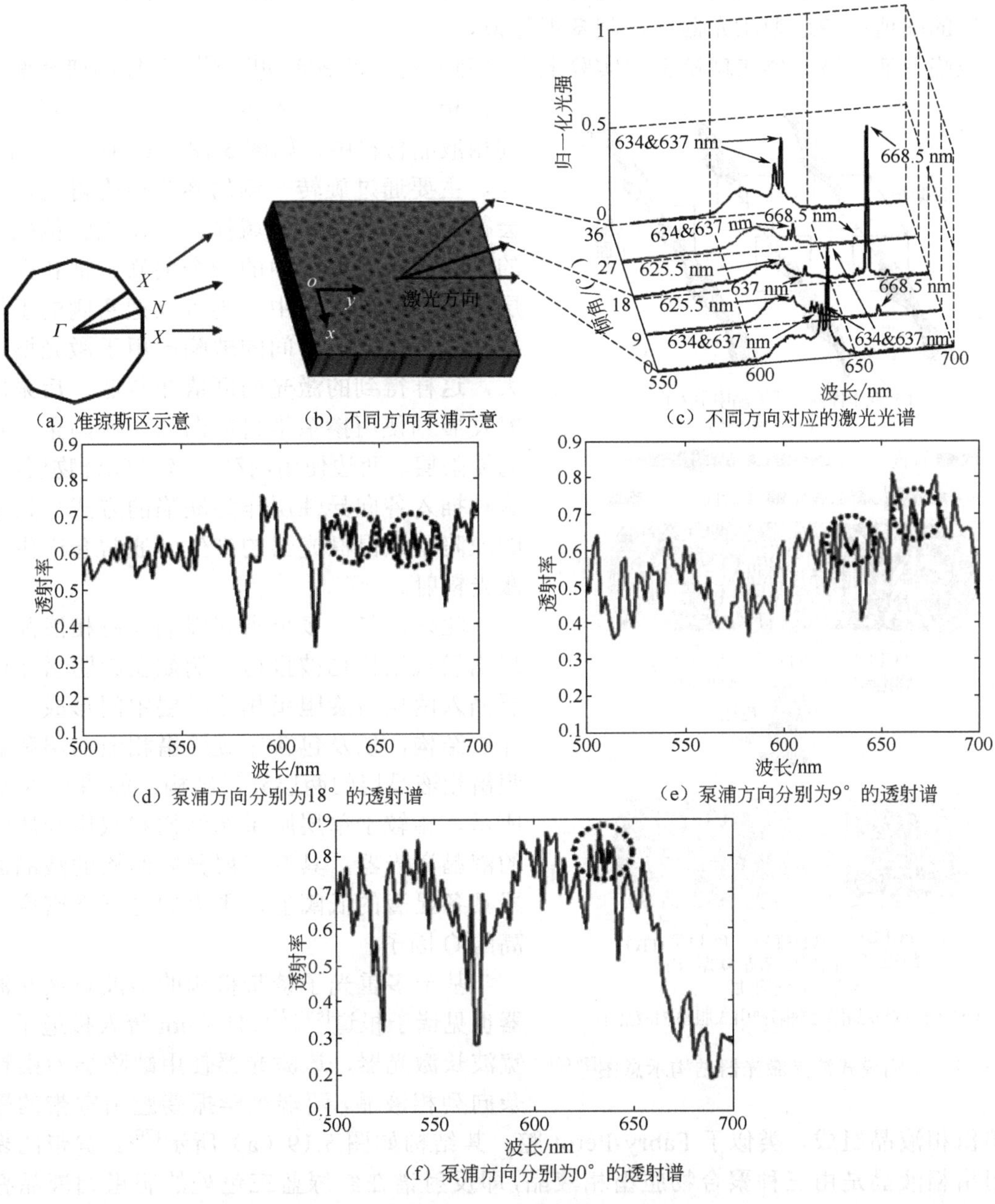

图 5.17 H-PDLC 二维光子准晶（Penrose）激光器的方向依赖性[34]

5.4 缺陷型激光器

除了带边型液晶激光器之外，另一种液晶激光器是缺陷型激光器[57~62]。通过在光子晶体周期性结构中引入缺陷，使光子禁带中产生相应缺陷，这种情况下光子禁带中会产生局域模式，将光场局限和控制在光子晶体禁带中，进而产生激光。这有点类似于 20 世纪 70 年代提出的分布式反馈激光器，这是目前半导体激光器经常使用的激光模式。通常缺陷型激光器的阈值比带边型激光器低，制备更复杂。

缺陷型液晶激光器在理论上和实验上有多种方式可以被实现[63~67]。早期的研究侧重于引入相位突变或引入各向同性层进入到手性向列相液晶材料中，如图 5.18（a）所示。相位突变，主要通过旋转一侧的螺旋结构得到，这样会得到一个单独的局域模，该模式圆偏振依赖的，对应于透射谱中的一个尖峰。把各向同性层引入手性向列相中，则可以把两侧的手性向列相视为镜子，中间的缺陷层用于激光增益放大，这样得到的激光的阈值非常低。后来的研究发展到使用掺杂染料的向列相液晶聚合物作为缺陷层，两边使用向列相液晶聚合物层结构，这种插入各向异性层作为缺陷的方式导致了新的缺陷型液晶激光器的产生，通常会产生多模激光辐射。

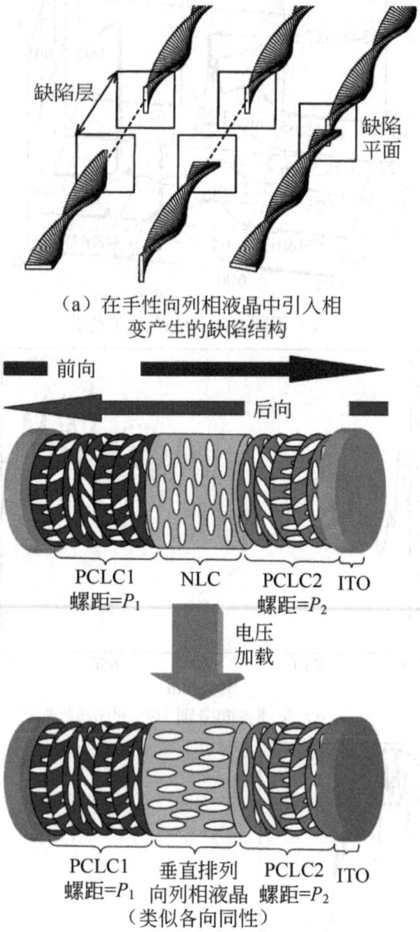

（a）在手性向列相液晶中引入相变产生的缺陷结构

（b）向列相液晶作为缺陷被引入胆甾相液晶中

图 5.18　缺陷模式液晶激光器结构示意图[59,63]

此外，包含多个不同周期胆甾相液晶层的缺陷模式结构也被报道。例如左旋胆甾相液晶层插入两层右旋胆甾相液晶层中间形成的三层异质结构，以及包含左旋胆甾相液晶层和右旋胆甾相液晶层的两层异质结构，如图 5.18（b）所示。相较于单层胆甾相结构和双层异质结构的液晶激光器，具有三层异质结构的液晶激光器具备显著的低阈值，更大的光子态密度及更高的 Q 因子。

基于多重光子禁带机构的多波长液晶激光器也见诸于报道[68~72]。H. Choi 等人报道了一种宽波长激光器，该激光器使用缺陷层为染料掺杂向列相液晶，两端光学振荡腔由宽带的聚合物胆甾相液晶组成，类似于 Fabry-Perot 腔，其结构如图 5.19（a）所示[70]。宽带的聚合物胆甾相液晶是由三种聚合物胆甾相液晶，即反射谱在红绿蓝三色处的胆甾相液晶叠加而成，每种胆甾相液晶之间由 PVA 材料分隔。基于此结构，激光在红绿蓝三个波段可同时被激发。有机液晶材料和无机光子晶体形成的混合结构缺陷型激光器也被报道[71]，如图 5.19（b）所示。这里染料掺杂的胆甾相液晶作为缺陷层夹在两片有缺陷但结构相同的无机光子晶体中间，可以产生单波长、双波长和三波长的激光。红绿蓝三色激光可以混合形成白光激光。

由于缺陷态激光器具有结构构成的多样性，吸引了广泛的注意。这类激光器有提供多种方式来提高光子态密度，从而改变光子禁带中振荡模式的数量。此外，更高的光子态密度通常导致比带边激光器更低的激发阈值。由于模式局限在缺陷态里，最大的辐射能量通常比带边激光器要低，因此具体选择时需要在泵浦阈值和输出能量二者之间平衡取舍。

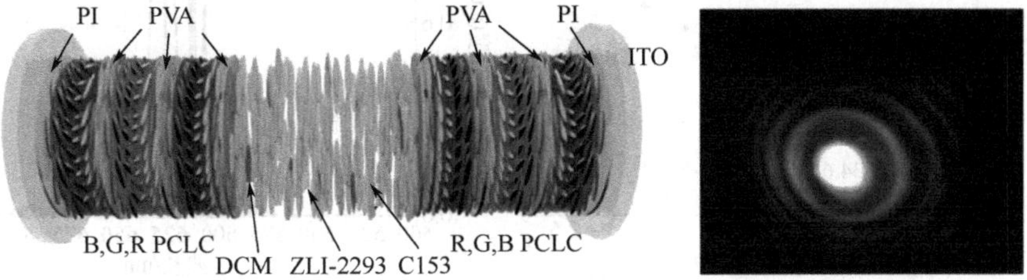

（a）向列相液晶作为缺陷被引入到具有红绿蓝三层反射聚合物胆甾相的光学腔所形成的激光器示意图和生成的激光实物图

PI—聚酰亚胺；PVA—聚乙烯醇；ITO—氧化铟锡；R—红色；B—蓝色；G—绿色；
PCLC—聚合物胆甾相液晶；DCM—4-二氰基甲基-2-甲基-6-(p-二甲基胺苯乙烯)H-吡喃；
ZLI-2293——种液晶；C153——种手性剂

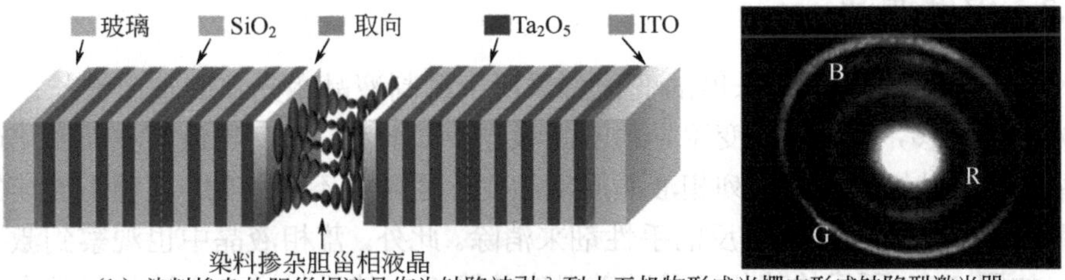

（b）染料掺杂的胆甾相液晶作为缺陷被引入到由无机物形成光栅中形成缺陷型激光器结构示意图和激光实物图

图 5.19 多波长激光器示意[70,71]

5.5 调谐特性

由于液晶具有出色的可调谐性，通过外界激励如电场[63,73~83]、温度[21,84~89]、光场[62,90~96]、机械力[19,21,97]和空间[25,72,98~107]调制的可调谐液晶激光器也被广泛报道。

▸▸ 5.5.1 电场调谐

液晶分子对电场的响应，使液晶激光器的输出波长可以在电场作用下调谐。对于带边型激光器，不同的几何构造和耦合机制被用于改变液晶的周期大小。例如，通过电场改变液晶分子排列方向、利用铁电耦合作用、利用在平面电极对液晶分子驱动，或者利用具有负性介电各向异性的液晶材料等方式改变液晶的周期，进而改变对应的光子禁带位置，从而改变激发的激光波长或者光强大小。对于缺陷型激光器而言，电场通常可以影响作为缺陷层使用的向列相液晶指向矢的排列，或者改变铁电液晶的周期，从而达到改变激光波长大小和光强的作用。图 5.20 所示为基于蓝相液晶Ⅰ和蓝相液晶Ⅱ的液晶激光器在电场作用下的调谐特性。图 5.20（a）所示为蓝相Ⅰ和蓝相Ⅱ在电场作用下中心反射波长变化的情况，随着电场的增加，该中心反射波长会随之红移（波长变大）。这会导致对应的光子晶体禁带相应的红移，从而得到红移的激光波长，如图 5.20（b）所示。

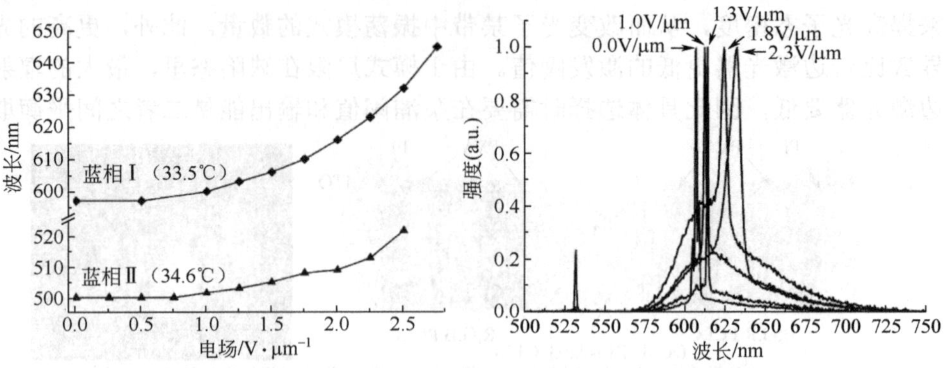

（a）反射中心波长　　（b）激光波长随外加电场的变化示意

图 5.20　蓝相液晶Ⅰ和蓝相液晶Ⅱ激光器[80]

▶▶ 5.5.2　温度调谐

温度引起的手性结构周期长度的变化可以用于调制液晶激光器的输出波长。周期变长导致液晶激光波长红移，反之周期变短导致液晶激光波长蓝移。温度导致的波长变化通常是阶梯式的，这源于温度引起的手性向列相液晶周期的变化通常是不连续的。这种不连续的现象可以通过掺杂两种随温度变化特性相反的手性剂来消除。此外，蓝相液晶中也观察到激光波长随温度的变化。如图 5.21 所示的蓝相液晶随着温度的降低，其反射谱中心波长通常会变长，即产生红移现象，从而导致对应的液晶激光波长也随之红移。这种波长的变化也会带来一定的光强的波动，这主要是激光染料光致发光谱位置与光子晶体带边位置共同作用的结果。

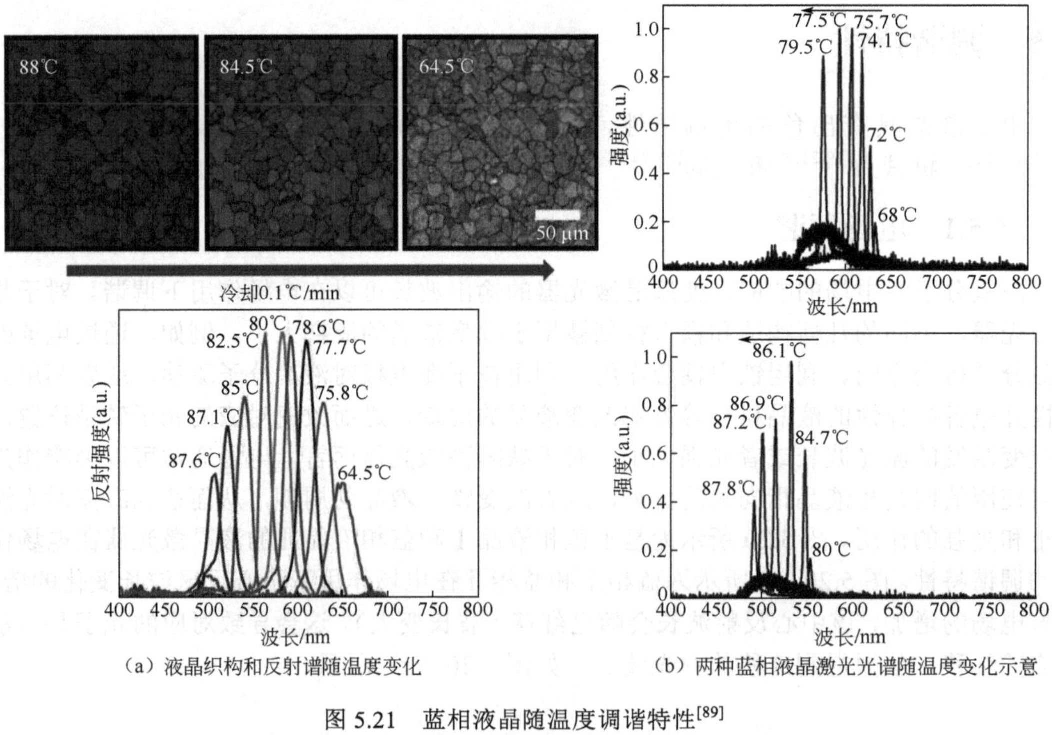

（a）液晶织构和反射谱随温度变化　　（b）两种蓝相液晶激光光谱随温度变化示意

图 5.21　蓝相液晶随温度调谐特性[89]

▶▶ 5.5.3 光场调谐

光场调谐是建立在液晶中混入光活性材料的基础上的，紫外光通常用于调节掺杂有光活性材料液晶的周期，从而达到调谐激光波长的效果。最常用的是偶氮苯材料，这种材料具有光学活性功能团，可以在紫外光和可见光的照射下进行 trans-cis（反式-顺式）和 cis-trans（顺式-反式）异构化转变。偶氮苯材料掺杂在液晶分子中，形成主宾结构，在光照条件下，带动液晶分子的转动，从而改变液晶光子晶体周期长度。可以通过改变紫外光的曝光量、曝光时间调节液晶光子禁带的位置，从而达到调谐作用。利用偶氮苯材料对液晶激光波长的报道见诸胆甾相液晶、蓝相液晶、液晶乳液及缺陷型液晶等。图 5.22 所示为液晶乳液微滴激光器在紫外和可见光照射条件下发生光场调谐的示意图。

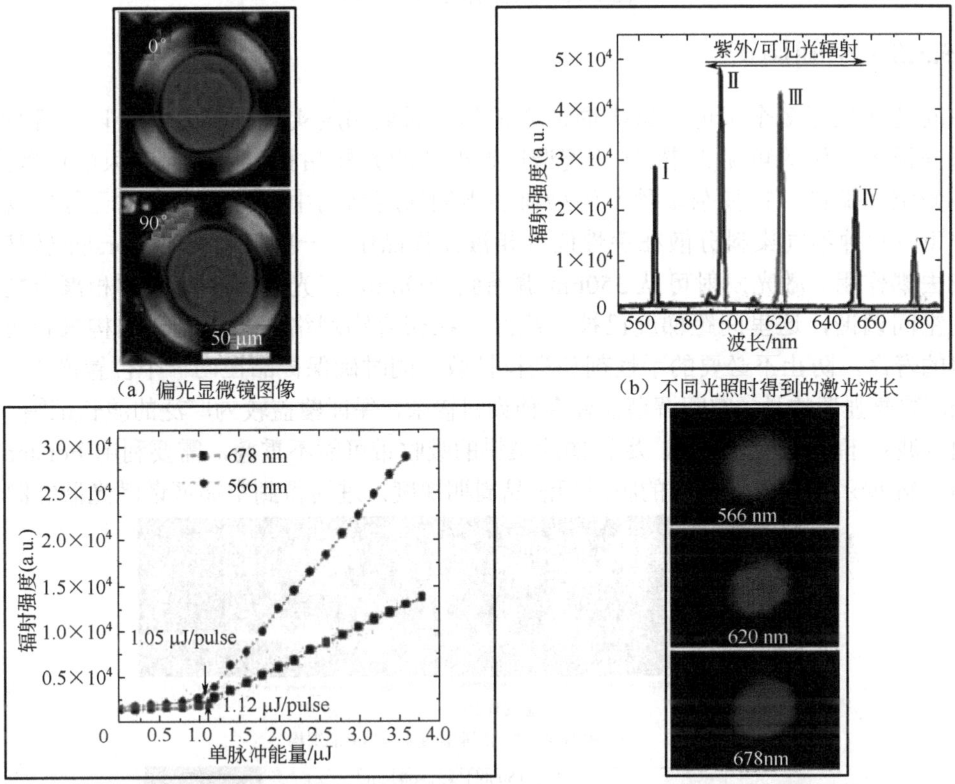

（a）偏光显微镜图像　（b）不同光照时得到的激光波长

（c）激光强度随泵浦能量变化曲线　（d）不同波长激光光斑

图 5.22　液晶乳液激光器[96]

▶▶ 5.5.4 机械力调谐

机械力调谐主要见于胆甾相液晶弹性体激光器中，外在的机械拉伸力可以改变液晶弹性体形成的胆甾相液晶结构的周期，从而达到调谐目的。激光波长从 544nm 到 630nm 的调谐范围也见诸报道，对应的胆甾相液晶反射谱从蓝色变换到橙色，如图 5.23 所示。另外，更大的液晶波长调谐（如 80nm 波长移动），在手性向列相液晶聚合物薄膜中也被实现。

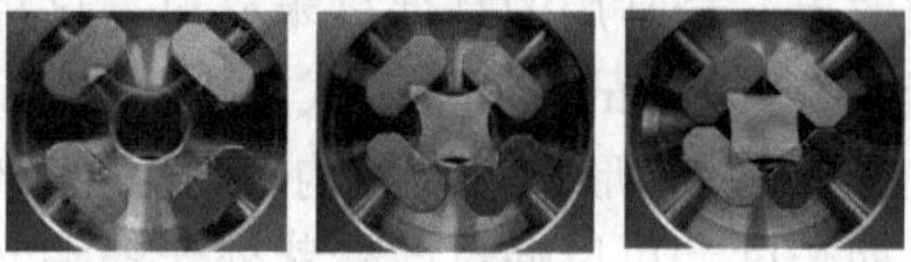

（a）机械力调谐的液晶弹性体在不同拉伸力作用下的图示

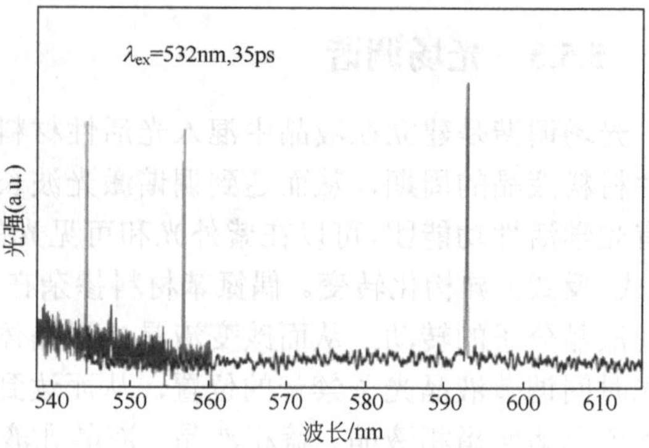

（b）对应的激光光谱

图 5.23 液晶弹性体激光器[21]

▶▶ 5.5.5 空间调谐

空间调谐见诸多个报道，该类调谐通常利用周期梯度实现，辅助掺杂以上各种染料，可以覆盖很大比例的可见光谱。波长调谐通过改变激光样品相对于泵浦光束的位置来实现，因此称为空间调谐。在掺杂多种不同染料的周期梯度结构中宽带激光发射已经实现。在这种情况下，六种不同染料分散在手性向列相液晶样品中。一些染料作为 Forster 转移激发部分形成去耦作用。激光发射可从 350nm 调谐到 700nm。在光聚合手性向列相聚合物膜中也观察到空间调谐，这里间距梯度已被“冻结”在聚合物网络中。激光器结构聚合可以延长激光器的寿命，防止不必要的手性剂和染料扩散，同时确保样品在同一个位置产生相同的激光波长。需要强调的是，空间调谐需要多种染料掺杂，保证覆盖较为广泛的波长范围。为了在单个固定波长下激发所有染料，尽管如此染料的吸收带可能不重叠，需要利用 Forster 转移机制。图 5.24 展示了由温度产生的胆甾相液晶周期梯度，进而得到空调调谐激光器的例子。

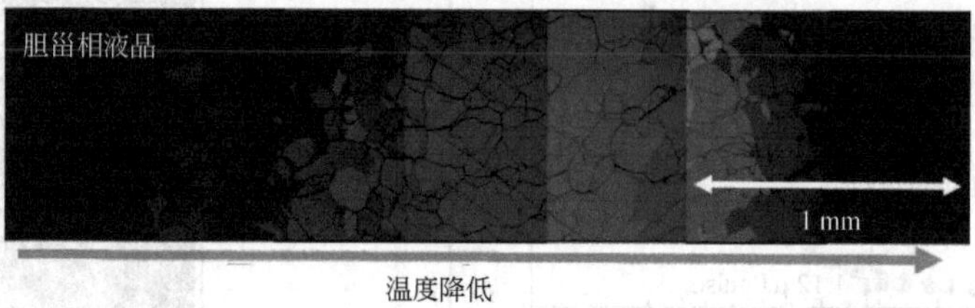

（a）由温度产生的周期梯度胆甾相液晶织构

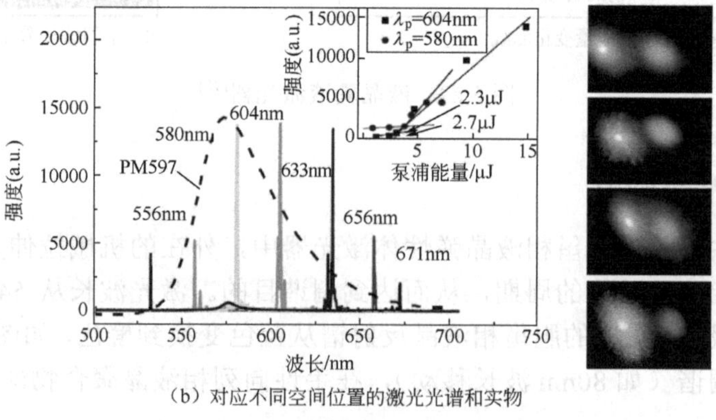

（b）对应不同空间位置的激光光谱和实物

图 5.24 温度调谐胆甾相液晶激光器[25]

5.6 应用前景

可调谐液晶激光器具有低阈值、小模场、可调谐等特点，在生物探测、显示光源、医疗美容等领域有较好的应用前景。基于液晶激光器的激光阵列在显示领域具有应用的潜力。相关的研究包括基于“polycrips”结构、H-PDLC 结构及胆甾相结构的液晶阵列[108~111]。图 5.25 所示为同时产生红绿蓝多波长的基于胆甾相梯度液晶的激光器。泵浦光源经过一个透镜阵列，聚焦在梯度胆甾相液晶不同的位置，从而得到多个独立增益的区域，进而产生激光阵列。液晶激光阵列为大面积的投影显示提供显示源，不需要滤色片和偏振片，可以产生宽色域和大分辨率。可在单层柔性基底上制备的激光器可用于“敌我识别”安全系统和可穿戴柔性器件中。激光的宽谱特性可用于光谱探测、生物医疗和皮肤治疗中，这些领域通常需要多个波长的激光光源。红外激光器在无损治疗和血管检测中也有潜在的应用。

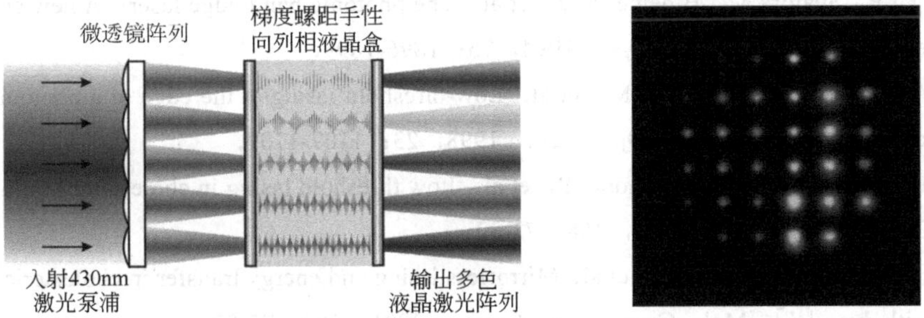

(a) (b)

图 5.25 胆甾相梯度液晶产生的液晶激光彩色阵列[111]

习 题

1. 光子晶体有几种，液晶形成的光子晶体分为哪几类？
2. 液晶激光器主要有哪几种类型，各有什么特点？
3. 带边型激光器的基本原理是什么，其优缺点及改善手段有哪些？
4. 缺陷型激光器的基本原理是什么，其优缺点及改善手段有哪些？
5. 全息聚合物分散液晶激光器有哪几类？
6. 液晶激光器能在哪几种外界刺激下调制，这些调制的特点各是什么？

参考文献

[1] Rayleigh L. On the remarkable phenomenon of crystalline reflexion described by Prof. Stokes [J]. Phil. Mag, 1888, 26: 256-265.

[2] Yablonovitch E. Inhibited spontaneous emission in solid-state physics and electronics [J]. Phys. Rev. Lett., 1987, 58 (20): 2059-2062.

[3] John S. Strong localization of photons in certain disordered dielectric superlattices [J]. Phys. Rev. Lett.,

1987，58（23）：2486-2489.

[4] John D J，Johnson S G，Winn J N，et al. Photonic crystals：Molding the flow of light [M]. Princeton NJ：Princeton University Press，2008.

[5] Zhao Y J，Xie Z Y，Gu H C，et al. Bio-inspired variable structural color materials [J]. Chem. Soc. Rev.，2012，41：3297-3317.

[6] Russell P. Photonic crystal fibers [J]. Science，2003，299（5605）：358-362.

[7] Parimi P V，Lu W T，Vodo P，et al. Photonic crystals imaging by flat lens using negative refraction [J]. Nature，2003，426（6965）：404.

[8] Il' Chishin I P，Tikhonov E A，Tishchenko V G，et al. Generation of atunable radiation by impurity cholesteric liquid crystals [J]. JETP Lett.，1978，32：24-27.

[9] Goldberg L S，Schnur J M. Tunable internal-feedback liquid crystal-dye laser：US，US3771065A [P]. 1973-11-06.

[10] Dowling J P，Scalora M，Bloemer M J，et al. The photonic band-edge laser：A new approach to gain enhancement [J]. J. Appl. Phys.，1994，75：1896-1899.

[11] Kopp V I，Fan B，Vithana H K M，et al. Low-threshold lasing at the edge of a photonic stop band in cholesteric liquid crystals [J]. Opt. Lett.，1998，23：1707-1709.

[12] Taheri B，Munoz A，Palffy-Muhoray P，et al. Low threshold lasing in cholesteric liquid crystals [J]. Mol. Cryst. Liq. Cryst.，2001，358：73-82.

[13] Alvarez E，He M，Muñoz A F，et al. Mirrorless lasing and energy transfer in cholesteric liquid crystals doped with dyes [J]. Mol. Cryst. Liq. Cryst.，2001，369：75-82.

[14] Ozaki M，Kasano M，Ganzke D，et al. Mirrorless lasing in a dye-doped ferroelectric liquid crystal [J]. Adv. Mater.，2002，14：306-309.

[15] Ford A D，Morris S M，Pivnenko M N，et al. A comparison of photonic band edge lasing in the chiral nematic N* and smectic C* phases [J]. Proc. SPIE，2004，5289：213-220.

[16] Schmidtke J，Stille W，Finkelmann H，et al. Laser emission in a dye doped cholesteric polymer network [J]. Adv. Mater.，2002，14：746-749.

[17] Shibaev P V，Tang K，Genack A Z，et al. Lasing from a stiff chain polymeric lyotropic liquid crystal [J]. Macromolecules，2002，35：3022-3025.

[18] Matsui T，Ozaki R，Funamoto K，et al. Flexible mirrorless laser based on a free-standing film of photopolymerized cholesteric liquid crystal [J]. Appl. Phys. Lett.，2002，81：3741-3743.

[19] Shibaev P V，Madsen J，Genack A Z. Lasing and narrowing of spontaneous emission from responsive cholesteric films [J]. Chem. Mater.，2004，16：1397-1399.

[20] Ohta T，Song M H，Tsunoda Y，et al. Monodomain film formation and lasing in dye-doped polymer cholesteric liquid crystals [J]. Appl. Phys.，2004，43：6142-6144.

[21] Finkelmann H，Kim S T，Muñoz A，et al. Tunable mirrorless lasing in cholesteric liquid crystalline elastomers [J]. Adv. Mater.，2001，13：1069-1072.

[22] Shibaev P V，Kopp V，Genack A，et al. Lasing from chiral photonic band gap materials based on cholesteric glasses [J]. Liq. Cryst.，2003，30：1391-1400.

[23] Wei S K H，Chen S H，Dolgaleva K，et al. Robust organic lasers comprising glassy-cholesteric

pentafluorene doped with a red-emitting oligofluorene [J]. Appl. Phys. Lett., 2009, 94: 041111.
[24] Chanishvili A, Chilaya G, Petriashvili G, et al. Lasing in an intermediated twisted phase between cholesteric and smectic A phase [J]. Appl. Phys. Lett., 2006, 88: 101105.
[25] Lin J H, Liao K C, Jian L H, et al. Spatially tunable emissions of dye-doped liquid crystal lasers between the cholesteric and smectic phases [J]. Opt. Mater. Express, 2015, 5: 2142-2149.
[26] Cao W, Muñoz A, Palffy-Muhoray P, et al. Lasing in a threedimensional photonic crystal of the liquid crystalline blue phase II [J]. Nature Materials, 2002, 1: 111-113.
[27] Yokoyama S, Mashiko S, Kikuchi H, et al. Laser emission from a polymer-stabilized liquid-crystalline blue phase [J]. Adv. Mater., 2006, 18: 48-51.
[28] Morris S M, Ford A D, Gillespie C, et al. The emission characteristics of liquid crystal lasers [J]. Soc. Inf. Display, 2006, 14: 565-573.
[29] Wu S T, Fuh A Y G. Laing in photonic crystals based on dye-doped holographic polymer dispersed liquid crystal reflection gratings [J]. Jap. J. Appl. Phys., 2005, 44: 977-980.
[30] Liu Y J, Sun X W, Shum P, et al. Low-threshold and narrow-linewidth lasing from dye-doped holographic polymer-dispersed liquid crystal transmission gratings [J]. Appl. Phys. Lett., 2006, 88: 06110.
[31] Jakubiak R, Tondiglia V P, Natarajan L V, et al. Dynamic lasing from all-organic two-dimensional photonic crystals [J]. Adv. Mat., 2005, 17: 2807-2811.
[32] Luo D, Sun X W, Dai H T, et al. Two-directional lasing from a dye-doped two-dimensional hexagonal photonic crystal made of holographic polymer-dispersed liquid crystals [J]. Applied Physics Letters, 2009, 95: 151115.
[33] Li M S, Fuh A Y, Wu S T. Multimode lasing from the microcavity of an octagonal quasi-crystal based on holographic polymer-dispersed liquid crystals [J]. Opt. Lett., 2012, 37 (15), 3249-3251.
[34] Luo D, Du Q G, Dai H T, et al. Strongly linearly polarized low threshold lasing of all organic photonic quasicrystals [J]. Scientific Reports, 2012, 2 (627): 1-6.
[35] Luo D, Li Y, Xu X W, et al. Lasing from organic quasicrystal fabricated by seven-and nine-beam interference [J]. Optics Express, 2016, 24 (11): 12330-12335.
[36] Liu Z D, Chen R, Liu Y J, et al. Low-threshold, single-mode, and linearly polarized lasing from all organic quasicrystal microcavity [J]. Optics Express, 2017, 25: 21519.
[37] Coles H, Morris S. Liquid-crystal lasers [J]. Nat. Photon., 2010, 4: 676-685.
[38] Elachi C, Yeh C. Stop bands for optical wave propagation in cholesteric liquid crystals [J]. J. Opt. Soc. Am., 1973, 63: 840.
[39] Flood K M, Jaggard D L. Band-gap structure for periodic chiral media [J]. J. Opt. Soc. Am. A, 1996, 13: 1395.
[40] Muñoz A, Palffy-Muhoray P, Taheri B. Ultraviolet lasing in cholesteric liquid crystals [J]. Opt. Lett., 2001, 26: 804-806.
[41] Schmidtke J, Stille W. Fluorescence of a dye-doped cholesteric liquid crystal film in the region of the stop band: theory and experiment [J]. Eur. Phys. J., 2003, 31: 179-194.
[42] Cao W, Palffy-Muhoray P, Taheri B, et al. Lasing thresholds of cholesteric liquid crystals lasers [J]. Mol. Cryst. Liq. Cryst., 2005, 429: 101-110.

[43] Morris S M, Ford A D, Pivnenko M N, et al. The effects of reorientation on the emission properties of a photonic band edge liquid crystal laser [J]. J. Opt. A, 2005, 7: 215-223.
[44] Lin J H, Chen P Y, Wu J J. Mode competition of two bandedge lasing from dye doped cholesteric liquid crystal laser [J]. Opt. Express, 2014, 22: 9932-9941.
[45] Morris S M, Ford A D, Pivnenko M N, et al. Correlations between the performance characteristics of a liquid crystal laser and the macroscopic material properties [J]. Phys. Rev. E, 2006, 74: 061709.
[46] Ford A D, Morris S M, Pivnenko M N, et al. Emission characteristics of a homologous series of bimesogenic liquid crystal lasers [J]. Phys. Rev. E, 2007, 76: 051703.
[47] Araoka F, Shin K C, Takanishi Y, et al. How doping a cholesteric liquid crystal with polymeric dye improves an order parameter and makes possible low threshold lasing [J]. J. Appl. Phys., 2003, 94: 279-283.
[48] Liu Y S, Sun X W, Zhang X H, et al. Lasing from a onc-dimensional photonic crystal made of dye-doped holographic polymer-dispersed liquid crystal gratings [J]. J. J. Appl. Phys., 2006, 45: L559-L561.
[49] Chinelatto L S, Barrio J, Piñol M, et al. Oligofluorene blue emitters for cholesteric liquid crystal lasers [J]. J. Photochem. Photobio. A, 2010, 210: 130-139.
[50] Watanabe Y, Uchimura M, Araoka F, et al. Extremely low threshold in a pyrene-doped distributed feedback cholesteric liquid crystal laser [J]. Appl. Phys. Express, 2009, 2: 102501.
[51] Coles H J, Morris S M, Hands P J W, et al. Red-green-blue tuneable liquid crystal laser devices [J]. Proc. SPIE, 2009, 7414: 741402.
[52] Huang Y, Lin T H, Zhou Y, et al. Enhancing the laser power by stacking multiple dye-doped chiral polymer films [J]. Opt. Express, 2006, 14: 11299-11303.
[53] Damian J G, Stephen M M, Philip J W H, et al. Paintable band-edge liquid crystal lasers [J]. Opt. Express, 2011, 19: 2432-2439.
[54] Escuti M J, Crawford G P. Holographic photonic crystals [J]. Opt. Eng., 2004, 43 (9): 1973-1987.
[55] Luo D. Liquid crystal based tunable photonic devices [D]. Singapore: Nanyang Technological University, 2011.
[56] Kogelnik H, Shank C V. Coupled-wave theory of distributed feedback lasers [J]. Appl. Phys., 1972, 43: 2327.
[57] Yang Y C, Kee C S, Kim J E, et al. Photonic defect modes of cholesteric liquid crystals [J]. Phys. Rev. E., 1999, 60: 6852-6854.
[58] Kopp V I, Genack A Z. Twist defect in chiral photonic structures [J]. Phys. Rev. Lett., 2002, 89: 033901.
[59] Schmidtke J, Stille W. Photonic defect modes in cholesteric liquid crystal films [J]. Eur. Phys. J. E, 2003, 12: 553-564.
[60] Schmidtke J, Stille W, Finkelmann H. Defect mode emission of a dye doped cholesteric polymer network. Phys [J]. Rev. Lett., 2003, 90: 083902.
[61] Song M H, Park B, Shin K C, et al. Effect of phase retardation on defect-mode lasing in polymeric cholesteric liquid crystals [J]. Adv. Mater., 2004, 16: 779-783.
[62] Matsui T, Ozaki M, Yoshino K. Tunable photonic defect modes in a cholesteric liquid crystal induced by

optical deformation of helix [J]. Phys. Rev. E, 2004, 69: 061715.

[63] Song M H, Park B, Nishimura S, et al. Electrotunable non-reciprocal laser emission from a liquid-crystal photonic device [J]. Adv. Funct. Mater., 2006, 16: 1793-1798.

[64] Becchi M, Ponti S, Reyes J A, et al. Defect modes in helical photonic crystals: An analytical approach [J]. Phys. Rev. B, 2004, 70: 033103.

[65] Jeong S M, Ha N Y, Takanishi Y, et al. Defect mode lasing from a double-layered dye-doped polymeric cholesteric liquid crystal films with a thin rubbed defect layer[J]. Appl. Phys. Lett., 2007, 90: 261108.

[66] Song M H, Park B, Takanishi Y, et al. Lasing from thick anisotropic layer sandwiched between polymeric cholesteric liquid crystal films [J]. Jpn. J. Appl. Phys., 2005, 44: 8165-8167.

[67] Song M H, Ha N Y, Amemiya K, et al. Defect-mode lasing with lowered threshold in a threelayered hetero-cholesteric liquid-crystal structure [J]. Adv. Mater., 2006, 18: 193-197.

[68] Ha N Y, Takanishi Y, Ishikawa K, et al. Simultaneous RGB reflections from single-pitched cholesteric liquid crystal films with Fibonaccian defects [J]. Opt. Express, 2007, 15: 1024-1029.

[69] Ha N Y, Ohtsuka Y, Jeong S M, et al. Fabrication of a simultaneous red-green-blue reflector using single-pitched cholesteric liquid crystals [J]. Nature Mater., 2008, 7: 43-47.

[70] Choi H, Kim J, Nishimura S, et al. Broadband Cavity-Mode Lasing from Dye-Doped Nematic Liquid Crystals Sandwiched by Broadband Cholesteric Liquid Crystal Bragg Reflectors[J]. Adv. Mater., 2010, 22: 2680-2684.

[71] Huang J C, Hsiao Y C, Lin Y T, et al. Electrically switchable organo-inorganic hybrid for a white-light laser source [J]. Scientific Reports, 2016, 6: 28363.

[72] Chen L J, Huang S Y, Huang C Y, et al. Widely tunable photonic bandgap and lasing emission in enantiomorphic cholesteric liquid crystal templates [J]. Mater. Chem. C, 2017, 5: 3222.

[73] Furumi S, Yokoyama S, Otomo A, et al. Electrical control of the structure and lasing in chiral photonic band-gap liquid crystals [J]. Appl. Phys. Lett., 2003, 82: 16-18.

[74] Jakubiak R, Natarajan L V, Tondiglia V, et al. Electrically switchable lasing from pyrromethene 597 embedded holographic-polymer dispersed liquid crystals [J]. Appl. Phys. Lett., 2004, 85: 6095-6097.

[75] Lin T H, Jau H C. Electrically controllable laser based on cholesteric liquid crystal with negative dielectric anisotropy [J]. Appl. Phys. Lett., 2006, 88: 061122.

[76] Woltman S J B, Crawford G P. Tunable cholesteric liquid crystals lasers through in-plane switching [J]. Proc. SPIE, 2007, 6487: 64870B.

[77] Liu B W, Zheng Z G, Chen X C, et al. Low-voltage-modulated laser based on dye-doped polymer stabilized cholesteric liquid crystal [J]. Optical Materials Express, 2013, 3: 519-526.

[78] Huang W B, Yuan C L, Shen D, et al. Dynamically manipulated lasing enabled by a reconfigured fingerprint texture of a cholesteric self-organized superstructure [J]. Mater. Chem. C, 2017, 5: 6923-6928.

[79] Luo D, Sun X W, Dai H T, et al. Electrically tunable lasing from a dye-doped two-dimensional hexagonal photonic crystal made of holographic polymer-dispersed liquid crystals [J]. Appl. Phys. Lett., 2010, 97: 081101.

[80] Mazzulla A, Petriashvili G, Matranga M A, et al. Thermal and electrical laser tuning in liquid crystal blue

phase I [J]. Soft Matter, 2012, 8: 4882-4885.

[81] Lee W, Wang W J, Lee G, et al. Electro-tunable liquid crystal laser based on high-Q Fabry-Pérot microcavity [J]. Optics Express, 2017, 25: 875-880.

[82] Kasano M, Ozaki M, Yoshino K, et al. Electrically tunable waveguide laser based on ferroelectric liquid crystals [J]. Appl. Phys. Lett., 2003, 82: 4026-4028.

[83] Barnik M I, Blinov L M, Lazarev V V, et al. Lasing from photonic structure: Cholesteric-voltage controlled nematic cholesteric liquid crystal [J]. Appl. Phys., 2008, 103: 123113.

[84] Funamoto K, Ozaki M, Yoshino K. Discontinuous shift of lasing wavelength with temperature in cholesteric liquid crystal [J]. Jpn. J. Appl. Phys., 2003, 42, 1523-1525.

[85] Morris S M, Ford A D, Pivnenko M N, et al. Enhanced emission from liquid-crystal lasers [J]. J. Appl. Phys., 2005, 97: 023103.

[86] Huang Y, Zhou Y, Doylc C, ct al. Tuning thc photonic band gap in cholesteric liquid crystals by temperature-dependent dopant solubility [J]. Opt. Express, 2006, 14: 1236-1242.

[87] Luo D, Sun X W, Dai H T, et al. Temperature effect on the lasing from a dye-doped two-dimensional hexagonal photonic crystal made of holographic polymer-dispersed liquid crystals [J]. Appl. Phys., 2010, 108: 013106.

[88] Luo D, Du Q G, Dai H T, et al. Temperature effect on lasing from Penrose photonic quasicrystal [J]. Opt. Mater. Express, 2014, 4: 1172-1177.

[89] Hur S T, Lee B R, Gim M J, et al. Liquid-crystalline blue phase laser with widely tunable wavelength [J]. Adv. Mater., 2013, 25: 3002-3006.

[90] Chanishvili A, Chilaya G, Petriashvili G, et al. Phototunable lasing in dye-doped cholesteric liquid crystals [J]. Appl. Phys. Lett., 2004, 8: 5353-5355.

[91] Furumi S, Yokoyama S, Otomo A, et al. Phototunable photonic bandgap in a chiral liquid crystal laser device [J]. Appl. Phys. Lett., 2004, 84: 2491-2493.

[92] Shibaev P V, Sanford R L, Chiappetta D, et al. Light controllable tuning and switching of lasing in chiral liquid crystals [J]. Opt. Express, 2005, 13: 2358-2363.

[93] Fuh A Y G, Lin T H. Lasing in chiral photonic liquid crystals and associated frequency tuning [J]. Opt. Express, 2004, 12: 1857-1863.

[94] Chanishvili A, Chilaya G, Petriashvili G, et al. Lasing in dye-doped cholesteric liquid crystals: Two new tuning strategies [J]. Adv. Mater., 2004, 16: 791-795.

[95] Lin J D, Lin Y M, Mo T S, et al. Photosensitive and all-optically fast-controllable photonic bandgap device and laser in a dyedoped blue phase with a low-concentration azobenzene liquid crystal [J]. Opt. Express, 2014, 22: 9171-9182.

[96] Zheng Z G, Liu B W, Zhou L, et al. Wide tunable lasing in photoresponsive chiral liquid crystal emulsion [J]. Mater. Chem. C, 2015, 3: 2462.

[97] Varanytsia A, Nagai H, Urayama K, et al. Tunable lasing in cholesteric liquid crystal elastomers with accurate measurements of strain [J]. Sci. Rep., 2016, 5: 17739.

[98] Chanishvili A, Chilaya G, Petriashvili G, et al. Widely tunable ultraviolet-visible liquid crystal laser [J]. Appl. Phys. Lett., 2005, 86: 051107.

[99] Lin T H，Chen Y J，Wu C H，et al. Cholesteric liquid crystal laser with wide tuning capability [J]. Appl. Phys. Lett.，2005，86：161120.

[100] Huang Y，Zhou Y，Wu S T. Spatially tunable laser emission in dye-doped photonic liquid crystals [J]. Appl. Phys. Lett.，2006，88：011107.

[101] Huang Y，Chen L P，Doyle C，et al. Spatially tunable laser emission in dye-doped cholesteric polymer films [J]. Appl. Phys. Lett.，2006，89：111106.

[102] Sonoyama K，Takanishi Y，Ishikawa K，et al. Position-sensitive cholesteric liquid crystal dye laser covering a full visible range [J]. Jpn. J. Appl. Phys.，2007，46：874-876.

[103] Jeong M Y，Choi H，Wu J W. Spatial tuning of laser emission in a dyedoped cholesteric liquid crystal wedge cell [J]. Appl. Phys. Lett.，2008，92：051108.

[104] Wang C T，Lin T H. Multi-wavelength laser emission in dye-doped photonic liquid crystals [J]. Opt. Express，2008，16：18334-18339.

[105] Yoshida H，Inoue Y，Isomura T，et al. Position sensitive，continuous wavelength tunable laser based on photopolymerizable cholesteric liquid crystals with an in-plane helix alignment [J]. Appl. Phys. Lett.，2009，94：093306.

[106] Chambers M，Fox M，Grell M，et al. Lasing from a förster transfer fluorescent dye couple dissolved in a chiral nematic liquid crystal [J]. Adv. Funct. Mater.，2002，12：808-810.

[107] Sonoyama K，Takanishi Y，Ishikawa K，et al. Lowering threshold by energy transfer between two dyes in cholesteric liquid crystal distributed feedback lasers [J]. Appl. Phys. Express，2008，1：032002.

[108] Strangi G，Barna V，Caputo R，et al. Color-tunable organic microcavity laser array using distributed feedback. Phys [J]. Rev. Lett.，2005，94：063903.

[109] Woltman S J，Crawford G P. Patterned liquid-crystal laser film for multi-dimensional multi-color emissive film technology [J]. Soc. Inf. Disp.，2007，15：559-564.

[110] Hands P J W，Morris S M，Wilkinson T D，et al. Two dimensional liquid crystal laser array [J]. Opt. Lett.，2008，33：515-517.

[111] Morris S M，Hands P J W，Findeisen-Tandel S，et al. Polychromatic liquid crystal laser arrays towards display applications [J]. Opt. Express，2008，16：18827-18837.

第6章

铁电液晶

郭　琦　赵慧洁
北京航空航天大学
仪器科学与光电工程学院

向列相液晶以其自身的优势在显示领域广泛应用，如液晶电视和电脑的显示器。随着人们生活需求不断提高，向列相液晶在需要快速响应的应用领域受到限制，如不能满足高清晰高分辨率显示和大容量动态显示的要求，在动态画面显示中高速移动图像会出现“拖尾”“重影”等现象，动态图像显示效果较差，严重影响显示质量。因此，研发响应速度快的液晶器件已经成为液晶研究者的当务之急。在各种液晶相的应用中，最引人注目是铁电液晶相，但尚未达到工业生产的阶段。铁电液晶具有响应速度快（几十到几百微秒，甚至更快）、驱动电压低、视角宽、适合高分辨率显示、具有光电效应、非线性光学效应、光折变效应等优点，是一种很有应用前景的液晶材料。

铁电液晶发现于 1975 年，Meyer 根据对称性的考虑，预言由手性分子组成的近晶 C 相（Smectic C）具有铁电性[1]。Meyer 与 Keller 等人合作，合成了第一个铁电液晶材料，直接证明了液晶铁电性的存在[2,3]，从而开创了新型的液晶材料与器件的研究方向。1980 年，Clark 与 Lagerwall 提出，将铁电液晶置于两块间隔很小的玻璃基板中（小于 2μm），则铁电液晶的分子取向呈双稳态性[4]，被称为表面稳定型铁电液晶模式（surface stabilized ferroelectric liquid crystal，SSFLC）。

SSFLC 的发现将铁电液晶的研究推向了全新的阶段，利用 SSFLC 的双稳特性和快速响应，可制作光开关阵列[5]、空间光调制器[6]，在光纤通信中实现多路转换；利用它的双折射性及其电可调性，用来制作可调波长的光滤波器，在光纤通信中可以实现波分复用；也可用来制作全光型的光纤起偏器等[7]。1988 年，日本佳能公司推出了第一个表面稳定铁电液晶模式显示屏（surface stabilized ferroelectric liquid crystal display，SSFLCD）[8]。SSFLCD 以其快速响应、驱动电压低、视角广、高分辨率等特点，具有广阔的应用前景，曾经被誉为 21 世纪最有前景的液晶显示器[9]。但 SSFLCD 并没有广泛实用化，其主要原因就是取向困难、抗振能力差、不能实现连续灰度等[10~13]。为了改善 SSFLC 的排列稳定性，1992 年飞利浦公司的 Hikmet 等人提出了聚合物网络稳定铁电液晶（polymer stabilized ferroelectric liquid crystal，PSFLC），即引入聚合物网络对液晶分子的体锚定作用，使铁电液晶排列从传统的表面锚定模式转变为表面锚定和体内锚定相结合的模式，提高了铁电液晶器件的抗振能力[14]。此后，又有人从单体材料[15]、聚合温度[16]、聚合光强[17]等角度进行了研究。

除了铁电性之外，伴随分子手性的另一特性是分子的固有螺旋性，Beresnev 等提出的螺旋形变型铁电液晶（deformed helix ferroelectric，DHF）采用短螺距铁电液晶材料使其在两片平行取向基板之间形成均匀的螺旋结构，利用外加电场对铁电液晶分子分布的改变实现光电调制[18]。由于 DHF 模式具有连续可调灰阶，使其在有源驱动（active-matrix driving）显示领域具有广阔的应用前景。Chigrinov 等人提出的电致解旋型（electrically suppressed helix，ESH）具有高对比度的二值式响应，在脉宽调制式场序彩色显示领域具有很大优势。

6.1 对称性和极化

6.1.1 近晶相的对称性

与向列相类似，近晶相中棒状液晶分子具有取向有序性，即液晶分子彼此倾向于平行排列，平行排列的从优方向被称为指向矢，用单位矢量 $\boldsymbol{n}$ 表示（$\boldsymbol{n}$ 没有正反方向之分）。向列相可以围绕指向矢旋转而不产生任何改变，从而具有旋转对称轴 C_∞，并具有与 C_∞ 轴垂直的 σ_h 反射对称面及过 C_∞ 轴的 σ_v 镜像对称面，所以向列相的局域对称性可以用 $D_{\infty h}$ 群表示，并且具有平移对称。除了取向有序性外，近晶相中的棒状液晶分子同时具有平移有序性，从而形成层状结构，层厚与液晶分子长度的量级相当。在层内液晶分子随机分布，仍像液体一样，层与层之间几乎没有关联，彼此间很容易滑移。在近晶 A 相（Smectic A）的层内，分子倾向于垂直层面排列，层厚 d 约为分子长度 L；而在近晶 C 相（Smectic C）的层内，分子彼此平行，与层法线相交的角度 θ 成为倾斜角，则层厚 $d = L\cos\theta$。近晶 A 相和近晶 C 相的分子排列如图 6.1 所示。

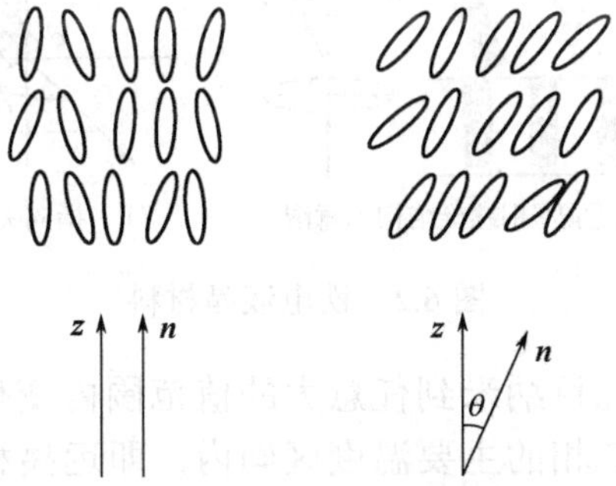

（a）近晶A相　　（b）近晶C相

图 6.1　分子排列原理

z—层法线；$\boldsymbol{n}$—指向矢；θ—倾斜角

近晶 A 相和近晶 C 相的有序性都高于向列相，因此它们往往出现在比向列相温度低的区域。近晶 A 相的局域对称性与向列相相同。近晶 C 相的局域对称性为C_{2h}，即一个 C_2 轴对称和垂直于 C_2 轴的σ_h 反射对称面。对称性上的差异使近晶 A 相和近晶 C 相的光学性质显著不容：近晶 A 相在光学上是单轴的，而近晶 C 相则是双轴的。

从对称性出发，大多数液晶相不出现铁电性。由手性液晶分子组成的倾斜近晶 C 相液晶会失去镜面对称性，从而能够具有自发极化，呈现铁电性，基于此 Meyer 与 Keller 合作合成了第一种铁电液晶材料 DOBAMBC。由非手性分子构成的近晶 C 相，每层的分子与垂直层面的法线成一定夹角，各层之间的分子互相平行，即方位角不变，与层法线无关。目前所知的铁电液晶都是由手性分子构成的近晶相。在分子与层面倾斜的近晶 C 相中，若液晶分子呈现手性特征，则这些手征性近晶相（chiral Smectic C 或 Smectic C*）液晶中，分子的倾斜角保持不变，但它们的倾斜方位角沿着层法线逐渐改变，形成螺旋结构，如图 6.2（a）所示。这在一性质类似于胆甾相液晶中的螺旋结构。手性近晶 C 相的螺旋结构已经于 20 世纪 70 年代初被发现并检测[19,20]，早于液晶铁电性被预言及证实之前。建立极坐标系描述液晶分子指向矢 $\boldsymbol{n}$，如图 6.2（b）所示，螺旋结构由指向矢 $\boldsymbol{n}$ 围绕 z 轴旋进形成，方位角 φ 的在层和层之间有少量改变。铁电液晶分子的排列既满足近晶相的分子层结构，又满足手性分子的螺旋结构。

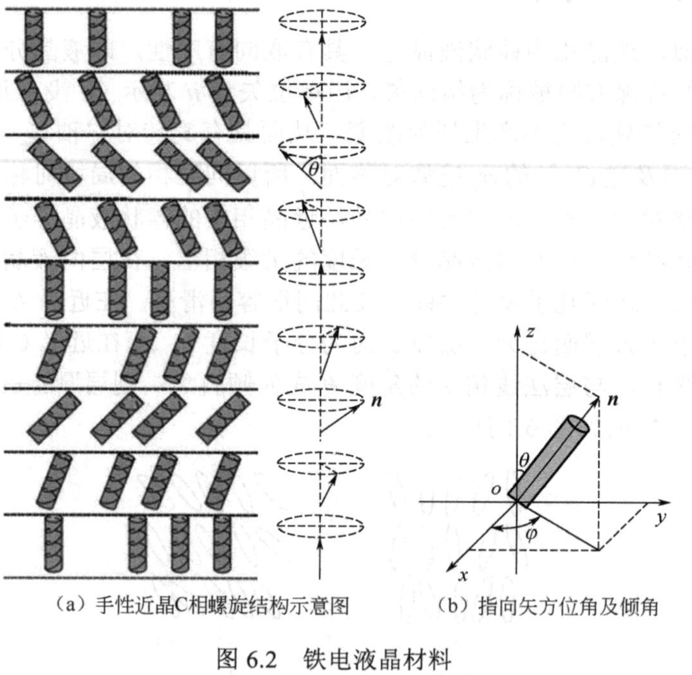

（a）手性近晶C相螺旋结构示意图　　（b）指向矢方位角及倾角

图 6.2　铁电液晶材料

螺旋结构螺距 P 可以从几百纳米到任意大的值范围内变化，取决于液晶分子的手性特征或手性掺杂浓度。在近晶 C 相的主要温度区间内，即远离相变温度点，大多数铁电液晶材料的螺距对温度只有微弱的依赖性：随着温度的升高，螺距略有增加。当温度接近相变温度 T_{AC} 时，螺距发生剧烈变化，随温度升高，进入近晶 A 相或向列相时，螺旋结构消失，可近似认为螺距为无穷大或无穷小。以 Meyer 等人合成的第一个铁电液晶材料 DOBMABC

为例（见图 6.3）[21]，螺距在接近相变温度 T_{AC} 的 1℃之内发生剧烈变化。因此，在考虑铁电液晶材料不发生相变时，通常近似认为其螺距恒定。尽管手性近晶 C 相中的螺旋结构和铁电性质都起源于液晶分子的手性特征，但这两个特性并不相互等同，而是互相独立的。通过合理配比两个旋性相反的手性材料，可使铁电液晶内部的螺旋结构完全解旋[22]。

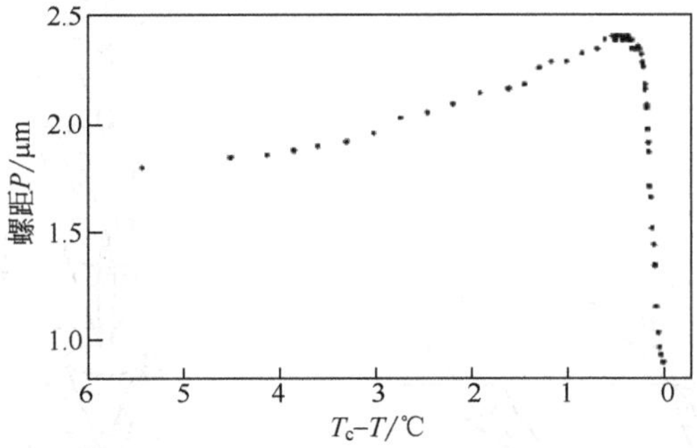

图 6.3　典型的手性近晶 C 相材料 DOBAMBC 的螺距 P 随温度变化曲线[21]

对于含有铁电液晶相的一般材料来说，从高温端到低温端的相变顺序为：从各向同性的液体相开始降温，进入向列相，出现分子指向有序的畴块，此时分子的位置仍然是无规则地排列，但大致都指向一个方向；随着温度的降低，液晶中出现了分子层状结构，即分子都排列在一层一层的分子层内，仍然保持取向相同，指向矢与层法线平行，但是在层内分子的重心位置无序，这是近晶 A 相［见图 6.1（a）］；当温度继续下降时，指向矢会偏离层法线方向［见图 6.1（b）］，即得到手性近晶 C 相，即铁电液晶。各层内分子分布在 2θ 为顶角的圆锥体表面，各层中液晶分子倾斜角 θ 不变，但方位角 φ 发生变化成螺旋结构，铁电液晶的螺距为亚微米到百微米量级，层间距为纳米量级，这说明螺距内至少有上千个分子层。根据铁电液晶的相态变化，铁电液晶的分类见表 6.1。

表 6.1　铁电液晶材料相变序列分类

1	Iso->Nematic*->Smectic A->Smectic C*
2	Iso->Smectic A->Smectic C*
3	Iso->Nematic*->Smectic C*
4	Iso->Smectic C*

6.1.2 铁电液晶的自发极化

棒状铁电液晶分子除含有手性基团外，具有垂直于分子长轴的永久电偶极矩，这是铁电性存在的另一个条件。如图 6.4（a）所示，铁电液晶分子在近晶层内存在两个指向矢分布方向（$\boldsymbol{n}$ 和 $-\boldsymbol{n}$），它们与近晶层法线成相同角度（用倾斜角 θ 描述），且这两个方向分布概率均等。这一特性也与近晶 C 相的 C_2 局域对称性一致，对称轴垂直于近晶层法线和指向矢所在的平面，此方向定义为极化轴方向。若液晶分子存在平行于极化轴方向 $\boldsymbol{P_S}//\boldsymbol{z}\times\boldsymbol{n}$ 的自发偶极矩分量，则此自发偶极矩不受液晶近晶层对称性所消除，呈现宏观自发极化现象。此自发极化现象仅存在于近晶层尺度上，并在实验上被证实[23,24]。如图 6.4（b）所示，在铁电液晶的螺旋结构中，伴随着指向矢 $\boldsymbol{n}$ 围绕 z 轴旋进，自发偶极矩方向也随之旋转，并在一个螺距之后回到原始方向：

$$\boldsymbol{n}(z+P_0)=\boldsymbol{n}(z), \qquad \boldsymbol{P_S}(z+P_0)=\boldsymbol{P_S}(z) \tag{6.1}$$

式中，P_0 为铁电液晶螺距，表征螺旋结构的空间周期性。

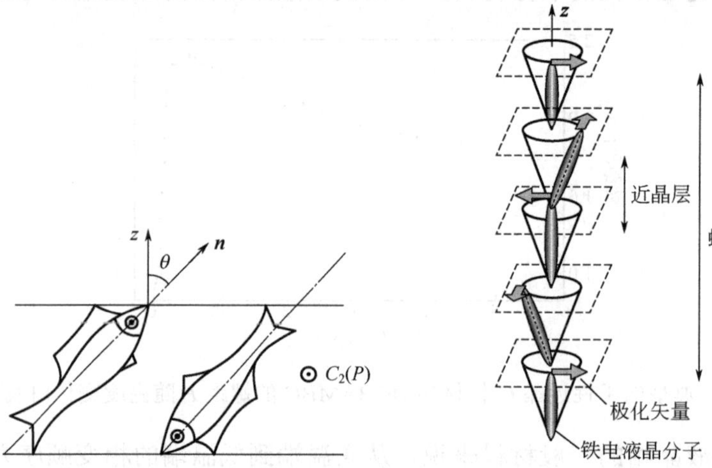

(a) 铁电液晶分子在近晶层内的微观排布示意　　(b) 宏观近晶层排布及自发极化矢量分布

图 6.4　铁电液晶材料的手性及近晶层结构

在无电场等外力作用的平衡态下，根据系统自由能最小化依据，铁电液晶分子在层状螺旋结构中均匀有序分布，在极坐标系下指向矢分布可描述为：

$$\boldsymbol{n}=(\sin\theta\cos\varphi, \sin\theta\sin\varphi, \cos\theta) \tag{6.2}$$

$$\varphi=q_0 z=\frac{2\pi z}{P_0} \tag{6.3}$$

式中，q_0 为螺旋结构波数。

在无电场等外力作用的平衡态下，宏观自发偶极矩可以通过在一个螺距内积分平均求得，可见铁电液晶的宏观自发极化并不显现。

$$P_{Sx}=-\frac{1}{P_0}\int_0^{P_0} P_S\cos q_0 z\mathrm{d}z=0, \qquad P_{Sy}=\frac{1}{P_0}\int_0^{P_0} P_S\sin q_0 z\mathrm{d}z=0 \tag{6.4}$$

从液晶材料成分的角度，铁电液晶分子需满足以下几个条件：棒状几何形状、分子内含有极性基团并在垂直于分子长轴方向具有偶极矩分量、分子末端含有手性基团。同时满足上述条件需使一个碳原子与四个完全不同的官能团 R_1、R_2、R_3、R_4 共价，此时这个分子的镜像分子无法通过任何平移或旋转变换与它本身重合。相反，当四个官能团中任何两个或两个以上的官能团相同时，该分子的镜像分子就能通过旋转变换与它本身重合，这类分子称为非手性分子。以 DOBMABC 为例，分子式如图 6.5 所示，它与四个完全不同的官能团—H、—CH_3、—CH_2CH_3、—R 相连。利用 DOBAMBC 对外加电场的线性响应现象，Meyer 等在实验上证实了液晶材料中自发电极化矢量的存在。DOBAMBC 的自发极化矢量为 $P_S\approx 3\mathrm{nC/cm^2}$，仅有一小部分的分子偶极矩对自发极化矢量有贡献，可以通过改变手性碳所连官能团的分子构成改变材料的自发极化矢量、螺距、倾角等参数[25]。

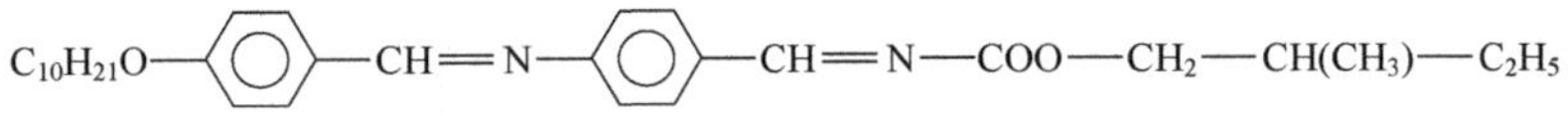

图 6.5 DOBAMBC 的分子结构

宽温度范围、低黏滞系数、高自发极化的铁电液晶材料，在快响应显示、电子器件等领域有广泛的应用需求，因此通过分子构成设计对关键参数进行优化是铁电液晶材料的研究热点之一。近年来，含有手性分子掺杂的铁电液晶混合物成为铁电液晶材料的主流，通过不同成分的配比及掺杂浓度的优化，可实现倾角从接近 0° 到接近 45° 的调控；或降低螺旋结构螺距使其布拉格衍射波长落在可见光谱区域外等。铁电液晶混合物 FLC-587 的分子式如图 6.6 所示[26]。

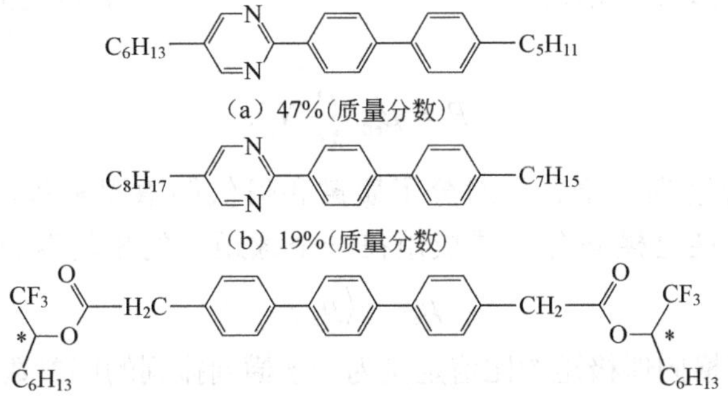

（a）47%（质量分数）

（b）19%（质量分数）

（c）34%（质量分数）

图 6.6 FLC-587 分子式及掺杂浓度[26]

在室温下自发极化为 P_S=160nC/cm^2，螺距为 P_0=0.18μm，倾角为 θ=35°，相变温度为：

$$\mathrm{Cr}\xrightarrow{15℃}\mathrm{SmC^*}\xrightarrow{94℃}\mathrm{SmA}\xrightarrow{120℃}\mathrm{Iso}$$

6.1.3 铁电液晶的关键参数

1. 倾斜角

铁电液晶的倾斜角由分子结构及温度决定，小可接近 0°；某些特殊配制的铁电液晶材料也可实现室温下倾斜角接近 45° [18]。不同的应用环境及不同的光电响应模式，对倾斜角最佳取值范围的要求也不尽相同。例如，表面稳定型铁电液晶 SSFLC 的最佳倾斜角取值为 θ=22.5°，而螺旋形变型 DHF 模式则希望倾斜角越大越好。倾斜角的测量可分为光电响应间接手段和 X 射线手段，通常不同手段的测试结果略有不同[27]，这是因为铁电液晶分子的弯曲形分子形状不同（见图 6.7）。倾斜角的温度特性可用式（6.5）描述。以铁电液晶 DOBAMBC 为例（见图 6.8），随温度的增加，倾斜角逐渐减小，并在相变温度时骤减至 0°，发生二级相变。

$$\theta \propto (T_c - T)^{1/2} \tag{6.5}$$

2. 自发极化矢量

铁电液晶的自发极化矢量取值由分子结构及手性掺杂浓度决定，常见的铁电液晶材料的自发极化矢量为几到几百 nC/cm^2。自发极化矢量可由式（6.6）计算：

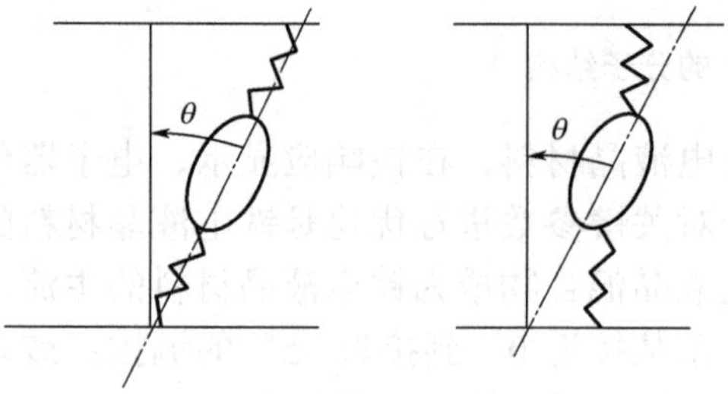

图 6.7 铁电液晶的不同分子形状导致 X 射线测量手段的不准确

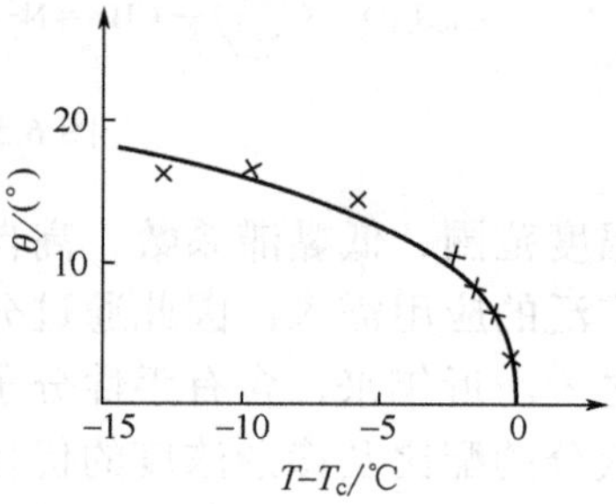

图 6.8 铁电液晶 DOBAMBC 的倾斜角随温度变化规律[28]

$$P_s = \mu_{\text{eff}} \frac{\rho}{M} N_A \tag{6.6}$$

式中，ρ，M 和 N_A 分别为密度、相对分子质量和阿伏伽德罗常数。

有效偶极矩 μ_{eff} 可通过横向分子偶极矩在一个螺距内的平均获得：

$$\mu_{\text{eff}} = \langle \mu_{\perp} \rangle \tag{6.7}$$

有效偶极矩与分子横向偶极矩的比值定义为分子横向排列的序参数，通常为$10^{-4} \sim 10^{-1}$。

$$S=\frac{\mu_{\text{eff}}}{\mu_{\perp}} \tag{6.8}$$

3. 旋转黏滞系数

在动力学过程中，铁电液晶分子指向矢在外场作用下重新排布，在此过程中黏滞系数决定了其响应时间。根据铁电液晶的对称性，在极坐标下指向矢由 θ 和 φ 两个角来描述[见图 6.2（b）]，对应的动力学方程为：

$$\gamma_{\theta} \frac{\mathrm{d}\theta}{\mathrm{d}t} + A\theta = 0, \quad \tau_{\theta} = \gamma_{\theta} / A \tag{6.9a}$$

$$\gamma_{\varphi} \frac{\mathrm{d}\varphi}{\mathrm{d}t} + P_S E \sin\varphi = 0, \quad \tau_{\varphi} = \gamma_{\varphi} / P_S E \tag{6.9b}$$

式中，γ_{θ} 和 γ_{φ} 为相应的黏滞系数。

在远离相变温度 T_c 的温度范围内，近似认为近晶层倾角保持不变，近晶层倾角的改变将伴随着材料密度的变化。因此，在铁电液晶动力学过程中，仅有指向矢方位角变化，黏滞系数 γ_{φ} 决定了指向矢排布的快慢。γ_{φ} 也可写成如下形式：

$$\gamma_{\varphi}=\gamma'_{\varphi} \sin^2 \theta \tag{6.10}$$

式中，γ'_{φ} 为旋转黏滞系数，常数。

由式（6.10）可见倾斜角小接近 0° 的液晶材料，γ_{φ} 值非常小。实验中，γ'_{φ} 可由光电响应曲线测量获得。由式（6.9b）和式（6.10）可见，若想进一步降低铁电液晶的响应时间，可通过分子的选择和材料的配比，获得尽可能小的旋转黏滞系数和尽可能大的自发极化强度。

4. 光学各向异性

铁电液晶分子具有双轴特性，表征铁电液晶分子介电特性的椭球按图 6.9 中所示方向排布，则沿椭球三个轴向的介电常数分别为：$\varepsilon_{//}$—沿指向矢方向；ε_{s}—沿 C_2 对称轴方向；ε_{t}—沿垂直于指向矢和 C_2 对称轴所成平面方向。这三个介电常数分别为介电张量的三个对角元素。在某些特殊的情况下 $|\varepsilon_{s}-\varepsilon_{t}|$ 甚至比 $|\varepsilon_{//}-\varepsilon_{t}|$ 略小或相当，因此考虑外加电场作用时，铁电液晶的介电双轴性应予以考虑。但是，在体材料中，当液晶层厚度远大于螺距，取向层或边界的作用可以忽略不计时，分子在螺旋结构内均匀排布[见式（6.3）]，在螺旋结构的平均下铁电液晶的双轴性消失。在光学频段，铁电液晶的介电张量可近似认为具有单轴特性，则光学二向色性表现为沿指向矢方向的折射率为 $n_{//}$ 和垂直于指向矢方向的折射率为 $n_{\perp}$。

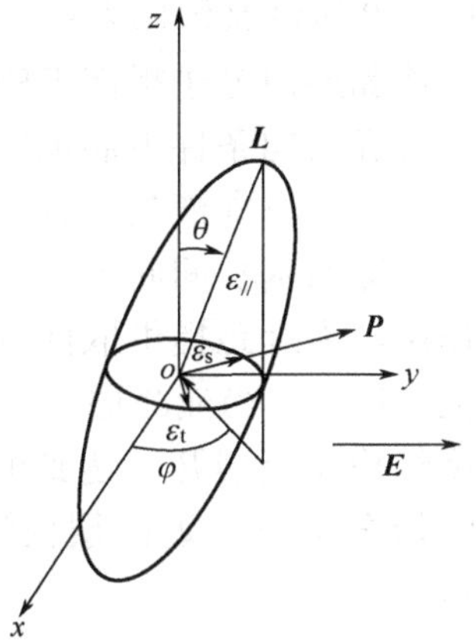

L—指向矢；P—自发极化矢量；E—电场

图 6.9 铁电液晶分子的双轴特性

5. 弹性模量与取向层的锚定能

在铁电液晶器件中，材料本身的螺旋结构、取向层的锚定及外场作用（如电场、磁场等）等多种因素相互耦合，使铁电液晶具有独一无二的光电效应及响应特性。在此，首先明确铁电液晶材料的弹性能量密度 g_{el} 可用式（6.11）表述：

$$g_{\mathrm{el}}=\frac{K_{11}}{2}(\mathrm{div}\boldsymbol{L})^2+\frac{K_{22}}{2}(\boldsymbol{L}\cdot\mathrm{curl}\boldsymbol{L}-t)^2+\frac{K_{33}}{2}(\boldsymbol{L}\times\mathrm{curl}\boldsymbol{L}-\boldsymbol{b})^2 \tag{6.11}$$

式中，K_{ii} 对应不同形变的弹性模量；第二项和第三项中是由铁电液晶缺乏镜面对称所致；扭曲形变和弯曲形变所引入的影响用 t 和 $\boldsymbol{b}$ 两个参量表示：

$$t=-q_0\sin^2\theta \tag{6.12}$$

$$\boldsymbol{b}=q_0\cos\theta[\boldsymbol{L}\times\boldsymbol{z}] \tag{6.13}$$

式中，$|q_0|=2\pi/P_0$，$q_0>0$ 和 $q_0<0$ 分别表示右旋和左旋螺旋结构。

同时，取向层对液晶层的贡献也应予以考虑。在取向层附近，不仅液晶分子指向矢具有一定程度的形变，近晶层也会在取向层的影响下发生形变，因此以近晶层法线 $\boldsymbol{v}$ 和锚定系数来描述取向层对总自由能的贡献：

$$w_{\mathrm{p}}=-W_{\mathrm{p}}(\boldsymbol{P}\boldsymbol{v}) \tag{6.14a}$$

$$w_{\mathrm{d}}=-W_{\mathrm{d}}(\boldsymbol{P}\boldsymbol{v})^2 \tag{6.14b}$$

式中，$\boldsymbol{P}$ 为铁电液晶极化矢量；W_{p} 和 W_{d} 分别为锚定系数的极向（polar）分量和弥散（dispersion）分量。

因此，液晶层总自由能可由铁建液晶内部弹性能量密度的体积分和取向层表面能量密度的面积分获得：

$$F_{\mathrm{d}}=\int_v g_{\mathrm{el}}\mathrm{d}\tau+\int_s(W_{\mathrm{p}}+W_{\mathrm{d}})\mathrm{d}\sigma \tag{6.15}$$

在外置电场存在的情况下，还应考虑外加电场对液晶层总自由能的贡献：

$$F = F_{\rm d}+F_{\rm E}=F_{\rm d}+\int_{v}[-(\boldsymbol{PE})-\boldsymbol{DE}/8\pi]{\rm d}\tau \tag{6.16}$$

式中，$\boldsymbol{P}$ 为自发极化矢量；E 为电场；$\boldsymbol{D}$ 为介电双轴性引发的极化矢量。

液晶层内分子指向矢的稳定分布可通过自由能最小化求出，不同的铁电液晶材料在不同的边界取向条件下展现出各式各样的排布方式及相应的光学效应，以螺旋轴平行于玻璃基板的平行取向液晶盒为例［其结构见图 6.10（a）］，近晶层垂直于玻璃基板排布，当液晶层厚度即两基板间间隙远大于螺距时（$d \gg P_0$），取向层可近似认为仅在靠近边界附近有锚定作用，为螺距提供取向方向，在液晶层内部螺旋结构均匀且完好的存在，如图 6.10（b）左上角所示；当液晶层厚度远小于螺距时（$d \ll P_0$），取向层锚定力作用于整个液晶层，将螺旋结构完全展开，达到消旋状态，如图 6.10（b）左下角所示；当取向层极化分量远强于弥散分量时，近晶层内液晶分子在取向层作用下呈扭曲态排列，如图 6.10（b）右侧所示。

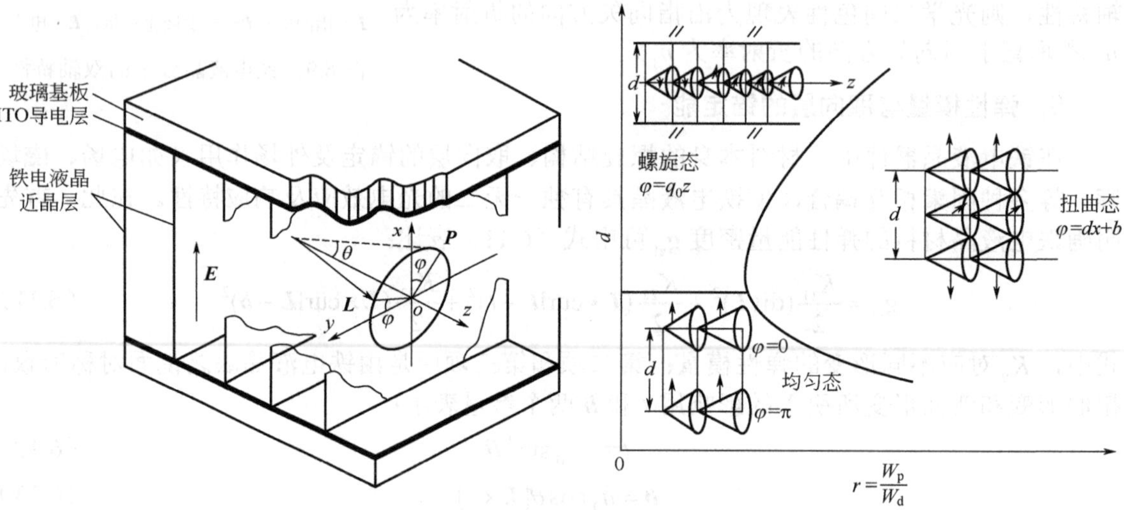

（a）铁电液晶层在平行取向液晶盒中排布　（b）不同边界条件下分布示意

图 6.10　平行取向盒内的铁电液晶态[28]

6.2　典型光电模式

自 1975 年被发现以来，铁电液晶因其快速响应、螺旋结构等特点受到广泛的关注及大量的研究，提出并完善了各类性能各异的光电模式。20 世纪 80 年代，以 Clark 和 Lagerwall 为代表的科学工作者，采用表面取向层的强锚定使铁电螺旋完全展开，以得到分子指向矢的方向一致性排布，成为表面稳定型铁电液晶（SSFLC）。这种铁电液晶模式具有双稳态、切换时间低（几十微秒），虽因无灰阶响应、取向缺陷等原因很难应用于有源矩阵驱动式（active-matrix driving）显示器件，但 SSFLC 在光开关、波分复用器等光子学器件等方面的优势是无可替代的。随着液晶取向技术的发展和铁电液晶材料的多样性发展，以螺旋形变型（deformed helix ferroelectric，DHF）为代表的光电模式不再追求螺旋结构的完全展开，而是对铁电液晶的螺旋结构加以利用，得到连续灰阶光电调控、Kerr 效应、二值响应等多种光电模式，为铁电液晶在显示及光子学器件中的应用开启了新的篇章。同时，铁电液晶的电倾斜效应（electroclinic effect）和反铁电效应（anti-ferroelectric effect）也因特殊的光电响应特性而具有广泛应用前景，此处不做具体讨论，感兴趣的读者可参考文献[28]。

6.2.1 表面稳定型铁电液晶

在 SSFLC 模式中，铁电液晶的螺旋结构被取向层的表面锚定作用完全抑制，形成理想的书架式结构（bookshelf structure）[29]。在书架式结构中铁电液晶分子近晶层是与基板表面垂直的，如图 6.11（a）和图 6.11（b）所示，层内液晶分子指向矢方向一致［见图 6.11（a）中的 $\boldsymbol{A_1}$ 方向，或图 6.11（b）中的 $\boldsymbol{A_2}$ 方向］，铁电液晶分子上的自发偶极矩相互平行且方向一致，宏观的自发极化性显现出来。液晶被夹在两个平行基板之间，间距为 d（小于铁电液晶螺距 P_0），基板内的取向层促使分子指向矢沿与基板表面平行的方向排列，近晶层与液晶盒基板垂直，螺旋轴与基板平行，在此条件下仅有 $\boldsymbol{A_1}$ 和 $\boldsymbol{A_2}$ 态与基板边界条件相容，$\boldsymbol{A_1}$ 与 $\boldsymbol{A_2}$ 之间的夹角为 2θ。

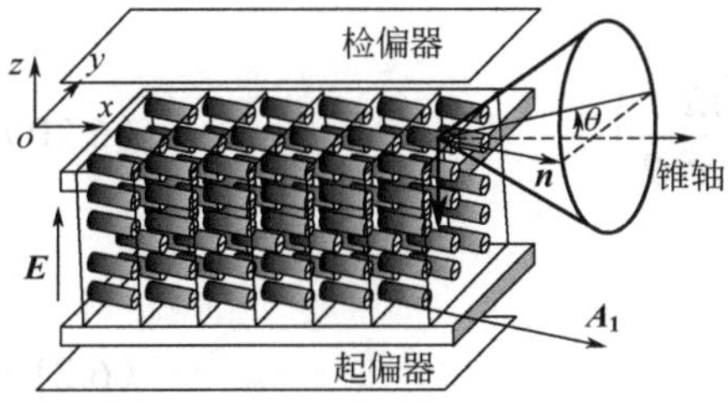

（a）外加电场向上，指向矢沿$\boldsymbol{A_1}$方向

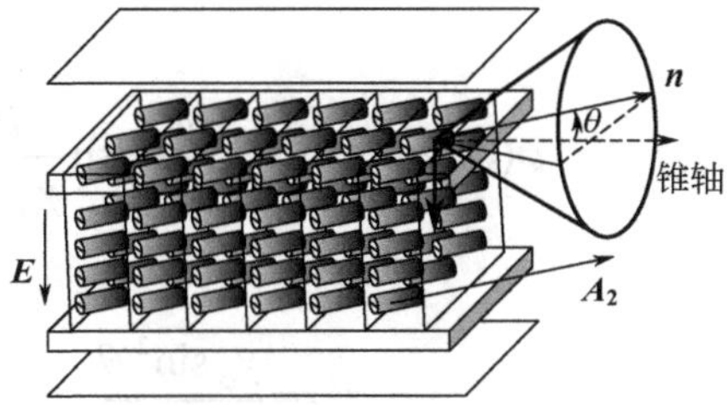

（b）外加电场向下，指向矢沿$\boldsymbol{A_2}$方向

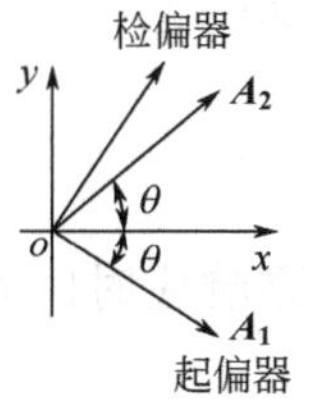

（c）起偏器和检偏器放置方向

图 6.11 SSFLC 的书架式排列结构[30]

这两个态可通过施加电场进一步选择。在上下基板间加电场，可使液晶分子受到共同力矩作用而发生一致性转动，在转动中体现出铁电液晶分子沿锥面螺旋排列的本征特性，即分子转动的轨迹为锥面。例如，电场方向沿+z 方向，则 $\boldsymbol{A_1}$ 态出现，自发极化矢量 $\boldsymbol{P_S}$ 平行电场指向上基板；电场方向沿-z 方向，则 $\boldsymbol{A_2}$ 态出现，自发极化矢量 $\boldsymbol{P_S}$ 平行电场指向下基板。当外加电场改变极性时，取向态在 $\boldsymbol{A_1}$ 和 $\boldsymbol{A_2}$ 之间相互转换。当电场撤掉后，液晶分子将维持电场撤掉之前的状态（$\boldsymbol{A_1}$ 或 $\boldsymbol{A_2}$），因这两个态之间转换存在能量势垒。实际上，大面积、无缺陷的均匀取向技术是限制 SSFLC 应用的原因之一，缺陷形成原因及避免的有效方法将在 6.4 节中深入讨论。

SSFLC 的动力学模型可近似认为符合 Goldstone 模型见图 6.12，液晶分子在电场作用下围绕圆锥表面旋转，扭矩为：

$$\boldsymbol{\Gamma}_e = \boldsymbol{P_S} \times \boldsymbol{E} = P_S E \sin\varphi \boldsymbol{x} \tag{6.17}$$

式中，$\boldsymbol{x}$ 为 x 方向单位矢量。

铁电液晶的手性特性所带来的黏性扭矩为：

$$\boldsymbol{\Gamma}_v = -\gamma_\varphi \boldsymbol{n}_\perp \times \frac{\Delta \boldsymbol{n}}{\Delta t} = -\gamma_\varphi \sin\theta \frac{\sin\theta\Delta\varphi}{\Delta t}\boldsymbol{x} = -\gamma_\varphi \sin^2\theta \frac{\partial\varphi}{\partial t}\boldsymbol{x} \tag{6.18}$$

式中，γ_{φ} 为旋转黏滞系数。

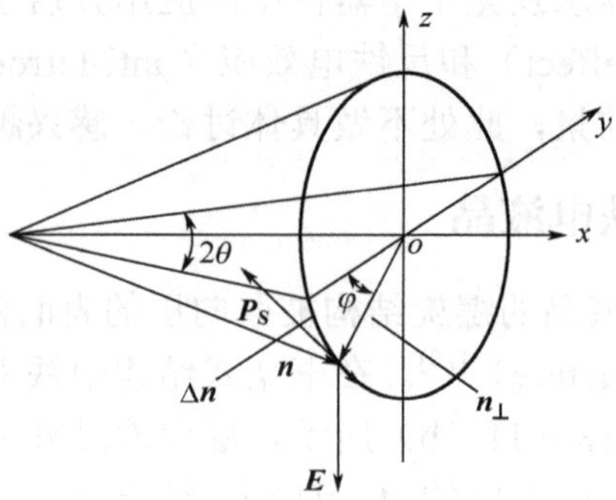

图 6.12　SSFLC 在外电场作用下切换示意

这两种扭矩互相平衡：

$$P_S E\sin\varphi-\gamma_{\varphi}\sin^2\theta\frac{\partial\varphi}{\partial t}=0 \tag{6.19}$$

其解为：

$$\varphi(t)=2\arctan\left(\tan\frac{\varphi_0}{2}\exp\frac{P_S Et}{\gamma_{\varphi}\sin^2\theta}\right) \tag{6.20}$$

则响应时间为：

$$\tau=\frac{\gamma_{\varphi}\sin^2\theta}{P_S E} \tag{6.21}$$

铁电液晶典型的自发极化值为 P_S=100nC/cm^2，旋转黏滞系数 γ_{φ}=0.01Pa • s，若近晶层倾斜角为 θ=22.5°，所施加电场为 E=1V/μm，则响应时间为 τ=10μs，响应速度快是铁电液晶器件的优点。在外电场作用下，具有自发极化的铁电液晶相的电能量密度为 $P_S E$，为自发极化矢量与电场强度的一阶耦合，相比于向列相液晶的电致极化效应的电能量密度 $\Delta\varepsilon E^2/4\pi$，通常高出 2～3 个数量级，这也是铁电液晶具有高速响应的原因之一。

利用 SSFLC 进行光电调制时，通常将起偏器与其中一个排布状态的分子指向矢平行，例如 $\boldsymbol{A_1}$ 在图 6.11（c）中所示，检偏器与起偏器正交放置。当液晶处于 $\boldsymbol{A_1}$ 态时，入射光偏振方向与液晶分子指向矢平行，透射光偏振方向保持不变，被检偏器阻挡，为暗态。当液晶处于 $\boldsymbol{A_2}$ 态时，入射光的偏振方向与液晶分子指向矢呈 2θ 夹角，透射光偏振方向发生旋转，经过检偏器的透过率为：

$$T=\sin^2(4\theta)\sin^2\left(\frac{1}{2}\frac{2\pi\Delta nd}{\lambda}\right) \tag{6.22}$$

式中，$2\pi\Delta nd/\lambda$ 为相位延迟量。

由此可见，当同时满足近晶层倾斜角 $2\theta=\pi/4$ 与相位延迟量 $2\pi\Delta nd/\lambda=\pi$ 两个条件时，SSFLC 透射率可达 100%。要提高 SSFLC 的对比度，一方面是获得尽可能低的暗态透过率，这要求 SSFLC 液晶盒的无缺陷均匀取向；另一方面是使亮态透过率接近 100%，这要求铁电液晶近晶层倾斜角最佳取值为 θ=22.5°，目前这一条件已能够很好满足。同时，要求 SSFLC

液晶盒厚度满足相位延迟量半波条件，以 $\Delta n=0.2$ 为例，则盒厚为 d=1.5μm，当盒厚偏离最佳盒厚取值时，亮态透过率下降明显[31]，因此大尺寸 SSFLC 器件对工艺制备要求较高。

6.2.2 螺旋形变型铁电液晶

在铁电液晶发现之初，就观察到了铁电液晶螺旋结构在外置电场下的形变效应[32]，利用这种形变效应进行光电调制的相关研究工作于 20 世纪 90 年代末期广泛开展起来[18,33~41]。螺旋形变型铁电液晶具有连续电控灰阶、亚毫秒级响应等特点，应用在主动式驱动显示及空间光调制领域有着显著优势。

在平行取向液晶盒中，填充短螺距铁电液晶材料（见图 6.13），近晶层平行于 xy 平面排列，螺旋轴沿 z 轴方向平行于基板，当液晶盒厚度远大于螺距（$d \gg P_0$）时，在远离取向层的铁电液晶盒中间，螺旋结构存在且未发生形变，此时认为取向层仅对边界附近的液晶分子有锚定作用，为螺旋轴提供取向方向。指向矢方位角沿 z 轴方向分布曲线如图 6.14（a）左侧所示，可由式（6.23）描述：

$$\varphi(z)=q_0z=\frac{2\pi}{P_0}z \tag{6.23}$$

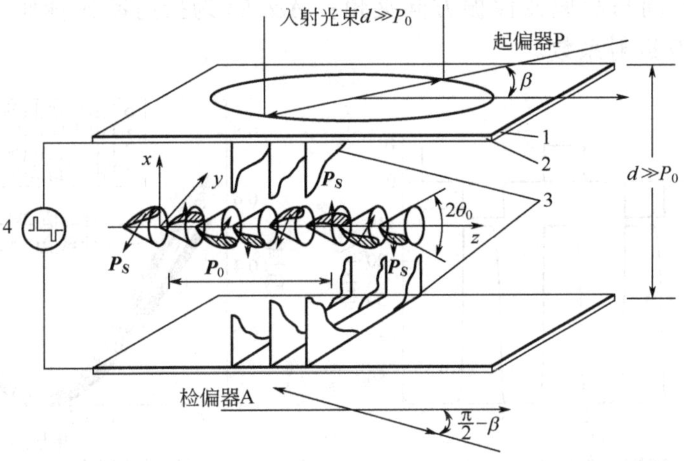

1—玻璃基板；2—ITO 导电层；3—铁电液晶近晶层；4—加载驱动信号

图 6.13 DHF 结构示意

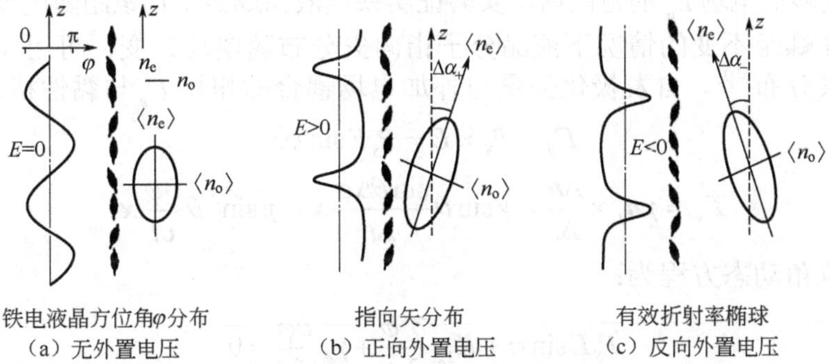

铁电液晶方位角φ分布　　指向矢分布　　有效折射率椭球

（a）无外置电压　　（b）正向外置电压　　（c）反向外置电压

图 6.14 DHF 铁电液晶工作原理

当螺距足够小时，不考虑螺距内部结构，将其整体近似认为单轴双折射介质[42]，有效折射率椭球通过螺距内平均获得，折射率椭球长轴方向沿 z 轴螺旋轴方向如图 6.14（a）右侧所示。将 DHF 液晶盒置于正交的起偏器与检偏器之间，旋转液晶盒使取向方向，即螺旋轴方向与起偏器偏振方向夹角 β（见图 6.13），光束沿 x 轴正入射到液晶盒表面。通常取 $\beta=0$，使液晶盒取向方向平行于起偏器偏振方向，线偏振光经过 DHF 液晶盒后，偏振方向不变，透射光被检偏器阻挡，为暗态。

在玻璃基板表面的 ITO 导电层加载电信号时，铁电液晶分子自发极化矢量与电场强度相互作用，若电场强度小于电致消旋的阈值电场 E_u，则铁电液晶分子在锥面上发生旋转但不会完全消旋，铁电液晶分子在螺旋结构内的分布状态取决于所施加电场强度的大小[43]。当外加电场为正向时，受自发极化与电场扭矩作用，铁电液晶分子趋向于集中在螺旋轴右侧分布，折射率椭球向右向倾斜，如图 6.14（b）所示；当外加电场反向时，铁电液晶分子偏向在螺旋轴左侧分布，折射率椭球向左侧倾斜，如图 6.14（c）所示。如图 6.15（a）所示，透射率与电场强度大小有关，与电场强度方向无关：

$$T=\sin^2 2[\beta+\Delta\alpha(E)]\sin^2\left[\frac{\pi d_{FLC}\Delta n_{\text{eff}}(\lambda,E)}{\lambda}\right] \tag{6.24}$$

式中，β 为取向方向与起偏器偏振方向夹角；$\Delta\alpha(E)$ 为折射率椭球倾斜角；$\Delta n_{\text{eff}}(\lambda,E)=\langle n_{\text{e}}\rangle-\langle n_{\text{o}}\rangle$ 为有效双折射系数。

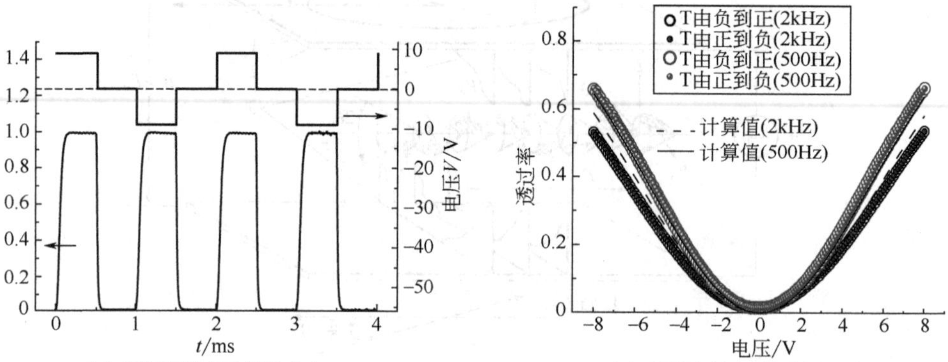

（a）透射率随驱动信号响应　　（b）透射率随电压幅值变化规律

图 6.15　DHF 光电响应

在远离消旋阈值电场 E_u 的范围内，实验证实铁电液晶螺旋结构螺距随电场变化较小[18]，因此近似认为在螺距不变的情况下液晶分子指向矢分布随电场改变，可用 Goldstone 理论模型求得指向矢分布[40]。自发极化矢量与外加电场耦合的扭矩 $\boldsymbol{\Gamma}_e$ 与黏性扭矩 $\boldsymbol{\Gamma}_v$ 分别为：

$$\boldsymbol{\Gamma}_e=\boldsymbol{P}_S\times\boldsymbol{E}=P_S E\sin\varphi\boldsymbol{x} \tag{6.25}$$

$$\boldsymbol{\Gamma}_v=\gamma\boldsymbol{n}_\perp\times\frac{\Delta\boldsymbol{n}}{\Delta t}=\gamma\sin\theta\frac{\sin\theta\Delta\varphi}{\Delta t}\boldsymbol{x}=\gamma\sin^2\theta\frac{\partial\varphi}{\partial t}\boldsymbol{x} \tag{6.26}$$

指向矢方位角动态方程为：

$$P_S E\sin\varphi+K_{22}\frac{\partial^2\varphi}{\partial z^2}+\gamma_\varphi\frac{\partial\varphi}{\partial t}=0 \tag{6.27}$$

式中，K_{22}为弹性系数；γ_φ为旋转黏滞系数。

在平衡状态下，螺旋结构受电场作用发生形变，因此式（6.27）的解应有如下形式：

$$\varphi(z)=\varphi_0(z)+\varphi_1(z)=q_0z+\frac{\pi^2}{16}\frac{E}{E_u}\sin q_0z \tag{6.28}$$

式中，$\varphi_0(z)$为未发生形变时指向矢方位角分布；$\varphi_1(z)$描述电致形变；$q_0=2\pi/P_0$为不考虑螺距随电场变化情况下的波矢量。

在外加电场接近阈值电场$E_u=\dfrac{\pi^2}{16}\dfrac{K_{22}q_0^2}{P_S}$的情况下，螺距随电场增加呈明显增加，对指向矢分布的描述：

$$\varphi(z)=qz+\frac{\pi^2}{16}\frac{E}{E_u}\sin qz \tag{6.29}$$

此时，应采用$q(E)=2\pi/P(E)$，$P(E)$为电场下螺距，可由实验测得[18]。

指向矢方位角分布积分后平均，可求得随电场变化的折射率椭球倾斜角$\Delta\alpha(E)$和有效双折射系数$\Delta n_{\text{eff}}(\lambda,E)$。

$$\Delta\alpha(E)=\langle\arctan[\tan\theta\cos\varphi(z)]\rangle \tag{6.30}$$

$$\Delta n_{\text{eff}}(\lambda,E)=\sqrt{\left\langle\frac{n_{//}^2n_\perp^2}{n_\perp^2+(n_{//}^2-n_\perp^2)\sin^2\theta\sin^2\varphi(z)}\right\rangle}-n_\perp \tag{6.31}$$

将$\Delta\alpha(E)$和$\Delta n_{\text{eff}}(\lambda,E)$代入式（6.24）中可得到不同电压下 DHF 液晶盒的透过率。DHF 光电特性曲线呈 V 形［见图 6.15（b）］，无磁滞效应，透过率大小对所加电压极性不敏感，仅与电压幅值相关，这一特性与向列相液晶光电特性相似，只是响应速度提高几十至几百倍。

将实验测得透过率随电压变化曲线与通过上述公式计算结果相对比，所采用的铁电液晶自发极化矢量为P_S=160nC / cm^2，螺距为P_0=180nm，相变温度为 Cr→15℃→C*→94℃→A*→120℃→Is。在驱动电信号频率较低时，例如图 6.15（b）中 500Hz 曲线，两者符合较好；当驱动信号频率较高，大于 1kHz 时，上述公式计算所得结果与实际偏离较大，例如图 6.15（b）中 2kHz 曲线，是因为上述理论推导过程仅考虑铁电液晶稳态特性，忽略了其介电常数的频率响应特性，铁电液晶高频光电特性参见文献[33,28]，目前绝大多数显示器件中加载到液晶层的驱动信号频率小于 360Hz，上述理论公式均可适用。

若想求得 DHF 的响应时间，铁电液晶的瞬态过程必须考虑在内。式（6.28）中，DHF 指向矢分布的稳态解包含两个部分，$\varphi_0(z)$为未加电压时的指向矢分布，$\varphi_1(z)$为外置电压引起的扰动，共同构成形变的螺旋结构。当考虑瞬态过程时，仅有第二项会随时间改变，因此 DHF 指向矢分布的瞬态解应为以下形式：

$$\varphi(z,t)=\varphi_0(z)+\varphi_1(z,t) \tag{6.32}$$

将此瞬态解代入式（6.27）动态方程中：

$$\gamma_\varphi\frac{\partial(\varphi_0+\varphi_1)}{\partial t}+P_SE\sin(\varphi_0+\varphi_1)+K_{22}\frac{\partial^2(\varphi_0+\varphi_1)}{\partial z^2}=0 \tag{6.33}$$

考虑电致形变对螺旋结构带来的扰动较小，即$|\varphi_1|\ll|\varphi_0|$，则动态方程可简化为：

$$\gamma_\varphi \frac{\partial \varphi_1}{\partial t} + P_S E \sin\varphi_0 + K_{22}\frac{\partial^2 \varphi_1}{\partial z^2} = 0 \tag{6.34}$$

假设式（6.34）的解为$\varphi_1(z,t)=(\sin q_0 z)f(t)$，将其代入上式，得到 DHF 指向矢分布：

$$\varphi(z,t) = q_0 z + \frac{P_s E}{K_{22} q_0^2}(\sin q_0 z)\left[1-\exp(1-t/\tau)\right] \tag{6.35}$$

式中，$\tau = \gamma_\varphi / K_{22} q_0^2$ 为 DHF 的响应时间。

由此可见，在 DHF 效应中（$E/E_u \ll 1$），响应时间与电场强度E和自发极化强度P_S无关，而是由材料的旋转黏滞系数γ_φ和螺距P_0决定的，如图 6.16 所示。开启时间τ_{on}定义为与驱动电信号上升沿对应的透射光强由 10%上升到 90%的时间，τ_{off}定义为与驱动电信号下降沿对应的透射光强由 90%降至 10%的时间。图 6.16 中τ_{on}曲线的尖峰表明铁电液晶螺旋轴的消旋过程，中心电压V_C或电场强度E_u对应电致消旋阈值，因此 DHF 液晶盒的工作区间为$V<V_C$（$E<E_u$）。

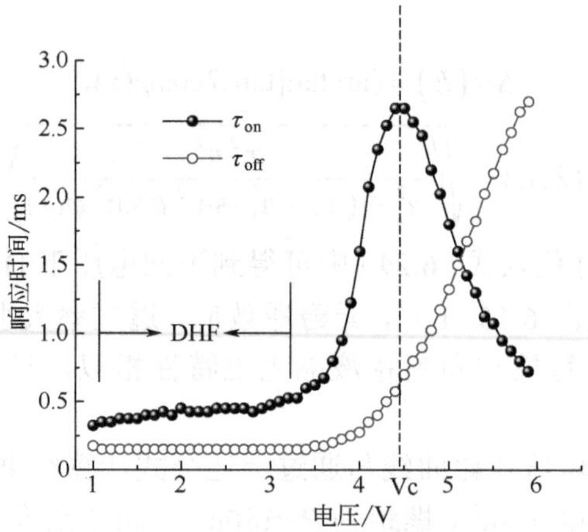

图 6.16 DHF 响应时间随电压变化曲线

在实际器件设计中，通常选取小螺距（$P_0 < 0.3\mu m$）的铁电液晶材料，其目的是使由螺旋结构的周期性所产生的布拉格衍射中心波长落在可见光区域外[44]。并选取近晶层倾斜角尽可能大的铁电液晶，由式（6.24）可知，DHF 亮态透过率与近晶层倾角相关，最佳值为$45°$，选取$\theta > 30°$的铁电液晶材料使亮态具有足够的透过率。

▶▶ 6.2.3 电致解旋型铁电液晶

高对比度、快响应、宽视域、低能耗的液晶光电模式一直以来是显示及光子学器件的追求。受 SSFLC 和 DHF 的取向缺陷、材料限制、散射等因素限制，其对比度的提高成为一大难题。实验发现，当铁电液晶螺距P_0小于或相当液晶盒厚度时，可通过对取向层锚定能的优化，实现高亮暗对比度的光电特性优化[45]。此种铁电液晶效应，通过外置正向或反向电压，对螺旋结构进行完全消旋，获得高取向质量的亮态和暗态，被称为电致解旋型（electrically suppressed helix，ESH）。

ESH 工作原理如图 6.17（a）和图 6.17（b）所示，不同极性的驱动电压对应消旋后铁电液晶的两个指向矢排布方向，若将起偏器偏振方向平行于其中一个态的指向矢方向［见图 6.17（c）］，即起偏器偏振方向偏离取向方向 θ 角，并使检偏器与起偏器正交放置，得到 ESH 亮态与暗态之间的切换。ESH 液晶盒在偏光显微镜下的织构如图 6.18 所示，取向层为铁电螺旋轴提供取向方向，并且取向层的锚定能经过优化后与螺旋结构弹性势能相互平衡，使 ESH 盒在低电压驱动下实现消旋。在未加电压时，铁电螺旋结构存在于玻璃基板之间，受取向层影响被部分解旋，此时指向矢的排布规律及随电压增加螺旋结构的解旋过程涉及较复杂的动力学分析，参见文献[46～49]。

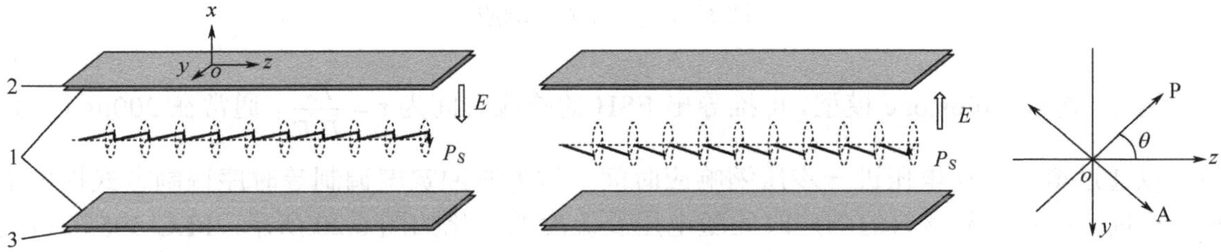

（a）正向电压下ESH结构示意　（b）正向电压下ESH结构示意　（c）偏振片摆放方式

1—ITO玻璃；2—起偏器；3—检偏器

图 6.17　ESH 铁电液晶工作原理

（a）正向电压下　（b）未加电压　（c）反向电压下

图 6.18　偏光显微镜下 ESH 液晶盒织构

ESH 效应的光电响应具有二值化特性，此特性与 SSFLC 相似，不同之处在于 ESH 没有磁滞现象，如图 6.19（a）中透射率随电压变化曲线没有磁滞回线出现，这是因为两个效应下的解旋机制不同。在方波驱动下，当电场强度大于电致消旋阈值强度 $E_u = \frac{\pi^2}{16}\frac{K_{22}q_0^2}{P_S}$ 的条件下，ESH 亮态透过率为：

$$T = \sin^2(4\theta)\sin^2\left(\frac{\pi\Delta nd}{\lambda}\right) \tag{6.36}$$

可见，当铁电液晶倾角满足 $2\theta = \pi/4$，且液晶盒厚度满足半波条件 $\Delta nd/\lambda = 1/2$ 时，ESH 透过率可达 100%。ESH 亮态透过率依赖于铁电液晶倾角 θ，所以 θ 角的温度依赖性使透过率随温度的漂移而变化。随温度的升高，θ 角逐渐变小，虽然变化值很小，但 ESH 透过率的下降限制了其在显示器件和光子学器件中的应用，实验中为解决这一问题，在铁电液晶材料中掺杂高分子聚合物对近晶层倾角稳定化，拓宽 ESH 的工作温度范围[50]。

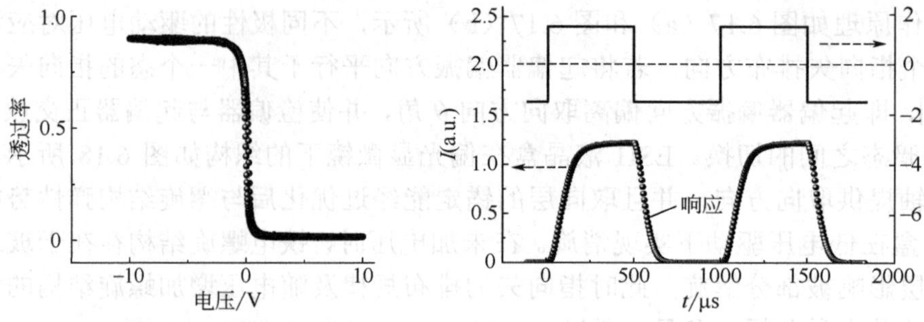

（a）透射率随电压幅值变化规律　（b）透射率随驱动信号响应

图 6.19　ESH 光电响应

同样，通过 Goldstone 模型，可推导出 ESH 的响应时间为 $\tau=\dfrac{\gamma_{\varphi}}{P_S E}$，通常在 200μs 以内，并可以通过增加驱动电压进一步压缩响应时间，这为脉冲宽度调制等时序调制方式提供了设计空间。两种液晶材料的响应时间随电压及温度的变化如图 6.20 所示，FLC-595 的自发极化矢量 P_S=40nC / cm^2，螺距 P_0=720nm，倾角 $\theta=21.3°$，旋转黏滞系数 $\gamma_{\varphi}=0.022\text{Pa}\cdot\text{s}$ 相变温度为 Cr→2℃→C*→38℃→A*→72℃→Is；FD4004N 的自发极化矢量 P_S=61nC / cm^2，螺距 P_0=700nm，倾角 $\theta=22.5°$，相变温度为 Cr→−19.2℃→C*→70.7℃→A*→98.6℃→N→101.9℃→Is。

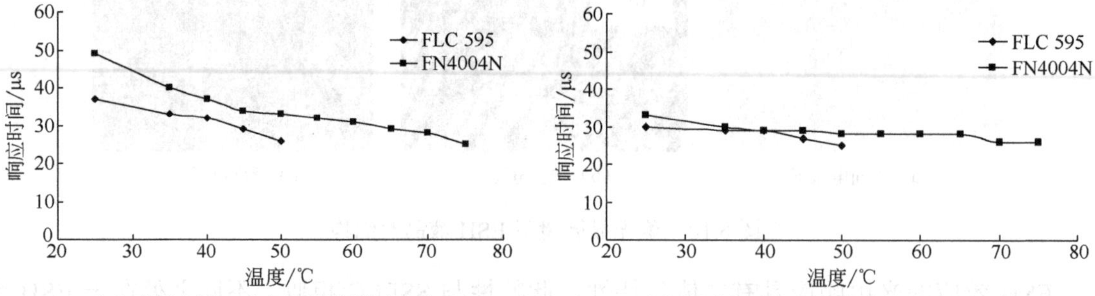

（a）驱动电压5V时响应时间随温度变化　（b）驱动电压10V时响应时间随温度变化

图 6.20　盒厚 1.5μm 的 ESH 在 500Hz 方波驱动下的响应时间

6.3　铁电液晶的取向

铁电液晶与向列相液晶一样，若想利用它们实现光电调控，必须掌握使其分子指向矢规律排列的技术。铁电液晶与向列相液晶不同，除了分子指向矢本身的排列之外，还必须考虑近晶层的排列。理想的铁电液晶光电器件要求液晶分子指向矢与近晶层两者都均匀完美地排列整齐，当然，分子指向矢取向与近晶层的排列之间有很大的关系。

6.3.1　铁电液晶的缺陷与织构

对铁电液晶指向矢和近晶层的无缺陷取向技术，一直以来是铁电液晶制备技术的难点，也是研究热点。具有近晶 C 相的液晶材料在降温过程中通常经历的相变序列为：各向同性相→（向列相→）近晶 A 相→近晶 C 相。传统的表面取向方法为：将铁电液晶材料加热至向列相，利用摩擦高分子法、膜沉积法或光控取向法，对向列相指向矢进行有序排列，再降温至近晶 C 相。对于相变过程中不存在向列相的材料，取向层也可对近晶 A 相的近晶层直接取向。对于较厚的液晶盒，或取向层相对锚定较弱，在降温过程中加载恒定方向的电场或磁场，有助于盒内近晶层的形成，提高表面取向取向质量[51，52]。近年来，除表面取向外，在液晶材料中掺杂高分子聚合物或纳米粒子引入体锚定作用，可实现驱动电压的降低，或无阈值驱动、抗振能力提高等[50,53~55]，但代价是亮度的降低和动态响应的变缓。另外，掺杂剂与铁电液晶的互溶性也是此类取向方式需要解决的问题之一。

在平行取向液晶盒中，近晶层法线沿取向方向排列，如图 6.21（a）所示为理想的书架式结构。实际上很难得到理想的书架式层结构，经常获得的却是人字形层结构（Chevron 结构），即在液晶层的中间存在一个尖锐的弯折，如图 6.21（b）所示。可通过 X 射线衍射观察到两个尖锐的衍射峰，证实了 Chevron 结构的存在[56]。

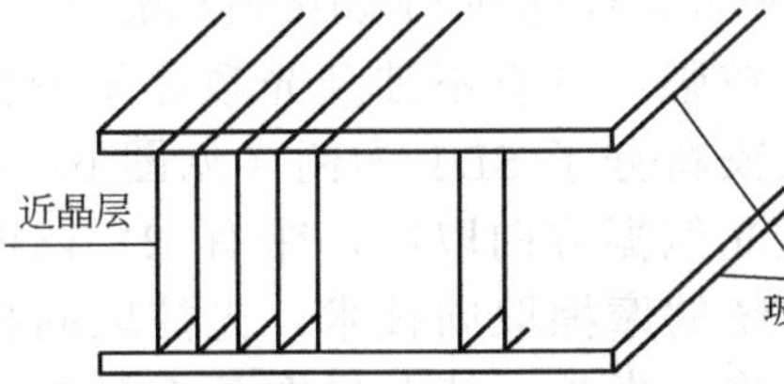

（a）书架式排列结构

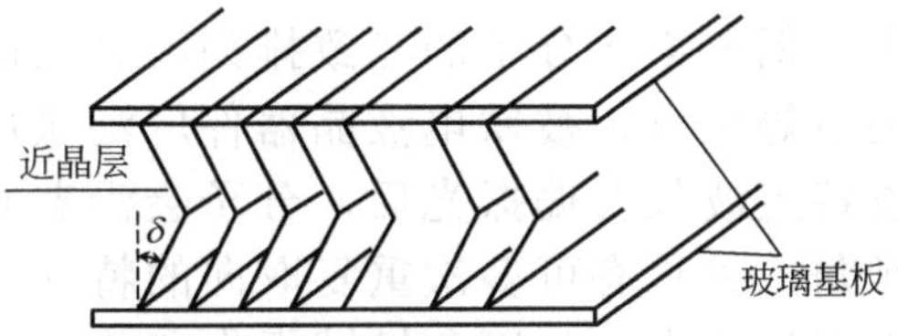

（b）Chevron排列结构

图 6.21　平行取向铁电液晶盒的典型层状排列方式

在 SSFLC 样品中，Chevron 结构很难避免，这是因为铁电液晶从近晶 A 相至近晶 C* 相变的过程中液晶分子相对于层法线将发生倾斜；同时，形成表面锚定限制螺旋结构，分子层弯折变形而使液晶体密度最小化。Chevron 结构的不同弯折方向区域的临界会出现之字形缺陷（zigzag 缺陷），如图 6.22 所示。之字形缺陷极大地影响 SSFLC 器件的性能，损害显示的对比度和视角特性[57~59]。

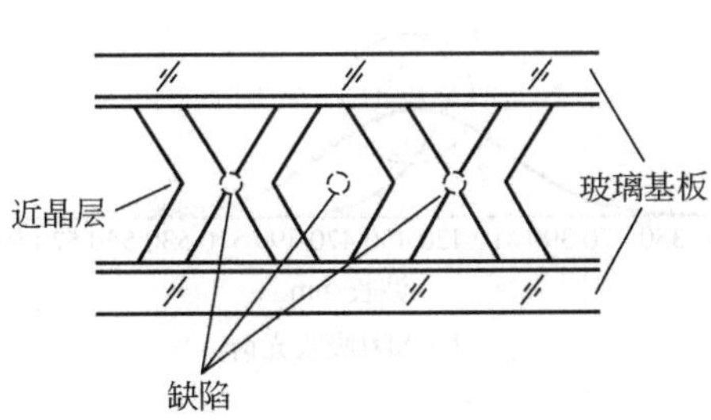

（a）之字形缺陷示意

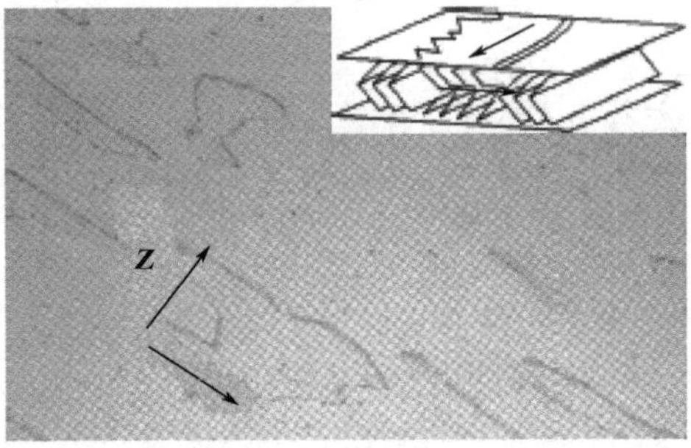

（b）带有缺陷的液晶盒在偏光显微镜下织构

图 6.22　Chevron 结构导致的之字形缺陷

若要消除之字形缺陷，有效方法是避免 Cheveron 结构的出现，或使 Cheveron 结构弯折方向一致，可以采用如下方法：施加低频交变电场[13]、使用带有萘基的铁电液晶材料[60,61]、低预倾角取向[62,63]、LB 膜取向法[64, 65]、倾斜蒸镀 SiO 膜法[66~68]、相变温度梯度法[69]等。但这些方法并不是普遍有效的，而且还增加 SSFLC 器件的制备难度和成本，成为限制 SSFLC 广泛应用的因素之一。

6.3.2 铁电液晶的光控取向

传统的摩擦高分子取向技术是利用尼龙、纤维或棉绒等材料按特定的角度对高分子取向膜进行摩擦，使其表面产生一定的凹槽，实现对液晶分子的锚定作用，它具有稳定性高、可靠性好及适合大面积处理等优点，在液晶显示器工业中广泛应用。但摩擦取向工艺中的机械损伤、静电残留、颗粒污染等会导致铁电液晶取向的缺陷。非接触式光控取向技术因工艺简单、稳定性高、缺陷少等优点，成为铁电液晶器件的主流取向技术。

目前可用于非接触式光控取向的光敏材料主要分为四大类，即光致顺反异构（cis-trans）[70,71]、光交联（photo-crosslinking）[72, 73]、高分子材料的光致降解（photo-degradation）[74~76]及偶氮染料（azo-dye）分子的光致排列（reorientation）[77~80]。其中，偶氮染料分子的光致排列因其表面锚定相对较强，具有不涉及光致化学变化、缺陷少等优点，被铁电液晶器件广泛采用。以偶氮染料分子 SD1 为例（见图 6.23），吸收特定波长及偏振光后，分子会沿着垂直于照射光偏振方向取向，带有 2° 以内的预倾角，并具有可多次重复取向的特性。相较于传统的摩擦取向技术，光控取向技术有许多的优点，除避免机械损伤和静电残留等致缺陷因素外，使非平面基板和柔性基板的表面取向成为可能，并可实现高分辨率图案化取向，这些优势推动了铁电液晶在新型光学元件中的应用。

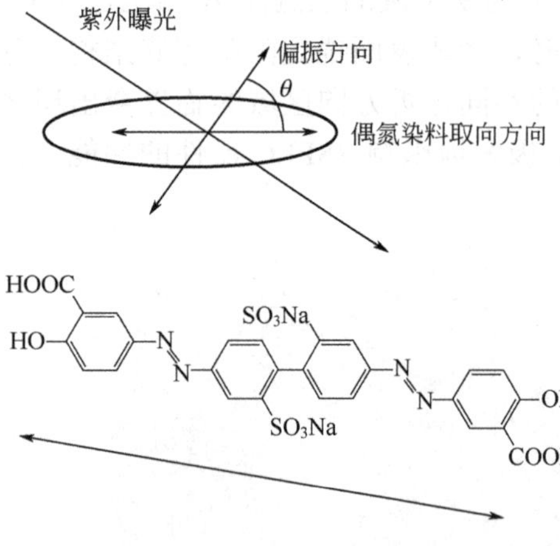

（a）光敏偶氮染料SD1的分子式及取向原理

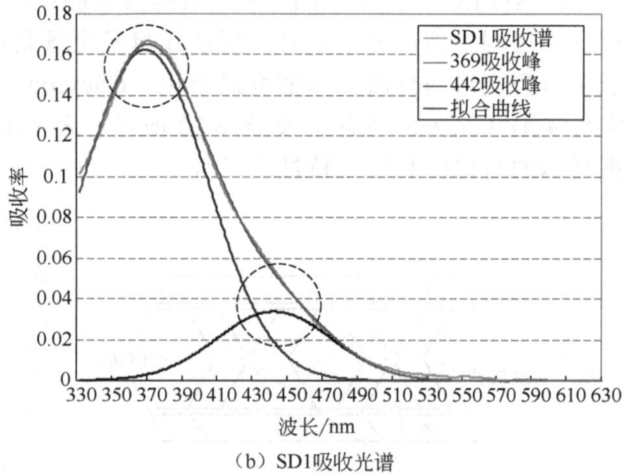

（b）SD1吸收光谱

图 6.23 铁电液晶光控取向层

光敏偶氮染料 SD1 在紫外光照射下锚定能的稳定控制，为铁电液晶的取向优化提供可能性。液晶与固体接触引起的界面能，是液晶分子与基板表面分子之间相互作用势能之和，其中界面能的各向异性部分就是锚定能。自实现液晶的有序性排列以来，锚定能的测量、控制及其对有序性参数的贡献一直是液晶物理重点研究方向之一。当研究液晶盒内指向矢分布受表面锚定影响时，如果只有指向矢的倾角或方位角其中一个参量发生发生变化，则称为一维问题；若两者同时变化，则称为二维问题。在铁电液晶的表面取向体系中，简化考虑仅有方位角变化的一维问题。锚定能与倾角和方位角相对应的分量分别称为极化锚定强度和方位锚定强度，这两个分量都与基板表面处理的方法和工艺有关，也与具体的液晶物质有关。

表面取向对向列相液晶的锚定作用的测量方法较为成熟。极向锚定系数通常采用平行取向液晶盒的体参数的瞬态分析方法进行测试，如相位延迟量或电容随电场/磁场变化曲线法、高电压信号法[81]、RV 法[82]、电容法等[83]。方位锚定系数的工业测量通常采用 TN（twist nematic）盒的扭矩平衡法测量，公式如下：

$$W_Q = \frac{2K_{22}\varphi}{d\sin(\varphi-\varphi_0)} \tag{6.37}$$

式中，K_{22} 为扭曲形变的弹性系数；φ 为实测的扭曲角度；d 为盒厚；φ_0 为理想的扭曲角度。

在双稳态铁电液晶系统（如 SSFLC 液晶盒）中方位锚定系数可通过测量滞后回线对应的矫顽力获得，在低频驱动时，稳态矫顽力 $V_C=V_+-V_-$ 对应滞回曲线宽度[84~86]。锚定系数为：

$$W_Q = \frac{E_{0\to\pi}+E_{\pi\to 0}}{8}P_S d = \frac{1}{8}V_C P_S \tag{6.38}$$

这种方法适用于完全消旋的无螺旋结构的液晶层，选取低频驱动信号以消除频率响应对滞回曲线的影响。

对于短螺距液晶材料，当盒厚较大、存在结构完整的螺旋时，方位锚定系数可通过测量弛豫时间获得[49]：

$$\tau_A = \frac{\gamma_\varphi d}{4W_Q} \tag{6.39}$$

以 ESH 液晶盒为例，光敏偶氮染料 SD1 平行取向 1.5μm，厚铁电液晶 FLC-595 近晶层倾角 $\theta=21.5°$，旋转黏滞系数 $\gamma_\varphi=0.023\text{Pa}\cdot\text{s}$，测得弛豫时间为 $\tau_A=105.09\mu\text{s}$ 时，对应锚定系数为 $W_Q^0=W_Q/\sin^2\theta=6.21\times10^{-4}\,\text{J/m}^2$。光敏偶氮染料 SD1 在偏振紫外光照射下，方位锚定系数可通过照射剂量控制。正入射 UV 光（365nm，6mW/cm^2），随曝光时间增加，锚定能也随之增加［见图 6.24（a）］，直至饱和，饱和后的方位锚定系数可达到甚至高于摩擦高分子取向层[49,87,88]。对于 ESH 液晶盒，若想获得最佳的亮暗对比度，则要求表面锚定与螺旋结构弹性势能相平衡［见图 6.24（b）］，曝光剂量对锚定能的调控可显著提高铁电液晶盒的光学性能。

传统摩擦高分子取向层对锚定能的控制，可利用摩擦强度和取向层厚度实现，实验报道了“软摩擦（soft-rubbed）”PVA 取向层可有效减少 SSFLC 液晶盒的之字形缺陷，但缺乏精度和稳定性[89,90]。光控取向技术对锚定能的有效控制，有助于铁电液晶和其他类型液晶器件的性能优化。

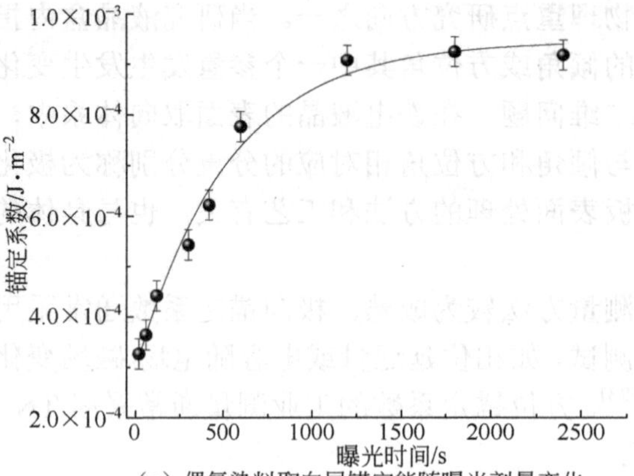

(a) 偶氮染料取向层锚定能随曝光剂量变化

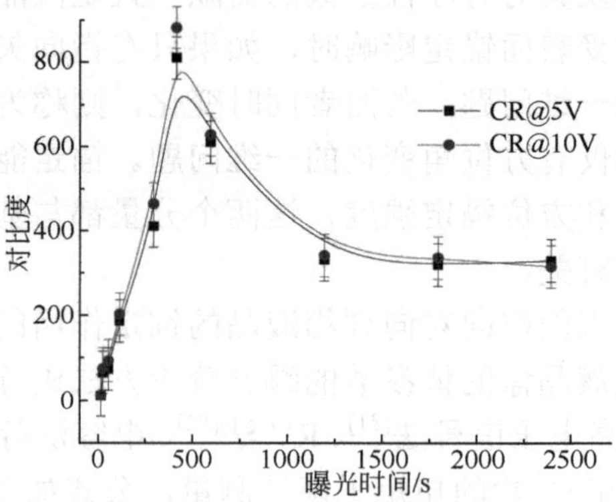

(b) 铁电液晶盒对比度随曝光剂量变化

图 6.24 铁电液晶盒的取向层锚定能优化

6.4 铁电液晶显示器件及光子器件

▶▶ 6.4.1 铁电液晶光开关

均匀的及排列完好的 SSFLC 可以近似地认为是单轴双折射材料，其光轴沿着指向矢方向，两个稳态光轴之间的夹角为2θ。当在玻璃基板两侧加上互相垂直的起偏器与检偏器，并使起偏器方向平行于某一稳态的光轴时，就得到一个光开关。当液晶处于该态时，将无光通过（暗），而当液晶被外加电场驱动，或本身已在另一态时，将有光通过（明），外加电场可以通过在玻璃表面上镀透明导电层 ITO 来实现。

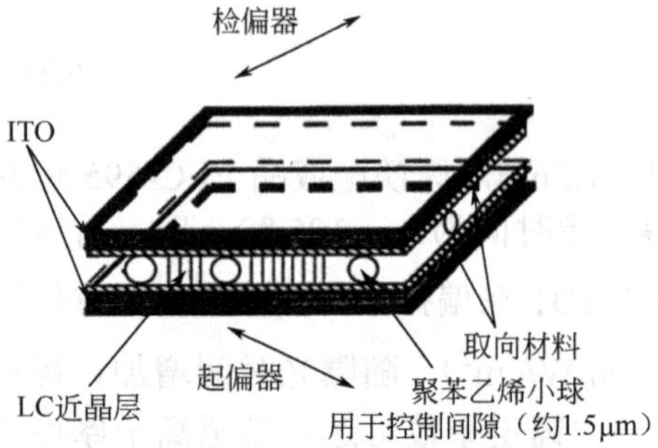

图 6.25 SSFLC 光开关示意[8]

一个完整的铁电液晶光开关包括两片镀有 ITO 的玻璃基板、铁电液晶取向层、起偏器及检偏器。液晶光开关的结构如图 6.25 所示，其中玻璃片间的距离由聚苯乙烯小球控制，这一结构是铁电液晶显示中最简单、最基本、最常用的结构。双稳态 SSFLC 光开关的优点是省电、响应速度快，缺点是稳定态易受机械振动破坏、通光孔径受工艺限制。目前铁电液晶光开关器件工艺成熟，商品化器件性能稳定，响应谱段覆盖可见光、近红外至中波红外。

▶▶ 6.4.2 场序彩色显示

场序彩色液晶显示技术（field sequential color-liquid crystal display，FSC-LCD）具有响应速度快、亮度高、彩色性能好、成本低等特点[91~93]，是未来高端液晶显示器件的发展方向之一。它的基本原理是通过把红、绿、蓝三色图像信息分时显示在显示屏上，利用人眼的视觉暂留特性合成彩色图像［见图 6.26（a）］，每帧彩色图像都是由三幅时间间隔很短的子帧合成，因此不再需要子像素结构，在单位面积上实现很高的像素密度的同时，简化了驱动阵列，由原来的每像素三个 TFT 独立控制子像素，简化为每像素一个 TFT 驱动，在制作工艺和成本上有很大的节省。场序彩色液晶显示技术摒弃了彩色滤光膜的使用，在光利用率和亮度上都有很大的提高，并且降低了显示器件的功耗和生产成本。表 6.2 以笔记本电脑显示器为例[94]，对传统液晶显示技术与场序彩色液晶显示技术的光学效率进行了对比，后者的光学效率为前者的 5 倍。

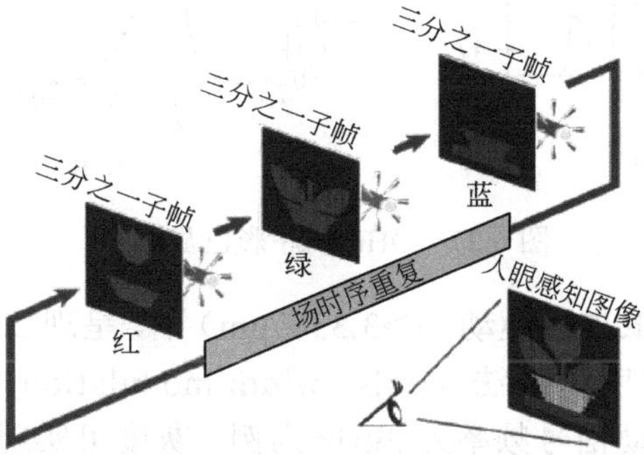

图 6.26 场序彩色显示技术[94]

表 6.2 传统液晶显示技术与场序彩色液晶现实技术的光学效率对比

显示技术	彩色滤光片显示技术/%	场序彩色显示技术/%
背光收集	80	80
偏振片	45	45
彩色滤光片	30	100
开口率	55	85
菲涅尔反射	90	90
液晶	85	85
无偏振回收的总效率	4.5	23
70%偏振回收下的总效率	7.6	39

由于场序彩色液晶显示技术需要把一帧图像分成三个子帧图像来显示，液晶的响应时间必须小于 1/3 帧的时间，传统的向列相液晶显示器难以满足场序彩色液晶显示的要求。为获得较高的色彩性能，避免颜色分离现象，场序彩色液晶器件的帧频需要达到 180～240Hz[95~97]。以 240Hz 为例，液晶的响应时间要低于 1ms。

DHF 铁电液晶模式光电特性曲线呈 V 形，可实现灰度的连续可调，这与现在广泛应用的向列相液晶光电特性相似，但其响应速度为向列相液晶响应速度的几百至几千倍。采用三色 LED 光源时序切换的方法来提供背光，LED 光源的驱动脉冲与液晶盒的驱动脉冲进行同步，从而实现分别对三个颜色通过率的独立控制。如图 6.27（a）所示，各颜色的灰阶将通过铁电液晶驱动脉冲的电压幅度来实现控制[93]。DHF-FSC 显示器的色域不再受彩色滤光片限制。以 RGB LED 三色光源为例，三原色透射光谱曲线如图 6.27（b）所示，色域可达 130% NTSC。

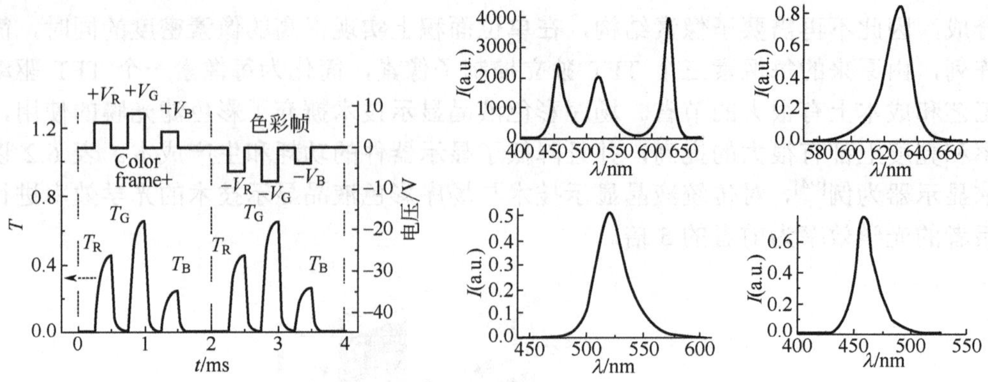

（a）驱动原理　　（b）RGB三原色光谱曲线

图 6.27　DHF 场序彩色显示[94]

ESH 铁电液晶模式在低电压驱动（E>3.33V/μm）下，呈现二值切换，切换时间在 100μs 以内。因此可通过脉冲宽度调制法（pulse width modulation，PWM）实现灰阶控制，如图 6.28（a）所示。以驱动信号频率为 3kHz 为例，灰度可实现 8bit 调控，彩色实现 24bit 调控[67]。

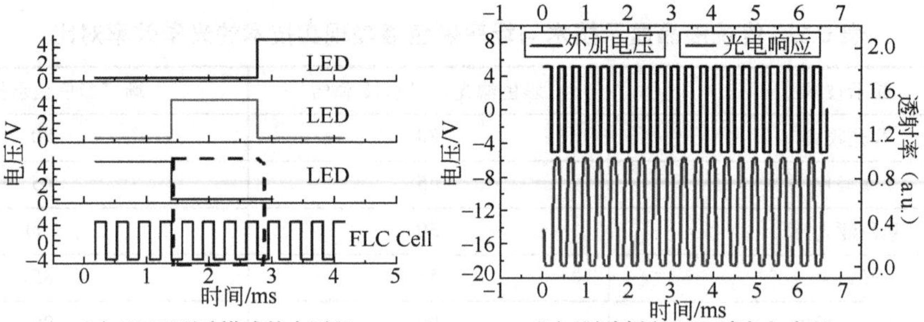

（a）PWM驱动模式基本原理　　（b）驱动频率3kHz时光电响应

图 6.28　ESH 场序彩色显示[67]

▶▶ 6.4.3　电控光栅

光栅作为一类常见的衍射光学元件，广泛应用于探测、成像、全息、通信等领域。传统的反射或透射式光栅，通过在衬底上刻蚀周期性结构实现，一经制备后不能更改，液晶因其优异电控性能，可实现周期常数或亮暗等关键参数的电调控，大大拓展了衍射光栅的应用场景。其中，铁电液晶因其快响应特性，在电控光栅领域有着很大的应用潜力。

利用光敏材料 SD1 的光取向性，采用两步曝光法：第一步均匀曝光；第二步加上具有光栅条纹空隙的掩膜板，同时偏振片旋转 90°，透光的区域再次被曝光，且取向方向与第一步相垂直[54]，形成取向方向正交 ESH 区域，形成的一维和二维衍射光栅微观织构和衍射图样如图 6.29 所示。利用 SD1 取向材料的光可擦写性，可制成光读取铁电液晶光栅[48]。

利用 ESH 铁电液晶在电场下的二值响应，可实现光栅在衍射态与非衍射态之间的亚毫秒级切换。使光栅周期内相邻两区域的取向方向相互垂直，其中一个区域的取向方向偏离起偏器偏振方向 θ 角，检偏器与起偏器正交。如图 6.30（a）所示，在正向偏置电压下，为衍射态，两区域分子指向矢分别平行于起偏器和检偏器偏振方向，则两区域透射光的相位延迟量不同。若液晶盒厚满足半波条件时，两区域透射光相位延迟量差为π。在反向偏置电压下，如图 6.30（b）所示，两区域分子指向矢分与起偏器偏振方向分别呈 2θ 和 $\frac{\pi}{4}-2\theta$ 角，若铁电液晶近晶层倾角满足 $2\theta=45°$，则两区域透射光相位延迟量相同，不发生衍射。以上为 ESH 电控光栅基本工作原理。通过合理地设计，可实现多种多样的快响应铁电液晶衍射元件，如达曼光栅[94]、叉形光栅[69]及菲涅尔透镜[52]等。

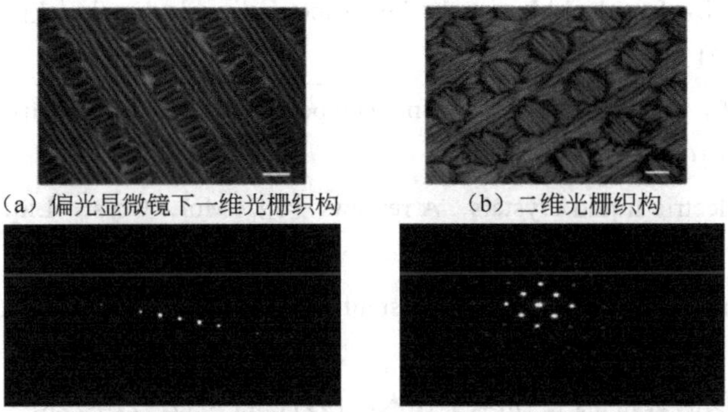

（a）偏光显微镜下一维光栅织构　（b）二维光栅织构

（c）一维光栅衍射图样　（d）二维光栅衍射图样

图 6.29　ESH 铁电液晶光栅[54]

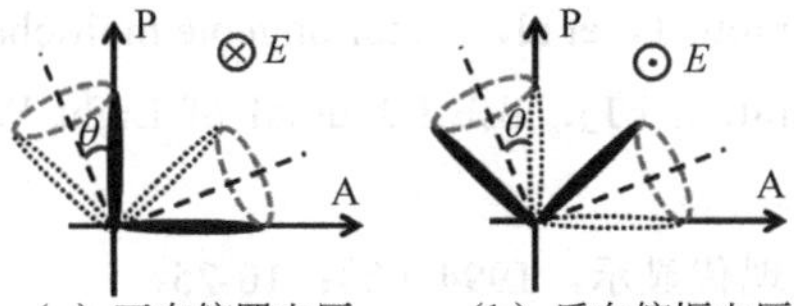

（a）正向偏置电压　（b）反向偏振电压

图 6.30　ESH 铁电液晶光栅的两相邻区域在指向矢方向

P—起偏器；A—检偏器；E—电场

6.5　本章小结

铁电液晶具有比向列相液晶快二至三个数量级的光电响应速度，是下一代显示器件和光子学器件的候选之一。铁电液晶自 20 世纪 80 年代发现以来，伴随着研究的不断深入，对其复杂内部结构的不断了解，研究者们提出了多种光电模式，实现了各不相同的光电响应特性，也针对不同的应用场景开发出丰富的光电器件。为实现其进一步应用，研究者们仍致力于取向机制优化、温度范围拓宽、器件设计等方面的研究，在显示与光子学领域铁电液晶将发挥更大作用。

习　题

1．请比较表面稳定型铁电液晶 SSFLC 和电致解旋型 ESH 的相同点和不同点。

2．若想进一步提高 ESH 液晶盒的响应速度，可以有哪几种途径，分别是什么？

3．若想进一步提高 DHF 液晶盒的响应速度，可以有哪几种途径，分别是什么？

4．DHF 液晶盒内，存在周期性螺旋结构，若使其布拉格散射中心波长落在紫外波段，要求其螺距在什么范围内？

5．至少列举三种铁电液晶的取向方式，并分析其优缺点。

参考文献

[1] Meyer R B，Liebert L，Strzelecki L，et al. Ferroelectric liquid crystals [J]. J. Phys.（Paris）Lett.，1975，36（3）：69-71.

[2] Pieranski P，Guyon E，Keller P. Shear flow induced polarization in ferroelectric smectics C [J]. J. Phys. France，1975，36（10）：1005-1010.

[3] Meyer R B. Ferroelectric liquid crystals：A review [J]. Mol. Cryst. Liq. Cryst，1977，40（1）：33-48.

[4] Clark N A，Lagerwal S T. Submicrosecond bistable electro-optic switching in liquid crystals [J]. Appl. Phys. Lett，1980，36（11）：899-901.

[5] 木兰. 铁电液晶光阀的研究 [J]. 光电子技术，1997，17（3）：224-228.

[6] Fukushima S，Kurokawa T. Optical parallel processor for binary images with cascaded bipolar-operational spatial light modulators [J]. IEEE Photonic Tech. L，1991，3（7）：682-684.

[7] Noguchi K，Sakano T，Matsuomoto T，et al，A rearrangeble multichannel free space optical switch based on multistage network configuration [J]. IEEE Journal of Light Wave Technology，1991，9（12）：1726-1732.

[8] 薛九枝. 铁电液晶显示 [J]. 现代显示，1994（2）：10-25.

[9] 小林骏介，内池平树，谷千束，等. 下一代液晶显示 [M]. 北京：科学出版社，2003.

[10] Yamada Y，Yamamoto N，Inoue T，et al. Investigation of switching behavior in ferroelectric liquid crystal aligned on obliquely deposited SiO films [J]. Jpn. J. Appl. Phys.，1989，28（1）：50-55.

[11] Bawa S S，Birader A M，Saxena K，et al，Novel alignment technique for surface stabilized ferroelectric liquid crystal [J]. Appl. Phys. Lett.，1990，57（14）：1375-1377.

[12] Clark N A，Rieker T P，Maclennan J E. Director and layer structure of SSFLC cells [J]. Ferroelectrics，1988，85（1）：79-97.

[13] Ouchi Y，Takano H，Takazoe H，et al. Two kinds of switching processes in surface stabilized ferroelectric liquid crystals [J]. Jpn. J. Appl. Phys.，1987，26（1）：L21-L24.

[14] Hikmet R，Michielsen M. Anisotropic network stabilized ferroelectric gels [J]. Adv. Mater.，1995，7（3）：300-304.

[15] 邹忠飞，李静，唐先柱，等. 单体浓度对聚合物稳定铁电液晶稳定性的影响 [J]. 光子学报，2008，37（8）：1529-1532.

[16] Miyazaki Y，Furue H，Takahashi T，et al. Mesogenic polymer-stabilized FLCDs exhibiting asymmetric and symmetric（v-shape）electrooptic characteristics [J]. Mol. Cryst. Liq. Cryst，2001，364（1）：491-499.

[17] Hikmet R，Boots H，Michielsen M. Anisotropic-network-stabilized ferroelectric gels for active matrix

addressing [J]. J. Appl. Phys., 1996, 79 (10), 8098-8105.

[18] Beresnev L A, Chigrinov V G, Dergachev D I, et al. Deformed helix ferroelectric liquid crystal display: a new electrooptic mode in ferroelectric chiral smectic C liquid crystals [J]. Liq. Cryst, 1989, 5 (4): 1171-1177.

[19] Arora S L, Fergason J L, Saupe A. Two liquid crystal phases with nematic morphology in laterally substituted phenylenediamine derivatives [J]. Mol. Cryst. Liq. Cryst, 1970, 10 (3): 243 -257.

[20] Helfrich W, Oh C S. Optically Active Smectic Liquid Crystal [J]. Mol. Cryst. Liq. Cryst, 1971, 14 (3-4): 289 -292.

[21] Musevic I, Zeks B, Blinc R, et al. Temperature dependence of the pitch of the helix in a chiral ferroelectric smectic liquid crystal [J]. Ferroelectrics, 1984, 58 (1): 71-77.

[22] Andreev A L, Andreeva T B, Kompanets I N, et al. Optical response of helix-free FLC: Continuous gray scales, fastest response, and lowest control voltage [J]. J. SID, 2014, 22 (2): 115-121.

[23] Meyer R B. Piezoelectric effects in liquid crystals [J]. Phys. Rev. Lett., 1969, 22 (18): 918-921.

[24] Young C Y, Pindak R, Clark N A, et al. Light-scattering study of two-dimensional molecular-orientation fluctuations in a freely suspended ferroelectric liquid-crystal film [J]. Phys. Rev. Lett., 1978, 40 (12): 773-776.

[25] Bahr C, Heppke G. Ferroelectric liquid crystals with high spontaneous polarisation [J]. Mol. Cryst. Liq. Cryst. Lett., 1986, 4 (2): 31-37.

[26] Shi L, Srivastava A K, Chigrinov V G, et al. Kerr effect and Kerr constant enhancement in vertically aligned deformed helix ferroelectric liquid crystals [J]. Chin. Phys. B, 2016, 25 (9): 094212.

[27] de la Fuente M R, Ezcurra A, Perez Jubindo M A, et al. Simultaneous determination of fundamental parameters for ferroelectric liquid crystals [J]. Mol. Cryst. Liq. Cryst, 1990, 7 (1): 51-61.

[28] Blinov L M, Chigrinov V G. Electrooptic effect in liquid crystal materials [M]. New York: Springer-Verlag, 1994.

[29] Dahl I, Lagerwall S T. Elastic and flexoelectric properties of chiral smectic-C phase and symmetry consideration on ferroelectric liquid crystal, Ferroelectrics [J]. Ferroelectrics, 1984, 58 (1-4): 215-243.

[30] Yang D K, Wu S T, Fundamentals of liquid crystal devices [M]. USA: John Wiley & Sons, 2006, 120-122.

[31] Barnik M I, Baikalov V A, Chigrinov, V G, et al. Electrooptics of a thin ferroelectric smectic C* liquid crystal layer [J]. Mol. Cryst. Liq. Cryst, 1987, 143 (1): 101-112.

[32] Yoshino K, Balakrishnan K G, Uemoto T, et al. Electro-optical effect in ferroelectric smectic liquid crystal [J]. Jpn. J. Appl. Phys., 1978, 17 (3): 597-598.

[33] Guo Q, Brodzeli Z, Pozhideav E P, et al. Fast electro-optical mode in photo-aligned reflective deformed helix ferroelectric liquid crystal cells [J]. Optics Letters, 2012, 37 (12), 2343-2345.

[34] Woltman S J, Jay G D, Crawford G P. Liquid-crystal materials find a new order in biomedical applications [J]. Nat. Mater., 2007, 6 (12): 929-938.

[35] George A K. Dielectric and spontaneous polarization studies of a ferroelectric chiral smectic liquid crystal [J]. World J. Condens. Matter Phys., 2012, 2 (2): 75-79.

[36] Lee J H, Kim D W, Wu Y H, et al. High-speed infrared phase modulators using short helical pitch

ferroelectric liquid crystals [J]. Opt. Express, 2005, 13 (20): 7732-7740.

[37] Kim D W, Yu C J, Lim Y W, et al. Mechanical stability of a flexible ferroelectric liquid crystal display with a periodic array of columnar spacers [J]. Appl. Phys. Lett., 2005, 87 (5): 87-90.

[38] McMurdy J W, Crawford G P, Jay G D. Monolithic microspectrometer using tunable ferroelectric liquid crystals [J]. Appl. Phys. Lett., 2006, 89 (8): 10-13.

[39] Pozhidaev E P, Kiselev A D, Srivastava A K, et al. Orientational Kerr effect and phase modulation of light in deformed-helix ferroelectric liquid crystals with subwavelength pitch [J]. Phys. Rev. E, 2013, 87 (5): 1-8.

[40] Biradar A M, Bawa S S, Haase W. Goldstone mode behaviour in deformed helix ferroelectric liquid crystal materials [J]. Ferroelectrics, 2001, 256 (1): 201-210.

[41] Wick D V, Martinez T, Wood M V, et al. Deformed-helix ferroelectric liquid-crystal spatial light modulator that demonstrates high diffraction efficiency and 370-line pairs/mm resolution [J]. Appl. Opt., 1999, 38 (17): 3798-3803.

[42] Kiselev A D, Pozhidaev E P, Chigrinov V G, et al. Polarization-gratings approach to deformed-helix ferroelectric liquid crystals with subwavelength pitch [J]. Phys. Rev. E, 2011, 83 (3): 1-11.

[43] I. Abdulhalim. Highly promising electrooptic material: Distorted helix ferroelectric liquid crystal with a specific tilt angle [J]. Appl. Phys. Lett., 2012, 101 (14): 141903.

[44] Pozhidaev E, Torgova S, Minchenko M, et al. Phase modulation and ellipticity of the light transmitted through a smectic C* layer with short helix pitch [J]. Liq. Cryst, 2010, 37 (8): 1067-1081.

[45] Srivastava A K, Pozhidaev E P, Chigrinov V G, et al. High frequency low voltage shock-free ferroelectric liquid crystal: A new electro-optical mode with electrically suppressed helix [J]. Eurodisplay, 2011, S1 (1): 1-5.

[46] Srivastava A K, Hu W, Chigrinov V G, et al. Fast switchable grating based on orthogonal photo alignments of ferroelectric liquid crystals [J]. Appl. Phys. Lett., 2012, 101 (3): 1-5.

[47] Guo Q, Srivastava A K, Chigrinov V G, et al. Polymer and azo-dye composite: a photo-alignment layer for liquid crystals [J]. Liq. Cryst, 2014, 41 (10): 1465-1472.

[48] Ma Y, Sun J, Srivastava A K, et al. Optically rewritable ferroelectric liquid-crystal grating [J]. Europhys. Lett., 2013, 102 (2): 24005.

[49] Guo Q, Srivastava A K, Pozhidaev E P, et al. Optimization of alignment quality of ferroelectric liquid crystals by controlling anchoring energy [J]. Appl. Phys. Express, 2014, 7 (1): 21701.

[50] Ma Y, Shi L, Srivastava A K, Chigrinov V G, et al. Restricted polymer-stabilised electrically suppressed helix ferroelectric liquid crystals [J]. Liq. Cryst, 2016, 43 (8): 1092–1099.

[51] Furue H, Nishiyama I, Yamamoto J, et al. Febrication of defect free surface-stabilized ferroelectric liquid crystal using an intervening interfacial layer with a graded Sm A-Sm C* transition temperature [J]. Jpn. J. Appl. Phys., 2001, 40 (8A), L820-L823.

[52] Srivastava A K, Wang X Q, Gong X Q, et al. Micro-patterned photo-aligned ferroelectric liquid crystal Fresnel zone lens [J]. Optics Letters , 2015, 40 (8): 1643-1646.

[53] Srivastava A K, Pozhidaev E P, Chigrinov V G, et al. Single walled carbon nano-tube, ferroelectric liquid crystal composites: Excellent diffractive tool [J]. Appl. Phys. Lett., 2011, 99 (20): 1-4.

[54] Hu W，Srivastava A K，Lin X W，et al. Polarization independent liquid crystal gratings based on orthogonal photoalignments [J]. Applied Physics Letters，2012，100：111116.

[55] Furue H，Miyama T，Iimura Y，et al. Mesogenic polymer stabilized ferroelectric liquid crystal display exhibiting monostability with high contrast ratio and grayscale capability [J]. Jpn. J. Appl. Phys.，1997，36（11B）：L1517-l1519.

[56] Rieker T P，Clark N A. Smectic–C “chevron”，a planar liquid-crystal defect：implications for the surface-stabilized ferroelectric liquid crystal geometry [J]. Phys. Rev. A.，1988，37（3）：1053-1056.

[57] Handschy M A，Clark N A. Structure and response of ferroelectric liquid crystals in the surface stabilized geometry [J]. Ferroelectrics，1984，59（1-2）：69-116.

[58] Ishikawa K，Uemura T，Takazoe H，et al. Screw dislocations decorated by disclinations of c-directors observed in thin ferroelectric smectic liquid crystal cells [J]. Jpn. J. Appl. Phys. 1984，23（9）：L666-L668.

[59] Ouchi Y，Takano H，Takazoe H，et al. Zig-zag defects and disclinations in the surface-stabilized ferroelectric liquid crystals [J]. Jpn. J. Appl. Phys.，1988，27（1）：1-7.

[60] Mochizuki A，Motoyoshi K，Nakatasuka M. A high contrast and high transmittance multiplexing SSFLC display utilizing naphthalene base liquid-crystal materials [J]. Ferroelectrics，1991，122（1-4）：37-51.

[61] Mochizuki A，Kobayashi S. Surface effect on the threshold electric-fields of cholesteric-nematic phase-transition and its reverse process [J]. Mol. Cryst. Liq. Cryst，1993，225（1）：89-98.

[62] Furue H，Iimura Y，Miyamoto Y，et al. Febrication of zigzag defect free surface stabilized ferroelectric liquid crystal display using polyimide orientation film [J]. Jpn. J. Appl. Phys.，1998，37（6A）：3417-3421.

[63] Furue H，Tskahashi T，Kobayashi S. The effect of substrate surface smoothness on the chevron layer structure of surface-stabilized ferroelectric liquid crystals [J]. Ferroelectrics，1999，244（1）：75-82.

[64] Kim H W，Lee H S，Kim J D. Spontaneous polarization and electro-optic behaviour of a ferroelectric liquid crystal cell fabricated with polyimide Langmuir Blodgett films [J]. Liq. Cryst，2002，29（3）：413-420.

[65] Rupp T，Eberhardt M，Gruler H. Investigation and handing of Langmuire-Blodgett polyimide alignment layers for surface-stabilized ferroelectric liquid crystal displays [J]. Jpn. J. Appl. Phys.，1992，31（11）：3636-3641.

[66] Ouchi Y，Lee J，Takezoe H，et al. Smectic layer structure of thin ferroelectric liquid crystal cells alignment by Si O oblique evaporation technique [J]. Jpn. J. Appl. Phys.，1988，27（11）：L1993-L1995.

[67] Srivastava A K，Chigrinov V G，Kwok H S. Electrically suppressed helix ferroelectric liquid crystals for modern displays Abhishek [J]. J. SID，2015，23（4）：176-181.

[68] Y. Chen，Xianyu H，Sun J，et al. Low absorption liquid crystals for mid-wave infrared applications [J]. Opt. Express，2011，19（11）：10843-10848.

[69] Ma Y，Wei B Y，Shi L Y，et al. Fork gratings based on ferroelectric liquid crystals [J]. Optics Express，2016，24（6）：5822 -5828.

[70] Ichimura K，Suzuki Y，Seki T，et al. Reversible change in alignment mode of nematic liquid crystals regulated photochemically by “command surfaces” modified with an azobenzene monolayer [J]. Langmuir，1988，4（5）：1214-1216.

[71] Yaroshchuk O V，Kiselev A D，Zakrevskyy Y，et al. Photo-induced three dimensional orientational order in side chain liquidcrystalline azopolymers [J]. Physical Review E，2003，68（1）：011803.

[72] Schadt M，Schmitt K，Kozenkov V，et al. Surface-induced parallel alignment of liquid crystals by linearly polymerized photopolymers [J]. Japanese Journal of Applied Physics，1992，31（7）：2155-2164.

[73] Dyadyusha A G，Marusii T Ya，Reznikov Yu A，et al. Orientational effect due to a change in the anisotropy of the interaction between a liquid crystal and a bounding surface [J]. JETP Letters，1992，56（1）：17-21.

[74] Chen J，Johnson D L，Bos P J，et al. Model of liquid crystal alignment by exposure to linearly polarized ultraviolet light [J]. Physical Review E，1996，54（2）：1599.

[75] Hasegawa M. Modeling of photoinduced optical anisotropy and anchoring energy of polyimide exposed to linearly polarized deep UV light [J]. Japanese Journal of Applied Physics，1999，38（4B）：L457-L460.

[76] Nishikawa M，Taheri B，West J L. Mechanism of unidirectional liquid-crystal alignment on polyimides with linearly polarized ultraviolet light exposure [J]. Applied Physics Letters，1998，72（9）：2403.

[77] Chigrinov V G，Kozenkov V M，Kwok H S. Photoalignment of liquid crystalline materials [M]. England：John Wiley & Sons，2008.

[78] Chigrinov V，Pikin S，Verevochnikov A，et al. Diffusion model of photoaligning in azo-dye layers [J]. Phys. Rev. E，2004，69（6）：061713.

[79] Kiselev A D，Chigrinov V G，Kwok H S. Kinetics of photoinduced ordering in azo-dye films：Two-state and diffusion models [J]. Phys. Rev. E，2009，80（1）：1-16.

[80] Akiyama H，Kawara T，Takada H，et al. Synthesis and properties of azo dye aligning layers for liquid crystal cells [J]. Liq. Cryst，2002，29（10）：1321-1327.

[81] Fukuda J，Yoneya M，Yokoyama H. Surface-groove-induced azimuthal anchoring of a nematic liquid crystal：Berreman's model re-examined [J]. Phys. Rev. Lett.，2007，98（18）：187803.

[82] Cui Y，Zola R S，Yang Y C，et al. Alignment layers with variable anchoring strengths from Polyvinyl Alcohol [J]. J. Appl. Phys.，2012，111（6）：063520.

[83] Murauski A，Chigrinov V，Muravsky A，et al. Determination of liquid-crystal polar anchoring energy by electrical measurements [J]. Phys. Rev. E，2005，71（6）：061707.

[84] Pozhidaev E P，Chigrinov V G，Panarin Y P，et al. Anchoring energy of a ferroelectric liquid crystal with solid surface [J]. Mol. Mats.，1993，2：225-238.

[85] Panarin Y U P. Hysteresis and anchoring energy in ferroelectric liquid crystals [J]. Mol. Mats.，1993，1：137-144.

[86] Kiselev A D，Chigrinov V G，Pozhidaev E P. Switching dynamics of surface stabilized ferroelectric liquid crystal cells：effects of anchoring energy asymmetry [J]. Phys. Rev. E，2007，75（6）：061706.

[87] Bawa S S，Biradar A M，Chandra S. Symmetric switching in strong anchoring surfaces of large-core-angle ferroelectric liquid crystal [J]. Appl. Phys. Lett.，1993，62（26）：3441.

[88] Kwok H S，Chigrinov V G，Takada H，et al. New developments in liquid crystal photo-aligning by azo-dyes [J]. J. Disp. Technol.，2005，1（1）：41-50.

[89] Hartmann W J A M，Luyckx-Smolders A M M. The bistability of the surface-stabilized ferroelectric liquid-crystal effect in electrically reoriented chevron structures [J]. J. Appl. Phys.，1990，67（3）：

1253-1261.

[90] Sato Y, Sato K, Uchida T. Relationship between rubbing strength and surface anchoring of nematic liquid crystal [J]. Jpn. J. Appl. Phys., 1992, 31 (5A): L579-L581.

[91] Chigrinov V G, Srivastava A. Ferroelectric liquid crystal cells for advanced applications in displays and photonics [J]. Mol. Cryst. Liq. Cryst, 2014, 595 (1): 39-49 .

[92] Chen H M, Lin C W. Free alignment defect, low driving voltage of half-V ferroelectric liquid crystal device [J]. Appl. Phys. Lett., 2009, 95 (8): 083501.

[93] Guo Q, Fan F, Murauski A, et al. Fast low voltage ferroelectric liquid crystal for field Sequential color display [J]. Photonics Lett. Pol., 2011, 3 (1): 26-28.

[94] Fan F, Yao L, Wang X, et al. Ferroelectric liquid crystal dammann grating by patterned photoalignment [J]. Crystals, 2017, 7 (3): 79.

[95] Chigrinov V G, Pozhidaev E P, Srivastava A, et al. Fast ferroelectric liquid crystal modes for field-sequential-color and 3D displays [J]. SID, 2012, 43 (1): 117-120.

[96] Wessling M, Engström D, Lagerwall S T, et al. Fast orthoconic antiferroelectric liquid crystals for field-sequential color applications field-sequential color generation conclusions [J]. SID Symp. Dig. Tech., 2012, 43 (1): 456-458.

[97] Akahashi T T, Urue H F, Hikada M S, et al. Preliminary Study of field sequential fullcolor liquid crystal display using polymer stabilized ferroelectric liquid crystal display [J]. Jpn. J. Appl. Phys., 1999, 38 (5): L534-L536.

第 7 章

增强现实显示技术及液晶器件的应用

李　燕　刘澍鑫
上海交通大学
电子信息与电气工程学院

7.1　人眼视觉因素

7.1.1　人眼视觉模型

眼睛是人类的视觉器官，人类对外界超过 80%的感知信息都是由眼睛获得的。人眼是一套由角膜、晶状体、玻璃体及视网膜等组成的完整的视觉感知系统。图 7.1 所示为眼球的生理结构。外界的光线经晶状体和玻璃体的折射，最后成像在视网膜上。视网膜负责把光信号转化为电信号，并由神经细胞传输到大脑，经过大脑的处理，最终对图像信息进行认知。

1. 屈光度

眼睛折射光线的作用称为屈光。在光学中，通常用屈光度或焦度来度量光学系统的屈光能力，用 φ 表示，为焦距的倒数，单位为 D（$1D=1m^{-1}$）。如果焦距是 10cm，那么 φ=10D。人通过调节眼睛的屈光度，使处于不同深度的物体在视网膜上清晰成像。一般情况下年轻人通常可以连续改变 14 个屈光度，而到 50 岁时则仅可以改变 2 个屈光度，79 岁以上时人眼的屈光调节能力基本为 0。

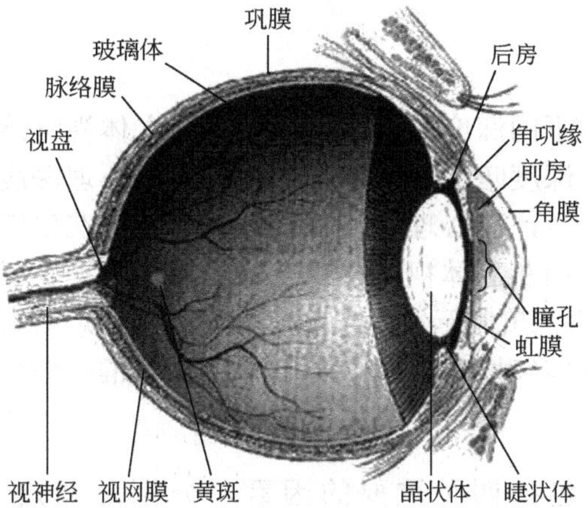

图 7.1 眼球的生理结构[1]

2. 瞳孔

瞳孔是动物或人眼睛内虹膜中心的小圆孔，是光线进入眼睛的通道。其附近肌肉可调节瞳孔的大小。一般人眼的瞳孔直径大小为 1.5～8mm，人眼平均的瞳孔大小约为 3mm。瞳孔的作用类似于照相机中的光圈，通过调节瞳孔的大小，始终保持适量的光线进入人眼。当人从暗环境进入明亮环境时，瞳孔会迅速变小，减少光通量，不至于因光线太强而灼伤眼睛；反之，从明亮环境进入暗环境时，瞳孔会变大，以增加光通量，看清楚黑暗物体。瞳孔在人眼器官中起着重要作用，不仅能在不同照明环境下进行光通量调节，还影响眼睛光学系统的焦深和像差。

3. 分辨率

人眼的分辨率是角分辨率。当空间中两个点对人眼所成的张角小于人眼的分辨率时，人眼将无法对这两个点进行区分。人眼角分辨率θ的计算需遵循瑞利判据，$\theta=1.22\lambda/D$，其中λ为光波长，D 为瞳孔直径。然而事实上，只有视网膜上黄斑附近的位置有足够多感光细胞，可以达到这么高的分辨率；远离黄斑位置，分辨率迅速下降。

4. 视觉暂留

当人眼所看到的影像消失后，人眼仍能继续保留图像 0.1～0.4s。这种残留的图像称“后像”，而这一现象则被称为“视觉暂留”。一般来说当每秒有 24 幅或更多的图片进行更替变换时，人眼就会看到一个连续的画面，这也是视频播放的原理。视频播放的最低刷新速度为 24Hz。对于显示器件，一般要求其刷新率达到 60Hz，画面才不会有明显的闪烁感。

5. 视场角

视场角是指人眼能够观看到的最大的视野范围。人类单眼视场角通常在水平方向上有 150°～160°，在竖直方向上有 120°～130°。双眼视场角在水平方向可以达到 200°～210°；当眼球移动时，水平方向的视场角可以扩大到 290°。

▶▶ 7.1.2 深度暗示

人眼双目视觉系统对不同深度的物体可产生不同立体视觉感受，产生这些立体视觉感受的因素称为深度暗示。深度暗示分为生理深度暗示和心理深度暗示。生理深度暗示一般由视觉系统本身的特点决定，而心理深度暗示则基于人们在生活中日积月累的感知经验和视觉记忆。研究表明，人们在立体视觉感受上，首先会根据生理深度暗示去判断，当移除这些生理深度暗示时，心理深度暗示才会起主导作用。为实现自然舒适的三维显示，需要正确地提供人眼立体视觉所需的各种深度暗示，这样才能达到惟妙惟肖、逼真自然的显示效果。

1. 生理深度暗示

生理深度暗示主要包括四种重要的因素，分别是调焦（accommodation）、辐辏（vergence）、移动视差（motion parallax）和双目视差（binocular disparity）。

调焦是指当物体处于不同距离时，睫状肌需要对晶状体的形状进行调节，改变眼睛的屈光度，从而在视网膜上获得清晰的成像，如图 7.2（a）所示；反之，人们也可以从睫状肌的收缩或放松程度来反推三维物体的深度。由于人眼光学系统的景深有限，当眼球调焦到近处物体时，远处物体会变得模糊；当调焦到远处物体时，近处物体变得模糊。这种生理深度暗示在单眼观看时，就可以被感知。但其深度感知范围有限，且灵敏度随观看距离的增大而降低，对 10m 以外物体的距离变化几乎无法感知。

观看三维空间中的一点时，双目的视轴会交会于该点，形成辐辏角。看向近处物体时，眼球会朝内侧转动，使辐辏角变大；反之，看向远处物体时，辐辏角会变小，如图 7.2（b）所示。辐辏角的大小与人眼观看距离近似成反比，因此，根据视轴辐辏角的大小，大脑可以反推出物体的深度信息，这种生理深度暗示称为辐辏。

当观察者相对于三维物体的位置发生移动时，观察得到的图像也会发生变化，距离越近的物体移动得越快，越远的物体移动得越慢。这种深度感知要素称为移动视差，如图 7.2（c）所示。

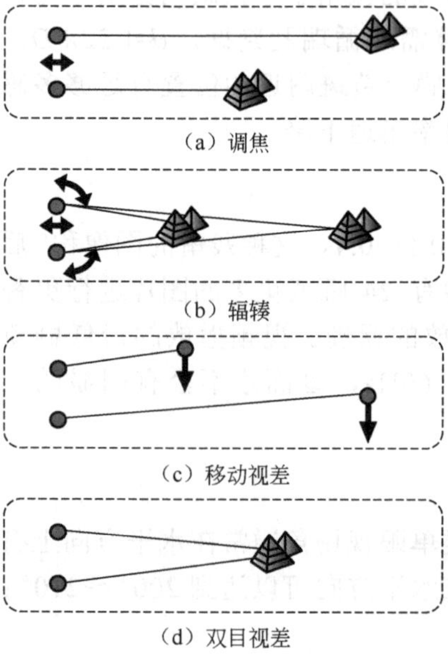

图 7.2 人眼视觉四种生理深度暗示[2]

由于两眼之间存在一定的间距（瞳孔间距，约为 6.5cm），在观察某个三维物体时，左、右眼与该物体的相对位置不一样，观察得到的图像也存在差异。左眼看到左边的部分多一些，右眼看到的右边部分多一些，因此，左、右眼视网膜感受到不同的刺激，形成视觉上的差异，即双目视差，如图 7.2（d）所示。本质上，双目视差与移动视差产生的原因相同（物体与眼睛的相对位置不同），观察到的图像也不同。

2. 心理深度暗示

心理深度暗示是人们在日积月累长期观察世界的基础上获得的，更多的是一种生活经验，所以在缺乏生理深度暗示的情况下，人们仍然能够判断出物体的远近信息。主要的心理深度暗示包括线性透视、遮挡、阴影、纹理、先前认知。

（1）线性透视。景物随着距离的变大而在视野中显得越来越小。就好像道路在远处在视野中会逐渐成缩小成一点。如图 7.3 所示，利用线性透视，人们可以明确地分辨出远近信息。线性透视也是绘画中经常用到的一种表现手法，可以使绘画立体感更为逼真。

图 7.3 线性透视[1]

（2）遮挡。遮挡是指前面（距离较近）的不透明物体会遮住后面(距离较远)的物体的某一部分。人们会根据遮挡与被遮挡的关系，可以自然而然地判断出物体的远近关系：没有被遮挡的物体在前面而被遮挡的物体在后面。如图 7.4 所示，一个圆柱体和一个长方体，其大小和在图像中位置都没有发生变化，只是改变物体的遮挡关系，我们可以轻易地辨别出，在图 7.4（a）中没有被遮挡的长方体在前面，被遮挡的圆柱体后面；在图 7.4（b）中则圆柱体在前面，而长方体在后面。

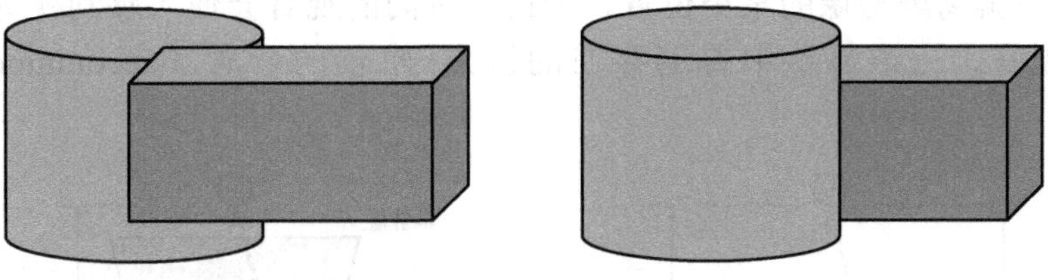

(a)　　　　(b)

图 7.4 遮挡

（3）阴影。阴影的出现会影响人们对物体三维信息的判断。如图 7.5 所示，阴影可以帮助人们判断物体的凹凸，亮的部分为光线照亮的部分，而暗的部分则是背着光线的部分，看到这样的图片，人们会自然而然地在心里产生空间层次感。

（4）纹理。纹理指的是物体表面一个小范围的纹理结构能够显出物体的三维形状及其与观看者的距离，如图 7.6 所示。

图 7.5 阴影[1]

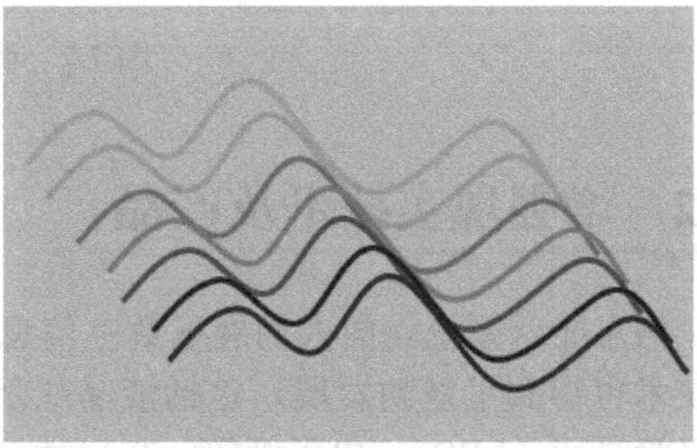

图 7.6 纹理

（5）先前认知。人们在长期认识世界的过程中，会形成自己的认知，根据熟悉的物体与光线的相互作用及物体的运动方式，可以想象和推断它们的三维形状和距离。例如，我们可以根据场景中人的高度，大致地推断出其所在位置的距离远近。

▶▶ 7.1.3 调焦-辐辏矛盾

目前 AR/VR 系统通常采用双目视差式的三维显示方式，即将两幅视差图像分别显示在两块微显示屏（或一块显示屏的两个区域）上，通过光学系统成像放大并投送到左右眼，来产生三维深度信息。这种显示方法实现起来较为简单，但是它不能正确提供人类视觉系统的生理深度暗示要素，在长期观看后用户容易产生头晕、恶心等不适感，因此被认为是一种伪三维显示技术。

如图 7.7 所示，在真实世界中观看物体时，眼球调焦对应的距离和双眼辐辏对应的距离是一致的，因此人眼不会感到任何的不适。而在双目视差式三维显示中，一方面，人眼必须调焦在二维微显示屏幕的像面上，才能观看到清晰的图像内容，另一方面，所要表现的三维物体是立体的，呈现于在屏幕像的前方或后方，因此双眼之间的辐辏夹角随着三维物体的远近变化而相应地改变。这样，人眼的调焦和辐辏生理深度暗示就会产生矛盾。根据眼球调焦的深度暗示，人会觉得物体在屏幕像所在的位置；而根据双眼辐辏的深度暗示，人又觉得物体在偏离屏幕像的某个位置，因此长时间的观看会使人感到视觉疲劳和不适。这就是双目视差式三维显示中普遍存在的调焦-辐辏的矛盾（accommodation-vergence conflict）[3,4]。

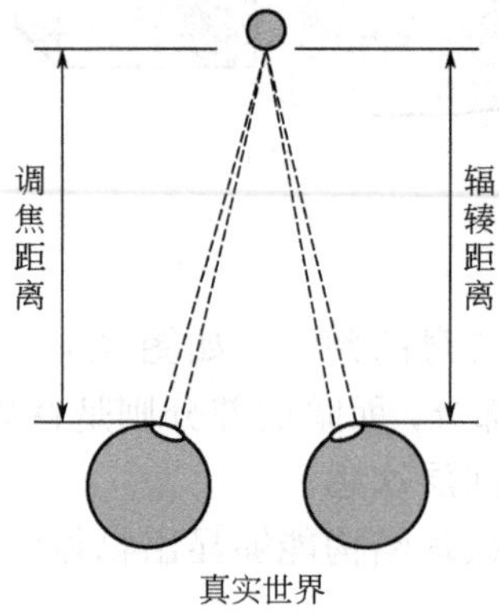

（a）真实世界中调焦与辐辏一致

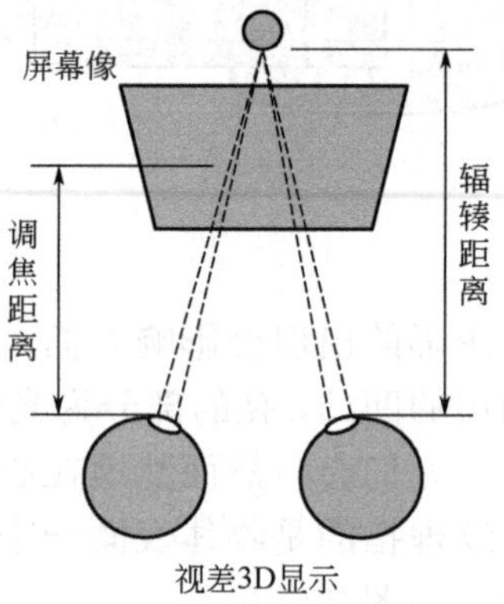

（b）双目视差三维显示中调焦-辐辏的矛盾

图 7.7 调焦-辐辏矛盾示意

7.2 增强现实技术及产品

信息显示系统是向人们展示数字信息的重要窗口。随着信息科技的日新月异，各种显示技术也得到了蓬勃发展，包括液晶显示（LCD）、有机发光二极管显示（OLED）、发光二极管显示（LED）、电子纸等，在尺寸、分辨率、色彩和对比度等方面都取得了巨大的进步，极大地丰富了人们的生活。近几年，以 Oculus Rift、Google Glass 和 Microsoft Hololens 为代表的虚拟现实（VR）和增强现实（AR）技术，在全球范围内掀起了一股投资热潮。而基于平板显示的头戴式显示，作为 VR/AR 技术的核心部分之一，也成为企业界和学术界的研发热点。如果说个人电子终端及互联网技术进步的终极方向是找到一个人类现实世界同另外一个平行的虚拟世界交互的接口，那么在经历了个人电脑、手机这些过渡产品之后，能够提供全感官式交互的装置就是虚拟现实或者增强现实系统了。

7.2.1 虚拟现实技术

虚拟现实（virtual reality，VR）技术是一种通过计算机产生虚拟背景或环境，在一定范围内创造一个与真实环境在视、听、触感等方面高度相似的数字化虚拟世界的技术。用户不能看到外部的真实环境，完全沉浸在虚拟的世界中[5~8]。一些虚拟现实系统可以借助外部设备，实现与虚拟数字化环境的实时交互，从而产生身临其境的感受和体验。虚拟现实技术具有广泛的应用前景，可用于危险环境作业（如核设施、水下设施），耗费巨大（如军事训练）或作业对象难以获得（如医疗手术、航天器维修）的行业和领域，该技术还可应用于场景设计、游戏、影视制作等领域。

目前的虚拟现实系统大多借助头戴眼镜来实现三维立体显示，近几年，如 Oculus Rift、HTC Vive、Sony PS4 等基于微显示屏的虚拟现实头戴眼镜率先进入市场。随着手机屏幕分辨率的不断提高，一类借助手机屏幕为显示屏的辅助头戴眼镜虚拟现实装置，例如 Google Cardboard 眼镜、暴风魔镜、蚁视 3D 头盔等产品，也逐渐出现，并凭借着其价格优势迅速占领低端市场。如图 7.8 所示，为 Google 的一款由纸板制作的头戴眼镜 Cardboard 纸板经过折叠之后形成眼镜的模样。左、右眼通过 Cardboard 上的镜片，分别看到手机屏幕上两个区域像素所成的像，通过手机软件播放双目视差的三维视频，就可以实现简单的虚拟现实体验[9]。虚拟现实技术已经以快速的步伐迈进到人们的生活中，并带动相关硬件设备研发和软件环境开发产业的发展。随着科学技术的进步，虚拟现实系统的沉浸感会越来越真实，设备也会越来越轻巧便携，将给人们带来更好的体验。

图 7.8 Google Cardboard [9]

虚拟现实的三个重要特征是沉浸感（immersion）、交互性（interactivity）和构想性（imagination）。由于虚拟现实的这三种特征的英文单词均以“I”开头，因此被称为虚拟现实的“3I 特征”[10]。

沉浸感又称临场感，是指用户通过虚拟设备如头戴式显示设备和感知系统，沉浸于虚拟场景的感知程度。理想的虚拟设备，应达到真假难辨的效果，使用户完全沉浸于计算机生成的三维场景中。在现实生活中，人们通过视觉、听觉、触觉、嗅觉等知觉来感受外部世界，所以在理想情况下，虚拟现实技术旨在通过现代科学技术产生类似真实场景中人们感受到的各种知觉，使用户尽可能沉浸于虚拟的环境中。相应的人们也提出了视觉沉浸、听觉沉浸、触觉沉浸和嗅觉沉浸，也对相关设备提出了更高的要求。

交互性是指用户进入虚拟环境之后，可以用自然的方式对虚拟环境中的物体进行操作，并且得到反馈，同时保证操作的实时性和有效性。在传统人机交互方式中，输入设备通常为鼠标、键盘等非自然的输入方式，而输出设备通常为二维平板显示屏，人机交互方式受到一定的限制。而在虚拟现实系统中，通过一些传感输入设备（如手势、语音识别装置），实现更自然的人机交互。在这种自然的交互环境中，用户在虚拟世界中的各种感知会显得更为真实，可实现更好的沉浸性。

构想性指的是虚拟的环境可提供广阔的想象空间，拓宽人类的认知范围，其不仅可以再现一些日常的场景，还可以呈现出一些未知世界或者人类无法体验的场景。用户可以通过视、听、触、嗅等多种感觉来体验一个构想的现实。如虚拟现实系统可以呈现月球上的场景，让用户来体验在月球上行走的感觉。在虚拟现实中，用户并不需要像读小说那样靠自己的主观想象，在脑海中构造虚拟场景。虚拟现实设备作为一种媒介，凭借场景创造者的想象力和虚拟现实技术所提供的多种感知，来客观地向用户展示构想性的虚拟空间，产生更真实的感官体验。

▶▶ 7.2.2 增强现实技术

增强现实技术是在虚拟现实基础上发展起来的技术。在增强现实[11,12]系统中，计算机对用户直接观察到的真实信息进行分析和处理，将生成的虚拟信息正确地叠加到真实场景中，从而使虚拟信息与真实世界无缝融合在一起，使用户与虚拟物体进行交互提高体验的真实感，并辅助用户认知现实世界[13~15]。广义上的增强现实，不仅仅是在视觉上实现真实场景和虚拟场景的融合，也要在听觉、触觉等感知上实现增强，产生身临其境、虚实难分的效果。增强现实技术具有三个主要特征：实时交互、虚实融合和三维注册。

实时交互是指用户与真实世界和虚拟信息间的自然交互。相比于虚拟现实，交互对象则不再限制于虚拟世界，还包括现实世界中的物体。通过操作现实世界中的物体，虚拟场景也相应地发生改变，获得更好的虚实融合体验。例如，用户可以通过操作真实环境中的物体，感受物体的质量、大小、质感等因素，同时虚拟物体也随着真实物体相应地移动，可实现更自然的、实时的交互操作。

虚实融合指的是通过把计算机产生的虚拟信息叠加到真实的环境中，从而实现对现实世界的增强。其目的是使用户感受到虚拟世界与真实世界是一致的，做到虚中有实、实中有虚。通过真实环境与虚拟世界的融合，可以实现更好的视觉效果，帮助用户观察、认知和学习。

三维注册技术是增强现实系统关键技术之一。注册就是将计算机生成的虚拟物体信息和真实场景的景物“精准对齐”。只有采用高精度的注册方法，虚拟物体和真实场景才能做到精准无缝融合。

增强现实技术是计算机图形学、三维成像技术、三维跟踪技术、语音与模式识别技术、仿真技术、传感与测量技术、网络技术等相关技术的交叉。增强现实把虚拟世界和真实世界叠加在一起，全方位地增强用户的观感体验，给人们提供一种全新的认识和感知世界的方式。增强现实技术可以应用在诸多领域（见图 7.9 和图 7.10）中。在军事领域，士兵可以通过增强现实军事训练系统，同时看到真实的战场场景和叠加的虚拟战场情景；在医学领域，增强显示技术可以把三维医疗数据与患者的身体相结合，帮助医生更好地分析和判断病情，甚至协助手术的进行[16]；在文化领域，增强现实技术可实现历史遗迹复原、文物智能解说等应用，例如，通过增强现实技术可以在圆明园的废墟之上叠加计算机恢复生成的三维场景，达到复原圆明园遗迹的目的[17,18]；在商业领域，增强现实也有很多的应用，例如，“魔幻镜”可以将衣服的数字影像显现在客户身体之上，实现虚拟试穿效果[15,18]；在游戏娱乐领域，增强现实游戏可以将虚拟的游戏情景加载到真实的环境中，游戏体验的逼真性、可操作性和互动性都大大增强了[19]。

娱乐

文化

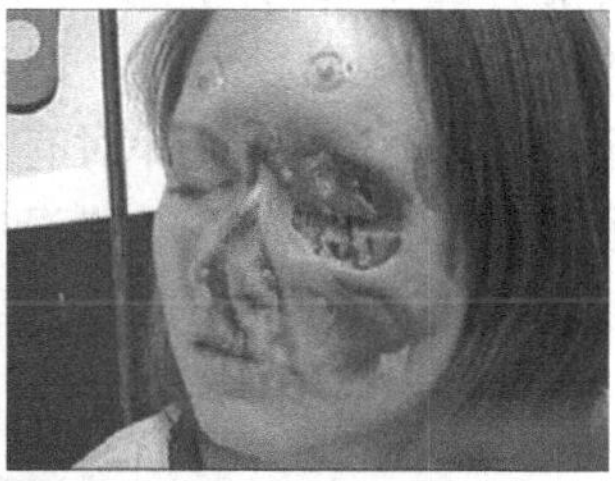
医学

商业

教育

军事训练

图 7.9 增强现实技术的应用[15]

(a)

(b)

图 7.10 实时交互的增强现实显示[20]

▶▶ 7.2.3 增强现实主要产品

由于增强现实巨大的应用前景和商业价值，国内外不少企业、高校和研究机构设立研发团队，投入增强现实技术的研发工作，使其成为时下的一个研究热点。目前比较知名的产品和设计包括微软的 Hololens[20]、Google 的谷歌眼镜（Google Glass）[21]、ODG（Osterhout Design Group）眼镜[22]、爱普生的 Moverrio[23]，Digilens 眼镜[24]和 Meta[25]。本节将对市面上一些主流设备进行介绍。

1. Google Glass

Google Glass[21]是谷歌于 2012 年发布的一款具有增强现实功能的单目智能眼镜，与智能手机一样，它可以实现视频通话、拍照、听音乐、观看视频等功能（见图 7.11）。Google Glass 前方的分光镜，可以将硅基液晶微显示屏（liquid crystal on silicon，LCoS）投影的图像反射成像到人眼视网膜上，同时让外界环境光线透过进入人眼，从而实现增强现实显示的功能。图 7.12 所示为 Google Glass 的效果，通过 Google Glass 可以在不影响观看前方物体的情况下，查看天气、时间、照片等信息。Google Glass 具有类似传统眼镜的结构，质量轻，体积小，并且针对有视力障碍的用户可以安装近视或远视镜片。Google Glass 曾掀起了一时的轰动，但最终没有广泛进入人们的日常生活，其原因包括续航时间太短、售价昂贵、系统体验差及过小的视角（仅 14.8°）等。

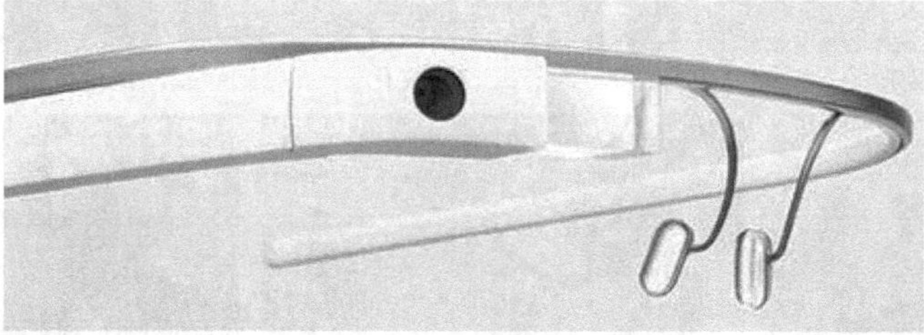

图 7.11 Google Glass 外观[21]

图 7.12 Google Glass 效果[21]

2. ODG 眼镜

Osterhout Design Group（以下简称 ODG）[22]是美国旧金山的一家电子产品公司，并在最近几年推出几款智能增强现实眼镜。ODG 眼镜没有将处理器和电池集成到一侧，而是在镜片上方中间位置集成了处理器、存储器和摄像头，两侧的空间则留给大容量电池（见图 7.13）。两个 1080P 的 OLED 微显示屏幕为用户提供色彩炫丽的 3D 立体画面（见图 7.14）。

相比于 Google Glass，在视角方面，ODG 眼镜的表现也更为出色，ODG R9 眼镜有 50°的视角。在驾车过程中，ODG 智能眼镜可在真实的场景中叠加导航信息，实现导航功能。

图 7.13 ODG R9 智能眼镜外观[22]

图 7.14 ODG 智能眼镜效果[22]

3. Meta

Meta[25]是一家可穿戴设备公司，主要专注于可穿戴计算和增强现实技术领域，总部位于美国加利福尼亚州的 Portola Valley。Meta2 智能眼镜采用较大尺寸的 LCD 显示屏提供图像源，可以实现接近 90°的大视角，同时提供单眼 1280×1440 分辨率的画面显示。但是 Meta 智能眼镜不像 Google Glass 和 ODG 眼镜属于一体机产品，而是需要与电脑连接才能使用。图 7.15 和图 7.16 所示为 Meta2 智能 AR 眼镜及其效果，用户通过手势操作三维虚拟的物体可以进行一些简单的游戏。

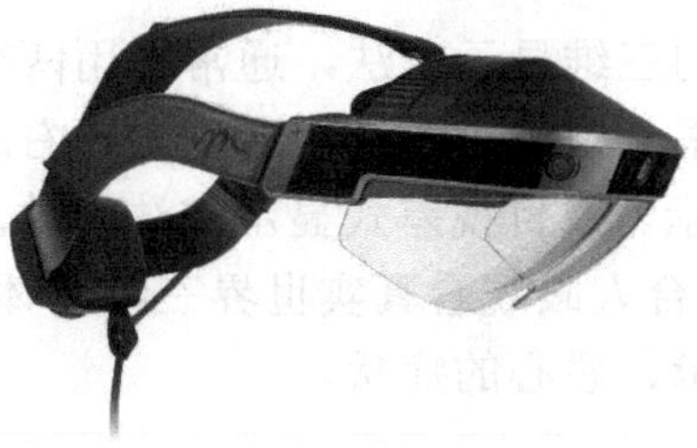

图 7.15 Meta2 AR 眼镜外观[25]

图 7.16 Meta 2 AR 眼镜效果[25]

4．Hololens

微软 Hololen[20, 26]是由微软公司 2015 年发布的，其外观如图 7.17 所示。在三维显示方法上，此款产品依然采用的是双目视差三维显示技术，即通过左右眼显示不同的视差图像来实现三维显示，而非全息显示方法。Hololens（全息眼镜）名称的由来，大概是因为其采用的一关键部件为全息波导[27]。Hololens 通过计算机图像处理、传感器、网络技术，可以实现快速实时的三维注册和精准的姿态位置定位，即使观察者快速移动，虚拟物体仍能很好地与真实物体贴合，将虚拟的世界和真实的世界无缝地融合在一起，给用户带来“更真实的现实”体验。同时，Hololens 提供了手势、凝视、语音三种交互方式。如图 7.18 所示，利用 Hololens 可以在眼前展示一幅心脏的立体图，通过凝视视线的移动可以将光标移动到不同结构组织，并显示其名称，而用户用手势可以对虚拟物体进行操作，使用户更好地进行学习。美中不足的是 Hololens 的视角较小（只有 30° 左右），如果用户稍微转动头，虚拟物体就会移出视角范围，影响了真实性感受。

图 7.17 Hololens 外观[20]

图 7.18 Hololens 效果[20]

▶▶ 7.2.4 AR 眼镜三维成像机理

头戴式显示是增强现实系统的重要部分，对用户交互体验起至关重要的作用。在现实生活中，人们所观察到的世界是三维的，为达到更好地虚实无缝融合，增强现实也需要生成三维虚拟场景。三维显示画面越逼真，感染力越强。同时，三维显示[28~30]可以为用户提供一种新的三维交互体验，用户的所有操作均可以在三维空间内进行，实现自然的人机交互。

目前大部分 VR/AR 产品一般采用双目视差式的三维显示方法，通常采用两个微显示屏或者将一块屏幕分割成两部分，来分别为左、右眼分别提供图像，通过左、右眼中虚拟物体的视差，来实现不同深度的显示，如图 7.19 所示。双目视差式显示方法简单，很容易实现连续、大深度范围的三维显示，但其本质上不符合人眼观看真实世界三维物体的特性，用户长时间观看后容易产生视觉疲劳，甚至产生头晕、恶心的症状。

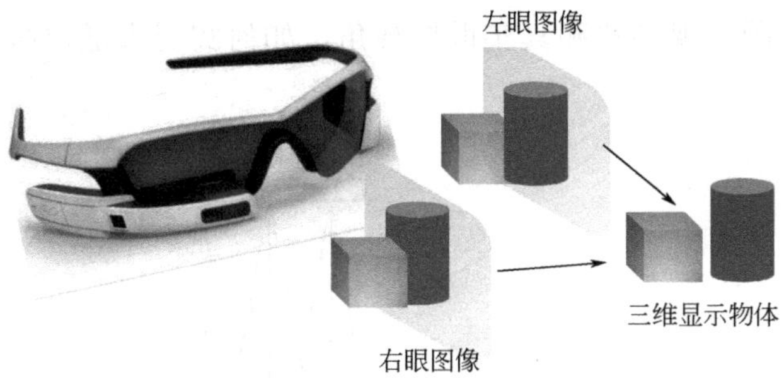

图 7.19 智能眼镜 3D 成像机理

7.3 头戴式增强现实显示系统

头戴式显示（Head Mounted Display HMD）是 AR/VR 系统的重要组成部分。HMD 一般由图像源、光学成像系统、电路控制系统及其他组装附件组成。虚拟现实和增强现实显示设备中的光学结构可以分别作如图 7.20 和图 7.21 的简化。虚拟现实显示设备主要由一个微显示屏和一个等效接目透镜组成。微显示屏位于接目镜的焦面上或者一倍焦距以内，形成一个放大的虚像。而增强现实显示设备除了微显示屏、接目镜，还有一个融合器（如分光镜）。融合器的主要作用是把微显示屏显示的虚拟画面导入人眼，同时又允许外部的光线透射进入人眼。

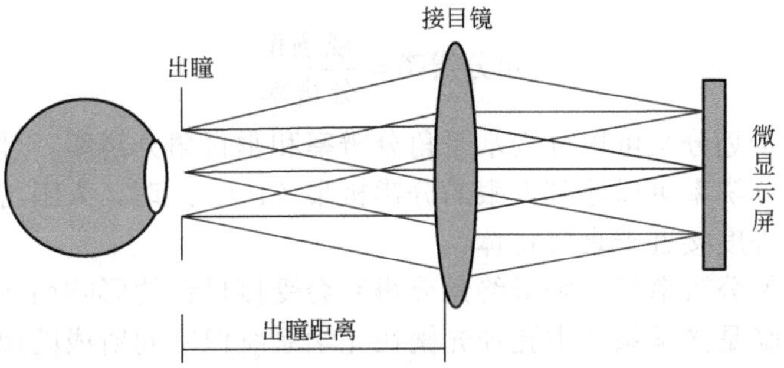

图 7.20 虚拟现实显示系统中的简化光学结构

7.3.1 头戴式显示系统参数

头戴式显示系统参数包括分辨率、视场角（field of view，FOV）、角分辨率（angular resolution）、出瞳（exit pupil）、出瞳距离（eye relief）、eye box 及 eye clearance。

（1）分辨率。分辨率是指显示器所能显示的像素个数。显示器可显示的像素越多，画面就越精细，相同区域内能显示的信息也越多，所以分辨率是头戴式显示一个非常重要的性能指标。对于增强现实而言，分辨率主要取决于所采用的图像源的分辨率。

（2）视场角。视场角 θ 是增强现实系统一个重要参数，是指画面对人眼的张角，单位为（°）。由于增强现实既要显示虚拟画面，又要允许用户看到现实世界，所以增强现实系统中有虚拟画面视场角和真实世界视场角两个参数。理想的增强现实设备希望能够提供接近人眼视场角的虚拟画面视场角和真实世界视角。如何实现大虚拟画面视场角是 AR 头戴式显示的难点之一。

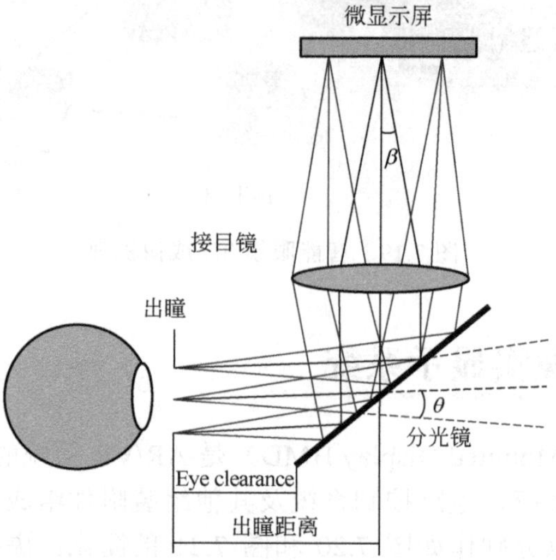

图 7.21 增强现实显示系统中的简化光学结构

（3）角分辨率。一般情况下，头戴式显示的角分辨率可定义为虚拟画面的单个像素对人眼的张角。角分辨率主要由系统的显示屏分辨率和虚拟画面的视场角决定，单位由度或弧度表示：

$$角分辨率=\frac{视场角}{分辨率}$$

角分辨率进一步划分又可以分为水平角分辨率和垂直角分辨率。理想情况下，我们希望头戴式显示的角分辨率可以达到人眼的分辨极限（1′）。此时，人眼将无法分辨相邻两个像素，画面的细腻程度接近于真实物体。

假如接目镜成像分辨率低，则最终角分辨率会受接目镜的影响而变差。

（4）出瞳。出瞳是光学系统中孔径光阑在光学系统像空间所成的像，而入瞳是孔径光阑在物空间的像。增强现实系统的出瞳位置应该与人眼瞳孔的入瞳重合。假如光学系统中本身没有孔径光阑，则出瞳由人眼的入瞳决定。

（5）出瞳距离。出瞳距离是指能看清整个视场时眼睛离开光学系统最后一个面中心的距离。在图 7.20 和图 7.21 中表现为分光镜中心位置到人眼入瞳的距离。如果出瞳距离太短，则眼睛必须贴近目镜才能看见整个视场，眼睛会非常累，所以在设计时需要一个合适的出瞳距离。眼睛的入瞳一般位于角膜后 3mm 处，眼睑与眼睫毛需要大概 9mm 的距离，因此最小的出瞳距离应该大于 12mm。

（6）Eye box。Eye box 指能够看到完整图像时眼睛移动的范围。为实现较好的画面显示，eye box 大小应该能够覆盖人眼瞳孔。如果 eye box 过小，则人眼的稍微移动就可能偏出出瞳位置导致无法观看完整画面。

（7）Eye clearance。Eye clearance 指的是人眼离头戴式显示系统（任意部位）的最近距离。17mm 是允许用户能够佩戴头戴式显示器的最小距离，而 20mm 的距离则被认为是一个较合适的距离。

7.3.2 增强现实图像源

在头戴式增强现实显示中，考虑可穿戴的因素，需要尽可能地减小系统的体积和质量，所以头戴式增强现实的图像源需要具有体积小、质量轻的特点。微显示屏因其较小的尺寸和重量，同时兼具高分辨率，是头戴式增强现实显示最常用的图像源。

微显示器根据制造工艺和材料不同，主要包括透射式液晶显示（LCD）、有机电致发光显示（OLED）、硅基液晶（LCoS）、硅基铁电液晶（FLCoS）和数字微反射镜（DMD）器件。表 7.1 列举了一些微显示器产品的主要参数[31~35]。

表 7.1 一些微显示器产品的主要参数

显示器	LCD	OLED	LCoS	FLCoS	DMD
制造商	Kopin	Emagin	Holoeye	Forth Dimension	TI
对角线尺寸/in	0.97	0.86	0.7	0.83	0.9
分辨率	1280×1024	1920×1200	4160×2464	2048×1536	2560×1600
对比度	300:1	>1000:1	>1000:1		>1000:1
像素尺寸/μm	15	9.6	3.74	8.2	7.6
频率/Hz	60	30～85	58	120	9500（Binary）
填充率/%	—	71	90	94	92
发光方式	被动发光	自发光	需要外部光源		
光能利用率/%	<10（估计）	—	65	60～70	75
能耗/mW	200	<350	—	—	—

透射式 LCD 在前面章节已经有所介绍，这里不再赘述。

OLED 是基于有机材料的一种电流型半导体发光器件，其典型结构是在 ITO 玻璃上制作一层有机发光层和金属电极。当电极上加有电压时，电子和空穴分别从金属阴极和透明阳极注入有机层，经过其他功能层传输到发光层，电子空穴复合产生激子，激子激发发光层产生光辐射。OLED 具有自发光、高亮度、高对比度、低电压、低功耗、发光效率高、响应时间快等特点。

LCoS（liquid crystal on silicon）是液晶技术和半导体技术相结合的产物。LCoS 具有很多优点，如高开口率、高反射率、高分辨率、高亮度、低功耗、小像素尺寸等。LCoS 一般需要外部光源（如激光或 LED 照明），来实现光的调制。目前基于液晶的 LCoS 一般是指普通向列相液晶 LCoS。此外，还有基于铁电液晶的硅基铁电液晶 FLCoS。由于铁电液晶的快速响应特性，基于铁电液晶的 LCoS 可实现快速的刷新速率，比如 Forth Dimension 公司的 FLCoS 可以实现 120Hz 的刷新频率。在目前的增强现实产品中，比较知名的 Google Glass、Hololens 均采用 LCoS 作为图像源，对背光进行亮度调制，生成二维虚拟图像。而在全息增强现实显示中，LCoS 作为空间光调制器（spatial light modulator，SLM），通过计算机加载全息图，生成三维全息影像。

DMD（digital micromirror device）是一种反射式光调制器，目前被广泛应用于 DLP（digital light processing）投影显示系统上，它是该系统的核心部件。DMD 芯片由数十万乃至上百万个微镜所组成的。每个镜子下面都有一个微机械装置，由电子信号控制其转向的角度。系统通过使微镜片正负翻转大约 10° 的两个稳定状态（以微镜片平行于基底的位置作为平态）分别对应于二进制的“1”和“0”状态，也就是对应着“开”和“关”两个状态。通过快速扫描，得到不同灰度从而实现画面的显示。DMD 可以实现很高的刷新速率，但是由于没有滤色片，必须要配合红、绿、蓝三色时序背光才能实现彩色显示。

通过以上几种微显示器件的对比可以看到，目前的微显示器件分辨率基本在 2K 左右，像素尺寸也基本在 10μm 左右。显示器件的刷新率一般在 60Hz 左右，而硅基铁电液晶微显示和采用数字微反射镜阵列的 DMD 器件可以达到 120Hz 或者更高的刷新率。

▶▶ 7.3.3 接目光学系统

在头戴式增强现实显示中，接目光学系统包括接目镜和融合器。

接目镜负责将图像源生成的图像成像到人眼，使之看到放大的图像，并得到合适的视场角、角分辨率、出瞳距离、eye box 等参数。接目镜设计直接影响图像的显示效果、头戴式眼镜的整体性能及用户的观感体验。为了满足头戴式增强现实显示器件小体积、轻质量的要求，接目镜还应足够轻薄小巧。

在增强现实显示中，光学融合器是把数字虚拟图像和真实环境进行融合的部件。一般情况下虚拟图像被融合器反射或者衍射进入人眼，而环境光直接透过融合器。常见的光学融合器主要有分光镜、全息光学元件等。

分光镜是实现虚实融合最简单的器件之一，只需将分光镜的反射面 45° 倾斜摆放，就可以实现将虚拟画面反射进入人眼，同时允许外部的光线穿过分光镜进入人眼。普通的半反半透分光镜，虚拟图像和真实环境光都会损失大约一半的光能。在较亮的环境光下，为了保证虚拟图像仍有足够的亮度，一般采用反射率较高、透射率较低的分光镜达到需要的融合效果。分光镜的反射、透射特性由所镀的介质膜或者金属膜决定。此外，对于偏振性图像源（如 LCD 和 LCoS 等），偏振分光镜可以很高的反射率对虚拟图像的偏振光进行反射；对于环境光（非偏振光），则允许一半的光能透射。如此，可以有效地提高偏振图像源的光能利用率。

全息光学元件[36,37]利用衍射效应对角度和光谱的选择性，将特定入射方向的窄光谱的图像光（满足布拉格条件），以高衍射效率偏折而进入人眼，而环境光中大多数光线的角度和光谱不满足布拉格条件，直接透过全息元件进入人眼。全息光学元件可以同时得到很高的图像光衍射效率和环境光透过率。全息光学元件一般由全息干涉或由激光刻蚀等方法制备。

接下来，分别介绍以分光镜和全息光学元件为融合器的两个接目光学系统。

（1）自由曲面棱镜接目光学系统。自由曲面棱镜接目光学系统的结构如图 7.22 所示。光学系统表面为经过特殊设计的弧形结构。微显示器的光线从自由曲面顶部端面 S_4 入射后在下一个玻璃-空气界面 S_2 发生全反射，然后在曲面分光镜 S_3（镀金属分光镜）处反射，再穿过 S_2 进入人眼。该棱镜 E_1 的各个曲面 S_2、S_3 和 S_4 对光线的折、反射效果，可以等效于一个接目镜，实现将微显示器图像放大的效果。为了使真实世界不产生失真，需要在 E_1 的外面加入一补偿棱镜 E_2，使整体成为一个厚度均匀、光焦度为零的棱镜。但是补偿棱镜的引入不可避免地会增加光学系统的质量和体积。在该光学系统中，棱镜各个面的形状不是传统的球面、椭球面、抛物线面等，而是根据特定焦距和像差的需求，进行自由形状优化而产生的，因此，该光学系统被称为自由曲面棱镜。

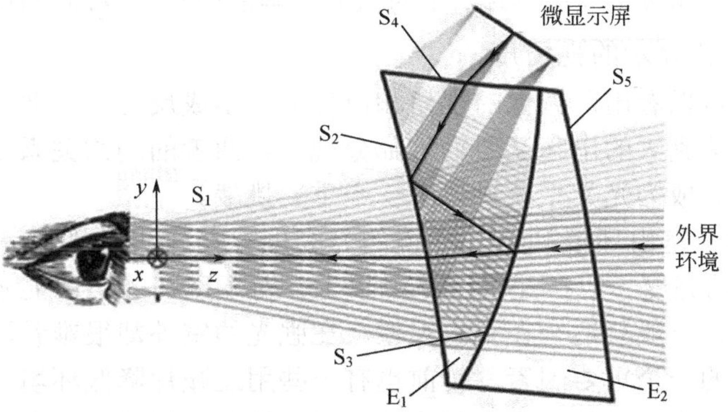

图 7.22 自由曲面棱镜[38]

（2）全息波导接目镜光学系统。如图 7.23 所示为一全息波导接目镜光学系统。微显示屏放在准直透镜的前焦面上，形成平行光束进入波导，遭遇输入耦合全息光栅以后，光线发生衍射，以较大入射角射入玻璃-空气界面，满足全反射条件而在波导中传播，直到遇到输出耦合全息光栅，再次发生衍射，因衍射光线入射角变小，不再满足全反射条件，而从波导中出射，进入人眼。由于全息光栅的波长选择性，这里分别用三对光栅来实现红、绿、蓝三色的输入和输出耦合，从而生成彩色图像。为了减少各个波长之间的串扰，该结构还用了两个光学波导分别对红蓝和绿光进行传输。全息光学元件和波导材料本身是透明的，因此外界的光线会直接穿过这些光学元件进入人眼，从而实现增强现实的功能。由于该系统中利用了波导中的多次全反射作用，波导可以做得很薄，有利于减轻头戴式显示的质量。

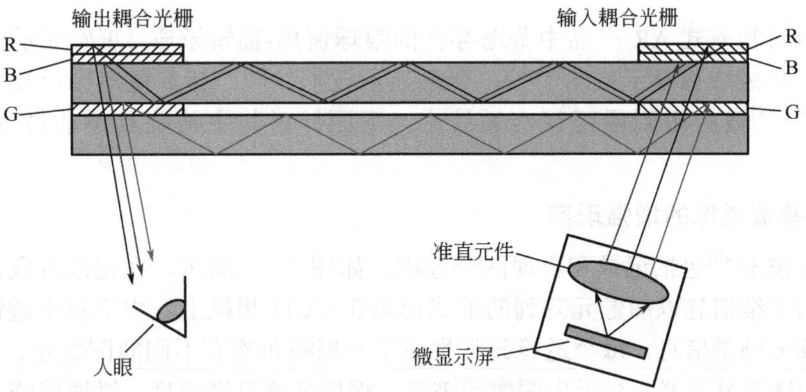

图 7.23 全息波导结构

►► 7.3.4 问题与挑战

目前的头戴式增强现实显示，还存在不少问题与挑战，下面将分别对它们进行简要的阐述和分析[39]。

（1）根据光学系统的拉亥不变量公式[40]，可得：

$$n\frac{A}{2}\Omega_\beta = n'\frac{A_{\mathrm{EPD}}}{2}\Omega_\theta = 常量$$

式中，n，n'分别为物和像空间折射率；A 为微显示屏的面积；Ω_β 为图像源的发散角；A_{EPD} 为出瞳的大小，Ω_θ 为显示的视场角。

从这个关系中可以看出，图像的视角和出瞳的大小成反比，即要得到大的视角则要牺牲出瞳尺寸，而要达到大的出瞳又要牺牲部分视角，两者的制约关系使系统无法同时满足大视角和大出瞳，这成为光学系统设计中一个重要挑战。

（2）亮度。由于室内环境和室外环境的光亮度存在较大差别，室内的光强亮度约为 500cd/m^2，而室外的亮度一般在 1 000cd/m^2 以上。对于现在的 AR 显示，由于光源亮度和光能利用率等问题，一般只适合在室内观看，在强光的室外却很难看清画面，这也是目前限制增强现实发展的一个重要因素。目前也有一些用衰减片降低环境光亮度的方法，来提高虚拟画面的相对亮度，但从根本上解决这一问题的关键是研制高亮度图像源和提高图像光利用率。

（3）角分辨率与视场角的矛盾。人眼在自然环境下，最大可达到 180°视角。为达到自然的交互体验，增强现实也需达到与之匹配的视角，而在目前的设备中很少有可以到达如此大视角的显示设备。而即使能达到如此大的视场角，但由于显示器像素有限，角分辨率也会严重下降，从而导致明显的颗粒感。另外，为了实现逼真细腻的显示，增强现实需要提供接近人眼分辨极限的角分辨率，但是这样视场角又不能满足要求。随着显示屏分辨率越来越高，这个角分辨率与视场角的矛盾可以逐步缓解。

（4）调焦-辐辏的矛盾。该矛盾主要是由双目视差式的三维显示方法引起的，长期观看伪三维显示，会使人产生头晕、恶心等不适感。

►► 7.3.5 无视觉疲劳增强现实三维显示方法

为解决双目视差式 AR 产品中普遍存在的眼球调焦-辐辏矛盾，正确显示人眼所需的生理深度暗示，集成成像显示技术[41,42]、全息显示技术[43,44]、超多视角显示技术[45,46]和体三维显示技术[47,48]被应用到增强现实系统中，下面针对其中某些具体的技术作一些简要的介绍。

1. 基于集成成像的增强现实

集成成像技术[49]包括记录和再现两个过程，如图 7.24 所示。在记录阶段，通过微透镜阵列将物体的三维信息以图像元阵列的形式记录在 CCD 相机上。由于每个透镜元从不同方向记录了一部分场景信息，每个透镜元下生成了一幅视角略有不同的图像元。再现时，使用显示设备（如液晶显示器）显示出图像元阵列。根据光路可逆原理，微透镜阵列把多个图像元投射出的光线聚焦还原，从而在微透镜的前方重建出三维立体图像。集成成像具有无立体观看疲劳、在一定的视角范围内具有连续视点、在图像源的传输和处理方面相对容易等特点。然而此种方法也存在某些不足，如三维图像深度范围小、视角小等。而且由于需要在一个显示屏幕上显示多个图像元，使三维图像分辨率降低，这些不足限制了集成成像的应用。

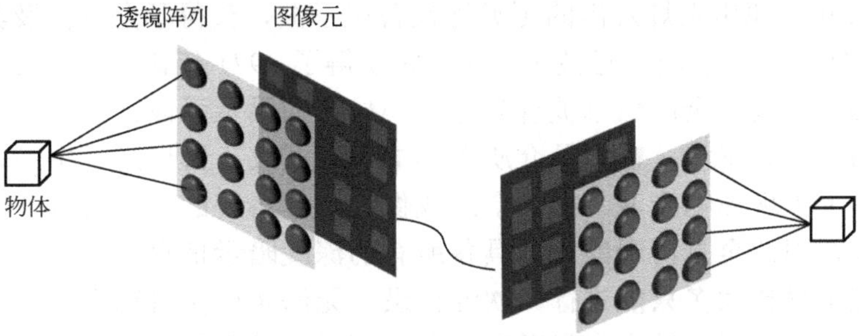

（a）记录　　（b）显示

图 7.24　集成成像技术

亚利桑那大学 Hong Hua 等人在 2014 年提出了一种结合集成成像技术和自由曲面技术的增强现实三维显示[50]。其基本原理是利用微透镜阵列将显示在微显示屏（OLED）上的图像元阵列重建出三维图像。据前文所述，重建的光场信息包含了多个视角的信息，诱发眼球进行调焦，解决了传统三维显示中的调焦和辐辏之间的矛盾。重建的三维光场信息再通过自由曲面的折射和反射作用，将微小的三维图像（3.5mm 厚度）在人眼前生成一个放大的虚像（从 40cm 延伸 5m 的深度）。由于自由曲面透镜（包括的补偿棱镜在图 7.25 中没有画出）为透明材质，真实世界的光线则可以通过自由曲面透镜直接投射进入人眼。这样人眼可以同时看到真实的场景和来自微显示屏的虚拟画面。该系统实现了刷新率 60Hz、深度范围约 4m 和视场角 33.4°，但分辨率仅为 100×100。此外，北京理工大学王涌天课题组也提出用微透镜阵列和自由曲面透镜实现的三维光场增强现实显示[51]。

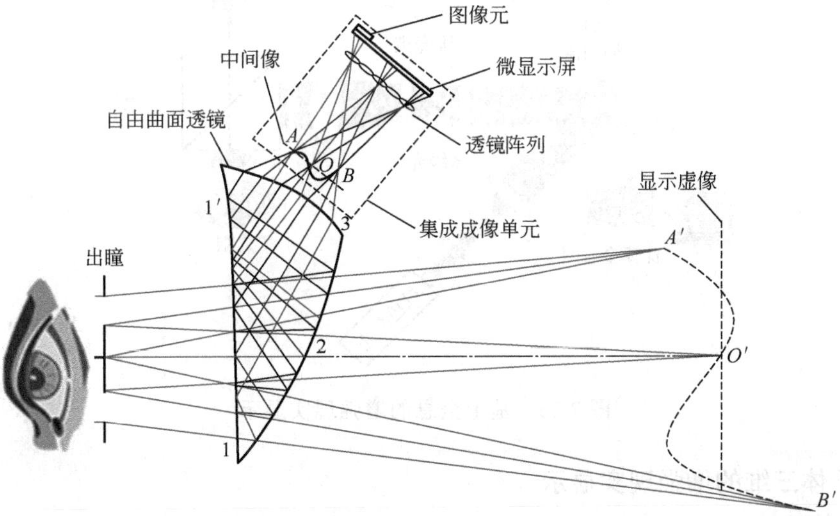

图 7.25　基于集成成像的增强现实显示[50]（图中未画出自由曲面的补偿棱镜）

2．基于全息的增强现实显示

全息技术最早在 1947 年由 D. Gabor 在电子显微镜的研究中发现和提出。他采用胶片记录经物体衍射未聚焦的电子波前，得到全息图，并以相干光照射全息图，再现了原物体的光学像。1948 年，他用汞灯发出的可见光代替电子波，获得了全息图及其再现像，检验了其全息理论。D. Gabor 发明全息技术，并因此获得了 1971 年诺贝尔物理学奖。由于全息技术可以再现物体光波的全部信息被誉为是人类最终的显示手段。全息记录时，将携带物体信息的物光与参考光干涉，在记录介质上形成干涉条纹；再现过程中则采用一束再现光照射在记录介质上重现原物光波。根据全息成像的原理再现的物光波包含了物光波振幅和相位的全部信息，因此全息再现的物体具备所有的深度暗示信息。

传统全息记录材料大多只能进行一次性记录，无法实现实时动态刷新。依靠计算机生成全息图和空间光调制器的数字全息手段，虽然可以实现视频刷新，但由于空间光调制设备分辨率和尺寸有限，使数字全息图的视角和三维画面尺寸都很难做大，而且一幅全息图的信息量巨大，给信息的传输、处理和储存带来了挑战，且全息需要相干光源进行再现，对光源要求较高，因此目前全息显示技术离实用化还有较大距离。头盔式三维显示只需要把有效的信息直接呈现在固定的位置（人眼瞳孔附近），极大地减少了信息的冗余度，有望能够实现大视角大尺寸的三维显示。

基于全息的增强现实头戴式显示，一般用空间光调制器生成较小的三维物体，经光学系统放大后，以虚像的形式成像在人眼前。图 7.26 所示为上海交通大学设计的消零级全息增强现实显示[52]，加载在空间光调制器上的全息图通过一个 4f 系统对全息再现过程中产生的零级光进行消除，只保留衍射级次。经过透镜的放大作用，人眼透过一个分光镜就可以看到再现的三维物体。在实验中他们采用 4K 的高分辨率空间光调制器实现了视角约为 32°的大视角全息增强现实显示。

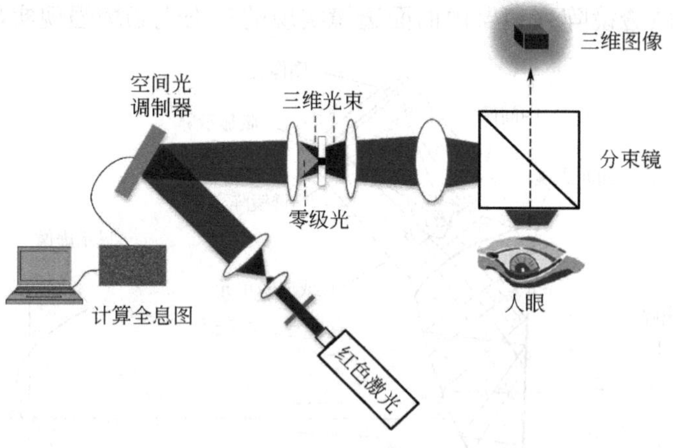

图 7.26　基于全息的增强现实显示

3．基于体三维的增强现实显示

体三维技术是一种能够在真正具有高度、宽度和深度的空间内进行图像信息再现的技术。它通过特殊方式来激励位于透明显示空间内的位置，利用光的产生、吸收或散射形成体像素，而多个体像素构成三维图像。具体而言，可以由离散的三维像素阵列（如三维 LED 阵列）、二维体像素面旋转或多层二维体像素面层叠来实现三维显示。体显示技术可以实现 360° 全方位视角，供多个观察者同时从不同角度观看，并且能提供所有生理深度暗示，是一种真三维显示技术。体三维技术在增强现实中，主要采取多层二维体像素叠加的方法，即通过显示三维物体的多个二维切片来重构三维图像。

（1）基于可调液体透镜的多层头戴式 AR 显示。亚利桑那大学 Hong Hua 等人提出了一种基于可调液体透镜的方法来实现多层体三维增强现实显示，其基本原理如图 7.27 所示[53]。通过对液体透镜施加电压，来改变液体透镜的焦距，将微显示屏上的图像成像在不同位置，通过曲面反射镜的光路传递，透过分光棱镜，形成放大的虚像。通过时序控制加在液体透镜上的电压和微显示屏上的图像，可以准确地将三维图像的切片投影到准确的深度，利用人眼视觉暂留效应，在人眼前重建一个三维场景。通过分光棱镜，人眼也能看到来自现实世界的光线，从而实现增强现实的功能。在实验中他们实现了分辨率为 800×600、视角为 28° 、深度范围从 12.5cm 到无穷远的三维显示。其显示效果如图 7.28 所示，当聚焦在虚拟物体时，最近的真实物体因为处于同一深度，也被清晰成像。当聚焦在最远的真实物体时，虚拟物体和最近的真实物体都因为离焦而变得模糊。因此该显示可以正确地提供眼球调焦的生理深度暗示，解决调焦-辐辏的矛盾。由于受到微显示屏刷新频率和液体透镜响应时间的限制，该方案能够实现的图像显示层数有限，图像刷新率也不高。

（2）基于可调反射镜的多层头戴式 AR 显示。此种方法通过使用可调反射镜（deformable membrane mirror device，DMMD）来实现多层的三维显示[54]，与上面方案不同的是此方案利用一个快速可调反射镜来替代液体透镜，图像源也采用有更快刷新率的 DMD。其原理如图 7.29（a）所示，通过施加不同电压改变球面反射镜的焦距，进而在不同的深度成像。相比于前面的液体透镜，此种方法中的可调反射镜具有较快的响应时间。配合高视频刷新率的 DMD 作为图像源，在实验中实现了 6 层深度、60Hz 的多层头戴式显示。基于 DMMD 元器件，并将自由曲面透镜和多层体三维技术结合，制作了可用于穿戴的原型机，如图 7.29（b）所示。但此种方法在实现近距离深度显示时，要求 DMMD 具有较大的形变，此时施加的电压高达 210V。

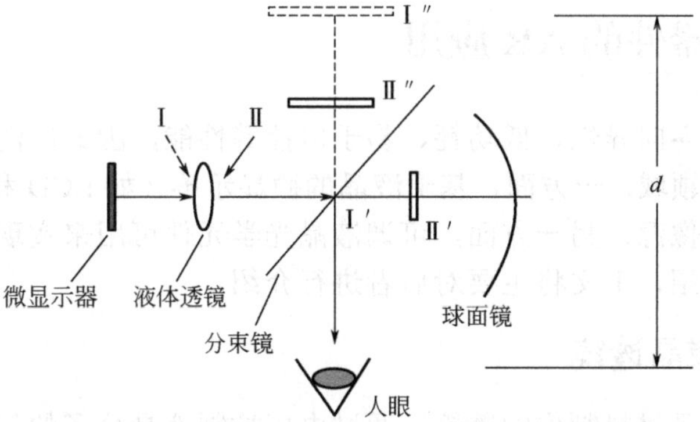

图 7.27 基于可调液体透镜的头戴式显示结构

（a）聚焦于虚拟物体　　（b）聚焦于最远的真实物体

图 7.28　基于可调液体透镜的头戴式显示效果[53]

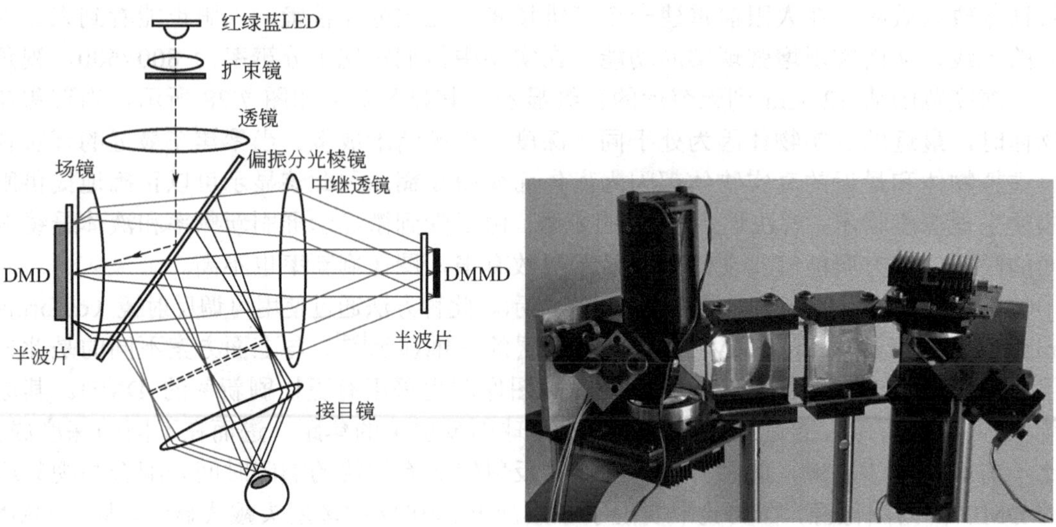

（a）结构图　　（b）实物图

图 7.29　基于可调反射镜的头戴式显示[54,55]

7.4　基于液晶器件的 AR 应用

液晶由于其光学各向异性、低功耗、易于电控等性能，因此广泛应用于显示和光子学器件中。在增强现实领域，一方面，基于液晶的微显示屏（如 LCD 和 LCoS 等）可作为增强现实显示系统的图像源；另一方面，可调液晶光学元件可用来实现真三维显示。前者在第三节中已作简要介绍，下文将主要对后者进行介绍。

▶▶ 7.4.1　基于液晶透镜

液晶透镜是由液晶材料制作的透镜。通过电压控制液晶分子的偏转，可实现折射率分布的改变和焦距的调节。液晶透镜质量轻、功耗低、在外形表现为平板形式，有利于增强现实系统中器件的集成，可以有效地节约系统空间和减轻器件质量。

液晶透镜有很多种，比较常见的是多电极液晶透镜[56]，其结构如图 7.30 所示。主要结构包括基板、公共电极、取向层、液晶和多个驱动电极。当各驱动电极上施加不同电压时，不同区域的电场强度变化，导致液晶分子呈渐变分布，折射率和相位也形成类似透镜形状的分布，实现聚焦功能。液晶透镜口径较小，一般为几毫米，并且有偏振选择性。

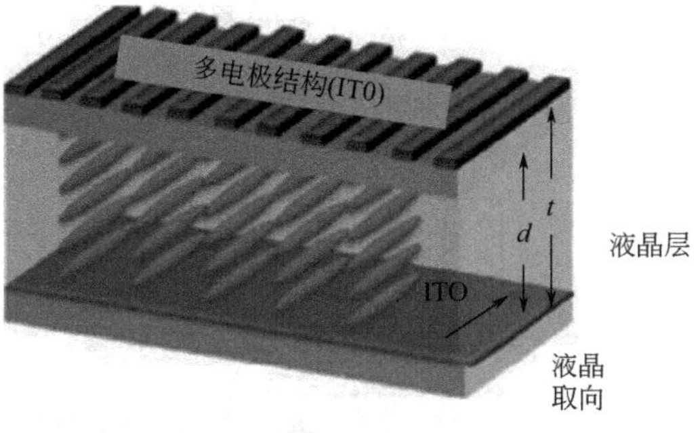

图 7.30 液晶透镜[56]

下面介绍液晶透镜在增强现实中的应用[57]。其透镜结构主要包括三层玻璃基板、ITO 导电电极、聚合物分子绝缘层、高阻层、配相层及两层液晶层。为了实现较大的光焦度变化范围，需要较大的液晶盒厚。然而盒厚增大，一方面造成液晶层取向困难；另一方面造成驱动电压升高和响应速度变慢。因此，该透镜采用双层液晶层的结构，在实现较大的光焦度的同时，也保证了较低的驱动电压和较快的响应时间。中间的聚合物分子层不仅用来隔开两层液晶分子层，也起到控制液晶分子取向的作用。当没有施加外部电压时，液晶分子因为锚定能的作用平躺在玻璃基板之间，此时液晶透镜的焦距为无穷大。当施加的电压 $V_1<V_2$ 时，在中间层环形电极作用下，产生非均匀电场，导致液晶透镜中间部分的分子取向表现为更接近垂直状态，而透镜边缘的液晶分子的取向更接近水平排列状态。这样，折射率的分布呈现出凸透镜的特性。当施加的电压 $V_1>V_2$ 时，液晶透镜中间部分的分子取向表现为更接近水平状态，而透镜边缘的液晶分子的取向更接近垂直排列状态。这样，折射率的分布呈现出凹透镜的特性。通过改变 V_1 和 V_2，可以连续改变液晶透镜的焦距，既能实现凸透镜的功能，又能实现凹透镜的功能。

基于上述液晶透镜的增强现实系统如图 7.32 所示，系统包括光源、LCoS 微显示屏、偏振分光棱镜、分光镜、液晶透镜和曲面反射镜。液晶透镜摆放在曲面反射镜前面，通过改变液晶透镜的焦距，使微显示屏投射的图像显示在不同的深度位置，并通过分光镜投射入人眼，使用户既能观看到现实世界的物体又能观看到虚拟的画面。当液晶透镜未施加电压时，虚拟图像成像在无穷远处；当 $V_1<V_2$ 时，液晶透镜表现为凸透镜，此时虚拟画面成虚像在无穷远以内较远的位置，通过改变电压条件可以实现从 42cm 到 360cm 连续变化的显示。当施加的电压 $V_1>V_2$ 时液晶透镜表现为凹透镜，此时虚拟画面成实像在靠近眼镜的位置，通过改变电压条件可以实现从 27cm 到 52cm 连续变化的显示。

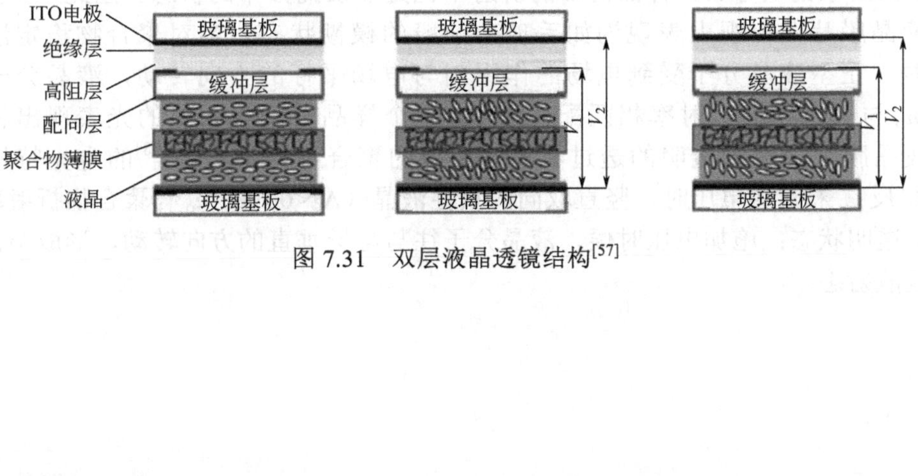

图 7.31 双层液晶透镜结构[57]

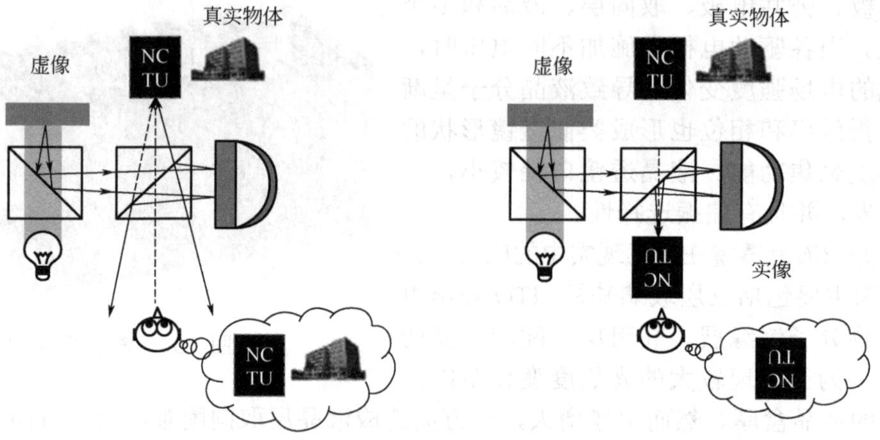

（a）液晶透镜表现为凸透镜时成虚像在较远处　（b）液晶透镜表现为凹透镜时成实像在眼镜附近

图 7.32　基于液晶透镜的增强现实显示[57]

▶▶ 7.4.2　基于聚合物稳定液晶散射片

聚合物液晶散射片由聚合物网络、液晶分子等组成。聚合物网络结构将液晶分子固定在不同微畴中，通过施加或除去电压来改变液晶分子取向，从而使液晶散射片在散射态和透明态之间切换。因为其聚合物网络的强锚定力作用，可以实现比普通液晶快数倍甚至数十倍的响应速度。根据液晶膜片的表现形态可以分为正型液晶散射膜片和反型液晶散射膜片。正型液晶散射膜片在未施加电压时表现为散射状态，而在施加电压时变现为透明状态。与之相反，反型液晶膜片在未施加电压时为透明状态，而在施加电压的时候表现为散射状态。根据聚合物浓度的不同，聚合物液晶散射膜片又可以分为聚合物分散液晶和聚合物稳定液晶散射膜。聚合物分散液晶（polymer-dispersed liquid crystal，PDLC）的聚合物浓度一般为 10%～80%，强的聚合物网络使聚合物分散液晶需要施加很高的电压。相比于聚合物分散液晶，聚合物稳定液晶（polymer-stabilized liquid crystal，PSLC）的聚合物浓度一般低于 10%，所以需要的电压也较低，但仍能实现快速的响应。下面将针对正型的聚合物稳定液晶在增强现实中的应用的实例作简要介绍。

正型聚合物稳定液晶的基本原理如图 7.33 所示。在未施加电压时，液晶分子由于聚合物网络的束缚杂乱地分布，样品内部的折射率也处于杂乱分布的状态。因此，入射光被散射，但液晶膜片在宏观上表现为如毛玻璃一般的模糊状态。当对聚合物稳定液晶片施加电压时，正型液晶分子受到电场的作用向与电场平行的方向转动，液晶分子的寻常折射率 n_o 与聚合物的折射率相匹配。此时，整个样品对垂直入射的光表现出相同的折射率，液晶膜片表现为透明的透过状态。反型的聚合物稳定液晶[58]的电光特性与正型液晶膜相反：未施加电压时，竖直取向的负性液晶（$\Delta\varepsilon<0$）的 n_o 与聚合物折射率匹配，液晶膜呈透明状态；施加电压时候，液晶分子往与电场垂直的方向转动，形成杂乱分布，液晶膜呈散射态。

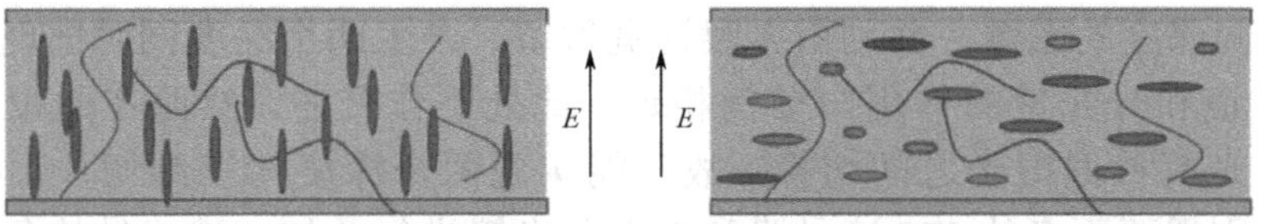

（a）施加电压时的液晶分布　（b）未施加电压时的液晶分布

图 7.33　正型聚合物稳定液晶散射膜原理

上海交通大学提出了一种基于聚合物稳定液晶的增强现实显示[58,59]，其结构如图 7.34 所示，主要器件包括投影仪、高速切换液晶膜片、接目镜和分光镜。其基本原理是通过施加电压时序地控制多层液晶膜片的开关状态，将三维物体的切片投影在液晶膜片上。当液晶膜片处于关态（散射状态）时，投影仪投射的画面显示在此液晶膜片上；而当液晶膜片处于开态（透过状态）时，投影仪投射的光线直接透过液晶膜。通过控制液晶膜片的开关状态和投影图片的时序，使每个瞬间只有一个液晶膜片处于模糊状态而其他液晶膜片处于透过状态。这样便在液晶膜片组上形成了一幅微小的三维物体画面。再通过后面接目镜和分光镜的光线传输，便可在人眼处看到放大的三维物体的虚像浮现于真实世界中。液晶膜数目越多，深度精度越高，但要求液晶膜的响应速度越快，投影仪的刷新率也越高。研究表明，由于人眼的分辨能力有限，6 层的画面显示就可以实现一个连续的三维显示。此外，为了使处于不同位置的液晶膜片上都能得到清晰的图像，还要求投影仪投影的光束为准直光束。

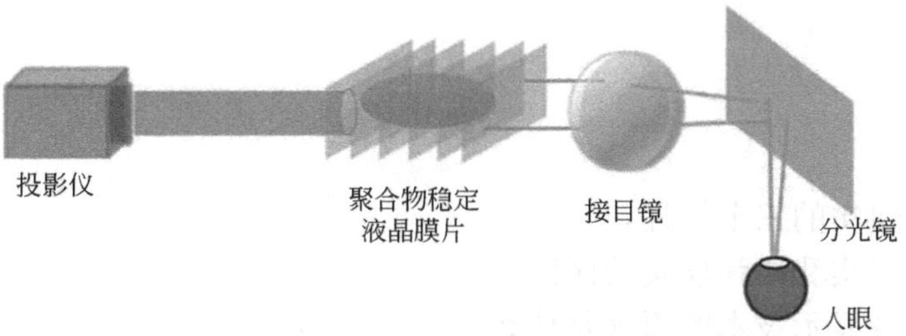

图 7.34　基于 PSLC 的增强现实显示

在这种显示系统中，每个时刻仅有一片液晶膜片处于模糊状态，而其他所有液晶膜片均处于透过状态。因此对于正型的液晶散射膜来说，每个时刻只有一片液晶膜片未加电压，而其他所有液晶膜片都需要施加电压；而反型的正好相反，每个时刻只有一片液晶膜需要施加电压。因此，采用反型液晶散射膜片更有利用降低系统能耗。

▶▶ 7.4.3　基于液晶偏振旋转器

中佛罗里达大学提出了一种基于液晶偏振旋转器的增强现实显示系统[60]。如图 7.35 所示，在该系统中使用一片 90° 扭曲的 Twisted Nematic（TN）液晶片作为偏振旋转器，通过电压的施加或撤除可以将入射线偏振光的偏振方向旋转 90° 或保持不变，从而使光线以 s 光或者 p 光的形式入射到偏振分光棱镜。s 光和 p 光在系统中形成两个不同光程的光路，经透镜 L_2 成像后，生成两个不同深度的图像。若 TN 液晶片盒厚减小到 1.6μm，液晶的响应速度可以达到 2ms，能实现 s 光和 p 光之间的快速转换。这样，就可以在时序上交替显示两个不同深度的图像，并利用人眼视觉暂留，产生两个深度同时出现的视觉效果。该系统中接目镜和分光镜的作用与前例相近，此处不作赘述。然而在此设计中，因为只能在 s 光和 p 光两种偏振光之间切换，故只能实现两个深度的三维切片。如果想要产生更多深度层，则需要更多的 TN 液晶膜和偏振分光镜进行叠加，造成结构复杂、体积及质量增加。

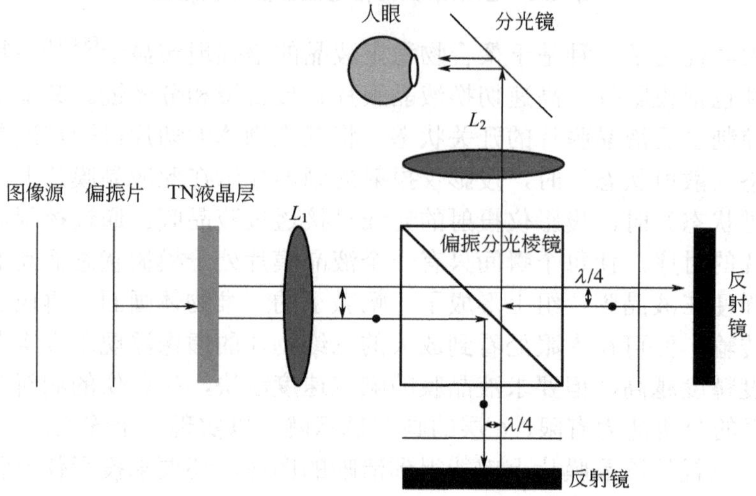

图 7.35　基于液晶偏振旋转器的增强现实显示

习　　题

1．简述虚拟现实的三个特性。

2．简述虚拟现实和增强现实的区别。

3．视差式三维显示技术的原理是什么？

4．人眼生理深度暗示的要素包括哪些内容？

5．人眼心理深度暗示的要素包括哪些内容？

6．传统的双目视差式三维显示能够正确提供哪些生理深度暗示要素？

7．简述调焦-辐辏矛盾产生的原因。

8．简述头戴式显示器件的构成。

9．简述目前经常采用的融合器及其优缺点。

10．用 2K 显示器实现的增强现实，若要满足人眼的分辨率要求，则显示的视角为多少？假设显示的距离为 2m。

11．简述目前头戴式增强现实显示的主要问题。

12．无视觉疲劳的三维显示方法有哪几种？

13．液晶透镜的原理是什么？

14．基于多层 PSLC 膜的增强现实显示，如要显示 6 层深度的 60Hz 显示，需要的微显示屏的刷新频率至少为多少，目前哪些微显示器可以满足这个要求？

15. 简述基于液晶偏振旋转器的增强现实显示的机理。

16. 列举两个以液晶器件为图像源的增强现实产品或设计，并阐述其机理。

参考文献

[1] https://image. baidu. com/.

[2] Geng J. Three-dimensional display technologies [J]. Adv. Opt. Photonics，2013，5（4）：456-535.

[3] Edgar G K，Pope J C，Craig I R. Visual accomodation problems with head-up and helmet-mounted displays? [J]. Displays，1994，15（2）：68-75.

[4] Shibata T，Kim J，Hoffman D M，et al. Visual discomfort with stereo displays：effects of viewing distance and direction of vergence-accommodation conflict [J]. IS&T/SPIE Electronic Imaging，2011：78630.

[5] Brooks F P. What's real about virtual reality? [J]. IEEE Comput. Graph. Appl.，1999，19（6）：16-27.

[6] Earnshaw R A. Virtual reality systems [M]. Cambridge：Academic Press，2014.

[7] Biocca F，Delaney B. Immersive virtual reality technology in "Communication in the age of virtual reality" [M]. New Jersey：Routledge，1995.

[8] Zhao Q. A survey on virtual reality [J]. Science in China Series F：Information Sciences，2009，52（3）：348-400.

[9] https://vr.google.com/cardboard/developers/.

[10] 周忠，周颐，肖江剑. 虚拟现实增强技术综述 [J]. 中国科学：信息科学（中文版），2015，45（2）：157-180.

[11] Azuma R T. A survey of augmented reality [J]. Presence of Teleoperators and Virtual Environ.，1997，6（4）：355-385.

[12] Azuma R，Baillot Y，Behringer R，et al. Recent advances in augmented reality [J]. IEEE Comput. Graph. Appl.，2001，21（6）：34-47.

[13] Furht B. Handbook of augmented reality [M]. New York：Springer Science & Business Media，2011.

[14] Rolland J，Hua H. Head-mounted display systems in "Encyclopedia of optical engineering" [M]. New York：CRC Press，2005.

[15] Carmigniani J，Furht B，Anisetti M，et al. Augmented reality technologies，systems and applications [J]. Multimed. Tools Appl.，2011，51（1）：341-377.

[16] Liao H，Inomata T，Sakuma I，et al. Three-dimensional augmented reality for mriguided surgery using integral videography auto stereoscopic-image overlay [J]. IEEE Trans. Biomed. Eng.，2010，57（6）：1476-1486.

[17] 王涌天，林倞，刘越，等. 亦真亦幻的户外增强现实系统——圆明园的数字重建 [J]. 科技导报，2006，24（0603）：36-40.

[18] Liu Y，Wang Y，Li Y，et al. Key issues for AR-based digital reconstruction of Yuanmingyuan garden [J]. Presence，2006，15（3）：336-340.

[19] Piekarski W，Thomas B. ARQuake：the outdoor augmented reality gaming system [J]. CACM，2002，45（1）：36-38.

[20] https://www.microsoft.com/en-us/hololens/.

[21] http://glass.google.com/.

［22］http://www.osterhoutgroup.com/home/.

［23］https://www.cnet.com/news/epson-moverio-bt-100-yemahead-mounted-display-in-depth-hands-on/.

［24］http://www.digilens.com/.

［25］http://www.metavision.com/.

［26］Kress B C，Cummings W J. Towards the Ultimate Mixed Reality Experience：HoloLens Display Architecture Choices［J］. SID Symp. Dig. Tech. Paper，2017，48（1）：127-131.

［27］Yuan S，Nguyen I，Robbins S，et al. Multiplexed hologram tiling in a waveguide display［P］. U. S. Patent Application，No. 13/720438，2012.

［28］孔令胜，南敬实，荀显超. 平面三维显示技术的研究现状［J］. 中国光学与应用光学，2009，2（2）：112-118.

［29］丁剑飞，刘永进. 三维立体显示技术综述［J］. 系统仿真学报，2008，20（S1）：132.

［30］冷俊敏，桑新柱，徐大雄. 三维显示技术现状与发展［J］. 中国印刷与包装研究，2014，6（5）：1-14.

［31］http://www.kopin.com/home/default.asp/.

［32］http://emagin.com/.

［33］https://holoeye.com/.

［34］http://www.forthdd.com/.

［35］http://www.ti.com.cn/.

［36］Hong K，Yeom J，Jang C，et al. Full-color lens-array holographic optical element for three-dimensional optical see-through augmented reality［J］. Opt. Lett.，2014，39（1）：127-130.

［37］Li G，Lee D，Jeong Y，et al. Holographic display for see-through augmented reality using mirror-lens holographic optical element［J］. Opt. Lett.，2016，41（11）：2486-2489.

［38］Cheng D，Wang Y，Hua H，et al. Design of a wide-angle，lightweight head-mounted display using free-form optics tiling［J］. Opt. Lett.，2011，36（11）：2098-2100.

［39］Azuma R T. Augmented reality：Approaches and technical challenges in “Fundamentals of wearable computers and augmented reality”［M］. New York：CRC Press，2001.

［40］Cakmakci O，Rolland J. Head-worn displays：a review［J］. J. Disp. Technol.，2006，2（3）：199-216.

［41］Takaki Y，Yamaguchi Y. Flat-panel see-through three-dimensional display based on integral imaging［J］. Opt. Lett.，2015，40（8）：1873-1876.

［42］Ji C C，Luo C G，Deng H，et al. Tilted elemental image array generation method for moiré-reduced computer generated integral imaging display［J］. Opt. Express，2013，21（17）：19816-19824.

［43］Blanche P A，Bablumian A，Voorakaranam R，et al. Holographic three-dimensional telepresence using large-area photorefractive polymer［J］. Nature，2010，468（7320）：80-83.

［44］Li X，Chen C P，Li Y，et al. Real-Time Holographic Display Using Quantum Dot Doped Liquid Crystal［J］. SID Symp. Dig. Tech. Paper，2014，45（1）：736-738.

［45］Teng D，Liu L，Wang B. Super multi-view three-dimensional display through spatial-spectrum time-multiplexing of planar aligned OLED microdisplays［J］. Opt. Express，2014，22（25）：31448-31457.

［46］Takaki Y，Nago N. Multi-projection of lenticular displays to construct a 256-view super multi-view display［J］. Opt. Express，2010，18（9）：8824-8835.

[47] MacFarlane D L. Volumetric three-dimensional display [J]. Appl. Opt，1994，33 (31)：7453-7457.

[48] Sullivan A. A Solid-state Multi-planar Volumetric Display [J]. SID Symp. Dig. Tech. Paper，2003，34 (1)：1531-1533.

[49] 王琼华，王爱红．三维立体显示综述 [J]. 计算机应用，2010，30 (3)：579-581.

[50] Hua H，Javidi B. A 3D integral imaging optical see-through head-mounted display [J]. Opt. Express，2014，22 (11)：13484-13491.

[51] Song W，Wang Y，Cheng D，et al. Light f ield head-mounted display with correct focus cue using micro structure array [J]. Chin. Opt. Lett.，2014，12 (6)：060010.

[52] Zhou P，Li Y，Liu S，et al. Holographic See-through AR Display with Zero-order Eliminated [J]. SID Symp. Dig. Tech. Paper，2017，48 (1)：1638-1640.

[53] Liu S，Hua H，Cheng D. A novel prototype for an optical see-through head-mounted display with addressable focus cues [J]. IEEE Trans. Vis. Comput. Graph.，2010，16 (3)：381-393.

[54] Hu X，Hua H. Design and assessment of a depth-fused multi-focal-plane display prototype [J]. J. Disp. Technol.，2014，10 (4)：308-316.

[55] Hu X，Hua H. Design and tolerance of a free-form optical system for an optical see-through multi-focal-plane display [J]. Appl. Opt，2015，54 (33)：9990-9999.

[56] Huang Y P，Chen C W，Shen T C，et al. Autostereoscopic 3D display with scanning multi-electrode driven liquid crystal (MeD-LC) lens [J]. 3D Research，2010，1 (1)：39-42.

[57] Chen H S，Wang Y J，Chen P J，et al. Electrically adjustable location of a projected image in augmented reality via a liquid-crystal lens [J]. Opt. Express，2015，23 (22)：28154-28162.

[58] Liu S，Li Y，Zhou P，et al. A multi-plane optical see-through head mounted display with reverse mode PSLC [J]. SID Symp. Dig. Tech. Paper，2017，48 (1)：763-766.

[59] Liu S，Li Y，Zhou P，et al. A multi-plane optical see-through head mounted display design for augmented reality applications [J]. J. Soc. Inf. Disp.，2016，24 (4)：246-251.

[60] Lee Y H，Peng F，Wu S T. Fast-response switchable lens for 3D and wearable displays [J]. Opt. Express，2016，24 (2)：1668-1675.

第 8 章

液晶液滴与壳的光子学应用

陈鹭剑
厦门大学
电子科学与技术学院

8.1 引言

液晶兼具固体长程有序与液体可流动性双重特性，区别于常见的平面约束，曲面约束下的液晶构型从基础和应用两个角度来看都有重要的研究意义。液滴与壳是液晶两种典型的曲面约束形式。例如，液晶壳可以看成被紧挨着的、曲率分别为正和负的两个曲面所约束的液晶层[1]。本章将先简要介绍热致性液晶（向列相、胆甾相）液滴与壳结构的基础理论和微流控制备方法，并在此基础上讨论最新的光子学应用，最后对该研究领域进行展望。

8.2 基础理论

油相的热致液晶直接分散于不互溶、不产生化学反应的水相溶剂中，即可获得尺寸不一的液晶液滴。液晶液滴内部所能形成的结构与总自由能 F 有关[1]：

$$F=F_b+F_s$$

式中，F_b 为内部的弹性能，F_b 与液滴半径 R 成正比[2]；F_s 为界面的表面能，F_s 与 R^2 成正比[3]。

因此，当 R 较大的时候，F 主要取决于 F_s，液滴因表面张力的存在而形成球形。在不同的界面锚定条件下，液滴的球形约束将对液晶指向矢场产生不同的拓扑约束，若边界对液晶的锚定能足够强，曲面约束的状况便可从表面传导到液晶内部各处，诱导出各种有趣的排列构型、拓扑缺陷和位错。体系处于平衡时，F 为最小值，液晶液滴与壳的指向矢排列取决于内部与表面特性之间的相互作用，主要影响因素包括球形约束的空间尺寸、表面曲率、界面的锚定条件、内部和表面的弹性能、密度匹配等。

▶▶ 8.2.1 向列相液晶液滴与壳的构型

向列相液晶液滴的两种排列构型，分别对应垂直取向与平面取向的两种界面锚定状态。球形液滴内部的指向矢场分布受到液滴尺寸的强烈影响[3~6]。图 8.1 给出了当界面锚定状态分别为垂直和平面取向时，不同 R 所对应的不同的指向矢排列构型。存在一个临界半径 R_c：（1）若为垂直行取向，且 $R<R_c$ 时，形成的是无缺陷与形变的单轴构型，随着 R 增大至 $R>R_c$，转变为在正中心包含一个 hedgehog 缺陷的“射线型”（radial）。（2）若为平面取向或倾斜取向，且 $R<R_c$ 时，形成的是“射线型”，随着 R 增大至 $R>R_c$，转变为“双极型”（bipolar）。

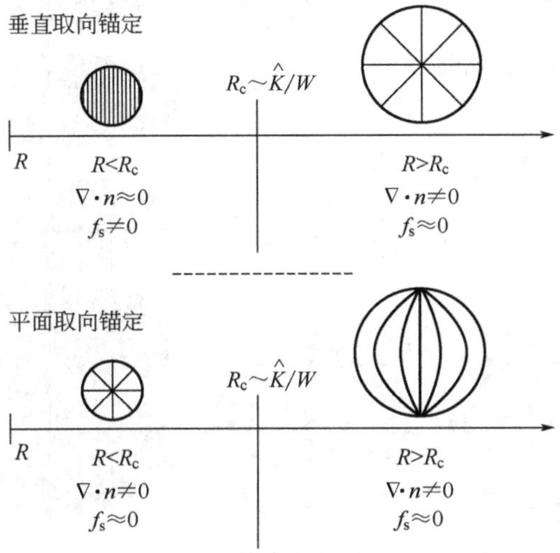

图 8.1 不同尺寸液晶液滴在垂直和平面取向条件下的指向矢排列构型变化[3]

在向列相壳中，内界面的存在提供了额外的拓扑约束。与液滴相比，液晶壳的指向矢场排列构型更为丰富。除了垂直取向和平面（或倾斜）取向这两类界面锚定状态，还可以形成一侧为垂直、另一侧为平面（或倾斜）的杂化取向。这种具有水/油/水相双重乳液结构的液晶壳可以由微流控技术制备。依赖于向列相液晶壳中的弹性力，以及中间相液晶壳与内相水液滴之间的密度不同，水液滴并不总是居中的，而是沿着重力作用方向有所偏移。更多的研究则围绕着壳的厚度改变、壳的厚度不均匀性、弹性常数的不同对拓扑缺陷形成的影响而展开。

▶▶ 8.2.2 胆甾相液晶液滴与壳的构型

与向列相不同，当胆甾相液滴处于平衡态时，其指向矢的排列构型不仅仅取决于体弹性能和界面上的边界条件，还与 qR 有关（q 为螺旋波矢，R 为液滴半径）。如图 8.2 所示，胆甾相液晶中的旋转位错包括三类[7]。记做 $\lambda^{\pm m}$、$\tau^{\pm m}$ 和 $\chi^{\pm m}$，m 取值为半整数或整数，分别描述缺陷类型的解旋数（unwinding number）。胆甾相螺旋结构向向列相单轴有序的逐步解旋，对应着胆固醇液滴向向列相液滴的连续转变。Bezić 和 Žumer 预测，在平面或倾斜取向的边界条件下，长螺距的胆甾相小液滴（$qR<1$）中将形成类似向列相液滴中的双极结构[8]。Xu 和 Crooker 建立的模型是扭曲的双极结构[9]。如图 8.3 所示，对于短螺距的胆甾

相大液滴（qR>1），Frank-Pryce 排列构型最为常见。在 Frank-Pryce 结构中存在一条表面拓扑荷 s 为+2、长度为半径 R 的旋转位错线，该位错线连接着表面与中心的 hedgehog 缺陷。迎着这条旋转位错线观察 Frank-Pryce 结构，可以看到双螺旋。通常对应于长度为 R 的线缺陷，或对应于长度为 2R 的缺陷线或弯曲奇点缺陷线（curved singular defect lines）的同心圆[7]。数值模拟表明，Frank-Pryce 结构中 s=+2 的缺陷线实际上并不是稳定的，可以分解为两条 s=+1 的缺陷线[7]。并引入了两种新的指向矢构型：类似于七弦竖琴的在纵轴对称形状 Lyre 结构，和直径上具有两个 boojum 缺陷且更对称、更高的 Yeti 结构。

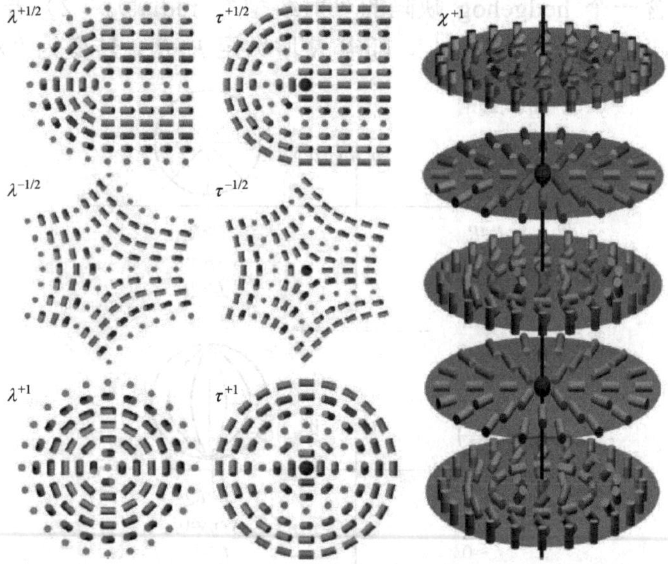

图 8.2 胆甾相液晶旋转位错示意[7]

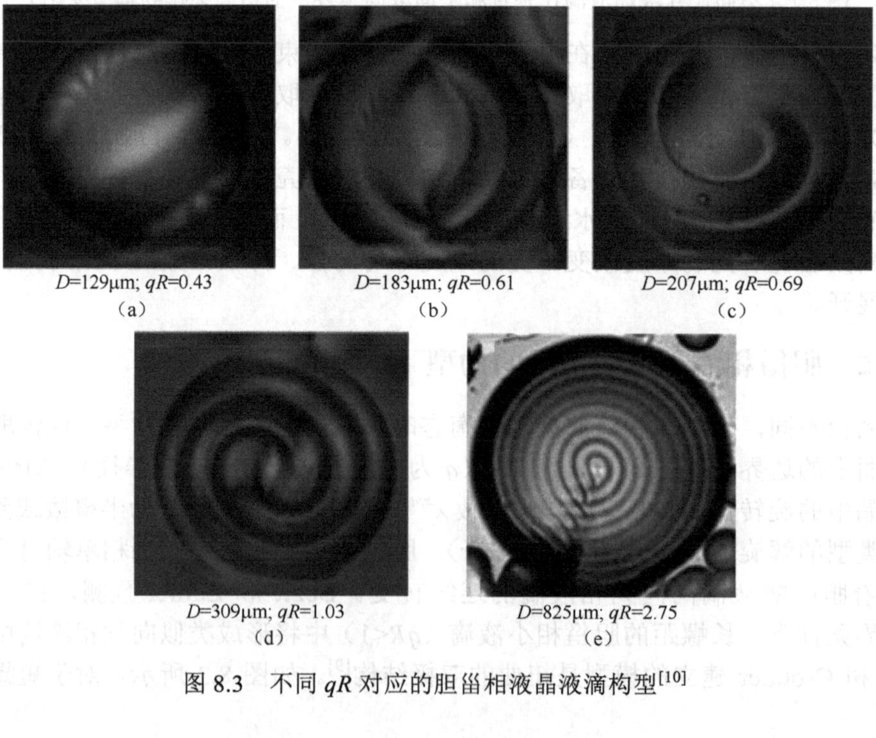

图 8.3 不同 qR 对应的胆甾相液晶液滴构型[10]

对于垂直取向的边界条件约束的胆甾相液滴，当 $qR>10$ 时，表面情况并不影响液滴中螺旋的排列，仍为 Frank-Pryce 结构[10,11]；当 $qR<5$ 时，可以观察到赤道线上的旋转位错环[11]。qR 值较小时，这个环退化成表面缺陷点；当 $qR<1$ 时，这些表面上的缺陷将迁移到液滴内部，最终形成与向列相液滴类似的“射线型”结构[11]。

对于胆甾相液晶壳，当内外均为平面锚定时，壳中的指向矢场构型比上述向列相的“双极型”和“射线型”更复杂[12]。长螺距时，液晶壳为二价构型，总拓扑缺陷荷为 2，即在内外界面上各存在一个 $s=+1$ 的 boojum 拓扑缺陷。内外界面上的这两个 boojum 缺陷彼此靠近，通过一堆旋转位错环相互连接。短螺距时，Darmon 等人用偏光显微镜观察到的胆甾相液晶壳为只有一个“射线型”缺陷的单价构型[12]。与胆甾相液滴的 Frank-Pryce 构型很相似，这种结构中的旋转位错线是由两个 λ^{+1} 的旋转位错线相互缠绕形成的双螺旋结构。该结果支持了前述的胆甾相液滴的相关数值仿真结果[7]。Frank-Pryce 结构中可能并非包含单个 λ^{+2} 的旋转位错，而是由两个 λ^{+1} 的旋转位错构成。这条位错线以一对外表面的 $s=+1$ 的缺陷点为端点，在液滴中心形成单极。上述两种长短螺距时的构型转变取决于 h/P_0（h 为壳厚，P_0 为螺距），两个 boojum 缺陷之间的角距离由 h/R（R 为液滴半径）决定。

8.3 液晶液滴与壳的微流控制备技术

“微流控”（microfluidics）是在微电子、微加工、生物工程和纳米技术等基础上发展起来的全新的交叉学科。利用微流控装置中的微通道（孔径 5～500μm）对微量（体积一般为 10^{-15}～10^{-6}L）的液体或样品在微观尺度上进行操纵、处理与控制，实现样品的制备、反应、分离和检测的集成，还可对这些过程进行调控。微米尺度上的流体具有宏观尺度和更小的纳米尺度所不具有的一些基本特征。相对于宏观尺度，微流体的面体比值增加，包括黏性力、静电力、表面张力等在内的表面作用增强，惯性力影响减弱，以惯性力与黏性力之比定义的雷诺数 Re 变小，边缘效应增大，三维效应不可忽略。微流体的 Re 很小（小于 10），流体各质点平行于通道内壁有规则的流动，呈现出层流（laminar flow）状态。多股流体汇合于同一微通道中时，倾向于并排前进而非发生对流或湍流混合。

使用传统的机械搅拌、振荡、超声等乳化技术获得的乳液粒径分布宽，形态难以控制，其应用受到很大限制。与之相比，使用微流控制备技术可以获得均匀、形态可控的单重或多重乳液，是一种获得尺寸与结构可控的单分散液晶液滴与壳的高效可靠的方法。制作微流控芯片的材料主要有单晶硅、石英、玻璃和有机聚合物如聚甲基丙烯酸甲酯（PMMA）、聚二甲基硅氧烷（PDMS）、聚碳酸酯（PC）等。其中，PDMS 是最为常用的一种聚合物。PDMS 对波长在 250nm 以上的紫外及可见光透明，且透气性、弹性好，可以发生可逆和重复变形。Whitesides 课题组首先提出基于 PDMS 的软压印（soft lithography）技术[13,14]。该技术随即广泛应用于微流控芯片的制作，促进了微流控技术的快速发展。

▶▶ 8.3.1 玻璃毛细管微流控

T 型交叉流（T-junctions）和同轴聚焦流（coaxial flow-focusing）这两类主流技术都可以用来制备单分散的单重和多重乳液[15, 16]。硅、石英、玻璃等材料具有 PDMS 等有机材料所不具备的化学和热稳定性。Weitz 课题组发明了基于玻璃毛细管的微流控装置，由圆管与方管嵌套而成，可以实现基于同轴聚焦流乳化[17]。与 PDMS 装置相比，这种玻璃装置具有可重复使用的优势。由于其化学惰性，接触有机溶剂不会发生溶胀等问题。难点在于实现弯曲流型，液晶的微滴和壳结构大多采用基于玻璃毛细管微流控技术来制备。

同轴聚焦流乳化技术的基本原理为：当互不相溶的两种或两种以上的相邻液体在通道中同轴流动时，在轴向压力的作用下通过同一个狭窄的入口可以发生乳化。图 8.4 所示为基于同轴聚焦流乳化技术获得双重乳液（壳）的玻璃毛细管微流控装置示意图。其中，注射管通常为外径 1mm 的玻璃毛细圆管，其一端是口径为 10～50μm 的窄圆锥口。收集管同样为外径 1mm 的玻璃毛细圆管，其一端是口径为 100～500μm 的宽圆锥口。将注射管和收集管同时嵌套在内径 1mm 的方形管内，由于毛细圆管的外径与毛细方管的内侧长度相匹配，因此三者同轴。在注射泵（或气动泵）的推动下，内相液体（通常是水相）从左侧的注射管进入该装置，中间相液体则通过注射管与方形管的间隙注入，二者在注射管圆锥窄口处形成同轴流体。外相液体则从收集管与方管间隙反向进入该装置，形成窄射流。最终，这三相流体通过宽圆锥口进入收集管。这种几何构造使同轴聚焦流体在界面张力和外相流体剪切力的共同作用下破碎成壳（Rayleigh-Plateau 不稳定性），即双重乳液乳滴。由于三相流体的流动为三维立体分布，因此更容易获得稳定、单分散的双重乳液。三相的相对流速也在控制壳/液滴大小方面起着关键作用，甚至决定是否能够形成乳液。

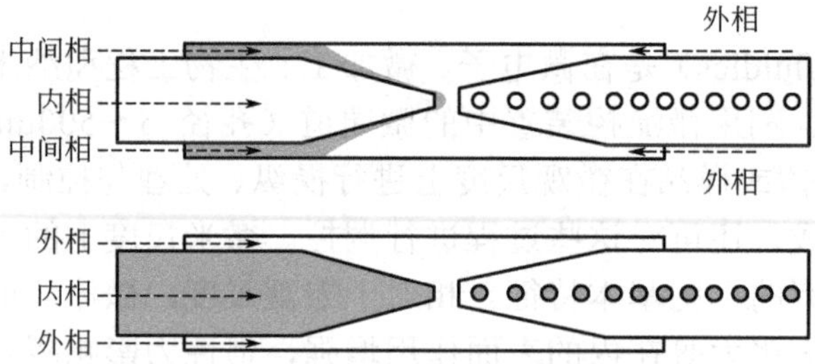

图 8.4 同轴玻璃毛细管微流控装置

使用基于玻璃毛细管的同轴微流控技术，可以制备单分散、尺寸可控的单重乳液液晶液滴及多种多重乳液液晶壳。内外水相之间所约束的液晶壳（中间相）的厚度可以薄至几个微米。通过改变以下参数可以用来调整液滴和壳的尺寸（直径和壳厚度）：毛细管和圆锥口的大小、流速、界面张力和各流体的黏度。毛细圆管锥口的孔直径直接影响到液滴和壳的尺寸。低流速下所得到的液滴和壳的直径接近于圆锥口的孔直径。低黏度的液晶壳较为容易制备，对于高黏度的液晶体系（如近晶相），较有效的方法是加热或者添加溶剂。但如果溶剂残留于液晶，则会改变其序参数等特性。El Abed 等人研究了交变电压作用下向列液晶液滴的高通量制备，发现液滴产生的频率为驱动频率的两倍，通过改变流速和驱动频率可以获得不同的液滴尺寸与分布[18]。Uchida 等人提出改进方法，在合适的时机添加和去除丙酮之类的溶剂以诱导液晶相与各向同性液相之间的转变，可以制备出高黏度的近晶相液晶球壳[19]。

▶▶ 8.3.2 界面稳定与液晶取向的控制

在微流控体系中，热致型液晶被看作是与水不溶的油相。通过在水相加入界面稳定剂

（或称为乳化剂）可以降低各相之间的界面张力，获得稳定的液晶液滴和壳。没有稳定剂存在时，小液滴将会凝聚成大液滴，壳将坍塌成液滴。更重要的是，这些稳定剂的加入也可以起到诱导液晶排列的关键作用。常用的稳定剂（乳化剂）可以是离子型表面活性剂［如十二烷基硫酸钠（SDS）］，或者是水溶性聚合物［如聚乙烯醇（PVA）］。在水与液晶的界面上，SDS 的非极性脂肪链渗透到液晶层，诱导垂直排列，从而获得指向矢场的射线状构型。与此相反，PVA 溶解在水中形成无序的随机排列的线状构型，并不能诱导出特定的排列取向，可能起到的只是稳定剂的作用。热致液晶分子通常含有芳香环、氰基端基和脂肪链端基等有机基团。氰基可以与周围水形成氢键，而脂肪链与水不相容。也就是说，这样的界面间相互共同作用决定了指向矢的方向，最终形成了平面（或倾斜）的排列。通过分别在内外相分别引入 SDS 和 PVA 对液晶施加非对称边界约束，就可获得杂化取向的液晶壳。

人们常在水相加入表面活性剂或甘油，调节密度和黏度。通常认为油水是不相溶的，也就是说壳是由纯的液晶油相组成，并只考虑稳定剂在油-水界面的作用。而实际上这种非常理想状态并不存在。研究发现，由于液晶的相变温度对掺杂物非常敏感，5CB 液晶壳的清亮点温度明显低于其纯态，这说明周围水相中的成分可以在一定程度上进入壳中[20]。随着时间的延长，SDS 由壳的外表面迁移到内表面，导致内外取向由杂化逐渐变成垂直。

8.3.3 基于渗透压的壳尺寸控制

在玻璃毛细管微流控制备的过程中，可以通过改变毛细管的圆锥孔径、界面张力、黏度、各相流速等来调节液晶液滴和壳的直径和厚度。但制备直径小于 100μm 或厚度大于几微米的液晶壳依然比较困难。渗透是地球上非常普遍的现象，在生物系统中许多重要过程中扮演着重要的角色。半透膜两侧存在化学电位差驱动，导致溶剂朝着溶质浓度更高的一侧运动。半透膜可以是由细胞层、颗粒层和分子层组成的固体或液体，其渗透性不仅取决于膜孔的大小与溶剂分子的大小之比，也取决于溶剂分子的极性及其与膜材料的相容性。液晶壳可以看作分隔内外相的一层半透膜，当液晶壳两侧的内外相含有不同成分时将产生渗透压差。因此，使用渗透过程对球壳进行后处理，可以获得更小或更薄的壳。

Lopez Leon 等人将这种渗透作用引入液晶壳的研究中，通过增加内水相液滴的大小来降低壳的厚度[21]。内外水相具有不同盐浓度时，由于水与液晶的可混溶性相比盐更好，水就会通过液晶层，从低盐浓度的一侧向高盐浓度的一侧流动。若外水相比内水相的盐浓度更高，水从壳的内部流向外部，使外壳变厚，直径变小，反之亦然。通过调整的液晶层的厚度可以改变与缺陷相关的弹性自由能，使控制缺陷的形成与分布成为可能。在实验研究中可以观察到，在内外相形成渗透压可以导致壳的膨胀和变薄，油性条纹缺陷迅速消失。

8.4 液晶液滴与壳的光子特性与应用

小型化和集成化一直是现代光学及相关领域的研究热点。固体光学微结构通常是由自上而下（top-down）的制程（如光刻）制作而成的。利用液晶的自组装过程可以很方便地获得复杂的微光学结构，且更为简单多变。为制作液晶微光学元件，需要摆脱玻璃基片的限制，才能将其宏观尺寸做得更小。聚合物分散液晶（PDLC）是通过将液晶分散于具有特定的表面锚定特性的固体或液体的典型例子。然而，PDLC 所包含的液晶液滴数量众多，尺寸在微米量级，具有不规则的形状。我们在本节讨论如何产生、操纵液晶液滴，并将每个液晶液滴视作独立的个体开展光子学研究工作。本节介绍液晶微滴与壳的光子特性，主要包括光学谐振腔模式、激光发射、光反射效应、光学传感、光控执行器等。

▶▶ 8.4.1 液晶液滴的回音壁模式激光发射

光可以借助全内反射（total internal reflection，TIR）沿着球腔的内侧边缘进行传播，如果绕谐振腔一圈的光程刚好是光波长的整数倍，将会形成驻波谐振。人们通常把这种谐振模式称为回音壁模（whispering gallery mode，WGM），对应的谐振腔称为回音壁模光学谐振腔[22]。WGM 谐振腔具有极高的模式品质因子 Q 和极小的模式体积，在基础物理研究领域（如腔量子电动力学、光机械等）、可集成光学元器件（如低阈值激光器、全光开关、光频梳、高灵敏度传感器等）及光学非线性等领域均具有十分重要的应用[23]。

Musevic 等人将各向异性的向列相液晶与不互溶的液体（如水、甘油、氟化物等）或聚合物基质（如 PDMS）混合形成液晶微液滴[24]，液晶在表面张力作用下形成完美的球形结构，可用作电场调谐的低损耗 WGM 谐振腔。掺杂在液晶中的棒状有机荧光染料（如 Nile red、BTBP 等）可以顺着指向矢方向排列，并在光的激励下产生能级跃迁和荧光发射，因此在球形液晶中可观察到 WGM 荧光谐振。图 8.5 所示为实验测试得到的直径 10μm 的向列相液滴 E12 在 PDMS 中的荧光发射光谱，在实验上证实了液晶球形腔中存在周期的、窄线宽的 WGM 光学谐振；同时，在显微镜下也可以清晰地观察到由模式泄漏形成的荧光环。正性液晶的非寻常光的折射率 n_e 大于寻常光折射率 n_o。n_e 沿着分子长轴偏振方向，n_o 在垂直长轴偏振方向。“射线型”构型向列相液滴的发射光偏振方向为径向，据此判断仅有径向模式数 n=1 的 TM 模。对小尺寸的向列相液滴而言，与径向折射率关联的 TM 模式是稳定的。在更大的液滴（12.6μm）中，可以同时观察到 n=1 和 n=2 的 TM 模[24]。TM 模的电场振荡方向为径向，折射率差值最大，介电常数更高，因而可实现光子的强限制，相应地谐振线宽更窄，模式 Q 值也比 TE 模高。我们知道，直径小的液滴通常具有大表面曲率，

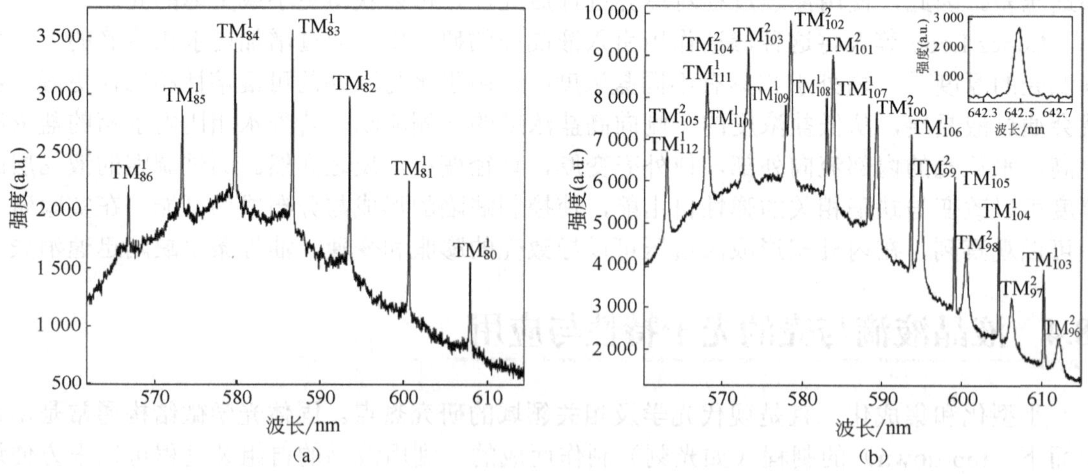

图 8.5 不同尺寸向列相液滴在 PDMS 中的发射光谱[24]

光学弯曲损耗更大，因此 TE 模的模式品质因子 Q 更低。实验结果表明，直径为 53μm 的液晶液滴的模式品质因子 Q 可达 12000，在可见光波段对应的光子寿命为 3～4ps。Q 值高意味着在界面处指向矢波动引起的光散射作用较弱，强锚定抑制了指向矢的取向波动。向列相液晶的高频率弛豫导致较低的模式振幅和较低的散射截面。对于 8CB 液晶液滴的 WGM 谐振腔，低温的近晶 A 相（SmA）比高温的向列相具有更高的谐振 Q 值[25]。

对“射线型”E12 向列相液晶液滴施加外电场（2.6V/μm）会引起指向矢构型转变，导致 TM 模有效折射率降低、光程缩短，从而导致无滞后、可逆的 WGM 谐振波长发生蓝移。图 8.6 给出了实验测得的“射线型”向列相液滴中 TM 模 WGM 谐振波长随外加电场的变化规律[24]。在小电场（0.5V/μm）的范围内，随电场的增加波长呈线性蓝移的趋势，在 600nm 处的可调范围可达 41nm（或 6.7%）。此外，WGM 谐振波长的变化幅度也与液滴直径有关，不同尺寸的谐振腔模式波长的漂移灵敏度也不一样，如大尺寸的球腔在相同环境变化下通常具有更小波长漂移。通过研究 WGM 模式在电场作用下的变化规律可以获得 PDMS 对 5CB 液晶的锚定系数[26]。

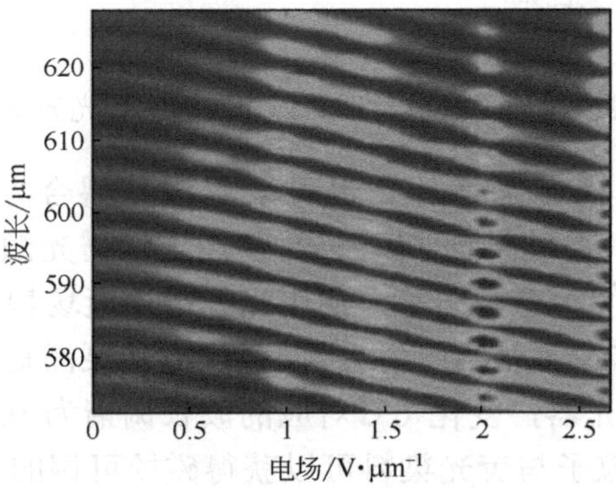

图 8.6　向列相液滴中 TM 模 WGM 谐振波长随外加电场的变化规律[24]

在谐振腔中添加具有足够的增益的光放大介质，可以获得 WGM 微激光器。首个液晶液滴型 WGM 微激光器是将 0.1%（质量分数）的有机染料 Nile Red 掺杂向列相液晶 5CB，在 SDS 水溶液（浓度大于 2.0mmol/L）中乳化获得，液晶液滴的构型为“射线型”[27]。使用显微物镜将波长为 532nm 的 Nd：YAG 纳秒脉冲激光聚焦在 5CB 液滴上，形成直径几十微米泵浦区域。在阈值（0.25mJ/cm^2）之上可观察到 WGM 模式激光发射。如图 8.7 所示，对于具有“射线型”构型的液晶液滴谐振腔而言，荧光背底的自发辐射被强烈抑制，谐振波长位置的发光效率则显著增强；同时，激光发射峰间隔均匀，实验上实现了液晶微球的 WGM 模式激射。对于“双极型”构型的液晶液滴谐振腔，当泵浦光能量在阈值 0.7mJ/cm^2 之下时，并未检测到 WGM 的特征谐振谱，阈值之上的多组的尖锐激光谱线代表连接两个 boojum 面缺陷的一系列可能的光循环轨迹。表面的取向状况对界面化学变化非常敏感。随着表面活性剂 SDS 浓度的提高，液滴内部的指向矢场构型由“双极型”转变为“射线型”（见图 8.7），两个 boojum 面缺陷转化为 hedgehog 点缺陷。当 SDS 浓度低于 0.3mmol/L 时表现为“双极型”；当高于 0.6mmol/L 时，表现为“射线型”；浓度在此之间时，由于液晶内部结构的剧烈变化，WGM 谱线比较混乱。

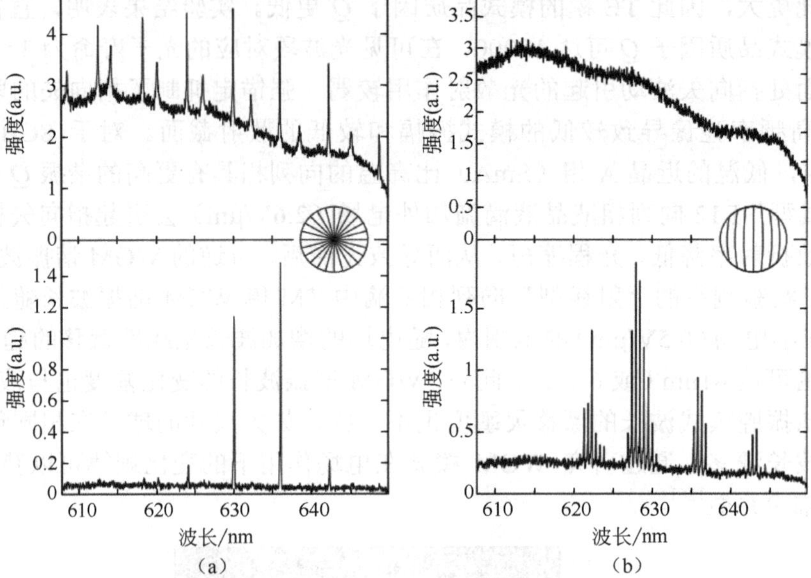

图 8.7 “射线型”和“双极型”向列相液滴的荧光光谱和激射光谱[27]

除了采用空间光直接耦合泵浦外，也可采用波导耦合方式实现液晶微球的泵浦。Musevic 等人使用高折射率的聚合物平板波导，将超连续谱光源通过棱镜耦合进直径为 5～20μm 的 5CB 向列相液滴[28]。李寒阳等人使用光纤锥消逝场耦合直径为 78μm 的向列相液滴，获得的温度灵敏度为 267.6pm/℃[29]，用同样的方式泵浦直径为 20μm 的胆甾相液滴获得温度调谐的 WGM 微激光器，变化 6℃对应的波长调谐为 9.1nm[30,31]。此外，在向列相液晶液滴中掺杂磁性纳米粒子与荧光染料可以获得磁场可调的 WGM 微激光器，灵敏度为 1nm/100mT[32]。

▶▶ 8.4.2 胆甾相液晶与壳的带边激光发射

1. 胆甾相液晶的手性光子晶体结构

手性（chirality）是指无论如何旋转、移动都无法与其镜像重合的结构或系统，就像我们的左手和右手。大部分生物分子比如 DNA/RNA、蛋白质、氨基酸等都是手性的，多数药物分子也具有手性。胆甾相液晶具有自发形成的螺旋周期性结构，又称为手性向列型液晶。用现代的术语描述为自组装的一维手性光子晶体。

如图 8.8 所示，指向矢沿着螺旋轴方向发生均匀扭转。将螺旋轴 z 视作光轴，胆甾相液晶非寻常光折射率（n_e）的方向沿着 z 呈现负折射率。空间折射率的周期变化引起圆偏振选择性的布拉格反射。反射光具有相同手性，透射光为相反的手性。也就是说，当左手性圆偏振光在光子晶体的禁带波长内被反射，右手性的圆偏振光则透过；反之亦然。这种圆偏振的选择性光反射是胆甾相液晶最独特和重要的光学性质。法线方向上反射光的最大波长（λ_{max}）可由下列公式表示：

$$\lambda_{max}=n_{av}P \tag{8.1}$$

式中，n_{av} 为胆甾相液晶的平均折射率；P 为螺距。

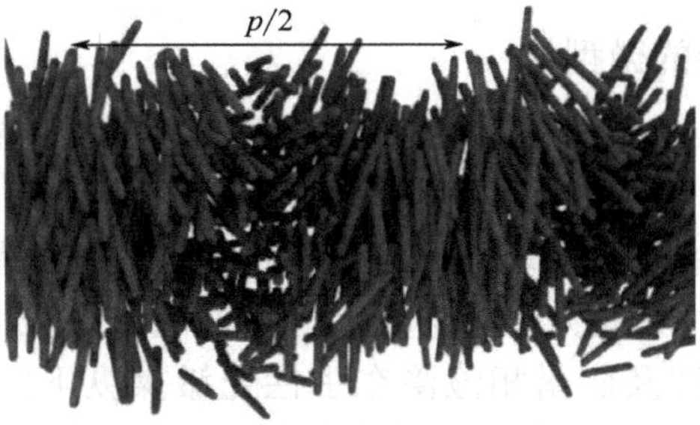

图 8.8 胆甾相液晶内指向矢排列示意[1]

反射带的宽度 $\Delta\lambda$ 可以表示为：

$$\Delta\lambda=\Delta np=(n_e-n_o)P \tag{8.2}$$

式中，Δn 为光学各向异性；n_e 为非寻常光折射率；n_o 为寻常光折射率。

当入射光与 z 成一定夹角 θ 斜入射胆甾相液晶时，反射光的波长可以表示为：

$$\lambda_{max}(\theta)=n_{av}P\cos\theta \tag{8.3}$$

由此可见，当倾斜角度观察平面取向的胆甾相液晶时，反射波长将移向短波。例如，假定液晶的折射率为 1.5 左右，若胆甾相液晶呈现红色（650nm 左右），可选取 P 为 430nm 左右。随着夹角 θ 的增加，将依次观察到绿色和蓝色。

2. 胆甾相液晶的激光发射

基于胆甾相液晶的激光器很早便为人所知。1980 年，Ilchishin 报道了染料掺杂胆甾相液晶（dye doped CLC，DDCLC）中的激光发射[33]。1998 年，V. I. Kopp 等人与 Taheri 等人分别发现 DDCLC 中的激光发射本质是光子晶体带隙边缘的激光发射，简称带边激射[34,35]。在胆甾相液晶中掺杂激光染料，且其荧光光谱与禁带有适当重叠时，其中某种手性的圆偏振光将很难从沿着螺旋轴的方向离开液晶盒。禁带中的光子态密度为零，带边的态密度最高，获得激光所需的增益最小，对应的阈值最低，因此，激射将发生在这两个带边的其中一个[36]。长波长带边的阈值相比于短带边更低。这与分布反馈（DFB）激光谐振的机理一致。为了降低 DFB 激光器的阈值，可以在禁带内引入满足相位条件的 $\lambda/4$ 相移缺陷，并在光子带隙的中间波长产生激光。

DDCLC 激光器具有辐射光强、微腔体积小、可控方便、不用外加谐振腔等优点，可以作为简单的、小型的、大面积的、柔性的可调谐激光器或圆偏振光源等，有望广泛应用于军事和民用领域，近年来迅速成为激光领域的热门研究对象。目前，在一系列的液晶相与结构中都已经实现了带边激射，包括手性铁电近晶相、蓝相Ⅰ或蓝相Ⅱ、液晶聚合物、液晶弹性体等[37]。具有流动性的液晶分子由两块玻璃基片做成的纵向盒厚间隔在微米量级、横向尺寸为厘米量级的盒子约束和支撑。实际上，带边激光只发生在泵浦光照射的尺寸在几十微米的地方，工作区域相对较小。使用装载在玻璃盒内的 DDCLC 激光器，应预先对玻璃基板进行配向处理，通过分子间相互作用引起表面近邻的液晶取向，进而诱导出盒内液晶分子的整体排列状态。受限于此，常规的 DDCLC 激光器无法体现出可以直接作为点光源的特点及面向光学集成与芯片实验室应用的优势。

3. 胆甾相液晶激光器的微型化

通过乳化（emulsification）实现 DDCLC 激光器不需要液晶配向盒的微型化已经成为亮点。在前面已经介绍，平面锚定时获得的胆甾相液晶液滴拓扑结构为图 8.2 所示的 Frank-Pryce 层状结构，其螺旋轴由表面指向液滴中心。这种液晶液滴微结构之所以引起人们的广泛兴趣，在于其同时具有光学各向异性与手性两个特征，展示出新颖的光学性质。Cipparrone 等人的研究就涉及胆甾相液滴在手性光镊操纵下的偏振相关的机械行为[38]。2010 年，Humar 等人将 DDCLC 分散在甘油中获得湿乳液，形成如图 8.9 所示直径在 50μm、具有 Frank-Pryce 结构的微腔，可以将布拉格区域中的光都反射到腔中心[39]。添加增益后，光子在布拉格共振腔中沿着径向向内或向外反射发生光放大。当增益大于损耗的情况下在各个方向上产生带边激射。换句话说，这是一种三维全向发射的三维微激光器。值得注意的是，选取折射率相对较低的液晶与折射率较高的甘油相匹配，可以抑制 WGM 模式激光发射。

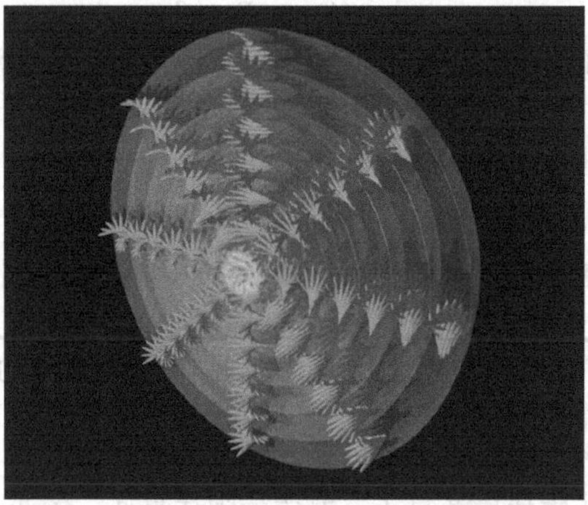

图 8.9 表面平行取向的胆甾相液晶液滴内液晶分子排列示意[39]

而后，Cipparrone 等人选取可紫外光引发聚合单体实现固态化[40]。李佳荣等人掺杂偶氮手性剂获得光调谐特性[41]。DDCLC 乳液涂膜后干燥的过程伴随着液晶排列构型的转变，干乳液中的激光发射性质也因此不同。Coles 等人发现，源于去溶胀机理，干燥得到 Grandjean 织构，其带边激光发射沿垂直基板表面的方向[42]。郑致刚等人使用新型光敏手性剂，获得了波长高达 112nm 的超宽调谐范围的带边激光发射[43, 44]。罗丹等人观察到 DDCLC 甘油乳液中的随机激光现象[45]。液晶微液滴尺寸的不同导致带边激光与随机激光两种截然不同的激光发射机理，由此可见，乳化后 DDCLC 液滴尺寸大小与均匀度的控制至关重要[46]。

4. 胆甾相液晶壳型微激光器

使用微流控制备技术获得的液晶乳液体系不仅可满足均匀尺寸控制所要求的"单分散"的要求，还兼具消耗少、过程简单的优点，更可获得有别于简单液滴的壳结构。胆甾相液晶球壳内螺旋轴沿径向三维分布。如图 8.10 所示，Uchida 将激光染料分别掺杂在胆甾相液晶壳和水相的内核，侧向泵浦后获得 DFB 或分布式布拉格反射（DBR）两种不同类型的激光发射，并伴有与球腔结构相关的 WGM 激光发射[47]。

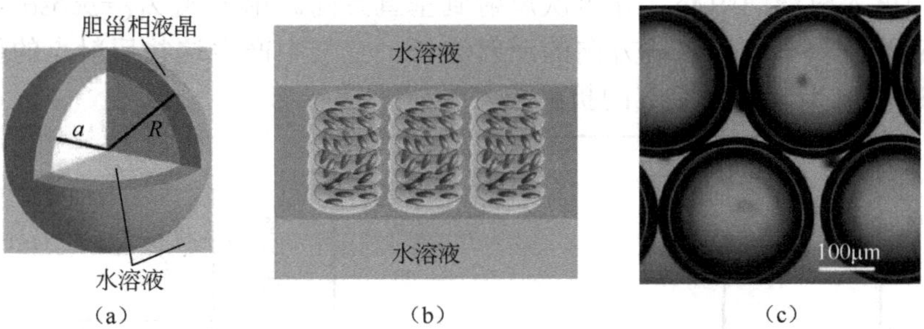

图 8.10 胆甾相液晶球壳示意图及显微图像[47]

陈鹭剑等人使用端面泵浦获得了具有“光泵浦-自调谐”特性的全向发射带边激光，且每次泵浦激光得到的发射波长不同[48]。随着光泵浦次数的增加，带边激光发射波长由 580nm 逐渐红移到 640nm，其波长移动的速度与泵浦光能量和泵浦的时间间隔有关。在此基础上，陈鹭剑等人还利用“油-水不相容”特性，将磁性 Fe_3O_4 纳米粒子分散于水相内核，包裹在胆甾相壳内，从而实现了 DDCLC 微激光器的在磁场作用下的可控移动[49]。最新的端泵实验结果发现，激光发射模式与泵浦光束直径有明显关联[50]。如图 8.11 所示，存在 DFB、WGM、DBR 三种模式间的切换。在内水相引入纳米粒子散射中心后，无论泵浦光束直径多大，都不能激发出 DBR 模式，进而确证了上述激光发射的机制。利用壳内外的渗透压差改变球壳型微激光器的尺寸，可以在不直接改变泵浦光束直径的情况下对激光模式进行控制。

5. 胆甾相壳内的化学发光与上转换发光

亲水物质运移率的评价在农业、制药、化妆品和食品加工等行业具有重要意义。将具有化学发光特性的发光氨溶液封装在胆甾相液晶壳后，可作为高灵敏的过氧化氢传感器[51]。油相中的过氧化氢的迁移率可以通过计量化学发光来实现实时监控[52]。将基于三重态-三重态湮灭的光子上转换发光（TTAUC）物质封装在胆甾相液晶壳谐振腔内，可以获得发光波长的调谐。由于壳的球形对称，各个方向上的延迟荧光的自发发射在禁带边缘都被放大[53]。

8.4.3 胆甾相液滴与壳的选择性光反射

1. 胆甾相液滴与壳的交叉通信

微流控技术获得的单分散胆甾相液滴（或壳）之间存在特殊的光反射现象，称为交叉通信（cross communication）。Lagerwall 研究组通过改变照明光的光照范围，在正交偏光反射模式下观察到五颜六色的不同的反射斑点，这种光学现象可以用图 8.12 中四条可能的光反射途径进行解释[54]。红色双箭头标记正常沿着螺旋轴垂直入射法线方向的反射途径①；绿色箭头标记入射角度为 θ=45°时的反射途径②，液滴将满足布拉格波长条件的垂直方向入射光反射到水平方向，在邻近液滴发生反射并重新回到垂直方向，最终形成的圆偏振光在正交偏光反射模式下可以观测到；满足 θ<45° 和布拉格条件的更大波长可以在相邻或者较远距离的液滴之间水连续相-空气界面的全内反射（TIR），如途径③或④所示。如图 8.12

所示，满足特定角度 α 的反射光正好位于相邻液滴之间的中点，由于全内反射的对称性，将以相同的角度入射液滴中心，并再次反射到垂直方向。用公式 $\lambda_{LC}=p\cos\theta$ 可以换算得到在液晶中对应的波长，p 为法线方向的反射波长。空气中产生这些反射点的颜色中对应的波长 $\lambda_{air}=n_{av}\lambda_{LC}$, n_{av} 为液晶对空气的折射率。

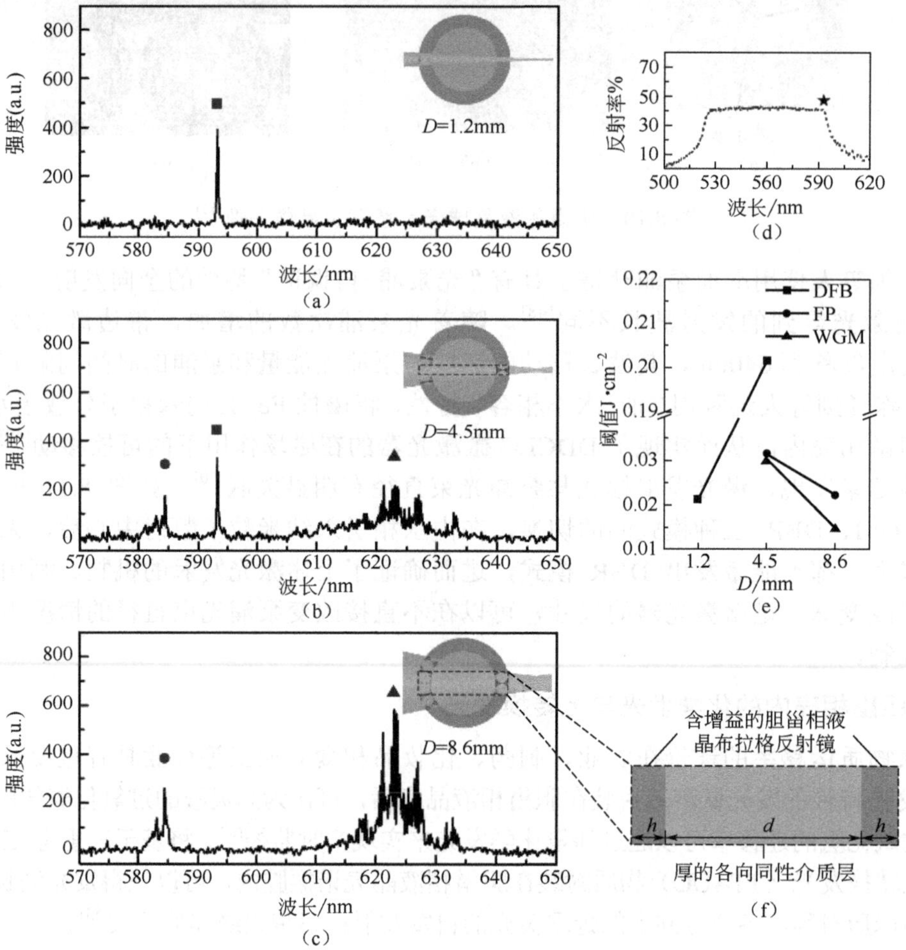

图 8.11 不同泵浦光束直径引起激光发射模式的变化[50]

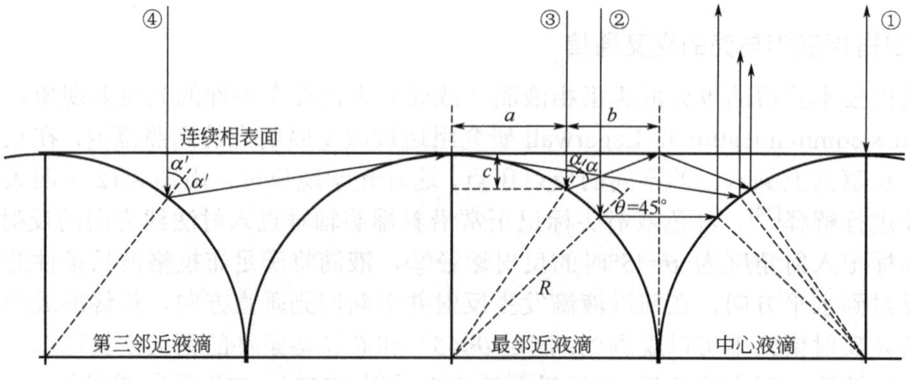

图 8.12 胆甾相液晶液滴之间“交叉通信”途径示意[54]

如图 8.13 所示，在胆甾相液滴之间，或不同厚度的胆甾相壳之间，或胆甾相液滴与壳之间，甚至是聚合固化后的液滴与壳都可以发生这种偏振相关的选择性光反射现象。不同的光子带隙对应不同的反射光波长，产生特定交叉通信的光学信道[55]。掺杂光敏手性剂分子后，可以可逆的改变反射波长和偏振手性，进而调控液滴之间的旋光通信[56]。

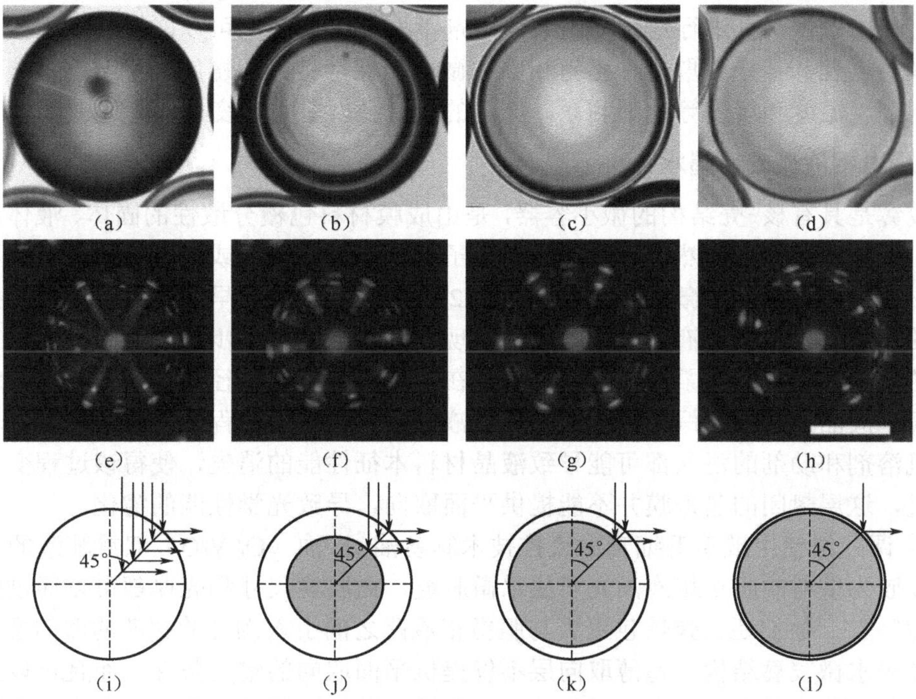

图 8.13　液滴及不同厚度的壳对应的交叉通信图案及反射途径[57]

如图 8.14 所示，这种交叉通信受光照条件的偏振影响，具有显著的开-关及手性选择特性。其反射光的波长和反射光的方向都可独立进行可逆控制，可能可以应用在基于手性光通信的全光分配器与光开关上[57]。而且，在不同的光刺激下，这些胆甾相液滴和壳的微结构可以产生动态、不可预知、独特的光反射模式。通过聚合稳定可以上述光学特性，并进一步组装成二维六角形阵列或沉积在槽或孔内。这种微结构有望在将来用作高安全性身份认证和防伪识别[58]。

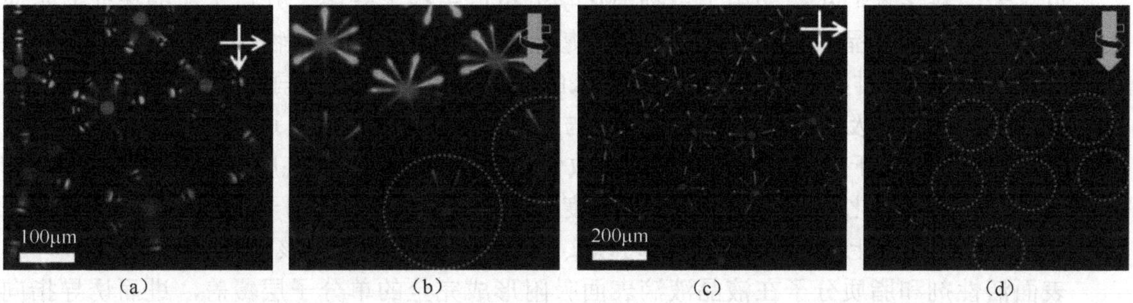

图 8.14　不同手性胆甾相液晶液滴在正交偏振光及圆偏振光下的交叉通信[55]

2. 胆甾相液滴与壳的固态化与溶胀现象

Park 等人制备的胆甾相液晶壳并进行聚合固态化，研究了依赖于溶液与温度的可逆膨胀/收缩行为[59]。膨胀或收缩时引起中心和交叉通信点上反射点的颜色变化。通过控制溶剂和温度，成功实现封装于内核的罗丹明 6G 染料的释放。将 Fe_3O_4 纳米粒子封装在胆甾相壳后，可使用磁铁对其进行定位与组装。溶剂萃取手性掺杂剂可以降低胆甾相微球的螺距[60]。在紫外固化和掺杂萃取后，胆甾相固体微球仍保持良好的螺旋光子结构。该结构同样依赖于溶剂、温度和湿度等外部刺激，产生的反射色发生可逆变化。

3. 胆甾相液晶光子墨水

微胶囊是具有核-壳结构的微小容器，是由成膜材料包覆分散性的固体、液体或气体而形成的。包覆膜成分为天然的或合成的高分子材料，称为壁材或囊壁。内部被包覆的物质称为芯材或囊芯。液晶的微胶囊化研究始于 20 世纪 60 年代，早期的应用集中于探索胆甾相液晶的热致变色。随着液晶电光效应的发现和显示技术的进步，液晶微胶囊化工艺表现出显著的优势，尤其是在柔性显示研究上。在控制微胶囊的粒径大小和分布的同时，通过包覆实现了液晶的分散、保护和稳定，防止液晶在器件挠曲过程中的流动。机械乳化过程中，有机溶剂和助剂的混入都可能导致液晶材料本征性能的消失，使得该过程变得更为复杂。并且，这层封闭的包裹膜并不能提供平面取向，导致光学性能的劣化。

Kim 课题组使用玻璃毛细管微流控技术制备油/水/油（O/W/O）双重乳液的方法，制备了水凝胶为壁材的胆甾相液晶光子墨水微胶囊，微胶囊尺寸和壳厚都可以通过调节流量来精确控制[61]。他们还在弹性包裹膜与胆甾相液晶之间引入额外的超薄的取向层，获得新型的光子墨水微胶囊结构。超薄取向层不仅提供平面取向的锚定条件，而且可以提高润滑阻力，使包裹膜在发生弹性变形时保持其完整性。这种胆甾相微胶囊具有弹性变形并保持液晶分子的自适应取向，因此被赋予形状可重构和新颖光学特性[62]。如图 8.15 所示，Kim 等人还制备了分别以手性相反的胆甾相液晶为壳壁和芯材的微胶囊，获得双重光子带隙结构。壳与芯的螺旋结构分别反射不同手性的圆偏振光，大幅度减少了内外反射色的交叉抑制[63]。微胶囊可用于光学安全或生物分析的编码，对应变、温度响应的比色传感器，以及单谐振腔或双谐振腔的全向微激光器等先进光子学领域。

▶▶ 8.4.4 化学与生物传感

近年来，科学家们对液晶用于生物与化学分析产生极大兴趣，开启了液晶在非显示应用领域新的篇章。液晶分子作为一种良好的敏感材料，对外界刺激物（如电场或磁场）能做出快速反应。液晶排列的有序性可能被引入的表面活性剂、脂质分子、蛋白质和病毒打乱。指向矢的变化源于所吸附的两亲分子脂基链与液晶基元之间的耦合。这种排列上的变化可通过光学信号传达，由于液晶的各向异性，导致偏光图像的颜色和光亮度发生变化。液晶的初始排列状态的任何变化与引入物的性质和浓度有关，这正是液晶可用于生物与化学传感的原理。常见修饰过基板上的液晶敏感膜，可以实现对免疫、蛋白质和核酸等的分析。

表面活性剂和脂质分子在液晶液滴表面吸附形成完全的单分子层覆盖，进而诱导指向矢排列构型发生转换[64]。向列相液晶 5CB 液滴与带有脂质包膜的革兰氏阴性细菌（大肠杆菌）或病毒发生物理接触的时候，引起液晶液滴排列构型转变[65]。磷脂 L-DLPC 在磷脂酶

A2 的催化下也可诱导拓扑构型的转变[66]。该方法适用于对大量具有特定结构特征的细菌和病毒样本进行快速、灵敏的筛选。

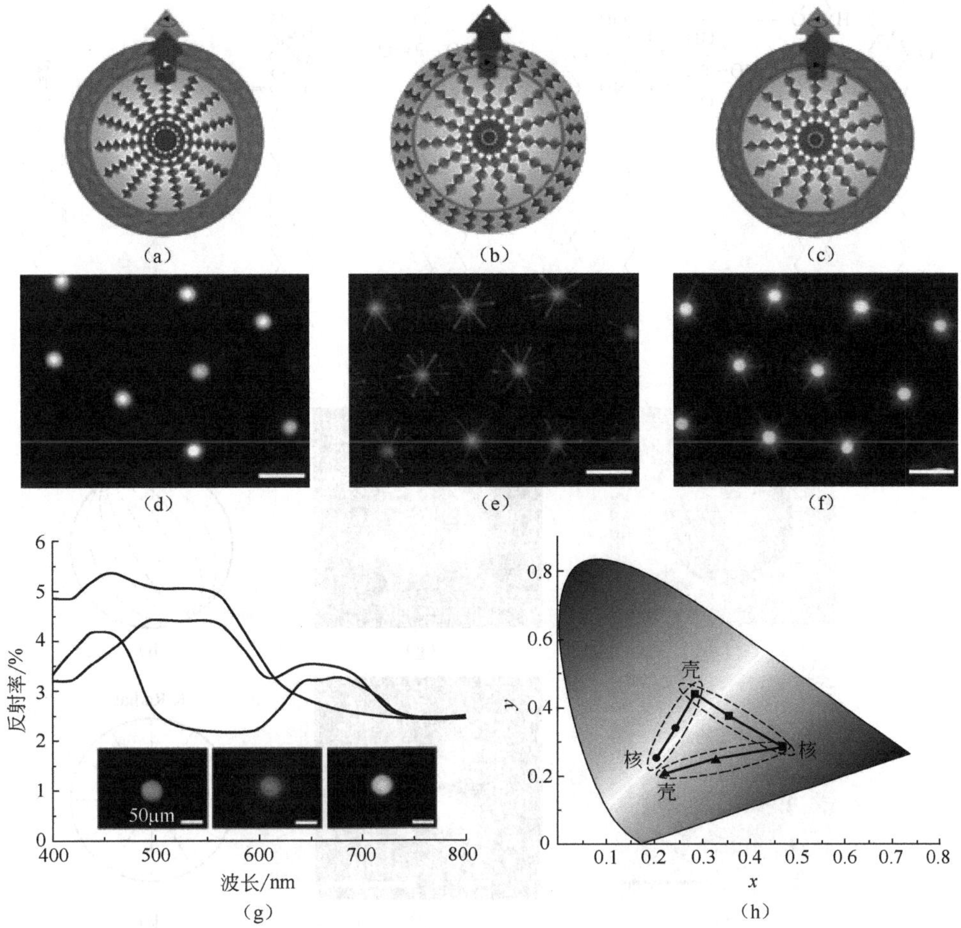

图 8.15 拥有相反手性双重光子带隙结构的胆甾相液晶微胶囊[63]

2011 年，Abbot 课题组发现浓度低至约 1pg/mL 的细菌脂多糖内毒素（endotoxin）可以引起微米尺寸的液晶液滴中指向矢构型的转变，如图 8.16 所示[67]。若要通过完全单分子层覆盖的方式改变界面能而引起向列指向矢的转变，所需的脂质的浓度比当前所用的内毒素浓度高 6 个量级。如此低浓度的内毒素吸附所引起的界面能改变几乎可以忽略不计，且内毒素并不会降低液晶弹性能。实际上，内毒素的脂质结构作用于表面拓扑缺陷位置，通过形成自组织结构改变了缺陷能量，使“射线型”的排列构型比“双极型”更为稳定。液晶液滴传感器的灵敏度是板上型液晶膜的 10^6 倍。细菌内毒素引起的有序转变强烈地依赖于液滴的大小。当液滴直径由 2μm 提高到 10μm 时，在内毒素浓度为 100pg/mL 的溶液中形成“射线型”构型的液晶液滴的比例从 98%±1%降低到 3%±2%[68]。糖磷脂（glycophospholipid）结构响应的液晶液滴的发现为设计用于生物分析响应型软物质提供新思路。人工合成与细菌糖脂 Lipid A 结构相似、具有六个脂肪长链的有机分子，以相同机理作用于表面拓扑缺陷，在极低浓度下诱导指向矢构型的转变[69]。这些发现促进了人们对分析物与液晶液滴相互作用引起指向矢构型转变的理解。

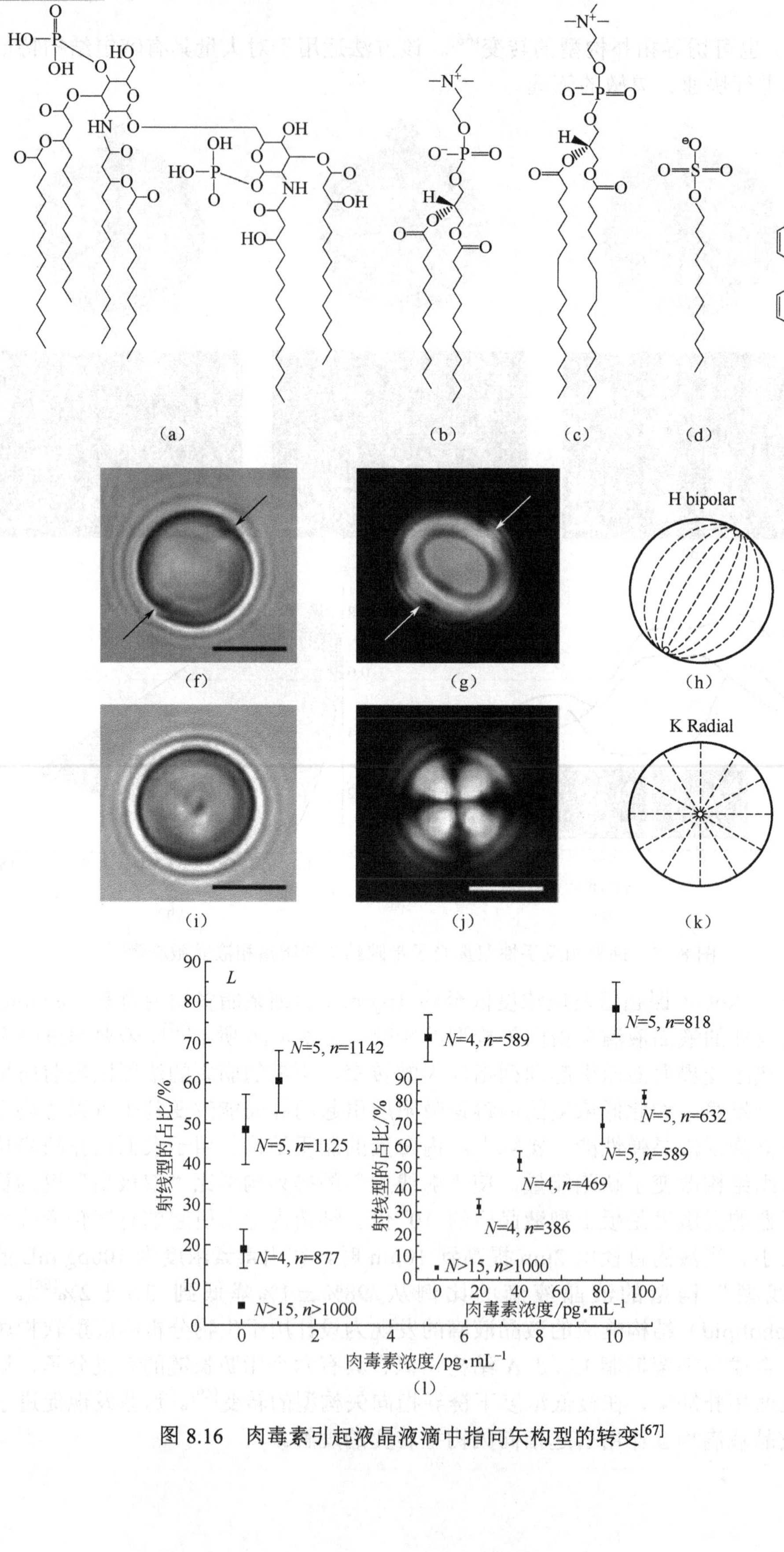

图 8.16 肉毒素引起液晶液滴中指向矢构型的转变[67]

Park 等人将聚合物 PAA-b-LCP 覆盖于 5CB 液滴表面获得葡萄糖传感器[70]。葡萄糖氧化酶（GO_x）与 PAA 链相结合，引起“射线型”向“双极型”的构型转变。检测浓度下限为 0.03mmol/L，响应时间为 3min。在聚合物 PAA-b-LCP 的 PAA 链上共价固定化脲酶后，对尿素的检出下限为 3mmol/L，响应时间为 180s[71]。基于生物素酰化，可以将这种液晶液滴用于检测抗生物素蛋白-生物素（avidin–biotin）结合物[72]。使用 100g/mL 的生物素水溶液对抗生物素蛋白的检测下限为 0.5g/mL。通过这种配体-受体结合的方式，可以特异性地检测其他蛋白质，如牛血清白蛋白、溶菌酶、血红蛋白和胰凝乳蛋白酶原溶液。使用 PVA 和 SDS/Tween80 混合液获得的内外平行、垂直与杂化取向的向列相液晶壳，研究 pH 值的响应对液晶壳的缺陷影响，并用于检测葡萄糖的酶促反应引起 pH 值的降低程度[73]。制备了包裹 PAA-b-LCP 胆甾相的液晶液滴与壳，并研究其 pH 响应特性[74,75]。pH 值的改变可以导致切向和垂直取向的改变。在包裹液晶液滴的聚合物上固化葡萄糖氧化酶（GO_x）和胆固醇氧化酶（ChO）用于血糖和胆固醇的检测下限分别为 0.5μmol/L 和 2.5μmol/L，织构变化的响应时间小于 4s[74]。罗丹等人研究了负载 SDS 的 5CB 液滴对胆酸（CA）的生物传感特性，检出下限为 5mmol/L [76]。

选择性分子转移几乎参与了活细胞或器官的所有的重要生物过程。然而，作为光学器件和材料科学的创新工具，人工分子转移技术在目前仍处于发展的早期阶段。Song 等人研究了乳液中的多相液晶微滴之间的原位分子转移[77]。如图 8.17 所示，他们发现手性掺杂剂可以在向列相和胆甾相液滴之间传递，两者分别可以接受和提供手性分子，且溶解度可调的连续相作为可转换的传递通道，手性分子的转移过程可以由拓扑结构的转变和液滴光子晶体反射色的变化来监测。

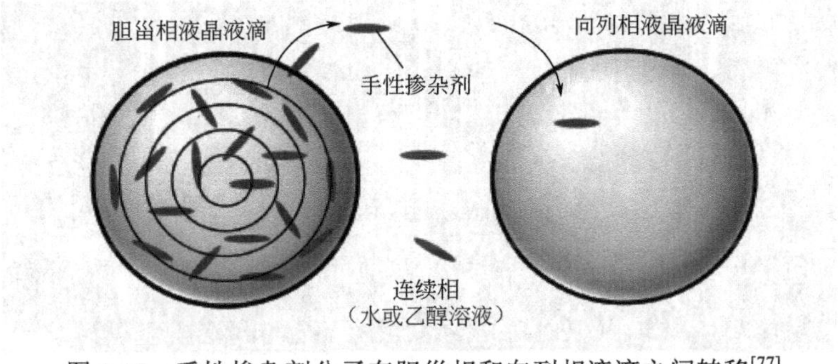

图 8.17 手性掺杂剂分子在胆甾相和向列相液滴之间转移[77]

8.4.5 液晶弹性体执行器

液晶弹性体（elastomer）是指非交联型液晶高分子经适度交联，并在各向同性态或液晶态具有弹性的材料，结合液晶的各向异性和高分子网络的橡胶弹性。在外界刺激下，液晶弹性体可发生形状的自发改变，作为致动器及感应器可应用在人工肌肉、柔性机器人、盲人显示器等诸多领域。通过光、热、磁等方式改变高分子内部的液晶有序性，产生可逆的宏观形状变化。光响应液晶弹性体通常含有能吸收光能的分子或官能团（如偶氮苯等），在光的作用下会发生某些化学或物理反应，产生一系列结构的形态变化。光致形变是将光能转化为机械能的一种方式。用远程控制的光能作为驱动，可实现柔性器件的微型化和精确控制。

Zentel 等人改进 T 型交叉流微流控装置，制备液晶弹性体微球作为微执行器[78,79]。他们首次获得温度响应的液晶弹性体壳型的微泵，偶氮苯基团在向列相-各向同性转变过程中的引起响应的机械形变[80]。如图 8.18 所示，壳中含有液芯，通过类似水母的运动来驱动液晶弹性体壳，可以可逆地将液体泵入和流出。将磁性或金纳米粒子分散在液晶弹性体中，有望通过等离子体或电磁辐射触发相变实现驱动。随后，他们又借助微流控技术，在连续流动过程中使用光引发聚合制备有望用于微型机器人的人工肌肉的液晶弹性体粒子[81]。这种液晶弹性体材料由近红外引发含有光漂白剂的偶氮基团的侧链型液晶单体和液晶交联剂共混体系获得。如图 8.19 所示，当加热至清亮点以上，或在接近相变温度下用连续波长的光照射时，该液晶弹性体粒子会发生机械变形。红光照射 8min 后的形变量达到 24%，在黑暗中发生可逆异构化的恢复时间为 17min。

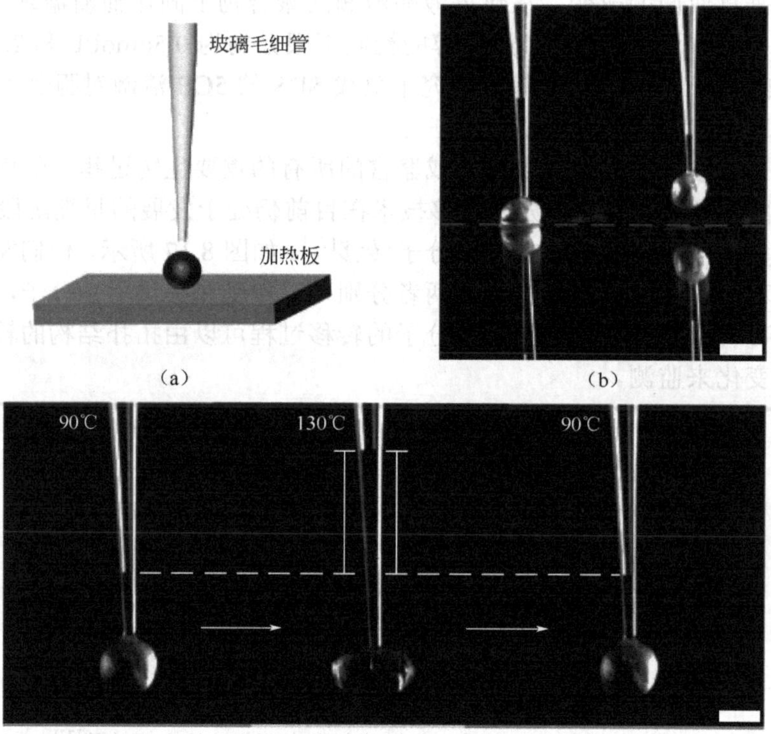

(a) (b) (c)

图 8.18 液晶弹性体作为微泵[80]

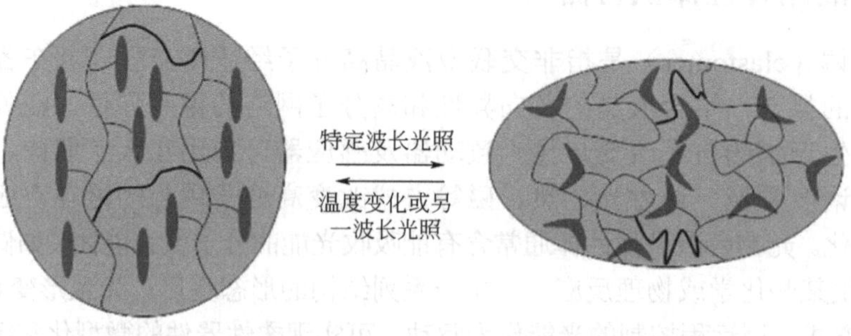

图 8.19 液晶弹性体光致变形及恢复示意[81]

8.5 展望

得益于微流控技术的快速发展，人们已经可以制备具有单个或多个稳定内核、多重嵌套的球形液晶微结构。区别于简单的液晶液滴和壳，复杂“核壳微结构”的可设计性与多样性将赋予其新特性，也带来新的科学问题，亟须人们进行进一步的深入研究。此外，对于由纤维素溶液等组成的溶致液晶液滴与壳中的指向矢构型与缺陷及相关光子学应用，尚待进一步开拓[82~84]。

习　　题

1．当界面锚定状态分别为垂直和平面取向时，向列液晶液滴的构型分别是什么？
2．向列相液滴内外的拓扑缺陷分别是什么？
3．微流控技术的概念是什么？
4．为什么说目前的毛细管微流控技术更适用于制备较为复杂的液晶核壳微结构？
5．胆甾相液晶可以看成一维光子晶体，本章中的哪些光子学应用与此有关？
6．什么是带边激光？
7．液晶液滴用于温度传感与生物传感的机理是什么？

参考文献

[1] Urbanski M，Reyes C G，Noh J，et al. Liquid crystals in micron-scale droplets，shells and fibers [J]. Journal Of Physics-Condensed Matter，2017，29（13）：133003.

[2] Lavrentovich O D. Topological defects in dispersed liquid crystals，or words and worlds around liquid crystal drops [J]. Liquid Crystals，1998，24（1）：117-125.

[3] Tomar V，Hernandez S I，Abbott N L，et al. Morphological transitions in liquid crystal nanodroplets [J]. Soft Matter，2012，8（33）：8679-8689.

[4] Erdmann J H，Zumer S，Doane J W. Configuration Transition In a Nematic Liquid-Crystal Confined To a Small Spherical Cavity [J]. Physical Review Letters，1990，64（16）：1907-1910.

[5] Lubensky T C，Pettey D，Currier N，et al. Topological defects and interactions in nematic emulsions [J]. Physical Review E，1998，57（1）：610-625.

[6] Fernandez-Nieves A，Link D R，Marquez M，et al. Topological changes in bipolar nematic droplets under flow [J]. Physical Review Letters，2007，98（8）：087801.

[7] Sec D，Porenta T，Ravnik M，et al. Geometrical frustration of chiral ordering in cholesteric droplets [J]. Soft Matter，2012，8（48）：11982-11988.

[8] Bezic J，Zumer S. Structures Of the Cholesteric Liquid-Crystal Droplets with Parallel Surface Anchoring [J]. Liquid Crystals，1992，11（4）：593-619.

[9] Xu F，Crooker P P. Chiral nematic droplets with parallel surface anchoring [J]. Physical Review E，1997，56（6）：6853-6860.

[10] Lopez-Leon T, Fernandez-Nieves A. Drops and shells of liquid crystal [J]. Colloid And Polymer Science, 2011, 289 (4): 345-359.

[11] Kurik M V, Lavrentovich O D. Negative-Positive Monopole Transitions In Cholesteric Liquid-Crystals [J]. Jetp Letters, 1982, 35 (9): 444-447.

[12] Darmon A, Benzaquen M, Copar S, et al. Topological defects in cholesteric liquid crystal shells [J]. Soft Matter, 2016, 12 (46): 9280-9288.

[13] Xia Y N, Whitesides G M. Soft lithography [J]. Angewandte Chemie-International Edition, 1998, 37 (5): 550-575.

[14] Qin D, Xia Y N, Whitesides G M. Soft lithography for micro- and nanoscale patterning [J]. Nature Protocols, 2010, 5 (3): 491-502.

[15] Umbanhowar P B, Prasad V, Weitz D A. Monodisperse emulsion generation via drop break off in a coflowing stream [J]. Langmuir, 2000, 16 (2): 347-351.

[16] Hamlington B D, Steinhaus B, Feng J J, et al. Liquid crystal droplet production in a microfluidic device [J]. Liquid Crystals, 2007, 34 (7): 861-870.

[17] Utada A S, Lorenceau E, Link D R, et al. Monodisperse double emulsions generated from a microcapillary device [J]. Science, 2005, 308 (5721): 537-541.

[18] Belloul M, Bartolo J F, Ziraoui B, et al. High-throughput formation and control of monodisperse liquid crystals droplets driven by an alternating current electric field in a microfluidic device [J]. Applied Physics Letters, 2013, 103 (3): 033112.

[19] Akita T, Kouno H, Iwai Y, et al. Room-temperature fabrication of mono-dispersed liquid crystalline shells with high viscosity and high melting points [J]. Journal of Materials Chemistry C, 2017, 5 (6): 1303-1307.

[20] Noh J, De Sousa K R, Lagerwall J P F. Influence of interface stabilisers and surrounding aqueous phases on nematic liquid crystal shells [J]. Soft Matter, 2016, 12 (2): 367-372.

[21] Lopez-Leon T, Koning V, Devaiah K B S, et al. Frustrated nematic order in spherical geometries [J]. Nature Physics, 2011, 7 (5): 391-394.

[22] Reynolds T, Riesen N, Meldrum A, et al. Fluorescent and lasing whispering gallery mode microresonators for sensing applications [J]. Laser & Photonics Reviews, 2017, 11 (2): 1600265.

[23] Yang S C, Wang Y, Sun H D. Advances and Prospects for Whispering Gallery Mode Microcavities [J]. Advanced Optical Materials, 2015, 3 (9): 1136-1162.

[24] Humar M, Ravnik M, Pajk S, et al. Electrically tunable liquid crystal optical microresonators [J]. Nature Photonics, 2009, 3 (10): 595-600.

[25] Kumar T A, Mohiddon M A, Dutta N, et al. Detection of phase transitions from the study of whispering gallery mode resonance in liquid crystal droplets [J]. Applied Physics Letters, 2015, 106 (5): 051101.

[26] Lee K J, Kim S J, Kang D, et al. Measuring nematic liquid crystal anchoring energy using whispering gallery modes [J]. Optics Express, 2015, 23 (19): 24903-24909.

[27] Humar M, Musevic I. Surfactant sensing based on whispering-gallery-mode lasing in liquid-crystal microdroplets [J]. Optics Express, 2011, 19 (21): 19836-19844.

[28] Jampani V S R，Humar M，Musevic I. Resonant transport of light from planar polymer waveguide into liquid-crystal microcavity [J]. Optics Express，2013，21 (18)：20506-20516.

[29] Wang Y，Li H Y，Zhao L Y，et al. Tapered optical fiber waveguide coupling to whispering gallery modes of liquid crystal microdroplet for thermal sensing application[J]. Optics Express，2017，25(2)：918-926.

[30] Wang Y，Li H Y，Zhao L Y，et al. Tunable whispering gallery modes lasing in dye-doped cholesteric liquid crystal microdroplets [J]. Applied Physics Letters，2016，109 (23)：231906.

[31] Zhao L Y，Wang Y，Yuan Y G，et al. Whispering gallery mode laser based on cholesteric liquid crystal microdroplets as temperature sensor [J]. Optics Communications，2017，402：181-185.

[32] Mur M，Sofi J A，Kvasic I，et al. Magnetic-field tuning of whispering gallery mode lasing from ferromagnetic nematic liquid crystal microdroplets [J]. Optics Express，2017，25 (2)：1073-1083.

[33] Ilchishin I P，Tikhonov E A，Tishchenko V G，et al. Generation of a tunable radiation by impurity cholesteric liquid-crystals [J]. Jetp Letters，1980，32 (1)：24-27.

[34] Kopp V I，Fan B，Vithana H K M，et al. Low-threshold lasing at the edge of a photonic stop band in cholesteric liquid crystals [J]. Optics Letters，1998，23 (21)：1707-1709.

[35] Taheri B，Munoz A F，Palffy-Muhoray P，et al. Low threshold lasing in cholesteric liquid crystals [J]. Molecular Crystals and Liquid Crystals，2001，358：73-82.

[36] Nevskaya G E，Palto S P，Tomilin M G. Liquid-crystal-based microlasers [J]. Journal of Optical Technology，2010，77 (8)：473-486.

[37] Coles H，Morris S. Liquid-crystal lasers [J]. Nature Photonics，2010，4 (10)：676-685.

[38] Donato M G，Hernandez J，Mazzulla A，et al. Polarization-dependent optomechanics mediated by chiral microresonators [J]. Nature Communications，2014，5：3656.

[39] Humar M，Musevic I. 3D microlasers from self-assembled cholesteric liquid-crystal microdroplets [J]. Optics Express，2010，18 (26)：26995-27003.

[40] Cipparrone G，Mazzulla A，Pane A，et al. Chiral self-assembled solid microspheres：A novel multifunctional microphotonic device [J]. Advanced Materials，2011，23 (48)：5773-5778.

[41] Lin J D，Hsieh M H，Wei G J，et al. Optically tunable/switchable omnidirectionally spherical microlaser based on a dye-doped cholesteric liquid crystal microdroplet with an azo-chiral dopant [J]. Optics Express，2013，21 (13)：15765-15776.

[42] Gardiner D J，Morris S M，Hands P J W，et al. Paintable band-edge liquid crystal lasers [J]. Optics Express，2011，19 (3)：2432-2439.

[43] Zheng Z G，Liu B W，Zhou L，et al. Wide tunable lasing in photoresponsive chiral liquid crystal emulsion [J]. Journal of Materials Chemistry C，2015，3 (11)：2462-2470.

[44] Sun P Z，Liu Z，Wang W，et al. Lasing of self-organized helical cholesteric liquid crystal micro-droplets based on emulsification [J]. Optical Materials Express，2016，6 (4)：1256-1261.

[45] Li Y，Luo D，Chen R. Random lasing from cholesteric liquid crystal microspheres dispersed in glycerol [J]. Applied Optics，2016，55 (31)：8864-8867.

[46] Hands P J W，Gardiner D J，Morris S M，et al. Band-edge and random lasing in paintable liquid crystal emulsions [J]. Applied Physics Letters，2011，98 (14)：141102.

[47] Uchida Y，Takanishi Y，Yamamoto J. Controlled fabrication and photonic structure of cholesteric liquid crystalline shells [J]. Advanced Materials，2013，25（23）：3234-3237.

[48] Chen L J，Li Y N，Fan J，et al. Photoresponsive monodisperse cholesteric liquid crystalline microshells for tunable omnidirectional lasing enabled by a visible light-driven chiral molecular switch [J]. Advanced Optical Materials，2014，2（9）：845-848.

[49] Chen L J，Gong L L，Lin Y L，et al. Microfluidic fabrication of cholesteric liquid crystal core-shell structures toward magnetically transportable microlasers [J]. Lab on a Chip，2016，16（7）：1206-1213.

[50] Lin Y L，Gong L L，Che K J，et al. Competitive excitation and osmotic-pressure-mediated control of lasing modes in cholesteric liquid crystal microshells [J]. Applied Physics Letters，2017，110（22）：223301.

[51] Iwai Y，Kaji H，Uchida Y，et al. Chemiluminescence emission in cholesteric liquid crystalline core-shell microcapsules [J]. Journal of Materials Chemistry C，2014，2（25）：4904-4908.

[52] Kouno H，Iwai Y，Uchida Y，et al. Real-time observation of hydrogen peroxide transport through the oil phase in a W/O/W double emulsion with chemiluminescence emission [J]. Langmuir，2017，33（15）：3802-3808.

[53] Kang J H，Kim S H，Fernandez-Nieves A，et al. Amplified photon upconversion by photonic shell of cholesteric liquid crystals [J]. Journal of the American Chemical Society，2017，139（16）：5708-5711.

[54] Noh J，Liang H L，Drevensek-Olenik I，et al. Tuneable multicoloured patterns from photonic cross-communication between cholesteric liquid crystal droplets [J]. Journal of Materials Chemistry C，2014，2（5）：806-810.

[55] Abetahoff S J，Sukas S，Yamaguchi T，et al. Superstructures of chiral nematic microspheres as all-optical switchable distributors of light [J]. Scientific reports，2015，5：14183.

[56] Fan J，Li Y，Bisoyi H K，et al. Light-directing omnidirectional circularly polarized reflection from liquid-crystal droplets [J]. Angew Chem Int Ed Engl，2015，54（7）：2160-2164.

[57] Geng Y，Noh J，Drevensek-Olenik I，et al. High-fidelity spherical cholesteric liquid crystal Bragg reflectors generating unclonable patterns for secure authentication [J]. Sci Rep，2016，6：26840.

[58] Seo H J，Lee S S，Noh J，et al. Robust photonic microparticles comprising cholesteric liquid crystals for anti-forgery materials [J]. Journal of Materials Chemistry C，2017，5（30）：7567-7573.

[59] Kim J G，Park S Y. Photonic spring-like shell templated from cholesteric liquid crystal prepared by microfluidics [J]. Advanced Optical Materials，2017，5（13）：1700243.

[60] Noh K G，Park S Y. Smart molecular-spring photonic droplets [J]. Materials Horizons，2017，4（4）：633-640.

[61] Lee S S，Kim B，Kim S K，et al. Robust microfluidic encapsulation of cholesteric liquid crystals toward photonic ink capsules [J]. Advanced Materials，2015，27（4）：627-633.

[62] Lee S S，Kim S K，Won J C，et al. Reconfigurable photonic capsules containing cholesteric liquid crystals with planar alignment [J]. Angewandte Chemie-International Edition，2015，54（50）：15266-15270.

[63] Lee S S，Seo H J，Kim Y H，et al. Structural color palettes of core-shell photonic ink capsules containing cholesteric liquid crystals [J]. Advanced Materials，2017，29（23）：1606894.

[64] Tjipto E，Cadwell K D，Quinn J F，et al. Tailoring the interfaces between nematic liquid crystal emulsions and

aqueous phases via layer-by-layer assembly [J]. Nano Letters, 2006, 6 (10): 2243-2248.

[65] Sivakumar S, Wark K L, Gupta J K, et al. Liquid crystal emulsions as the basis of biological sensors for the optical detection of bacteria and viruses [J]. Advanced Functional Materials, 2009, 19 (14): 2260-2265.

[66] Gupta J K, Zimmerman J S, De Pablo J J, et al. Characterization of adsorbate-induced ordering transitions of liquid crystals within monodisperse droplets [J]. Langmuir, 2009, 25 (16): 9016-9024.

[67] Lin I H, Miller D S, Bertics P J, et al. Endotoxin-induced structural transformations in liquid crystalline droplets [J]. Science, 2011, 332 (6035): 1297-1300.

[68] Miller D S, Abbott N L. Influence of droplet size, pH and ionic strength on endotoxin-triggered ordering transitions in liquid crystalline droplets [J]. Soft Matter, 2013, 9 (2): 374-382.

[69] Carter M C D, Miller D S, Jennings J, et al. Synthetic mimics of bacterial lipid a trigger optical transitions in liquid crystal microdroplets at ultra low picogram-per-milliliter concentrations [J]. Langmuir, 2015, 31 (47): 12850-12855.

[70] Kim J, Khan M, Park S Y. Glucose sensor using liquid-crystal droplets made by microfluidics [J]. Acs Applied Materials & Interfaces, 2013, 5 (24): 13135-13139.

[71] Khan M, Park S Y. General Liquid-crystal droplets produced by microfluidics for urea detection [J]. Sensors and Actuators B-Chemical, 2014, 202: 516-522.

[72] Khan M, Park S Y. Specific detection of avidin-biotin binding using liquid crystal droplets [J]. Colloids and Surfaces B-Biointerfaces, 2015, 127: 241-246.

[73] Kwon J Y, Khan M, Park S Y. pH-Responsive liquid crystal double emulsion droplets prepared using microfluidics [J]. RSC Advances, 2016, 6 (61): 55976-55983.

[74] Lee H G, Munir S, Park S Y. Cholesteric liquid crystal droplets for biosensors [J]. Acs Applied Materials & Interfaces, 2016, 8 (39): 26407-26417.

[75] Jang J H, Park S Y. pH-responsive cholesteric liquid crystal double emulsion droplets prepared by microfluidics [J]. Sensors and Actuators B-Chemical, 2017, 241: 636-643.

[76] Niu X F, Luo D, Chen R, et al. Optical biosensor based on liquid crystal droplets for detection of cholic acid [J]. Optics Communications, 2016, 381: 286-291.

[77] Guo J K, Vij J K, Song J K. Tunable transfer of molecules between liquid crystal microdroplets and control of photonic crystallinity in isolated microdroplets[J]. Advanced Optical Materials, 2017, 5(12): 1700119.

[78] Ohm C, Serra C, Zentel R. A continuous flow synthesis of micrometer-sized actuators from liquid crystalline elastomers [J]. Advanced Materials, 2009, 21 (47): 4859-4862.

[79] Ohm C, Fleischmann E K, Kraus I, et al. Control of the properties of micrometer-sized actuators from liquid crystalline elastomers prepared in a microfluidic setup [J]. Advanced Functional Materials, 2010, 20 (24): 4314-4322.

[80] Fleischmann E K, Liang H L, Kapernaum N, et al. One-piece micropumps from liquid crystalline core-shell particles [J]. Nature Communications, 2012, 3: 1178.

[81] Braun L B, Hessberger T, Zentel R. Microfluidic synthesis of micrometer-sized photoresponsive actuators based on liquid crystalline elastomers [J]. Journal of Materials Chemistry C, 2016, 4 (37): 8670-8678.

[82] Wenzlik D，Ohm C，Serra C，et al. Preparation of cholesteric particles from cellulose derivatives in a microfluidic setup [J]. Soft Matter，2011，7（6）：2340-2344.

[83] Li Y F，Suen J J Y，Prince E，et al. Colloidal cholesteric liquid crystal in spherical confinement [J]. Nature Communications，2016，7：12520.

[84] Li Y F，Prince E，Cho S H，et al. Periodic assembly of nanoparticle arrays in disclinations of cholesteric liquid crystals [J]. Proceedings of the National Academy of Sciences of the United States of America，2017，114（9）：2137-2142.

第 9 章

液晶等离激元光子学

刘言军　肖　栋
南方科技大学
电子与电气工程系

液晶具有大的双折射率、较低的驱动阈值及多样的驱动方式等特点，是发展有源等离激元光子学最有前景的物质之一。本章总结液晶等离激元光子学研究领域的近期进展。该领域是将液晶与金属纳米结构相结合，设计下一代可重构的等离激元光子学器件，如开关、调制器、滤色器、吸收器等各种有源微纳光子学器件。本章主要介绍有源等离激元光子学器件的功能和驱动方法两个方面。希望本章涵盖的内容可以作为简单的教程，激发读者对等离激元光子学或液晶光子学研究领域的兴趣，同时也希望经验丰富的研究人员能有所收获。

9.1 引言

等离激元光子学[1~3]是关于电磁场与金属表面自由电子之间相互作用的研究。近年来，由于等离激元光子学具有很大的潜力来解决当前世界所面临的许多突出问题，因此受到越来越多的关注。目前，等离激元光子学在超分辨率成像、光学隐身和能量收集等领域的应用已经相继报道。许多其他潜在应用也不断地被提出和试探。所有这些发展都归功于先进的纳米制造技术：①自上而下的纳米制造技术，如电子束光刻[4,5]和聚焦离子束蚀刻[6]允许在纳米尺度上精确地制造结构，并且不需较高的设备费用和较长的样品制备时间；②自下而上的技术，如自组装技术[7]可以很容易地以相当低的成本制造大面积规则形状，但它并不适用于需要纳米级的精确定位和排列的情况。尽管这些技术有着不同的优点和缺点，但它们可以制造出各种功能不同的纳米结构，为等离激元光子学做出了独特的贡献。等离激元光子学器件的一个主要缺点是：对于同样的输入，已经制造好的纳米结构作为一种无源器件，其输出是固定不变的。这一点极大地限制了它们的应用，因为在制造另一个类似器件时需要额外的时间和成本的投入。因此催生了一个新的研究领域——有源等离激元光子学。该领域借助于对某些激励产生响应的活性介质，在器件制造之后实现可重构功能。许多有源介质已被用于构建有源等离激元光子学器件，包括液晶、分子机器、弹性聚合物和化学氧化-还原反应等。在上述所有提到的活性介质中，由于液晶双折射率大、不同状态之间的转变的阈值低及引起转变的通用驱动方法多样等特点从其他竞争材料中脱颖而出。液晶具有在所有已知材料中最小的弹性常数和最大的双折射系数。此外，液晶的双折射区域跨越了整个可见光、红外光光谱波段乃至微波波段。1986 年，吴诗聪教授[8]率先报道了这种性质。液晶是全有机物质，它们可以大量地化学合成和加工，而且它们几乎与所有重要的光电材料都可以有效兼容。此外，液晶的取向可以很容易地通过电场、光波或者声波之类的许多方法来控制，从而使它们成为有源等离激元光子学发展的非常好的候选材料。

9.2 等离激元光子学和液晶基础

▶▶ 9.2.1 表面等离激元

表面等离激元（surface plasmon，SP）是金属表面自由振荡的电荷和入射电磁场（光子）相互作用而形成的一种混合型激发态。在该作用下，自由电荷与电磁波发生集体振荡，产生了许多新颖独特的性质，如更大的波矢量、非常短的波长及沿金属内部传播时有限的传播长度。通过改变金属的表面结构，等离激元与光的相互作用也会随之改变，因此可以对入射光波进行调控。对表面等离激元引起的光学现象的原理、效应及机制的研究称为等离激元光子学（plasmonics）。一般地，表面等离激元可以分为两种（见图 9.1），一种是传播型表面等离激元（surface plasmon polarization，SPP），另外一种是局域型表面等离等离激元（localized surface plasmon，LSP）。

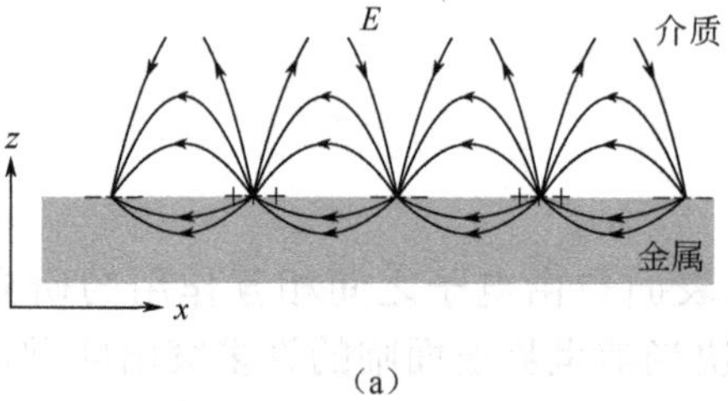

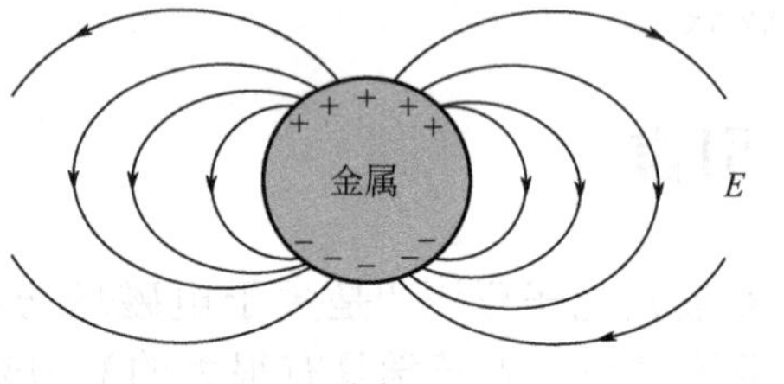

图 9.1 沿 x 轴传输的传播型表面等离激元（a）及局域表面等离激元（b）

表面等离激元是一类特殊的光，它们同样符合麦克斯韦方程。结合边界条件可以获得表面等离激元的场分布和色散特性。约定时谐因子为 $e^{-i\omega t}$ 的时谐电磁场，电场可以表达为 $\boldsymbol{E}(\boldsymbol{r},t)=\boldsymbol{E}(\boldsymbol{r})e^{-i\omega t}$，电磁场的亥姆霍兹方程为：

$$\nabla^2\boldsymbol{E}+k_0^2\varepsilon\boldsymbol{E}=0 \tag{9.1}$$

式中，k_0 为真空中波矢，$k_0=\omega/c$。

对于图 9.1（a）中沿 x 方向传播的 SPP 波，电场表达为 $\boldsymbol{E}(x,y,z)=\boldsymbol{E}(z)e^{i\beta x}$，其中 $\beta=k_{spp}$ 为电场沿 x 轴的传播矢量。代入式（9.1）有：

$$\frac{\partial^2 \boldsymbol{E}(z)}{\partial z^2} + (k_0^2 \varepsilon - \beta^2)\boldsymbol{E} = 0 \tag{9.2}$$

同理可以求得磁场的亥姆霍兹方程。在金属/介质交界面，只有 TM（横磁模）模式可以激发 SPP，对于 TM 模式，E_x，E_z 和 H_y 为非零分量；对于 TE 模式，H_x，H_y 和 E_y 为非零分量，电场只有沿 y 方向的分量，无法激发表面电荷。通过求解方程（9.2），结合边界条件，可以求得传播常数为：

$$k_{\mathrm{sp}} = \beta = k_0 \sqrt{\frac{\varepsilon_{\mathrm{m}} \varepsilon_{\mathrm{d}}}{\varepsilon_{\mathrm{m}} + \varepsilon_{\mathrm{d}}}} \tag{9.3}$$

式中，ε_{m} 和 ε_{d} 分别是金属和电介质的介电常数。

从式（9.3）可以看出，由于波矢不匹配，不能将传播的电磁波直接转换成表面等离激元。通常，激发表面等离激元的方法有棱镜耦合、光栅耦合、强聚焦光束及近场激发，如图 9.2 所示。

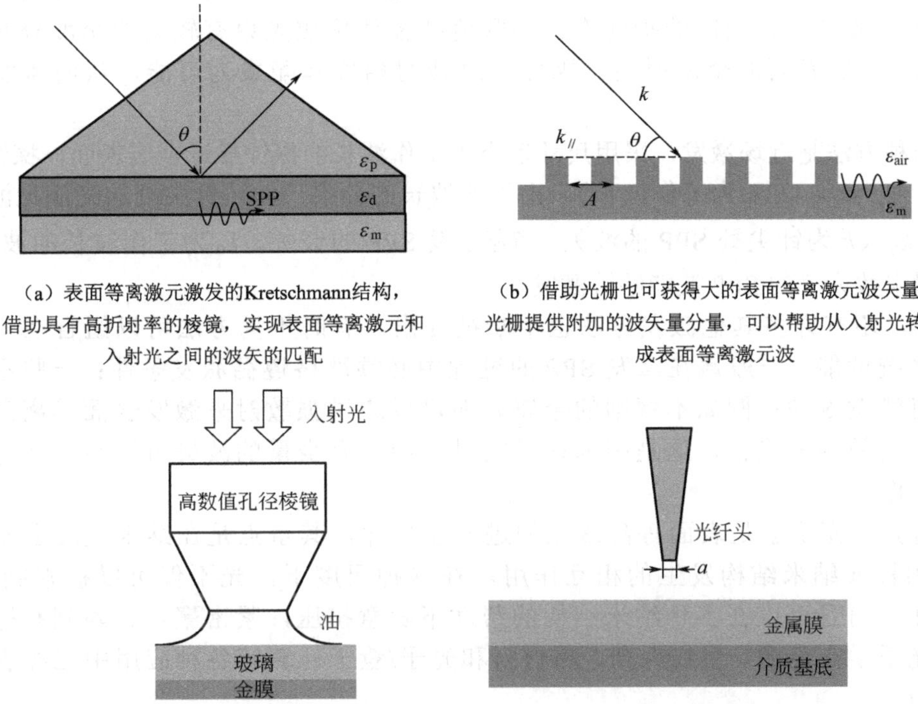

（a）表面等离激元激发的Kretschmann结构，借助具有高折射率的棱镜，实现表面等离激元和入射光之间的波矢的匹配

（b）借助光栅也可获得大的表面等离激元波矢量，光栅提供附加的波矢量分量，可以帮助从入射光转换成表面等离激元波

（c）强聚焦光束激发SPP及观察的实验装置

（d）采用亚波长针尖近场激发表面等离激元

图 9.2 激发表面等离激元的方法

第一种方法是棱镜耦合，也称衰减全反射耦合，通常有 Kretschmann 和 Otto 两种结构。Kretschmann 结构由高折射率的棱镜组成，附着在折射率与油相匹配的玻璃载片上；玻璃载片的另一面覆盖着一层薄薄的金膜。该系统中有两个金属/电介质界面：空气/金和玻璃/金界面。根据式（9.3），两个不同的界面支持不同的表面等离激元模式。来自棱镜侧的入射光不能在两个界面上激发表面等离激元；然而，借助来自棱镜侧的大折射率，来自棱镜侧的入射光的泄漏水平波矢量可以与空气侧的表面等离激元波矢量匹配，从而实现以

下关系：

$$n_{\mathrm{p}}k_0\sin\theta = k_0\sqrt{\frac{\varepsilon_{\mathrm{m}}\varepsilon_{\mathrm{d}}}{\varepsilon_{\mathrm{m}}+\varepsilon_{\mathrm{d}}}} = k_{\mathrm{sp,air}} \tag{9.4}$$

式中，n_{p} 为棱镜的折射率；$\varepsilon_{\mathrm{air}}$ 为空气的介电常数；θ 为棱镜侧的入射角。

对于 Otto 结构，棱镜和金属表面存在一个空气缝隙，棱镜/空气界面处的倏逝波满足波矢匹配条件从而激发表面等离激元波。

第二种方法是采用光栅耦合，其中光栅常数提供从入射光到表面等离激元的缺失动量分量。因此，光栅的周期应该在入射波长的近似范围内。波矢匹配的方程可以表示为：

$$k_{\mathrm{sp}} = n_{\mathrm{i}}k_0\sin\theta \pm m\Lambda \tag{9.5}$$

式中，n_{i} 是入射面的折射率；θ 是入射角；m 是整数；$\Lambda=2\pi/d$ 是光栅常数（d 是光栅周期）。

第三种方法是强聚焦光束，这种方法实际上是棱镜耦合的变体，基本原理与 Kretschmann 结构类似。高数值孔径的显微镜通过油浸层靠近镀有金属薄膜的玻璃衬底，且油与玻璃具有相同的折射率。高数值孔径使聚焦光束有较大的角度分布，包括大于玻璃-空气界面的全反射角。因此，这使得相位匹配成为可能，从而激发表面等离激元。

第四种方法是近场激发，采用尺寸远小于工作波长的探针靠近金属表面，探针尺寸 a 满足 $a \ll \lambda_{\mathrm{spp}} \ll \lambda_0$（$\lambda_0$ 为工作波长）。由于亚波长的针尖尺寸，针尖处的光满足波矢关系 $k \ll \beta \ll k_0$（k 为针尖处 SPP 的波矢，β为激发 SPP 的波矢，k_0 为工作波长的波矢），从而使传播常数为 β 的 SPP 波能够被激发。

当然，还有许多其他激发方法也不断被提出。有时不同方法可以组合在一起，以最大化系统性能。一般地在激发 SPP 的过程中必须严格遵循激发条件；一些不严格的方法也可激发 SPP，例如不规则的金属表面可以通过强散射来激发表面等离激元，但是这种激发效率相当低，这是因为在激发过程中只有少量的波矢可以与表面等离激元波矢量匹配。

等离激元光子学是表面等离激元的进一步延伸，其重点是在纳米尺度上光与不同的纳米颗粒或纳米结构发生的相互作用。在这种尺度下，光不仅可以被限制在金属/介质界面，而且可以在各种纳米结构的帮助下随意挤压，紧密聚焦、限制和操纵。等离激元光子学在能源、生物医药、超材料和光子/量子计算等各种应用中已经表现出巨大的潜力。

▶▶ 9.2.2 液晶

液晶具有独特的电光和热光效应，广泛应用于许多实际应用之中，例如，液晶显示器、电视机、投影仪、手表、手机，以及用于实时光学成像和自适应光学的空间光调制器、用于电信的光开关和衰减器、用于光束转向的光学相位阵列等。液晶材料和器件的研究对人类社会的发展非常重要。

一般来说，有三种相的热致液晶，分别为向列相、近晶相和胆甾相。图 9.3（a）所示为向列相液晶，其中液晶分子只存在长程有序。图 9.3（b）所示为近晶相液晶，液晶分子排列成层，层内分子长轴互相平行，其方向可以垂直于层面或者与层面倾斜排列；同时，分子层之间可以相互平移滑动，从而保证其流动性。图 9.3（c）所示为胆甾相液晶，通过观察垂直于螺旋轴的几个平面的液晶分子的分布可以看出，胆甾相实际上是向列型液晶，但是其液晶分子排列具有手性结构。因此，这种结构沿着垂直于液晶方向的螺旋轴自发扭曲。该扭曲根据液晶分子的手性可以具有右手手性或者左手手性。在适当的处理下，可以近似获得一个具有指向矢均匀排列的液晶薄层。这样整个液晶层就会表现出单轴光学对称性，两个主折射率分别为 n_o 和 n_e。寻常光折射率 n_o 是指电场偏振垂直于液晶取向的光，而非常光折射率 n_e 是指电场偏振平行于液晶取向的光。双折射（或光学各向异性）定义为 $\Delta n=n_e-n_o$。当 $n_o<n_e$ 时，则液晶具有正的双折射；当 $n_o>n_e$ 时，则液晶具有负的双折射。在经典电介质理论中，宏观折射率与光学频率下的分子极化率有关。光学各向异性的存在主要是由于各向异性分子结构。在光学频段，$\varepsilon_{/\!/}=\varepsilon_0 n_e^2$ 和 $\varepsilon_\perp=\varepsilon_0\varepsilon_0^2$，因此 $\Delta\varepsilon=\varepsilon_0(n_e^2-n_o^2)$。对于大多数液晶来说，寻常光折射率约为 1.5。光学各向异性在改变液晶中的光的偏振态起重要作用。

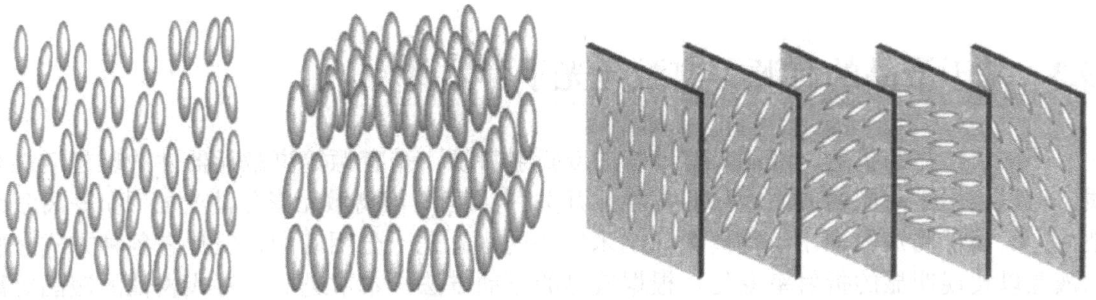

（a）向列相液晶　　（b）近晶相液晶　　（c）胆甾相液晶

图 9.3　液晶的三种相态

如图 9.4 所示，对于与光轴方向成 θ 角度入射并在液晶中传播的光来讲，可以观察到具有不同本征折射率的两种传播模式的光。一种模式的光称为寻常光，其偏振方向垂直于由波矢和光轴构成的平面，折射率为 n_o（与入射角 θ 无关）；另一种模式称为非寻常光，或简称为非常光，其偏振方向平行于由波矢和光轴构成的平面，其有效折射率取决于入射角 θ，表示为：

$$n_{\mathrm{eff}}=\left[\frac{\cos^2\theta}{n_o^2}+\frac{\sin^2\theta}{n_e^2}\right]^{-\frac{1}{2}} \tag{9.6}$$

类似地，光学各向异性也是温度的函数，并且与有序参数 S 近似成线性比例。图 9.5 展示了折射率随温度变化的一般趋势[9]。由图 9.5 可以看出，光学各向异性随温度升高而减小，并最终消失而转化为各向同性。

液晶等离激元光子学是将液晶与表面等离激元相结合，作为有源等离激元光子学的一个分支，其地位日益突出，并引发了全世界范围内越来越多的研究人员的关注。

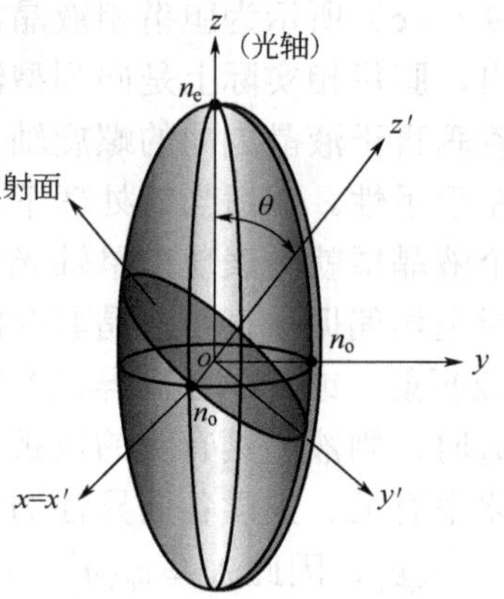

图 9.4 光在单轴介质传播

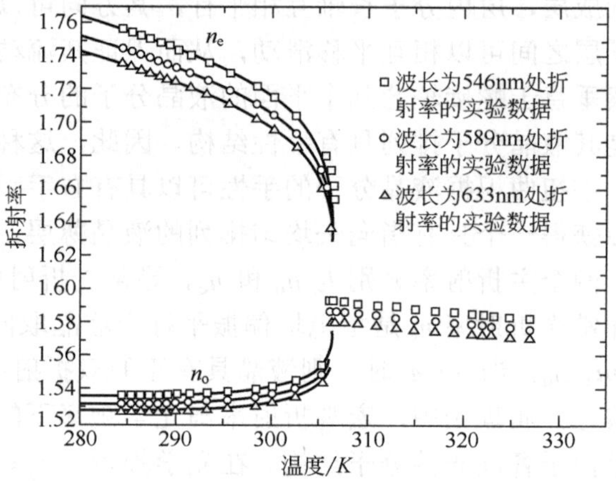

图 9.5 液晶 5CB 在波长分别为 546nm，589nm 和 633nm 处随温度变化的折射率[9]

9.3 基于液晶的有源等离激元光子学器件

不同于常见的折射，液晶具有独特的双折射特征，是有源等离激元器件的理想活性介质，可以应用于不同的方面，如等离激元开关[10]、有源等离激元彩色滤光器[6]和等离激元波导[11]。虽然将液晶应用于等离激元纳米结构的概念是十分明确的，但是有各种方式来驱动液晶以实现明显的折射率变化。根据液晶的驱动方法，本节选取具有代表性的液晶等离激元器件进行分类和讨论。

▶▶ 9.3.1 电场驱动方法

电场对棒状液晶分子有非常大的影响。电场是驱动液晶器件最常用的方法。当液晶分子处于电场中时，液晶分子将会被极化，分子的一端会带有正电荷，而另一端会带负电荷，从而形成电偶极子。因此，液晶分子的取向沿着外部电场的方向重新排列。利用液晶的这种特性，有报道将液晶与周期性纳米金属薄膜结合起来，设计出表面等离激元结构中的电场可控的透射、反射和吸收，在开关、滤波器和调制器上得到应用。例如，Dickson[12]证明了可以通过使用液晶实现对金纳米孔阵列的表面等离激元的色散和透射的精确控制。实验装置如图 9.6（a）所示。液晶层夹在透明的导电氧化铟锡（ITO）玻璃基底和具有纳米孔阵列的金纳米薄膜之间，其厚度由垫片来控制。金纳米薄膜上的纳米孔阵列由聚焦离子束制备。白光从样品的 ITO 侧入射，通过液晶层在纳米结构上激发不同的表面等离激元模式。在施加外置电压时，ITO 衬底和金纳米片之间形成电场，液晶分子会沿着电场方向重新取向。其结果是金/液晶的界面处的有效折射率发生变化，这导致表面等离激元色散关系的变化，从而改变某些等离激元模式的激发条件。这种变化显著地反映在光谱的传输调制上，并且提供了一种有源控制表面等离激元模式的方法。De Sio 等[13]还报道了在外部电场下，ITO 衬底附近可以形成载流子累积层，从而改变金属纳米结构周围的有效折射率，并影响等离激元共振。此外，为了实现额外的控制自由度，在设计有源等离激元器件时，可选择双频液晶（dual-frequency liquid crystal，DFLC）以获得在不同频率的外加电压下产生不同的等离激元信号共振响应。当施加的电场频率变化时，DFLC 可以将其介电常数各向异性的符号从正变为负，或从负变为正[14]。使用电子束蚀刻及剥离过程，可以制备互补的金纳米盘和纳米孔阵列。[见图 9.6（b）和 9.6（c）]，这对于构建等离激元器件来说是一种很有前景的载体。在这些纳米盘和纳米孔结构上覆盖 DFLC 层，可以实现等离子体激元谐振和透射的可逆调谐。在这个复合系统中，通过使用十六烷基三甲基溴化铵（HTAB）的自组装取向膜，将 DFLC 的垂直排列设置为初始状态。当施加电场的频率低于 DFLC 的交叉频率时，所有的液晶分子将保持垂直取向（垂直于衬底），而且与施加的电压无关；一旦施加电场的频率超过交叉频率，液晶分子优先选择均匀取向（平行于衬底），取向程度取决于施加的电压大小。结果，通过改变施加的电压可以很容易地获得各种传输的开关/调谐效果。Khatua[15]等给出了使用液晶调谐纳米棒等离激元的另一个例子，其施加的电压低于 4V，可以很容易地实现单个金纳米棒的极化散射强度的完全调制。值得一提的是，这些设计方法可以很容易地转换到其他具有更复杂结构的设计，在纳米尺度的结构中用于电操纵光的各种等离激元器件。

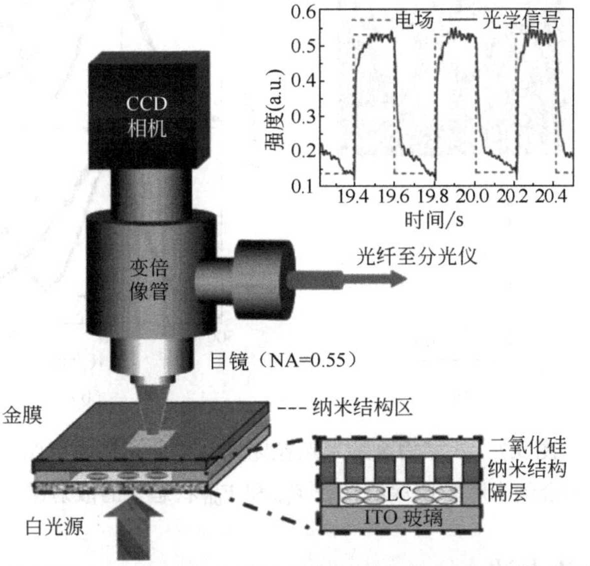

（a）纳米结构和液晶等离激元开关实验装置（插图为在670nm处的开关效应）

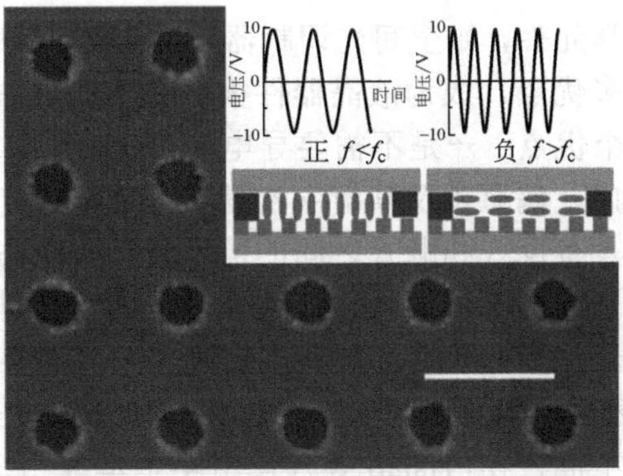

（b）纳米孔阵列的扫描电镜图及DFLC工作机制
（插入的消光光谱展示了在不同电压下的等离激元共振）

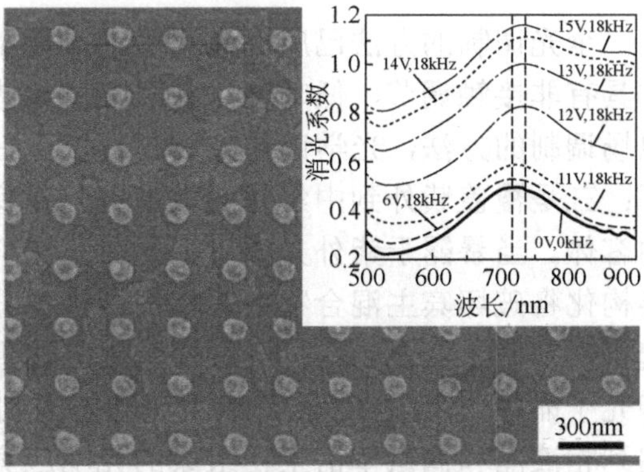

（c）采用DFLC设计的表面等离激元开关
（插入的消光光谱展示了在不同电压下的等离激元共振）

图 9.6 液晶对金纳米孔阵列的表面等离激元的色散和透射的精确控制

Chang 等人报道了一种基于特殊设计的等离激元 Fano 共振开关[16]。该结构由电子束刻蚀制造的金纳米颗粒团簇组成。如图 9.7（a）所示，团簇包括一个很大的半圆形圆盘，周围由 7 个较小的纳米圆盘包围。团簇内单个纳米颗粒的局部表面等离激元共振之间的相互作用形成了 Fano 共振，这是团簇的集体“亮”和“暗”等离激元模式的近场耦合的结果。当破坏半圆形中心盘的纳米颗粒簇的对称性时，Fano 共振则与偏振相关，只能通过入射光的一个偏振态观察到。所以，对于偏振方向与此方向成 90°的入射光，在光谱中观察不到 Fano 共振。纳米颗粒团簇加入到液晶中，当施加约 6V 的交流电压时，结构界面处的分子可以在平面中旋转 90°。电场使液晶分子的整体取向发生扭转，从而导致从“均匀向列态”（电压关闭）到“扭曲向列态”（电压开启）的相变。由于液晶的双折射，电压引起的相变将会导致等离激元的散射光在穿过该结构时发生正交旋转。这导致在存在和不存在 Fano 共振的光学响应两者之间切换，如图 9.7（b）所示。

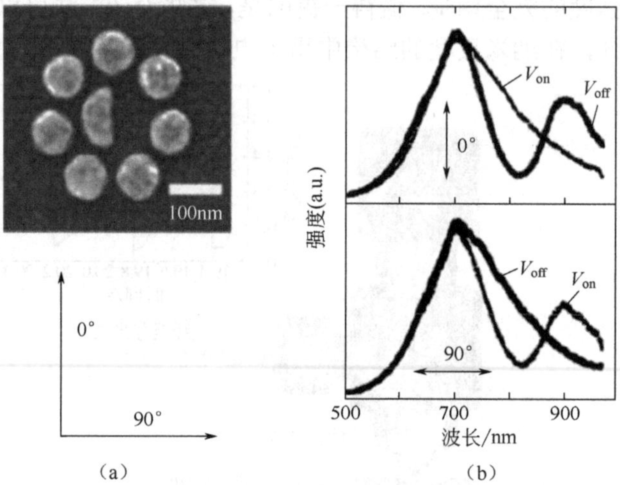

图 9.7　八聚物金纳米颗粒团簇结构的扫描电镜图（a）
和金纳米颗粒团簇结构在 V_{on} 和 V_{off} 状态下的散射谱（b）[16]

▶▶ 9.3.2　光驱动方法

全光调制的方法已广泛应用于液晶光子学元件，如空间光调制器、滤波器、反射器等。它具有非接触调节、低功耗、易于集成等诸多优点，成为液晶器件很好的驱动方法。相较电场调制的方法，光学调制方法具有以下三个优点：一是不需要导电 ITO 基板；二是低功耗；三是覆盖紫外到中红外的大范围工作窗口。偶氮苯及其衍生物是液晶主体中广泛使用的客体。当暴露于紫外光或可见光时，它们具有反式和顺式之间的可逆异构化动态行为。异构化将破坏宾主混合物中客体周围液晶分子的局部取向，导致液晶分子的重新排列并引起折射率发生变化。这种折射率变化已被用于许多光学器件的动态控制（如可切换光栅[10]和光子晶体[17]），也可以直接用于动态控制表面等离激元[18]。一个光调制的例子是使用由向列相液晶和偶氮苯衍生物组成的光响应宾主混合物，Hsiao 等人使用 4-丁基-4'-甲基-偶氮苯（BMAB）诱导液晶分子的重新排列展示了光调控等离激元开关[19]。图 9.8（a）所示为 BMAB 在紫外光照射下频谱的变化，反映了其反式-顺式异构化过程。图 9.8（b）所示为光敏液晶/金纳米盘阵列在 45° 入射的泵浦光（λ=420nm，I=20mW）照射前和照射后探测光在垂直照射下的消光光谱，可以观测到消光谱的峰值有 30nm 的蓝移。图 9.8（c）展示了另一种偶氮染料（甲基红）掺杂光栅与相同的金纳米盘阵列光栅集成在一起的消光谱的变化。在泵浦光照射前和照射后的开关效应如图 9.8（d）所示，其开关时间少于 4s，这是偶氮苯及其衍生物在连续泵浦光照射下的典型响应时间。但是，在脉冲激光的照射下，偶氮苯掺杂液晶的响应时间可以达到纳秒级别，因为偶氮苯掺杂液晶从反式到顺式状态的光致异构可以以不同的响应速度经历 π-π*旋转或者 n-π*反转的途径。

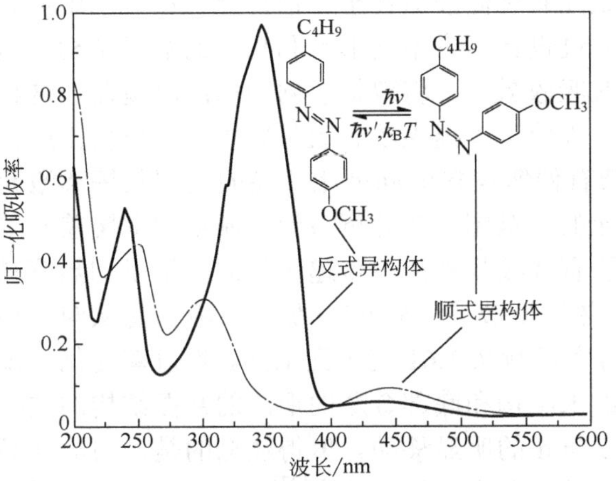

（a）暴露在紫外光下BMAB的光谱变化，反映了其反式-顺式异构化过程

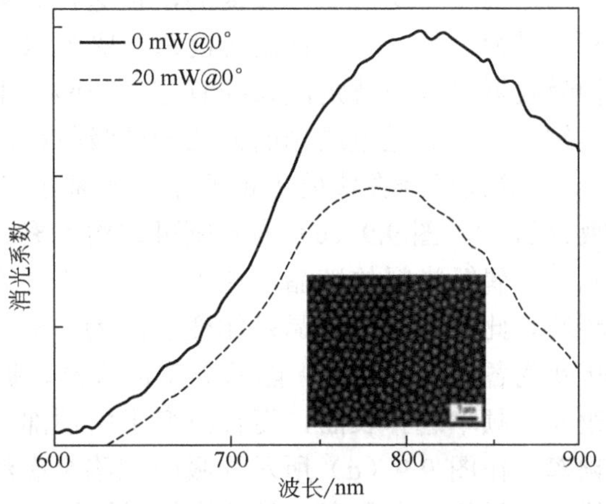

（b）当入射角为45°时，光（λ=420nm，I=20mW）泵浦之前（实线）和之后（虚线），位于探测光束的正常入射处的光响应液晶/金纳米盘阵列（b图插图）的消光光谱

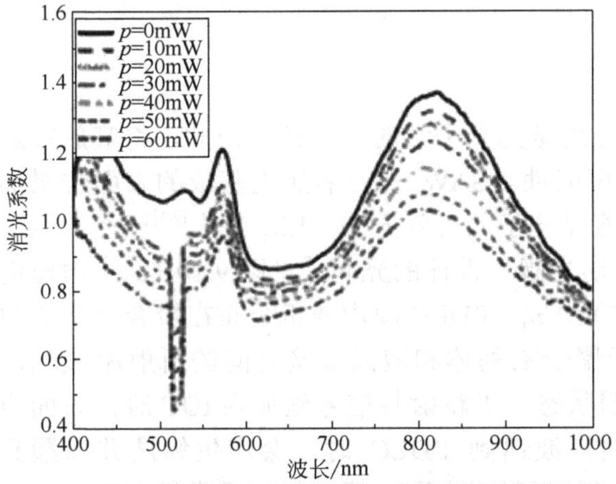

（c）与同一金纳米盘阵列结合的另一种偶氮染料（甲基红）掺杂光栅中的消光光谱变化

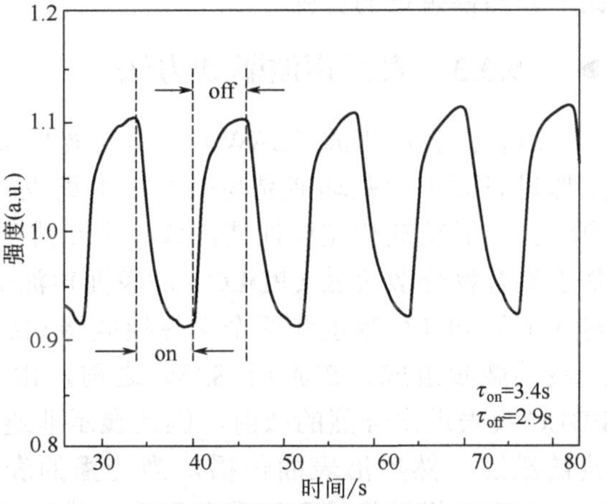

（d）光泵浦偶氮苯掺杂液晶的响应效果

图 9.8 光调控等离激元开关[19,20]

基于相同的工作机理，Liu 等人还提出了具有高光传输和窄带宽的光驱动等离激元彩色滤波器。这种结构是在金环形孔阵列（annular aperture arrays，AAAs）上覆盖一层光敏液晶，其结构和实验装置示意图如图 9.9（a）所示。图 9.9（a）中放大 I 部分显示使用聚焦离子束光刻的金环形孔阵列的方形图案。每个单独孔径的内部和外部半径分别标记为 r_{in}

和 r_{out}。图 9.9（a）中的放大Ⅱ部分展示了光驱动过程的工作机理：由光敏液晶的反式-顺式光异构化引起的可逆的向列相—各向同性相变。具有各种孔径尺寸和周期的金环形孔阵列在可见光范围内产生不同的颜色。然后加入光敏液晶将使滤光器的透射光可调节。光敏液晶混合物具有与上述其他混合物相似的组成。由于其大的双折射率 Δn=0.225（在波长 589nm 处，n_o=1.521，n_e=1.746），它在图 9.9（b）所示的等离激元彩色滤波器中提供了主要的透射光强度调制，其中每个等离激元结构产生的单独颜色的强度可以被进一步调整[6]。因此，可以通过等离激元结构产生的三原色进一步调制组合来得到任何颜色。全光学调谐行为是高度可逆的和可重复的，使这种等离激元彩色滤波器在全光信息处理和显示中很有应用潜力。另一种器件是等离激元吸收器，通过设计具有不同形状和尺寸的纳米结构，这种吸收器可以在特定波长处有超过 90%的非凡吸收效率。将双折射向列相液晶覆盖在这种结构中可以通过电或光的方法调节吸收范围，因此可以提供控制吸收频段的额外自由度。Zhao 等人已经在实验上证明了一种基于掺杂有偶氮染料的向列相液晶的光调制等离激元吸收器[22]。图 9.9（c）为光驱可重构等离激元的示意图。在等离激元金属结构上覆盖一层混合了偶氮染料的液晶，使用偶氮染料是为了有效吸收光能并传递吸收的能量以加热液晶环境。此处使用的液晶是相变温度为 35℃的热敏型液晶（5CB）。加热后液晶将从向列相转变为各向同性状态，随着温度的升高，折射率逐渐从 1.61 变化到 1.56。折射率变化不仅改变了频率选择表面，而且改变了由顶部金纳米结构和底部金层的形成的共振结构的共振频率。在图 9.9（d）所示为吸收凹陷会有约 25nm 的明显移动。值得注意的是，与非介晶偶氮染料相比，具有介晶结构的偶氮染料在液晶中有更高的溶解度[23]。此外，在介晶偶氮掺杂剂的存在下，液晶依然会保持很好的分子取向，并且它们对主体液晶的光异构化效应比非介晶掺杂剂的更强。

▶▶ 9.3.3 表面声波驱动方法

尽管由表面声波（SAW）驱动的液晶与等离激元光子学的联系相对松散，将其放在这里探讨表面声波驱动液晶与微纳技术集成的可能性。SAW 是沿着压电基板的表面传播的声波。其低功耗和完整性使其成为重新排列液晶分子的有效方法。Liu 等人[24]已经展示了基于聚合物分散液晶（PDLC）的表面声波驱动光阀。设计的光阀［见图 9.10（a)］由压电衬底上的 PDLC 膜层和两个叉指换能器（IDT）组成。PDLC 膜由随机分布在聚合物基质中的液晶微滴组成。在施加 SAW 之前，由于聚合物基体和液晶微滴之间的折射率失配，PDLC 膜表现出强烈的散射，因此显示非透明状态。当将射频信号施加到 IDT 时，表面声波被激发，然后沿表面传播。当传播的表面声波遇到 PDLC 时，会产生纵波并泄漏到 PDLC 中。纵波将导致液晶分子重新排列以消除折射率失配，即它们的寻常折射率会与聚合物的折射率相匹配。结果，PDLC 膜变得完全透明。引起在富含液晶区域内的流动的声波及由该纵波的衰减引起的温度变化是重新排列液晶分子取向的关键因素。图 9.10（b）所示为标记表面声波驱动的光阀的“ON”和“OFF”状态的实验结果。通过打开光阀可以清楚地观察到“PDLC”一词，当光阀为“关闭”时，PDLC 膜变成不透明状态。这种表面声波驱动的液晶机制也适用于等离激元器件，相信此类表面声波驱动的液晶等离激元器件很快就会出现。

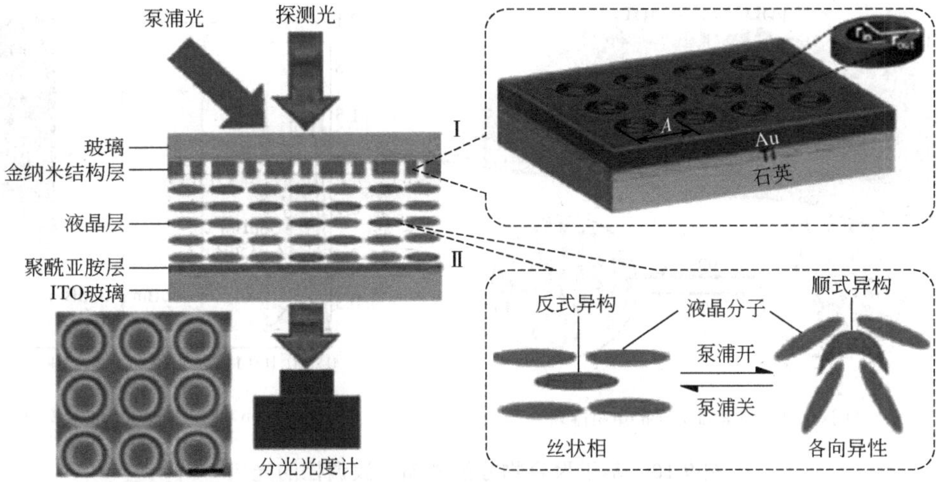

（a）光驱动液晶等离激元彩色滤波器，改变环形孔阵列的尺寸和周期能够产生不同的颜色
（插图给出了环形孔阵列的图案）

（b）不同尺寸的环形孔阵列产生的彩色

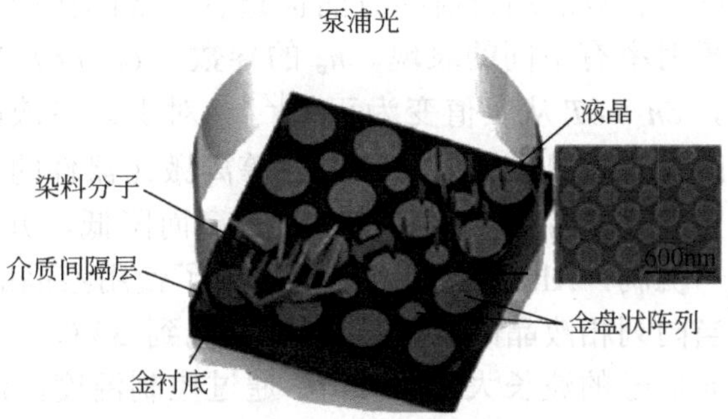

（c）可重构等离激元吸收器，大小纳米盘产生两个吸收峰

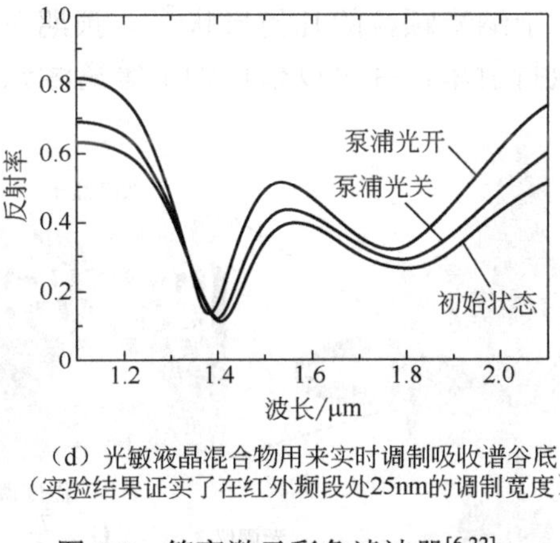

（d）光敏液晶混合物用来实时调制吸收谱谷底
（实验结果证实了在红外频段处25nm的调制宽度）

图 9.9 等离激元彩色滤波器[6,22]

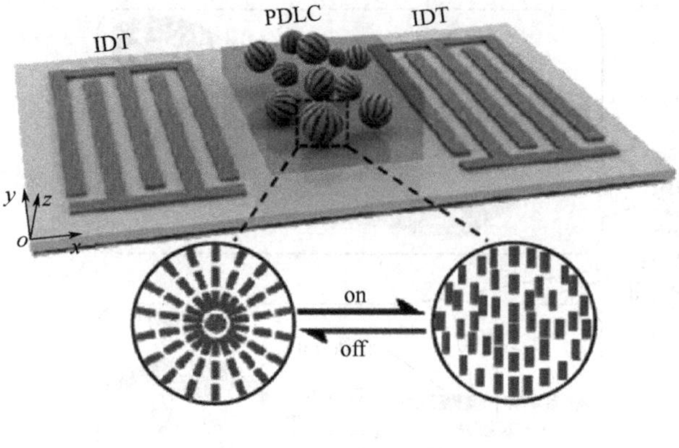

（a）光阀效应源自于液晶分子的重新排列

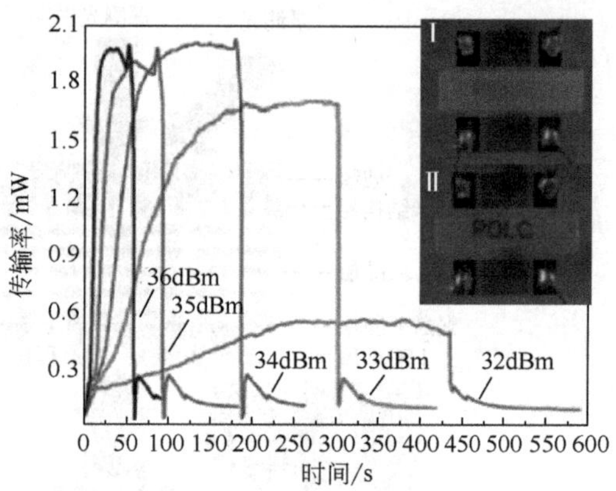

（b）声波驱动光阀的实际效果

图 9.10 基于聚合物分散液晶声波调控的光阀[24]

▶▶ 9.3.4 热驱动方法

温度在影响液晶折射率方面也起着重要的作用。随着温度的升高，非常光折射率 n_e 与寻常光折射率有不同的表现。n_e 的导数（$\partial n_e / \partial T$）总是为负数。然而，当温度超过交叉温度时，$\partial n_o / \partial T$ 从负值变为正值[25]。对于许多液晶，可以精确地控制依赖于温度的折射率，因此这里提供开发设计有源等离激元器件的另一有效手段。如图 9.5 所示，可以清楚地观察到光学各向异性随着温度升高而降低，并且最终消失转变为各向同性（n_e=n_o）。基于这一机制，Altug 课题组已经展示了使用液晶的表面等离激元的热调制[26]，如图 9.11 所示。当向列相液晶的温度从 15℃变化到 33℃，折射率变化约为 0.0317，因此能够调节等离激元信号的波长大约 19nm。通过控制温度，液晶分子可从向列相向各向同性发生相变，提供了一种有效的光谱调谐方式。在相变温度下，通过仅改变大约 1℃的温度（相当于 0.02 的折射率变化）可以实现超过 12nm 的偏移。等离激元纳米粒子可以诱发光热转化效应，而且很大程度上取决于纳米颗粒的几何形状[27]。预期在液晶的参与下，这种光热转化效应也会影响液晶的有效折射率，并可以借此调节等离激元共振信号。

图 9.11 热控液晶实验装置[26]

▶▶ 9.3.5 磁场驱动方法

对于有源表面等离激元来说，磁场与表面等离激元功能相结合的纳米系统也是一大热点。磁场诱导光学性质的调控的现象最早是由法拉第（Faraday）和克尔（Kerr）观察到的。当磁场加在玻璃或者铁磁材料上时，他们分别观察到传输光（法拉第效应）和反射光（克尔效应）的偏振态发生改变。自此，磁光效应在不同领域发挥重要作用，尤其是在信息存储领域。磁光效应与表面等离激元相结合能够进一步发展有源表面等离激元。到目前为止，许多磁场-等离激元材料相继被提出，如金、银等贵金属和铁磁材料等[28]。事实上，所有的材料都具有磁光效应，但响应的强度取决于它们的磁场特性。液晶具有非常显著的磁光特性，外加磁场可以诱导液晶分子的重新排列。在向列相柱状六角形溶致液晶中，Liu等人证实了由其内在的自组装特性引发的分散金纳米棒的自组装排列[29]。在外部磁场激励下，获得了液晶分子的排列和重排列，以及随之而来的分散度良好的金纳米棒的长程取向排列。图 9.12（a）和图 9.12（b）所示为金纳米棒在液晶中的示意图。在厚度为 0.01～1mm 内，接近 $1in^2$ 的样品区域中，获得了三维有序参数高达 0.9 的单向排列的纳米金属棒。这种单向排列的金属棒导致强烈的表面等离子体共振的偏振敏感的效应[见图 9.12（c）和图 9.12（d）]，液晶中排列的金纳米棒的消光谱随起偏器和金纳米棒排列的取向的夹角变化而变化，导致与在各向同性液体中的相同金纳米棒截然不同的可切换的偏振敏感等离激元共振特性。

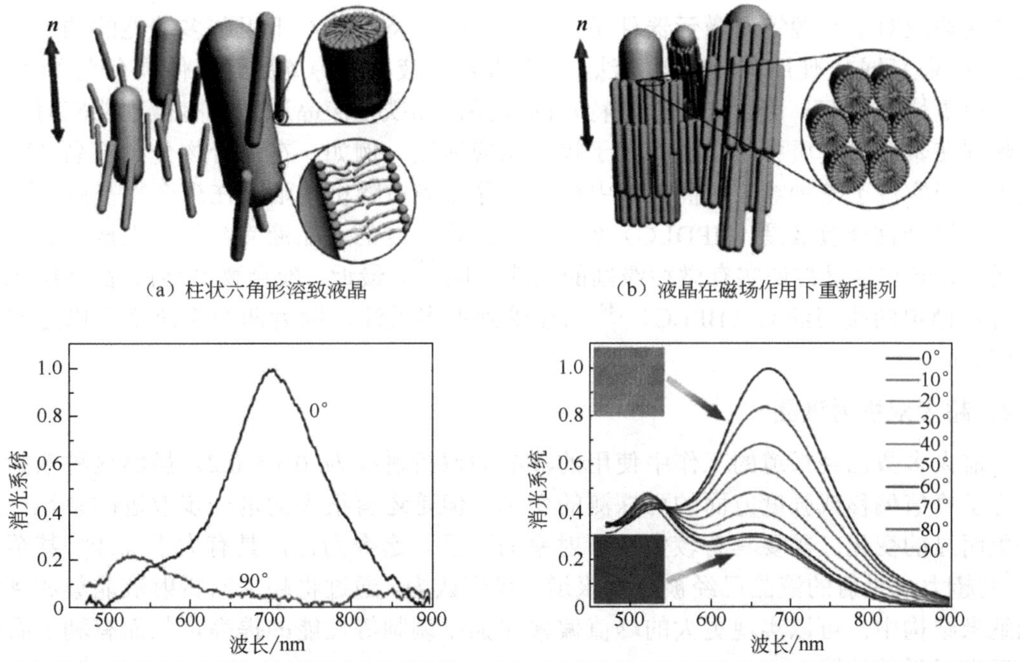

（a）柱状六角形溶致液晶　（b）液晶在磁场作用下重新排列

（c）实验测定的金纳米棒在向列相液晶中的消光谱　（d）实验测定的金纳米棒在柱状六角形溶致液晶中的消光谱

图 9.12　在向列相液晶中的金纳米棒[29]

9.4 本章小结

本章总结了在液晶等离激元方面的研究进展和成果。对液晶等离激元元件的不同驱动方法进行了分类和讨论。液晶的多功能驱动方法为等离激元器件的设计和实现提供了巨大的自由度。近年来，尽管液晶有源等离激元器件的发展已经有了很大的突破，但在实践中仍然存在许多挑战。

▶▶ 9.4.1 当前的挑战

目前，大多数基于液晶的等离激元光子学器件都是通过在基底上的无源等离激元纳米结构上机械地组装液晶来制备的。然而，鉴于表面等离激元的物理特性，仅在等离激元纳米结构附近（通常小于 100nm）的液晶分子层影响等离激元信号，纳米结构上的大面积均匀液晶取向仍然是一大挑战。为了在等离激元器件中实现大面积均匀的液晶取向，一种可能的方式是共同组装液晶和等离激元纳米粒子[30]。基于共同自组装方法，实现了高达 $100\mu m^2$ 的均匀区域，这对器件的设计开发很有意义。

▶▶ 9.4.2 未来的需求

1. 快速响应液晶

快速响应对于有源等离激元器件是迫切急需的，特别是对于组装多功能的纳米光子电路/芯片来说。目前，使用电场驱动方法，大多数基于液晶的等离激元器件具有毫秒级响应。为了获得更快的速度，可以选择一些特殊的液晶，如铁电液晶通常具有微秒响应时间。将液晶限制在聚合物基质中时，也有助于提高响应速度。例如，在聚合物分散液晶（PDLC）系统中已经实现了毫秒响应时间，其中微观液晶微滴被随机地限制在聚合物基质中[31]。虽然在全息聚合物分散液晶（HPDLC）系统中，纳米尺度的液晶液滴被周期性地放置在聚合物基质中，但它也已被证实有微秒级别的响应时间[32]。最近，聚合物网络液晶（PNLC）[33]和聚合物稳定的蓝相液晶（BPLC）[34]已经受到很多关注，因为两个系统都可以达到亚毫秒响应时间。

2. 超大双折射液晶

当前大多数已经报道的工作中使用的液晶的双折射率为 0.1～0.2。虽然这种双折射已经给出了峰值偏移或强度方面的可探测的变化，但是还有很大的进一步改进的余地。为了获得更明显的变化，需要具有较大双折射率的液晶。迄今为止，具有大于 0.4[35]甚至大于 0.7[36]的超大双折射的液晶已经被分别报道。我们认为，通过将超大双折射液晶集成到等离激元纳米结构中，可以实现更大的峰值偏移和强度调制等性能的提高，从而有利于有源等离激元光子学的发展。

3. 多功能或多控制集成

在目前的阶段，已经在概念上证明了基于液晶的等离激元器件的单一功能。展望未来，如果单个器件可以实现多种功能将会非常有利。液晶让等离激元器件看起来有望实现多种功能集成。此外，液晶的多模式控制也将大大增加在某些情况下的自由选择度。例如，偶氮染料掺杂的液晶或偶氮苯液晶不仅可以响应电场而且还可以响应光[37]，这使人们有更多的自由度来控制它们。

习　题

1. 结合麦克斯韦方程及边界条件，证明在金属介质交界面只存在 TM（横磁偏振）模式的表面等离子体。

2. 在式（9.3）所描述的表面等离激元的色散关系中，一般地，介质的介电常数 ε_d 为实数，金属的介电常数为一复数 $\varepsilon_\mathrm{m}=\mathrm{Re}[\varepsilon_\mathrm{m}]+\mathrm{Im}[\varepsilon_\mathrm{m}]$，并且有 $\mathrm{Re}[\varepsilon_\mathrm{m}]\gg\mathrm{Im}[\varepsilon_\mathrm{m}]$。试证明传播矢量的实部和虚部可以近似的表示为：

$$\mathrm{Re}[\beta]=k_0\left(\frac{\varepsilon_\mathrm{d}\mathrm{Re}[\varepsilon_\mathrm{m}]}{\varepsilon_\mathrm{d}+\mathrm{Re}[\varepsilon_\mathrm{m}]}\right)^{1/2},\quad \mathrm{Im}[\beta]=k_0\left(\frac{\varepsilon_\mathrm{d}\mathrm{Re}[\varepsilon_\mathrm{m}]}{\varepsilon_\mathrm{d}+\mathrm{Re}[\varepsilon_\mathrm{m}]}\right)^{3/2}\frac{\mathrm{Im}[\varepsilon_\mathrm{m}]}{2\mathrm{Re}[\varepsilon_\mathrm{m}]^2}$$

3. 表面等离激元传播长度 L 定义为能量衰减为初始能量的 1/e 时 SPP 的传播长度，即 $L=\dfrac{1}{2\mathrm{Im}[\beta]}=\dfrac{1}{k_0}\left(\dfrac{\varepsilon_\mathrm{d}+\mathrm{Re}[\varepsilon_\mathrm{m}]}{\varepsilon_\mathrm{d}\mathrm{Re}[\varepsilon_\mathrm{m}]}\right)^{3/2}\dfrac{\mathrm{Re}[\varepsilon_\mathrm{m}]^2}{\mathrm{Im}[\varepsilon_\mathrm{m}]}$，金属的介电常数由 Drude 模型描述：

$$\varepsilon(\omega)=1-\frac{\omega_\mathrm{p}^2}{\omega^2+\mathrm{i}\gamma\omega}$$

其中 ω_p 和 γ 分别为金属的等离子体频率和阻尼常数。试求在空气和银的交界面，波长 632.8nm 激发的 SPP 波的传播长度。已知银的 ω_p=$1.32\times10^{16}\mathrm{s}^{-1}$，$\gamma$=$1.45\times10^{-14}\mathrm{s}$。（参考答案：71μm）

4. 简述液晶的不同类型及各自特点。

5. 在图 9.4 中，θ 为液晶光轴与光传播方向的夹角，n_o 和 n_e 分别为寻常光和非寻常光折射率，证明寻常光和非寻常光这两种模式的相位延迟表达式为 $\varGamma=\dfrac{2\pi}{\lambda}[n_\mathrm{e}(\theta)-n_\mathrm{o}(\theta)]d$。其中 d 为液晶与光的作用距离。

参考文献

[1] Barnes W L，Dereux A，Ebbesen T W．Surface plasmon subwavelength optics [J]．Nature，2003，6950：824-830.

[2] Cai W，Shalaev V．Optical Metamaterials [M]．Berlin：Springer，2010.

[3] Alu A，Engheta N．Emission Enhancement in a plasmonic waveguide at cut-off [J]．Materials，2011，1：141-152.

[4] Sun S，Leggett G J．Matching the resolution of electron beam lithography by scanning near-field photolithography [J]．Nano．Lett.，2004，8：1381-1384.

[5] Si G，Zhao Y，Lv J，et al．Reflective plasmonic color filters based on lithographically patterned silver nanorod arrays [J]．Nanoscale，2013，14：6243-6248.

[6] Liu Y J，Si G Y，Leong E S，et al．Light-driven plasmonic color filters by overlaying photoresponsive liquid

crystals on gold annular aperture arrays [J]. Adv. Mater, 2012, 23: 131-135.
[7] He J, Huang X, Li Y C, et al. Self-assembly of amphiphilic plasmonic micelle-like nanoparticles in selective solvents [J]. J. Am. Chem. Soc., 2013, 21: 7974-7984.
[8] Wu S T. Birefringence dispersions of liquid crystals [J]. Phys. Rev. A. Gen. Phys., 1986, 2: 1270-1274.
[9] Li J, S Gauza, S T Wu. Temperature effect on liquid crystal refractive indices [J]. J. Appl. Phys., 2004, 1: 19-24.
[10] Liu Y J, Zheng Y B, Shi J, et al. Optically switchable gratings based on azo-dye-doped, polymer-dispersed liquid crystals [J]. Opt. Lett., 2009, 15: 2351-2353.
[11] Zografopoulos D C, Beccherelli R. Liquid-crystal-tunable metal-insulator-metal plasmonic waveguides and Bragg resonators [J]. J. Optics-UK, 2013, 5.
[12] Dickson W, Wurtz G A, Evans P R, et al. Electronically controlled surface plasmon dispersion and optical transmission through metallic hole arrays using liquid crystal [J]. Nano. Lett., 2008, 1: 281-286.
[13] Sio L De, Cunningham A, Verrina V, et al. Double active control of the plasmonic resonance of a gold nanoparticle array [J]. Nanoscale, 2012, 24: 7619-7623.
[14] Xianyu H Q, Wu S T, Lin C L. Dual frequency liquid crystals: a review [J]. Liq. Cryst, 2009, 6-7: 717-726.
[15] Khatua S, Chang W S, Swanglap P, et al. Active modulation of nanorod plasmons [J]. Nano. Lett., 2011, 9: 3797-3802.
[16] Chang W S, Lassiter J B, Swanglap P, et al. A plasmonic Fano switch [J]. Nano. Lett., 2012, 9: 4977-4982.
[17] Liu Y J, Dai H T, Leong E S P, et al. Azo-dye-doped absorbing photonic crystals with purely imaginary refractive index contrast and all-optically switchable diffraction properties [J]. Opt. Mater. Express, 2012, 1: 55-61.
[18] Sio L De, Klein G, Serak S, et al. All-optical control of localized plasmonic resonance realized by photoalignment of liquid crystals [J]. J. Mater. Chem. C, 2013, 45: 7483-7487.
[19] Hsiao V K S, Zheng Y B, Juluri B K, et al. Light-driven plasmonic switches based on Au nanodisk arrays and photoresponsive liquid crystals [J]. Adv. Mater, 2008, 18: 3528.
[20] Liu Y J, Zheng Y B, Liu J, et al. All-optical modulation of localized surface plasmon coupling in a hybrid system composed of photo-switchable gratings and Au nanodisk arrays[J]. J. Phys. Chem. C. Nanomater Interfaces, 2011, 15: 7717-7722.
[21] Tamai N, Miyasaka H. Ultrafast dynamics of photochromic systems [J]. Chem. Rev., 2000, 5: 1875-1890.
[22] Zhao Y H, Hao Q Z, Ma Y, et al. Light-driven tunable dual-band plasmonic absorber using liquid-crystal-coated asymmetric nanodisk array [J]. Appl. Phys. Lett., 2012, 5: 462.
[23] Hrozhyk U A, Serak S V, Tabiryan N V, et al. Azobenzene liquid crystalline materials for efficient optical switching with pulsed and/or continuous wave laser beams [J]. Opt. Express, 2010, 8: 8697-8704.
[24] Liu Y J, Ding X Y, Lin S C S, et al. Surface acoustic wave driven light shutters using polymer-dispersed liquid crystals [J]. Adv. Mater, 2011, 14: 1656-1659.
[25] Li J, Wen C H, Gauza S, et al. Refractive indices of liquid crystals for display applications [J]. J. Disp. Technol, 2005, 1: 51-61.

[26] Cetin A E, Mertiri A, Huang M, et al. Thermal tuning of surface plasmon polaritons using liquid crystals [J]. Adv. Opt. Mater, 2013, 12: 915-920.

[27] Sio L De, Placido T, Serak S, et al. Nano-localized heating source for photonics and plasmonics [J]. Adv. Opt. Mater, 2013, 12: 899-904.

[28] Belotelov V I, Akimov I A, Pohl M, et al. Enhanced magneto-optical effects in magnetoplasmonic crystals [J]. Nat. Nanotechnol, 2011, 6: 370-376.

[29] Liu Q, Cui Y, Gardner D, et al. Self-alignment of plasmonic gold nanorods in reconfigurable anisotropic fluids for tunable bulk metamaterial applications [J]. Nano. Lett., 2010, 4: 1347-1353.

[30] Umadevi S, Feng X, Hegmann T. Large area self-assembly of nematic liquid-crystal-functionalized gold nanorods [J]. Adv. Funct. Mater, 2013, 11: 1393-1403.

[31] Liu Y J, Sun X W, Wang Q, et al. Electrically switchable optical vortex generated by a computer-generated hologram recorded in polymer-dispersed liquid crystals [J]. Opt. Express, 2007, 25: 16645-16650.

[32] Liu Y J, Sun X W, Dai H T, et al. Effect of surfactant on the electro-optical properties of holographic polymer dispersed liquid crystal Bragg gratings [J]. Opt. Mater, 2005, 8: 1451-1455.

[33] Sun J, Wu S T. Recent advances in polymer network liquid crystal spatial light modulators [J]. J. Polym. Sci. Pol. Phys., 2014, 3: 183-192.

[34] Yan J, Rao L H, Jiao M Z, et al. Polymer-stabilized optically isotropic liquid crystals for next-generation display and photonics applications [J]. J. Mater Chem., 2011, 22: 7870-7877.

[35] Dabrowski R, Kula P, Herman J. High birefringence liquid crystals [J]. Crystals, 2013, 6: 443-482.

[36] Gauza S, Wen C H, Wu S T, et al. Super high birefringence isothiocyanato biphenyl-bistolane liquid crystals [J]. Jpn. J. Appl. Phys., 2004, 11a: 7634-7638.

[37] Sio L De, Umeton C. Dual-mode control of light by two-dimensional periodic structures realized in liquid-crystalline composite materials [J]. Opt. Lett., 2010, 16: 2759-2761.

第10章

液晶光通信与太赫兹调控元件

胡　伟　葛士军　段　薇　陆延青
南京大学
现代工程与应用科学学院

液晶材料兼具液体的流动性和晶体的各向异性，且在可见光、近红外直到太赫兹、微波波段均呈透明态。其介电和光学各向异性可涵盖从紫外至微波的广阔频段，可适用于众多显示器件与非显示的光学器件应用。由于液晶材料是一类外场敏感型的材料，其分子排列方向可以通过外场（电场、磁场、温度场等）来改变，赋予了液晶器件灵活便捷的调节手段。液晶光学器件在光子技术领域，尤其是在处理光信号（光衰减、光互连及光束偏折等）中起着关键作用，在通信、成像、传感等诸多领域内均有广阔的应用。通过改变外场来控制液晶指向矢分布，可以实现对透过液晶层的电磁波的位相、强度、偏振等性质进行调制。相较于传统电光、磁光技术或机械调节元件，液晶元件具有低电压、低能耗、稳定性好等优势。

由于液晶从紫外到微波的广阔电磁波频段都呈现出良好的光学各向异性，因此对于液晶光子元件的研究和开发也从可见波段逐渐向波长更长的区域如通信波段、中远红外、太赫兹波段乃至微波波段延伸，相应的液晶可调谐无源器件如光开关、滤波器、偏振控制器等都已经见诸报道。工作波段越往长波方向拓展，在技术层面也面临着一些全新的难题，对结构设计和材料优选也提出了新的要求。目前适用于这些工作波段的液晶器件仍处于研究非常活跃的阶段，性能与可靠性的提升、新应用的开发均是研究者努力的方向。此外，这些长波段应用与军工需求密切相关，应用前景也十分广阔。

10.1　液晶光通信元件

光通信是以光波为载波的通信技术。光通信市场主要由光网络设备制造、光学器件和模块制造、材料和芯片生产，以及通信运营等部分构成。

如果说光通信是网络通信的基本模式，光通信器件则是构建光通信系统的基础与核心。例如，当今主流通信技术所用到的波分复用器，其主要用途是完成波长的复用和解复用，可以在单根光纤中传输几十甚至上百个独立的波长通道，显著提升光纤的可用带宽。放大器主要用途是在光纤通信中对光信号直接放大，补偿光路传输损耗。典型的光纤放大器由光纤器件及掺铒光纤（增益介质）构成，泵浦源提供能量，信号源提供信号，通过隔离器、波分复用器等光纤器件准直传输、能量耦合，掺铒光纤受激辐射、放大，再通过衰减器、滤波器进行波形整合，最终输出稳定的光信号。密集波分复用技术和光纤放大器的发展和成功应用，极大降低了单位带宽的传输成本，二者的结合已成为高速、大容量、长距离光纤通信的首选技术，在世界范围内得到了广泛的应用。

随着光通信元件在光网络设备中的应用比例越来越大，它开始朝着小型化、集成化方向发展。在系统传输容量方面，新一代光通信器件的研究开发将更注重降低单位带宽的传输成本，而不再一味追求单光纤输速率的突破。集成化光通信器件是光网络设备降低运行维护费用、提高使用效率的关键。未来传输的最终目标，是构建全光网络，即在接入网、城域网、骨干网完全实现“光纤传输代替铜线传输”。而目前的一切研发进展，都是“逼近”这个目标的过程。

虽然半导体集成化的光通信器件可能会成为未来光纤通信的主流器件。但是就目前而言，除了激光器、接收器、放大器等有源器件，其他光通信元器件仍普遍采用自由空间技术、衍射光栅技术、阵列波导光栅技术和光纤光栅等技术。作为自由空间技术的一种，液晶技术利用了液晶材料所特有的极高的电光系数和良好的电控特性，成功应用于开发可调光衰减器、光开关等无源器件。在非显示领域，液晶光子学器件的工作原理同样是利用液晶的基本性质——介电和光学各向异性导致的外场作用下可以调制入射光的位相来改变其各种物理性质。由于液晶的宽波段电光调制特性，目前对液晶光子元件的研究和开发也从可见、近红外逐渐向波长更长的区域如中远红外、太赫兹波段乃至微波波段延伸。通过优化液晶材料性能参数并增加液晶层厚度，能够达到所需的更大的调制量；同时，还需要提高其响应速度，以满足实际的元件性能要求。

液晶的电光特性使其成为制备各种可调谐光器件的理想材料，可应用于各种可调谐的光子元件。用于光通信领域的主要是可调谐无源液晶光子学元件，用以实现对光信号的控制和分配，如光开关、光衰减器、滤波器、反射器、光束转向器、偏振控制器、光分插复用器等。相比于采用基于电光晶体的传统功能元件，液晶光子学器件具有许多优势：功耗小、成本低、质量轻，且不需要配备附属联动装置等。这些优势使得液晶器件在相关应用中发挥了独特的技术优势，也使其受到人们的青睐。液晶光子学器件的引入，为传统的光通信技术提供了更便捷的操控手段，一定程度上促进了光通信技术的多样化发展。

▶▶ 10.1.1 光通信器件背景及应用

自莫尔斯发明电报之后，人类社会告别了传统的通信方式，跨入电信时代。随着电话的发明、无线通信、计算机网络的发展，人类生活对通信的依赖度日益增加，对通信技术的速度、带宽、保密性等方面提出了更高的要求。1966 年，K. C. Kao 从理论上证明了以光纤作为光通信传输媒介的可能性，并提出了制造超低损耗光纤的可能性。1970 年，美国康宁公司成功拉制出低损耗的石英光纤，使得以光纤为传输介质的光纤通信技术成为可能。

光纤通信以其频带宽、损耗低、容量大、抗干扰能力强、保密性好等特点，逐渐成为现代通信网络的主体。

光纤通信系统是以光作为信息载体，以光纤作为光传输介质的通信系统。光纤通信系统通常由三个基本部分构成，分别是光发射、光传输和光接收模块。光发射模块的核心是光源，其主要功能是将电通信信号转换成为光通信信号，通常采用激光二极管或发光二极管作为光源。这两种基于半导体的小型发光器件，可以接受调制电路的控制将电信号有效地转换成光信号。与之相对应的是光接收模块，其主要功能是将光信号转换成电信号，通常采用光电二极管作为光探测器。这种半导体器件能够将探测到的光信号转换成光电流，再通过其他电子元器件实现信号放大及调制的功能，从而将光信号转换回电信号。在光通信系统中，通常由光传输模块将之前的两个模块连接起来。光传输模块的核心是光纤和中继器：光纤的结构主要由纤芯、包层和涂敷层构成，如图 10.1 所示。其中，纤芯和包层通常由二氧化硅构成，且纤芯的折射率略高于包层的折射率，因此光信号能够在光纤内发生全内反射以实现远距离的传输。由于光信号在光纤内传输过程中会出现损耗，特别是在超长距离传输过程中，光发送模块产生的光信号不足以到达光接收模块，还需要引入光放大器以弥补在传输过程中由损耗而引起的光信号的衰减。常用的光放大器主要有掺铒光纤放大器和半导体光放大器两类。

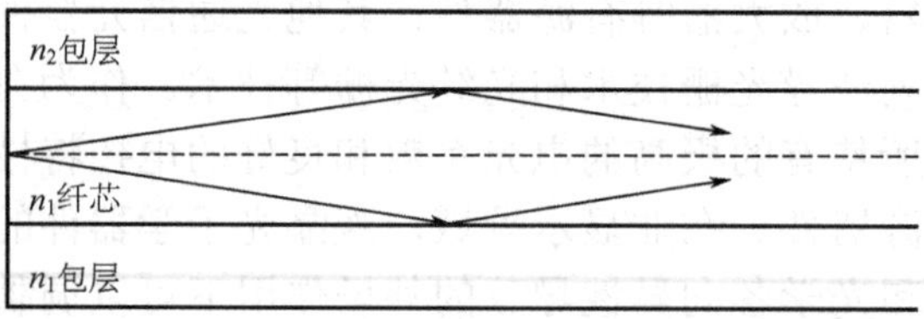

图 10.1　光纤结构示意

20 世纪 80 年代后期，随着商用光纤的出现，电话公司率先开始利用光纤强大的传输能力，开发了点到点的光纤通信链路，并在此基础上形成了网状拓扑结构的点对点通信网络。为了更加有效地利用光纤的传输能力，多路复用技术逐渐在光通信网络中使用。常用的多路复用技术主要包括时分复用（TDM）和波分复用（WDM）两种技术。

时分复用技术是指将多个发送器发出的信号进入多路复用器，并给每路信号分配一个指定的时间段，依照时间次序对每一路信号进行采样，并组合依序采集的信号，通过同一线路进行传输。信号到达接收端时，由多路解复用器分离接收到的信号，并依序将信号传输到相应的接收器。这样，每个接收器都能接收到来自一个发送器的一系列时间上分离的序列信号，再恢复成连续的信号，从而实现了信息的传输。波分复用基本的技术原理是将多个发送器发出的信号加载到不同波长的光束上，每个发送器对应一个特定波长的光信道。由于不同波长的光束能够在同一光路上互不干扰地进行传输，多路复用器能够将一系列不同波长的光信号进行组合并同时通过同一光纤传输。多路解复用器在接收端接收到的多路光信号分离成不同波长的信号，并分配到相应的接收器，从而实现了信息的传输。波分复用技术以其更加灵活的配置，成为目前光纤通信网络发展的主流技术。

多路复用技术的出现为构建复杂的光纤通信网络提供了可能性。复杂的光纤通信网络与最初点到点的链路相比，有了更加强大的功能，例如在网络中增/删节点；在同一节点能同时上载或者下载信号等。由于光纤通信网络结构的复杂性，因此除了发送器、多路复用器、多路解复用器、接收器这些设备之外，还需要其他一系列有源器件光放大器、光交换器、波长转换器）无源元器件（如光开关、耦合器、衰减器、隔离器、环形器）共同构建。另外，光增/删模块、光交叉连接等功能模块也是必不可少的。这些器件及模块的结合，构成了现今光纤通信网络的基本构架。

光通信通过光纤光缆传输信息，光信号通过光纤器件及各子系统在网络内传输，经光网络内各器件进行分束、放大、隔离或增强。光纤的传输能力远远高于铜缆，在骨干网中，以铜缆为传输介质的网络已基本被光网络所替代。为实现大容量调度和超宽带传输，作为光网络设备的必要组成部分，波分复用器、光纤放大器及其他光通信元器件需求也飞速提升。

在光纤接入网络的构建中，根据系统配置的不同，又可分为有源光网络和无源光网络。有源光网络在系统中采用了有源设备，广泛应用于数字传输系统，比较成熟。有源设备通常在维护、升级、设备配置方面有比较明显的劣势。无源光网络全部由无源器件构成，在可维护性、可升级性和稳定性等方面有较大的优势。对于发展和普及光纤到户（FTTH）的接入网而言，无源光网络是一类被广泛看好的方案。光纤通信中常用的光无源器件包括光耦合/分离器、光滤波器、光环形器、光衰减器、光隔离器、光波分复用器、光开关、光分插复用器、光交叉连接器等。其中，光波分复用/解复用器、光开关、光分插复用器、光交叉互联器是实现全光网络通信的核心器件。

全光网的建立是目前光纤通信技术发展的目标。在全光网中，通信信号从源节点到目的节点的传输全部在光域进行，以光节点取代现有网络的电节点，并利用光纤连接所有的光节点，即全部采用光波技术完成信息的传输和交换。这些光波技术包括光传输、光放大、光再生、光选路、光交换、光存储、光信息处理等技术。全光网能够突破现有光纤通信网络中的“电子瓶颈”，提供巨大的带宽、超高的处理速率、超大的信息容量及较低的误码率；同时，它还具有良好的透明性、可重构性、可扩展性及对现有系统的兼容性。

光通信元器件在光网络设备中的应用比例越来越大，对光通信器件提出了更高的小型化要求，进一步促进了集成技术的发展。在系统传输容量方面，新一代光通信器件的研究开发将更注重降低单位带宽的传输成本，而不再一味追求单光纤输速率的突破。集成化光通信器件是光网络设备降低运行维护费用、提高使用效率的关键。光通信器件处于光通信产业的上游，光通信器件的先进性、可靠性和经济性直接影响光网络设备乃至整个网络系统的技术水平和市场竞争力。

光通信器件技术主要包括平面光路技术和自由空间技术，其中自由空间具有易升级、成本低、多通道处理能力强等优势。常用的两种自由空间技术包括微电机系统（micro electron-mechanical system，MEMS）技术和液晶技术。相比而言，液晶技术具有高稳定性、低能耗等优势。用于光通信领域的液晶光子学器件主要是可调谐无源器件，以期实现对光信号的控制和分配，如光开关、光衰减器、滤波器、反射器、光束转向器、偏振控制器、光分插复用器等。相比于采用传统电光晶体等材料的功能性器件，液晶光子学器件具有许多优势，如功耗小、成本低、质量轻且不需要配备附属联动装置等。液晶光子元件的引入，为传统的光通信技术提供了更便捷的操控方案。接下来将围绕现有的基于液晶体系的光通信器件展开探讨。

►► 10.1.2 独立液晶光通信元件

下面先介绍基于液晶技术调节入射光的原理——液晶的电控双折射。假设液晶预取向方向为平行于基板平面，那么液晶盒可看作波片对入射光进行调制，此波片的等效光轴方向即液晶的指向矢方向。将液晶盒置于两块偏振片之间，通过调节偏振片方向和液晶指向矢的夹角便能够实现对出射光强的调制。

如图 10.2 所示，需要的参数为：液晶盒厚为 d，液晶的折射率差是 Δn。前后两个偏振片的偏振方向与液晶分子指向矢方向的夹角分别为 α 和 β（见图 10.2）。入射光通过第一个偏振片后变成线偏光，经过液晶盒时，由于存在夹角，因此对于入射波长为 λ，平行和垂直于液晶指向矢的两部分线偏光会有一个相位差 δ。

$$\delta = 2\pi\Delta nd / \lambda \tag{10.1}$$

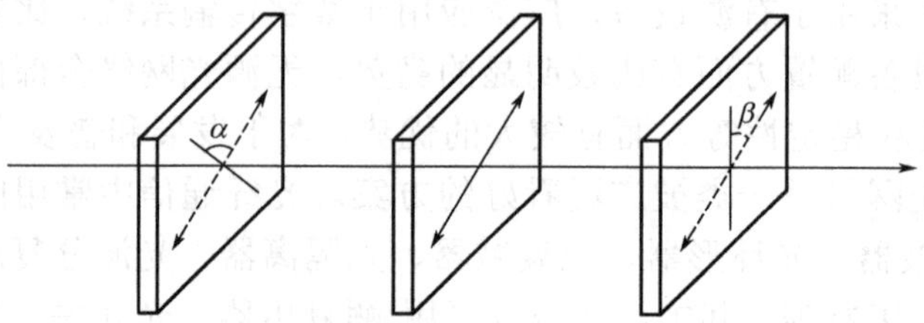

图 10.2　电场作用下液晶对光强的调制

出射光的强度可以表示为：

$$I = A^2\left[\cos^2(\alpha-\beta) - \sin^2\frac{\delta}{2}\sin2\alpha\sin2\beta\right] \tag{10.2}$$

当 $\alpha-\beta=\pi/2$ 时，两个偏振片的偏振方向互相垂直，且液晶分子的指向矢与两个偏振片光轴夹角为 45° 时，出射光的强度可表示为：

$$I = A^2\sin^2\frac{\delta}{2} = A^2\sin^2\left(\pi\Delta n\frac{d}{\lambda}\right) \tag{10.3}$$

当 $\alpha-\beta=0$ 时，两个偏振片的偏振方向平行，且液晶分子的指向矢与两个偏振片光轴夹角为 45° ，出射光的强度可表示为：

$$I = A^2\cos^2\frac{\delta}{2} = A^2\cos^2\left(\pi\Delta n\frac{d}{\lambda}\right) \tag{10.4}$$

从式（10.3）和式（10.4）中可以看到，当偏振片方向和液晶指向矢处于上述两类特定夹角时，改变液晶双折射率，就可以改变出射光的光强。具体来说，通过调控液晶盒的驱动电压，使液晶指向矢在平行与垂直玻璃基板间排列，改变非寻常光有效折射率（n_{eff}）从而改变双折射率 Δn 大小，即可对出射光强进行调制。这就是液晶光通信元件的理论基础和设计思路，下面具体介绍几种常见的液晶光通信元件。

1．液晶光开关

光开关是光网络中实现光信号互联的核心元件。随着光交换和互连技术的发展，光开关应用到越来越多的领域。按照工作媒介不同，光开关主要可分为自由空间型和波导型两类。前者依照工作原理又可分为微机电系统型（MEMS）和液晶型光开关；后者根据物理性质和所用材料的不同可分为热光开关、电光开关、声光开关、激子吸收开关等。这些技术各有特点，例如 MEMS 光开关工艺较成熟，但是成本较高，稳定性较差；平面波导器件工艺尚不成熟，性能不够理想，但是响应速度快，易于集成化，有比较良好的发展前景。液晶光开关相比其他类型的光开关器件，具有工艺成熟、成本低、能耗小等优势，是目前商用程度较高的一种可调光开关。下面举例介绍一种适用于通信波段的基于液晶微滴的光开关[1]。

液晶微滴光开关结构如图 10.3 所示，采用高介电常数和表面张力低的液晶微滴 L_1（Merck，ZLI-4389，$\Delta\varepsilon$=45.6，$\gamma\approx$38mN/m，$\langle n\rangle\approx$1.58，$\rho\approx$0.98g/m^3），周围填充 L_2 硅油层（$\varepsilon\approx$2.9，$\gamma\approx$21mN/m，$n\approx$1.4，$\rho\approx$0.97g/cm^3）。玻璃基板上刻蚀着叉指形 ITO 电极[见图 10.3（c）]，ITO 电极上涂覆有聚酰亚胺（PI2556，厚度 1μm，$\gamma_P\approx$40 mN/m）和具有孔洞结构的特氟龙（400S1-100-1，DuPont，厚度 1μm，$\gamma_T\approx$19mN/m）材料，不仅可为液晶微滴提供合适的接触角，还可以有效避免载流子注入液晶盒中产生电荷效应。在孔洞结构与 ITO 电极部分接触的同时，确定了滴入液晶微滴的位置。外加电压为零时，液晶微滴收缩进孔洞中，［见图 10.3（a)］，此时表面体积比最小。当有外加电场存在时［见图 10.3（b)]，ITO 电极产生的不均匀电场，液晶微滴边界受到沿 ITO 电极方向介电作用力，为了维持与表面张力及黏滞力的动态平衡，液晶微滴将沿着电极方向延展。撤掉外加电场后，液晶微滴在表面张力作用下很快回复到初始状态。

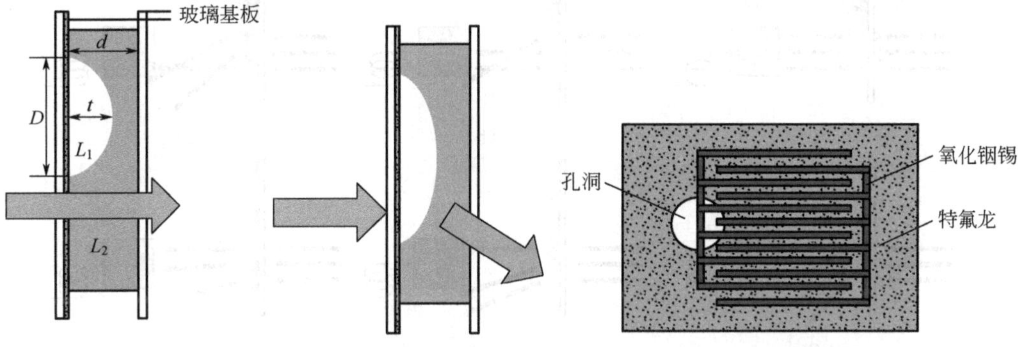

（a）关态　（b）开态　（c）基板截面

图 10.3　光开关结构[1]

连续可调激光器（ANDO AQ4321D，λ=1520～1620μm）光源出射光经过单模光纤（SMF）和偏振控制器（FPC560，Thorlabs），在没有外加电场作用时，经过液晶盒样品的液晶微滴边缘后，出射光强由光功率计（ANDO AQ8201-21）探测［见图 10.4]，分别探测了波长为 1550nm 出射光强随外加电场变化曲线，以及加撤电条件下光开关的响应时间。在外加电场 40V 时出射光强达到最大衰减约 32dB，相应的响应时间为 20ms。

进一步对图 10.4（a）进行分析可得，以上所设计的光开关元件还可实现可调光衰减器的功能，具体分析如图 10.5 所示，外加电压为零时［见图 10.5（a)］，入射光经过液晶微滴边缘后获得最小光强衰减；随着电压增大［见图 10.5（b）和图 10.5（c)］，液晶微滴开始延展，此时入射光将分别通过液晶微滴层和硅油层，由于两层液体折射率不匹配，出射光在两层液体界面处发生偏折导致测得的出射光强有较大的衰减；当入射光完全发生偏折时［见图 10.5（d）］，衰减达到最大；继续增大电压，液滴的延展加大使其与硅油界面变平整［见图 10.5（e）和图 10.5（f）］，出射光偏折减小进而获得较小的光强衰减。该光开关设计也为另外一种重要的液晶光通信器件——液晶可调光衰减器提供了思路。

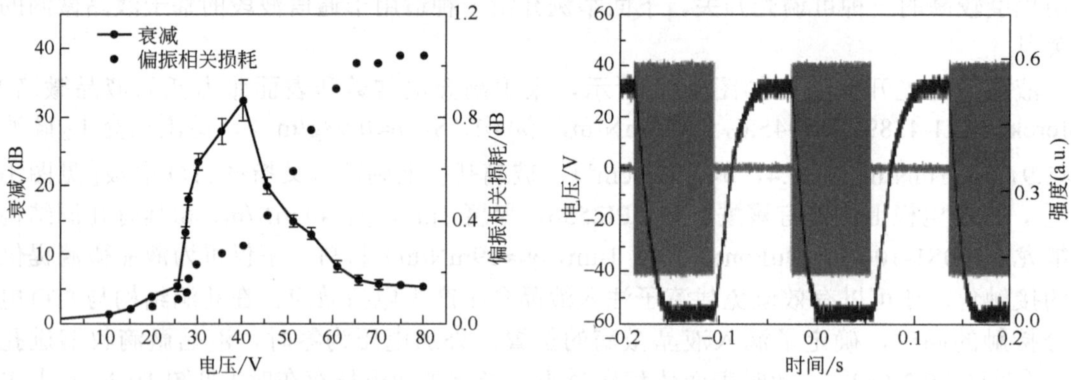

（a）出射光强衰减随外加电压变化 （b）光开关响应时间

图 10.4 对外加电场的响应[1]

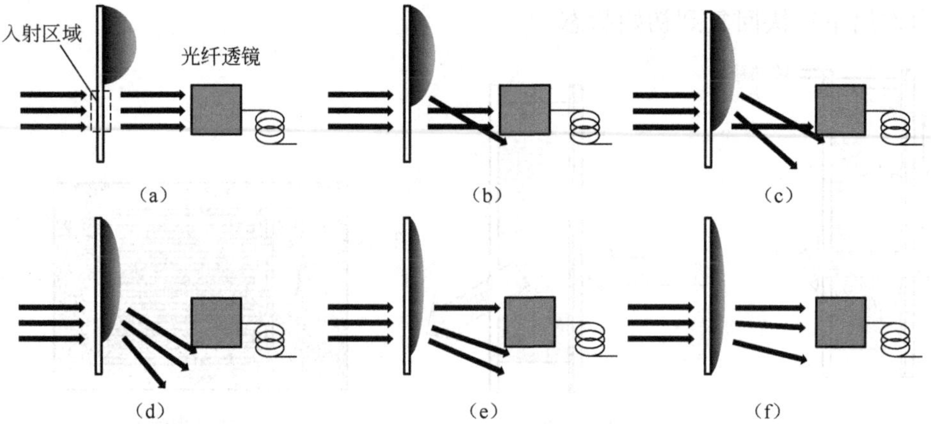

图 10.5 可调光衰减器[1]

2. 液晶可调光衰减器

光衰减器是一类在光纤通信网络中广泛使用的光无源器件，其功能是降低光信号的强度，通常适用于密集波分复用系统等多通道系统。以密集波分复用系统为例，为实现多通道光信号的长距离无误码传输，各个通道的光信号强度要保持一致，因此通常需要采用光衰减器对各个通道的光强进行监控和均衡。

可调光衰减器件与液晶光开关具有相类似的工作原理和工艺技术。随着密集波分复用技术的发展，业界对可调光衰减器的尺寸、通道容量、响应速度等性能要求越来越高。传统的机械型可调光衰减器已经满足不了要求，很多新的技术被应用到可调光衰减器的开发中。例如，微电机系统技术、平面波导技术、热光技术、液晶技术及声光技术等。基于液晶技术的液晶光衰减器件可方便地通过改变外场来调节液晶分子的状态，实现了高动态调节范围的可调光衰减功能。

决定可调光衰减器件性能的关键参数包括衰减对比度和响应时间等。对于传统的液晶型光衰减器，通常使用的是普通向列相液晶，响应时间较长（通常为毫秒量级）。此外，向列相液晶器件通常具有偏振依赖性，需要在光路中设置偏振片，不仅增加成本，而且还会降低光能利用率。为了提高液晶器件的响应速率，近年来出现了一些基于特殊液晶相态的适用于光通信波段的快速响应器件。

G. Zhu 等人提出了一种基于蓝相液晶的可调光衰减器件的设计[2]，展现出快速响应、无残余位相、良好的消光比及较宽的工作光波段等特点。图 10.6 所示为该液晶可调光衰减器的光路。光束经由可调激光器（波长范围为 1480～1550nm）发出，依次通过光纤环路器、准直器、双折射晶体（光束移位器）、液晶盒和反射棱镜等器件，最终的出射光经由准直器和环路器后被光功率计接收并显示。以上设计的反射型光路使整个器件系统便于集成化，且只需要一半的位相调制量就可以达到目标光学调制。

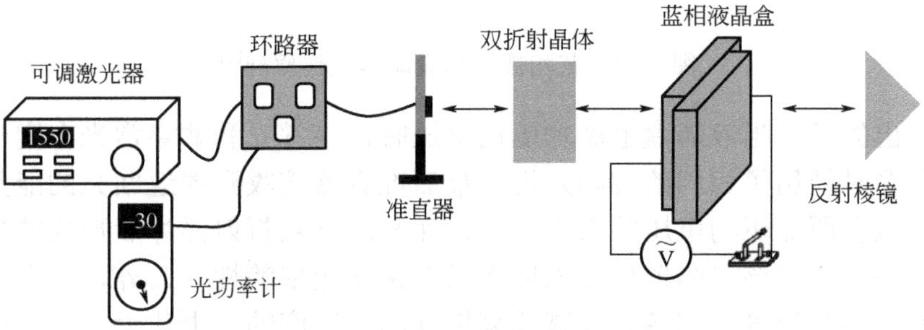

图 10.6 蓝相液晶可调光衰减器的光路[2]

液晶盒的电极结构设计：其中一面基板上是叉指电极（IPS），周期结构为 10μm+10μm；另一面无电极。液晶盒盒厚为 9.5μm，因此，无须预取向处理。在液晶盒内灌入质量比为 99.5%的蓝相液晶前体（HCM-057，HCCH）和 0.5%的光引发剂（IRG-184），将混合好的液晶前体在 68℃时用紫外光曝光 6min（能量为 5mW/cm^2）。经过聚合物稳定后，在降温过程中测得蓝相态温宽超过 70℃（从 73.1℃到 0℃），驱动电压为 1kHz 方波电压。

在无驱动电压时，蓝相液晶处于准光学各向同性态，入射光通过时不发生位相延迟，寻常光或非寻常光的偏振方向都不会发生变化。通过设计反射棱镜的位置，使每束光无法沿着原来的光路返回并被准直器耦合［见图 10.7（a）］，定义为光衰减器的暗态。当在液晶盒上施加合适大小的电压后，分子排列随电场发生变化时，蓝相液晶盒对单次穿过的寻常光和非寻常光的作用相当于四分之一波片，即位相延迟为 $\pi/2$，两束线偏光变成了圆偏光。当两束光通过反射棱镜再次通过液晶盒后，每束光的相位延迟达到了 π，所以两束圆偏光又变成了线偏光，但偏振方向扭转了 90°，两束反射光经过双折射晶体后也会沿着原来的光路全部被准直器接收［见图 10.7（b）］，定义成光衰减器的亮态。在亮态和暗态之间，器件的输出光功率可以通过对液晶盒施加不同大小的电压实现连续可控衰减。

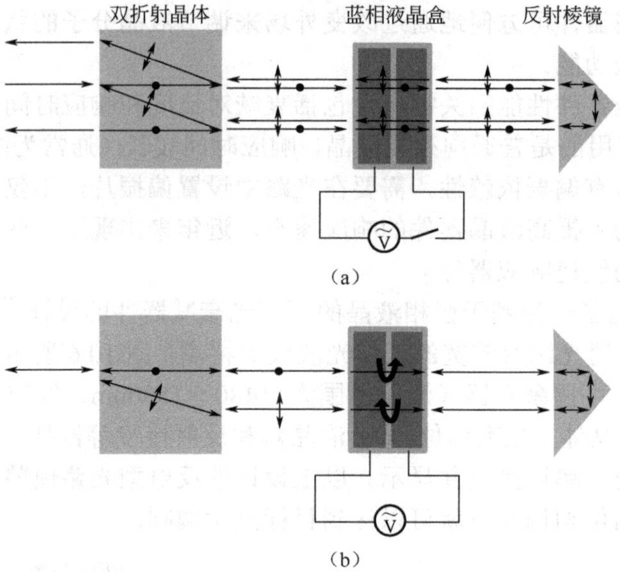

图 10.7 蓝相液晶光衰减器工作原理[2]

特别要指出的是，当液晶盒上施加驱动电压时，寻常光和非寻常光在同一个光回路里两次穿过液晶盒时经历了相同的位相延迟，最后准直器接收到的返回光的能量只与入射光的初始态及液晶盒所加驱动电压的大小有关，而与通过双折射晶体后形成的寻常光或非寻常光的分量无关，所以该液晶器件对入射光具有偏振无依赖性。此外，还有基于胆甾相液晶、聚合物网络液晶等设计制备光衰减器来提高响应速度的。上述设计整体而言，工作电压较高，在实际操作时需进行功耗控制和驱动电路的特殊匹配。

针对以上问题，Y. Q. Lu 和 X. Liang 等[3,4]提出了基于混合取向双频液晶（dual frequency liquid crystal，DFLC）的可调光衰减器件。DFLC 材料存在一个临界频率（f_c），可以通过改变相同电压值下的电场频率（f）来调节液晶指向矢实现开关。在低频电场（$f<f_c$）下呈现正性（液晶分子施加电压后倾向于沿电场方向排列），在高频电场（$f>f_c$）下呈现负性（液晶分子施加电压后倾向于垂直于电场方向排列），这种特殊性质的液晶材料克服了混合取向模式下普通液晶调制量减半的问题。撤掉电场后，普通向列相液晶分子主要依靠自己的弹性恢复力回到初始取向态，导致无法提高下降时间。相较之下，双频液晶开关都是通过施加电场来实现的，可大大提高液晶器件的响应速度。实验上测得在 6.0V 驱动电压、1550nm 工作波长下，获得 43dB 最大衰减量和亚毫秒量级的开关响应。

3．多通道光隔离器

光隔离器也是一类在光纤通信网络中广泛使用的光无源器件。它能使信号光从正向通过而阻止回射光从反向通过，在光纤通信系统、激光器和光处理系统中广泛应用。在这些系统中，光信号会在各个器件的端面产生反射，形成回射光。回射光会降低各类器件（如激光器或者放大器）的性能及光信号的信噪比，因此需要光隔离器来隔离回射光，保护各类光学器件。

体块型光隔离器和波导型光隔离器是目前常用的两种类型。前者的制作工艺比较简单、成本相对较低；后者集成度高、节省材料，主要应用于集成光学中，有比较广阔的应用前景。体块型光隔离器通常利用磁光晶体的磁光非对称特性来改变不同入射方向偏振光的偏振角度，从而利用偏振片实现对正/反向入射的光信号的通过和隔离；也可将液晶技术运用到光隔离器中，利用液晶的电控可调性，实现光隔离器隔离方向的动态可调。同时，将液晶技术和波片堆栈引入通信波段中，可实现双向可调多通道光隔离器[5]。该双向光隔离器的物理设计如图 10.8 所示。与普通的光隔离器相比，双向可调光隔离器的光路设计中增加了一块波片和一个液晶盒。输入偏振器（P_1）和输出偏振器（P_2）的透光方向相差 45°，两块偏振器之间依次放置了波片（厚度为 L_1）、液晶盒（盒厚为 L_2）及法拉第旋转器。

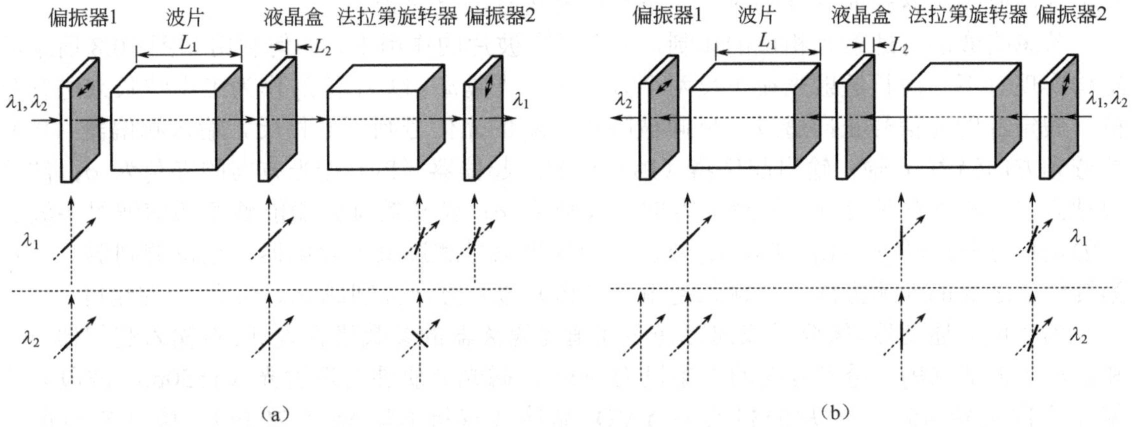

图 10.8　液晶光隔离器工作原理[5]

图 10.8（a）所示为前向光传输的情况（传输方向自左向右），假定前向光中含有两束不同波长的光 λ_1 和 λ_2，通过偏振器（P_1）后，转换成沿水平方向的线偏振光；之后，水平偏振光依次透过波片和液晶盒。由于波片和液晶都能对透射光的相位产生调制，因此可以把波片和液晶合起来视为一个相位调制器。通过选取特定厚度的波片和液晶，使波片和液晶的位相调制对 λ_1 和 λ_2 的光而言，分别表现为全波片和半波片的功能。因此，如图 10.8（a）中偏振态的分析，λ_1 的光通过波片和液晶组合后的偏振方向未发生改变（仍然为水平偏振光），而 λ_2 的光通过波片和液晶的组合后偏振方向发生了改变（由水平偏振光变换为垂直偏振光）。λ_1 的光通过法拉第旋转器（MO）之后偏振方向发生了 45° 的偏转，而这个方向恰好与输出偏振器（P_2）的透光方向一致；λ_2 的光通过法拉第旋转器（MO）之后偏振方向也发生了 45° 的偏转（偏振方向可视为在 135° 方向），而这个方向恰好与输出偏振器（P_2）的透光方向垂直。因此，当前向传输时，λ_1 的光能完全透过隔离器，而 λ_2 的光则被彻底隔离。

反向光传输的情况如图 10.8(b)所示。反向光中仍然含有这两束不同波长的光 λ_1 和 λ_2，在通过输出偏振器（P_2）之后，转换成沿 45° 方向偏振的线偏振光。之后，这两束不同波长的偏振光在透过法拉第旋转器（MO）之后偏振方向又发生了 45° 的偏转，转换成了垂直偏振光。由于波片和液晶的组合对 λ_1 和 λ_2 的光而言分别表现为全波片和半波片的性质，因此 λ_1 的光通过波片和液晶的组合后偏振方向未发生改变（仍然为垂直偏振光），而 λ_2 的光通过波片和液晶的组合后偏振方向发生了改变（由垂直偏振光变换为水平偏振光）。此时，

λ_1光的偏振方向恰好与输入偏振器（P_1）的透光方向垂直，而λ_2光偏振方向恰好与输入偏振器（P_1）的透光方向平行。因此，在反向传输时，λ_2的光透过隔离器，而λ_1的光则被隔离。

通过在普通光隔离器中增加波片和液晶，改变不同波长透射光的相位，可使同一个光隔离器对某些特定波长的光（如λ_1）实现反向隔离而对另外某些特定波长的光（如λ_2）实现正向隔离。而且，这些特定波长的选取可以通过改变波片和液晶的参数实现。因此，这种光隔离器在实际应用中有比较大的灵活性。例如在APON中采用的单纤双向复用方式（下行信号以 1550nm 波长的光束为载体，上行信号以 1310nm 波长的光束为载体）中，只需一个双向光隔离器就能够分别对上、下行信号进行隔离保护。

若忽略液晶对透射光相位的调制，考虑只在波片的作用下，如何利用如图 10.8 所示的结构实现对不同波长透射光在正反两个方向进行光隔离。以λ_1和λ_2作为工作波长来进行分析。假定λ_1的光信号正向透过，反向被隔离；λ_2的光信号则正好相反。输入起偏器（P_1）的透光方向沿着 x 轴；输出起偏器（P_2）与输入起偏器（P_1）透光方向的夹角为 φ；波片快轴方向与输入起偏器（P_1）透光方向的夹角为 α；法拉第旋光器能够将通信波段各波长光的偏振方向旋转 g_n；E_1、E_2、E_3分别表示为光信号透过输入起偏器、相位调制器、法拉第旋转器之后的偏振方向，与输入起偏器（P_1）透光方向分别成 θ_1、θ_2和 θ_3的角度。

为实现上述功能，需要对双向可调多通道光隔离器的参数进行设计。将输入起偏器（P_1）和输出起偏器（P_2）透光方向的夹角设为 45°。磁光介质能将透射光（1550nm 波段）的偏振方向旋转 45°。波片的材料为 YVO_4 晶体（双折射率Δn=0.2039），快轴方向也为 45°。中心波长为 1550nm，正反向各通道之间工作波长的间隔为 0.8nm（100GHz），波片的厚度为 7.3514mm。将设计参数代入后，得到了双向可调多通道光隔离器在不同工作频率下的透过率曲线，结果如图 10.9 所示。在整个通信波段（191～196THz），对于特定频率间隔的信号，消光比都能达到 40dB 以上，且各个通道的间隔恰好为 100GHz。

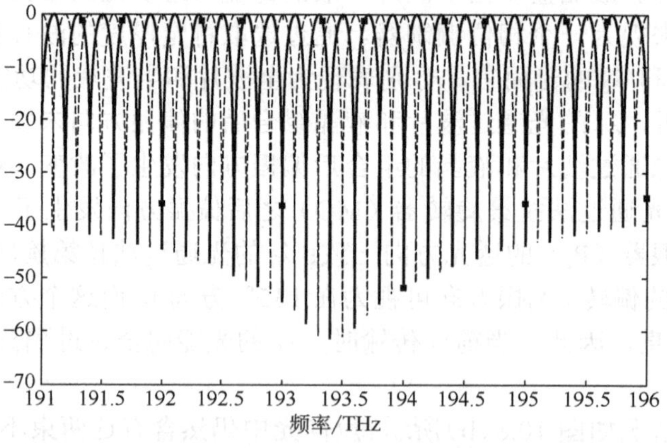

图 10.9 通信波段双向多通道光隔离器的透过率曲线[5]

（虚线—信号从左向右；实线—信号从右向左）

在此基础上，在整个光路设计中增加一个液晶盒，液晶对透射光相位的调制可以通过调节电压对光信号的透过率做出相应的调节。图 10.10 表示的是在 PA 液晶盒的相位调制下，透射光（1550nm 波段）的透过率在 0～2π 相位调节范围内的变化。可以看出，在 0～2π 的调节范围内，透射光的透过率也正好发生一个周期的变化，并且两个不同方向上的透过率正好相反。因此，通过液晶对透射光相位的调节，就可以实现双向可调的多通道光隔离器。

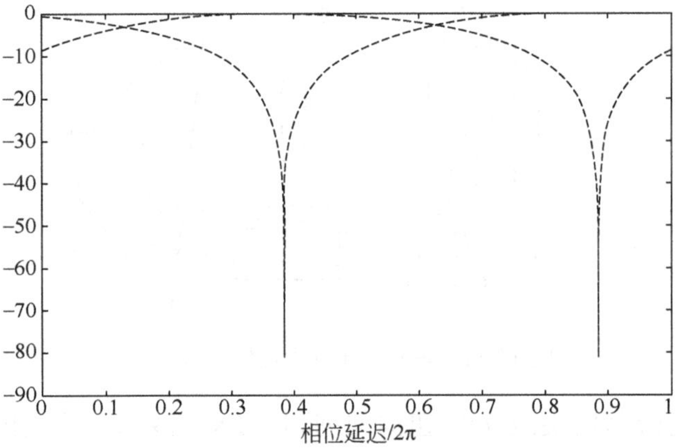

图 10.10 在 0～2π 相位调节范围内透射光（1550nm 波段）透过率的变化[5]
（虚线—信号从左向右；实线—信号从右向左）

4. 波长阻隔器

光纤通信技术凭借其通信容量大、信号窜扰小、抗电磁干扰能力强、传输质量高、保密性好等优点，成为现代通信的主要手段。为了更加有效地利用光纤的传输能力，多路复用技术在光通信网络中被广泛使用。波分复用器主要功能是完成波长的复用和解复用。常见的构建光通信网络的波分复用技术是基于重构光分插复用器（ROADM）的密集波分复用（DWDM）技术。

波长阻隔器是 ROADM 的核心器件之一，它可在波分复用系统的节点处对同一光纤中传输的不同波长的光信号进行解复用，然后对各个信号独立地进行导通、阻隔及衰减控制。导通状态下，可使信号继续在光纤网络中传输；阻隔状态下，阻止该信号在光网络中继续传输并释放出相应通道。通过复用的方式，在该节点处还可以重新上载相同波长的信号，实现了光信号灵活的上下行。另外，通过衰减可以对各个通道的信号强度进行整平。

当液晶微结构尺寸远大于波长时，等效于把若干独立的液晶元件平行组成阵列，每个单元均可体现单个元件的功能，因此液晶元件阵列的设计刚好适用于光纤通信中波分复用技术，实现各路信号的并行控制。基于以上思路，Z. D. Huang 等[6]设计了基于液晶微区阵列的 40 通道/100GHz 通道间隔的波长阻隔器。其工作原理如图 10.11 所示，整个器件由液晶模块（LC Module）、准直透镜（collimating lens）、反射棱镜（reflector）、双折射晶体光束分离器（beam displacer）、色散棱镜（prism）、衍射光栅（grating）和反射镜（mirror）组成。光从光纤出射后先通过液晶模块，再经准直透镜转换成准平行光。反射棱镜将整个光路折回，使整个器件的结构更加紧凑。之后，经过双折射晶体光束分离器的调制，变换为线偏振光，且该方向的线偏振光射到光栅上具有较高的衍射效率。不同波长的线偏振光经光栅衍射分离，并通过色散棱镜在空间上实现线性分布。然后，各个波长的光再次通过双折射晶体光束分离器、反射棱镜、准直透镜和液晶模块，最后聚焦到反射镜上。通过在液晶模块上改变驱动电压，即可实现对各个波长透射光的强度进行独立的导通、阻隔和衰减平整操作。对于导通的通道，入射光经过反射镜反射后，沿着入射的光路反向依次通过上述各个光学元件，最后耦合回透镜光纤，继续在光通信链路中进行传输。

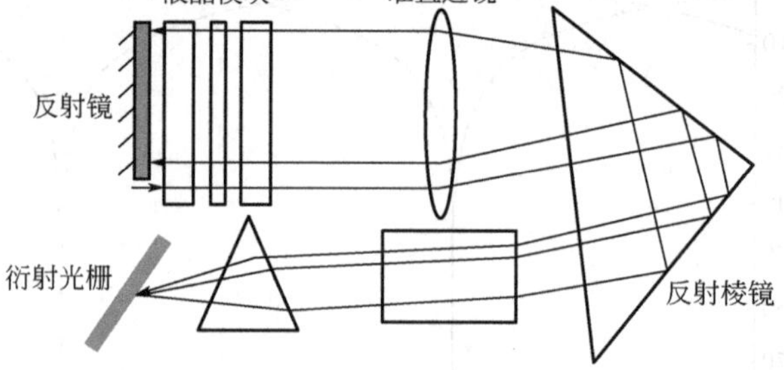

图 10.11 液晶波长阻隔器工作原理[6]

该设计中选用的液晶模块是 90° 扭曲向列相（TN）液晶。液晶模块的结构如图 10.12 所示。无偏振的入射光经过双折射晶体光束分离器（BD_1）之后，分为寻常光（o 光）和非寻常光（e 光）。在驱动电压小于阈值电压时，液晶模块能够对透过偏振光的偏振方向产生 90° 偏转。两束偏振光的偏振方向偏转 90° 后，当透过第二块双折射晶体光束分离器（BD_2）时，两束光合成一束，垂直入射到反射镜表面（沿图 10.12 中虚线所示的方向）。入射光经反射镜反射之后原路返回耦合入光纤。这种情况下，波长阻隔器呈导通状态。当液晶驱动电压达到饱和电压时，液晶不改变透射光的偏振态，因此透射光经过第二块双折射晶体后，分别入射到反射镜的两侧，无法再返回。这种情况下，波长阻隔器呈隔离状态。当驱动电压位于这两者之间时，只有部分入射光被隔离，波长隔离器呈衰减平整状态。设计中采用的液晶盒中有效单元为 40 个，每个单元的宽度为 0.25mm。通过柔性线路板（PCB）将导线引出实现外加驱动电压。还需将一对 YVO_4 晶体（尺寸为 12mm×3mm×3mm，45° 切向）与液晶盒整合在一起。

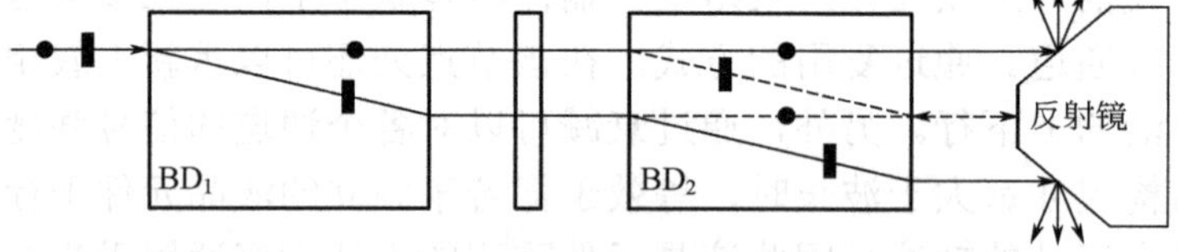

图 10.12 波长阻隔器液晶模块原理[6]

图 10.13 表示的是波长阻隔器的输出光谱，其中第一通道和最后一个通道的中心频率分别为 191.8THz 和 195.7THz。此时，所有的奇数通道所加载的液晶驱动电压为零，最小的插入损耗（IL）为-4.97dB。偶数通道加载了不同的液晶驱动电压，电压有效值分别为 2.20V、2.55V、2.85V 和 3.65V，对应的各个通道的消光比分别为 10dB、20dB、30dB 及 40 dB。受液晶残余位相影响，有些通道可能无法达到 40dB 以上的消光比，可通过相位补偿技术来进行改善。通过输出光谱可见，只需调节液晶驱动电压即可对任一通道的光信号

进行导通、衰减或隔离控制。

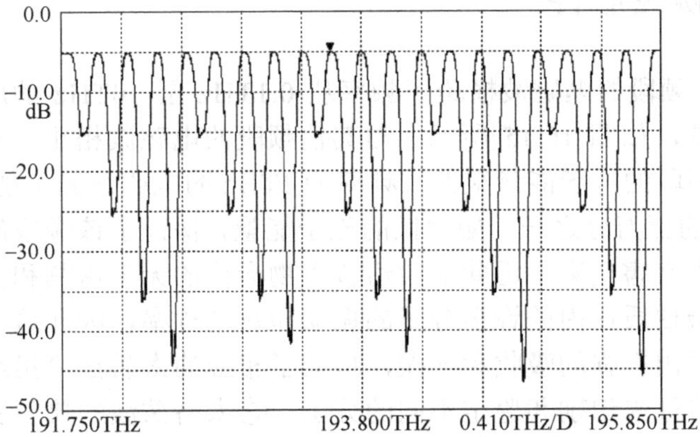

图 10.13 40 通道波长阻隔器的输出光谱[6]

图 10.14 表示的是波长阻隔器两个相邻通道的输出光谱。图 10.14（a）的通道对应液晶驱动电压有效值为 0V 的情况，中心频率为 192.0994THz。图 10.14（b）的通道对应液晶驱动电压有效值为 3.65V 的情况，中心频率为 192.1994THz。两个相邻通道的中心频率恰好相差 100GHz，由此可见光栅和色散棱镜对色散的良好控制。另外，两个通道的 3dB 带宽和 30dB 带宽分别为 73.8GHz 和 61.0GHz。通带和阻带的带宽均能满足密集波分复用系统的实际应用需求。当波长阻隔器的衰减值分别为-5dB、-10dB 和-15dB 时，偏振相关损耗分别低于 0.4dB、0.7dB 和 1.1dB，表现出了良好的偏振不敏感性。此外，实验中还测得波长阻隔器的衰减值分别为-5dB、-10dB 和-15dB 时，回波损耗均高于 60dB。

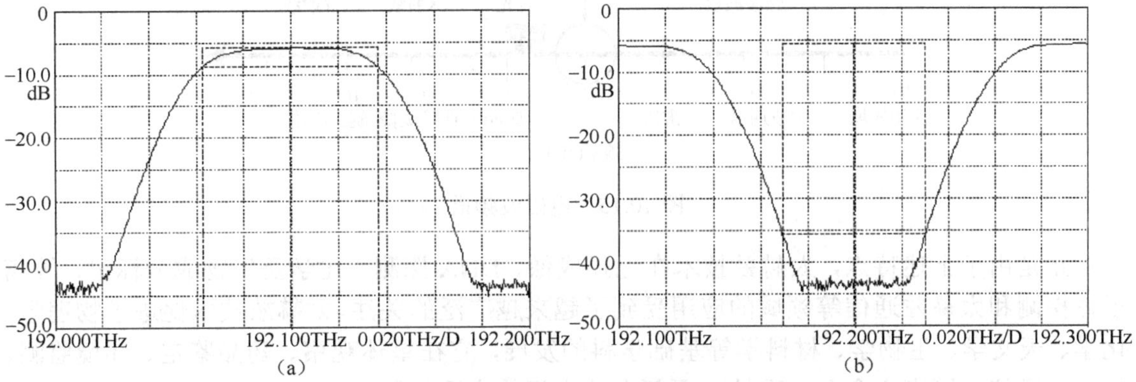

图 10.14 波长阻隔器相邻两个通道的输出光谱[6]

上述研究表明，液晶技术在光无源器件中可以具有广泛的应用。特别是液晶优良的电光特性，使基于液晶技术的光无源器件具有无移动部件、低能耗和远程可控等优点。同时，成熟的液晶材料和制作工艺也大幅降低了开发制作成本。另外，光无源器件的集成也是进一步探索的方向，例如可将 LCoS（liquid crystal on silicon）技术应用到光无源器件研究中，实现动态光网络，进一步提升网络带宽的实际应用效率。

10.2 液晶太赫兹器件

太赫兹（THz）频段的电磁波横跨了频率从 0.1THz 至 10THz 的广袤波段，处于微波与红外波的交界区域，如图 10.15 所示。与其他频段的电磁波相比，太赫兹辐射波具有如下特点：①太赫兹频段的量子能量很低，频率为 1THz 的电磁波光子能量约为 4.1meV，约为 X 射线光子能量的百万分之一。如此低的光子能量，保证了该频段的电磁辐射对绝大多数生命组织不会产生有害电离，因此非常适合生物活体的无损探测和检查；②太赫兹波段的范围覆盖了包含蛋白质在内的许多分子的振动和转动频率，因此这些分子（尤其是有机分子）在该波段表现出很强的吸收和谐振，构成了相应的太赫兹“指纹”特征谱，可以利用这些特有的谱图特征来识别和鉴定不同的分子；③太赫兹波的典型脉冲宽度在亚皮秒或皮秒量级，且时域谱图的信噪比很高，这使得太赫兹电磁波不但可以方便地对各种材料进行高分辨率（亚皮秒乃至飞秒时间分辨）的瞬态光谱研究，也十分适用于成像应用；④太赫兹波具有很高的时间、空间相干性，在常用的 THz-TDS（terahertz time-domain spectra）系统中，通过测量脉冲相干信号的时域波形，可以得到包括振幅和相位在内的谱图数据，从而直接给出吸收谱和色散谱，或复电导率、复介电常数等，此特点在研究材料的瞬态相干动力学时具有很大的优势；⑤太赫兹波对于许多非极性物质（如电介质材料及纸箱、塑料、布料等包装常用材料）有很高的透过率，因此便于用来对包装后的物品进行安全检查或成像；⑥太赫兹辐射的带宽非常大，是微波的 1000 倍，因此可作为很好的宽带信息载体，特别适用于局域网的宽带无线通信。

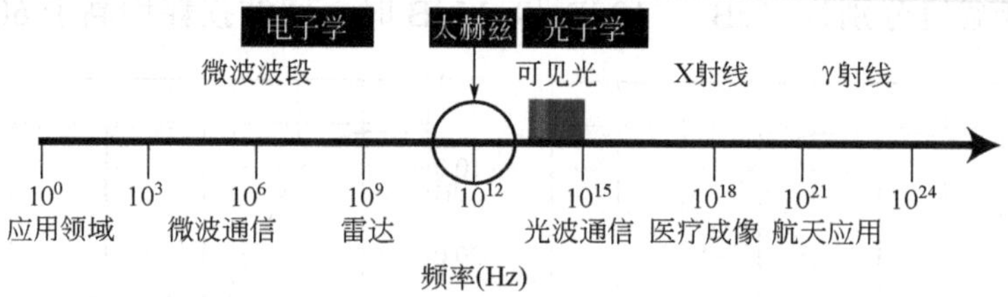

图 10.15 电磁波频谱

正是由于上述特点，太赫兹技术在无损成像、DNA 探测、化学及生物成分标记、等离子体探测和太赫兹通信等领域的应用受到了越来越广泛的关注。太赫兹技术促进了物理学、化学、天文学、生物学、材料学等基础学科的发展，它在星体观察、药品鉴定、环境监测、雷达与通信，国家安全及反恐等方面都有着广阔的应用前景。

▶▶ 10.2.1 液晶太赫兹元件

虽然对该频段电磁波的研究起步较晚，但近年来的发展趋势却十分迅猛。从太赫兹辐射源、信号探测器到一系列太赫兹的功能性器件，太赫兹系统的发展十分迅速。除了辐射信号源和探测器，用来传输和控制太赫兹波的无源器件（如偏振片、开关、滤波器）也都是必不可少的。传统太赫兹元件（如全球知名的太赫兹元件生产商 Tydex 提供的太赫兹波片、偏振转换器等），具有一些局限性，如体积庞大、工作带宽窄、不好集成、不易调节、制作复杂、价格昂贵。

液晶作为可调的光电各向异性功能材料，从紫外到微波波段都可以通过电场或磁场进行连续调节，使得基于液晶的太赫兹材料和元件受到广泛地关注。相比其他材料，液晶太赫兹元件具有独特的电磁调谐性。如相比传统的基于半导体材料调制器，液晶调制器具有体积小、质量轻、价格低、工艺简单等优势。因此将液晶材料运用于太赫兹元件具有重大的研究意义，将对太赫兹技术的发展产生深远的影响。

在太赫兹波段应用液晶材料制备可调谐元件，面临一些在通常的可见和近红外波段不会遇到的挑战。一方面，太赫兹系统本身在实验操作上就具有一定的难度，如太赫兹光斑不可见导致光路的调节很困难，太赫兹波对水蒸气十分敏感整个系统要处于干燥空气环境中；另一方面，在此波段下应用液晶材料，会遇到如下特殊的问题和挑战：①液晶在长波长频段的介电和光学各向异性会降低，同时其吸收损耗也会有所增加；②相对于可见光或是近红外波段，在太赫兹频段下要实现相同的调制量（如四分之一波片所需的 $\pi/2$ 的位相差），所需的液晶盒厚度就会大大增加，在制盒、取向及加场等各方面难度都增加；③作为盒基材料，在可见及近红外波段最常用的玻璃基板和 ITO 导电薄膜材料的性能会发生巨大变化，分别体现出强的吸收或反射特性，因此需要重新寻找替代材料。

正是上述问题的存在，最初的太赫兹液晶元件多采用外加磁场来对材料的指向矢分布进行调控。通过磁场调控的设计能有效避免透明电极材料缺失、厚盒需加高电压等问题，实现液晶分子折射率的有效调制，但这样的设计本身具有体积庞大、装置烦琐等弊端，非常不利于元器件的小型化和集成化。因此，后来主要研究方向还是回到了电场调控上，通过改变电极位置（将金属条作为液晶盒的间隔材料进行横向加电场）或采用多片叠层等方法实现电场调控。因为液晶的折射率除受电场、磁场调制外还可以通过调节温度来调制，所以也有一些太赫兹液晶元件采用的是温控调节。

液晶太赫兹元件主要可以分为两大类：一类是直接利用液晶本身对太赫兹波进行调制，如相移器、波片、滤波器等：另一类是把液晶作为一种环境介质，调控其折射率从而对其包覆的超材料结构的电磁响应进行调制，如超材料的滤波器、吸收器等。超材料作为一种人工结构的电磁材料，能够有效实现对电磁波相位、振幅和偏振态甚至波前的调制，在太赫兹调制领域有着极大的应用潜力。在太赫兹波段，金属材料损耗相对较小，还可以用半导体材料或石墨烯取代金属材料，并且这一频段的超材料可以运用成熟的光刻工艺进行加工，为太赫兹超材料器件的应用提供了更多的可能。从液晶折射率可以通过外场调控这一点考虑，如果将它作为超材料结构的环境介质，就可以通过外场调控改变超材料的环境折射率从而调控超材料的电磁特性，产生各种多样化功能的液晶太赫兹元件。

接下来几节将分别介绍几种目前已有的液晶太赫兹元件。

▶▶ 10.2.2 液晶太赫兹相移器

液晶太赫兹相移器的结构设计十分简单。将液晶灌入均一取向的液晶盒内，通过外场（通常是电场或磁场）的调节，使内部均一取向的液晶分子在加场前后的指向矢发生变化，线偏振入射的太赫兹波在加场前后感受到不同的液晶折射率，从而发生位相改变。基于该工作原理，要想获得尽量大的相移调制量，就需要调制前后液晶折射率变化及液晶层的厚度尽可能的大。对于某一特定液晶材料，由于其折射率变化的最大值为 Δn（$\Delta n=n_e-n_o$），因此，在设计相移器时，通常令初始取向与加饱和电场后液晶指向对入射偏振光的电场方向分别对应 n_e 和 n_o。目前太赫兹液晶相移器的主要挑战是如何实现 0～2π 位相范围的连续调控，同时提高调控效率。现有的相移器因为结构厚度和液晶材料的限制，通常实现的位相调控范围不能覆盖整个 0～2π 区间。同时，由于大盒厚的影响，太赫兹透过效率及加场后液晶的响应速度也会受到限制。考虑器件的集成和成本问题，现在逐渐摒弃了磁场调控方式而通常采用电场调控方式。在太赫兹波段，需要寻找其他的太赫兹透明电极替代 ITO，有代表性的太赫兹透明电极包括具有偏振透过特性的亚波长金属线栅、ITO 纳米晶须及有机导电材料 PEDOT:PSS。现有的相移器元件主要是基于这几种透明电极材料进行设计制备的。下面分别介绍几种基于上述太赫兹透明电极材料的太赫兹液晶相移器。

南京大学林晓雯等人利用亚波长金属线栅作为太赫兹透明电极展示了一种自偏振的电调液晶相移器[7]，线栅线宽 20μm，在 0.2～2THz 具有很高的偏振选择透过效率，该元件结构如图 10.16 所示。在制备有金属线栅的上下石英基板上旋涂一层 PI 取向层，摩擦方向与线栅方向垂直。中间填充一层 256μm 厚的液晶材料 E7，可以实现液晶层沿摩擦方向均一取向。该元件具有相对较小的阈值电压（小于 20V）和饱和电压（约为 130V），在 1.88THz 处能够实现最大 π/3 的相位延迟量。

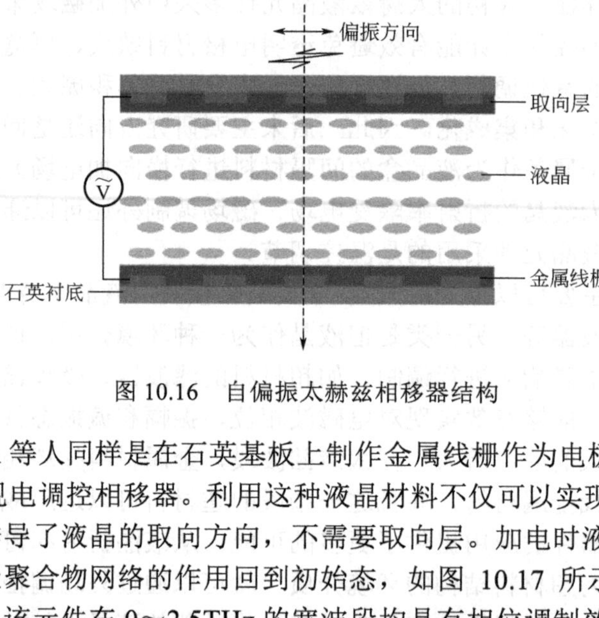

图 10.16 自偏振太赫兹相移器结构

Kristian Altmann 等人同样是在石英基板上制作金属线栅作为电极，利用一种聚合物稳定液晶（PSLC）实现电调控相移器。利用这种液晶材料不仅可以实现元件的快速响应，而且这种液晶材料还诱导了液晶的取向方向，不需要取向层。加电时液晶会沿着电场方向取向，不加电时液晶受聚合物网络的作用回到初始态，如图 10.17 所示[8]。改变电压即可对相移进行连续调节，该元件在 0～2.5THz 的宽波段均具有相位调制效果。

（a）加电状态 （b）未加电状态

图 10.17 基于聚合物稳定液晶的电调控相移器

另一种高效率的太赫兹透明电极是 ITO 纳米晶须。潘犀灵教授研究组利用该材料作为太赫兹波段透明电极研发了一种太赫兹相移器，结构如图 10.18 所示[9]。该元件的最大特点是利用电子束掠射角沉积技术在基板表面倾斜地生长ITO纳米晶须，使其可以同时作为太赫兹波段透明电极和液晶取向层。有研究报道，该元件能够在517μm的大盒厚内实现液晶层的良好取向，而且在0～2.5THz的宽频率范围内具有约82%的高透过率并呈现出良好的导电性。该元件在1THz处的相位延迟量超过π/2，透过率达到78%，驱动电压低，仅为5.66V，并且该元件的制作工艺与金属氧化物半导体（CMOS）工艺和薄膜晶体管（TFT）工艺相兼容。

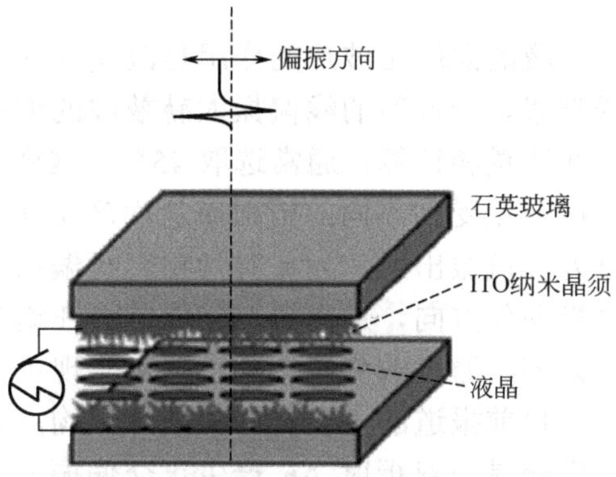

图10.18 采用ITO纳米晶须作为电极和取向层的相移器的示意

有机物PEDOT:PSS具有良好的导电性和简易的制备工艺，在有机发光二极管（OLEDs）中具有广泛的应用，都妍等人采用该材料作为太赫兹波段透明电极，设计了一种新型太赫兹相移器，结构如图10.19所示[10]。在该工作中，PEDOT:PSS溶液和15%（体积分数）的二甲基亚砜（DMSO）混合大大提高了导电性。将这种混合溶液旋涂在石英基板上然后加热将溶剂蒸发，制备出性能优良的有机物透明电极（方阻约为40Ω，0～2.5THz的宽波段透过率约为90%）。再分别在上下两基板上旋涂PI摩擦取向层来实现中间液晶层的均一配向。中间液晶层为500μm厚的液晶材料E7。在6.7V的驱动电压下在1.17THz处相移超过2/3π。若换用具有更大双折射率的液晶材料或工作在更高频率处，该元件相移量会更大。

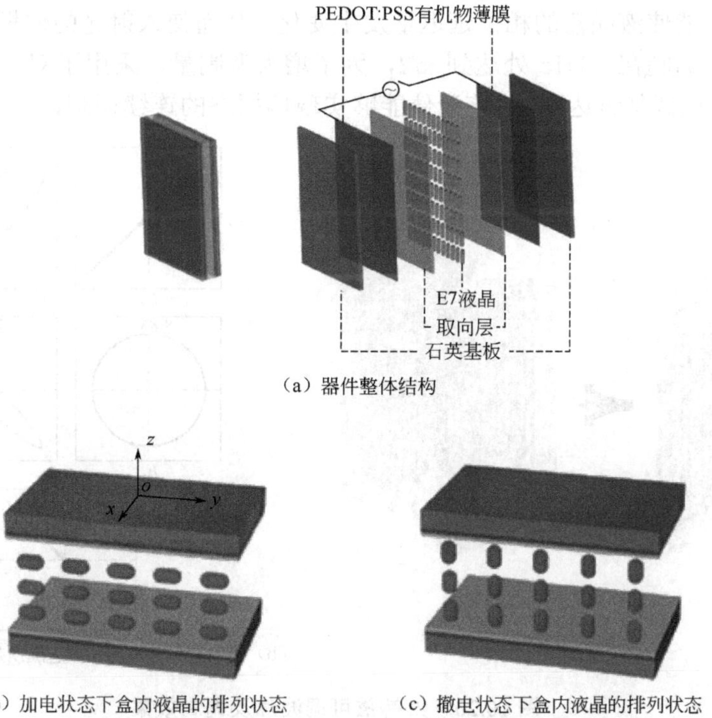

（a）器件整体结构

（b）加电状态下盒内液晶的排列状态 （c）撤电状态下盒内液晶的排列状态

图10.19 采用有机物PEDOT：PSS为电极的相移器

▶▶ 10.2.3 液晶太赫兹波片

液晶太赫兹波片的作用是改变入射太赫兹波的偏振状态，在原理上和液晶太赫兹相移器类似。让入射的线偏振太赫兹波的偏振方向和液晶分子的长轴方向呈一定的角度，为了方便测量和计算，通常选取45°。这样，在未加电时，沿着长轴方向和垂直于长轴方向的偏振分量受到不同的折射率从而产生相位差，导致出射时偏振态发生变化，相位差为 $\pi/2$ 时为圆偏振出射，为 π 时为正交线偏振态出射，其余情况下为椭偏出射。加电可以调节液晶指向矢方向，进而调节相位差。在饱和电压下，液晶分子垂直于上下基板排列，相位差减为零。通过改变电压大小即可实现不同偏振态的出射。

目前报道的主要有两种波片结构，分别是透射式结构和反射式结构。透射式结构主要依靠液晶的双折射 Δn 产生正交偏振分量的相位差，而反射式结构的原理略有不同。以下分别介绍这两种结构的液晶太赫兹波片元件。

1．透射式结构波片

南京大学王磊等人把金属线栅电极和石墨烯电极相结合，设计制备了宽带可调液晶太赫兹波片，该波片结构如图10.20所示[11]。上下两层石英基板中间是250μm的大双折射液晶材料NJU-LDn-4，该材料在1THz附近双折射率达到0.3。上基板内表面覆盖亚波长金属线栅，线栅周期20μm，金属线宽10μm，可同时作为透明电极和偏振片。金属线栅上涂覆一种光敏偶氮取向材料SD1，取向方向和线栅方向成45°以实现波片功能。下基板采用3层石墨烯作为太赫兹透明电极，经过紫外臭氧处理之后，产生的多层孔洞石墨烯在太赫兹波段的透过率高达97%。然后在石墨烯层上旋涂SD1材料实现均匀液晶取向。在金属线栅和石墨烯上加电能使液晶盒的相位延迟量发生变化，从而使入射光的偏振态发生变化。该元件单盒结构相位调制在1THz处达到 $\pi/2$，为了增大调制量，采用了双层叠盒结构，在叠盒后在1THz处相位调制量达到 π。该元件能够实现偏振态的连续调制，且控制电压小于50V。

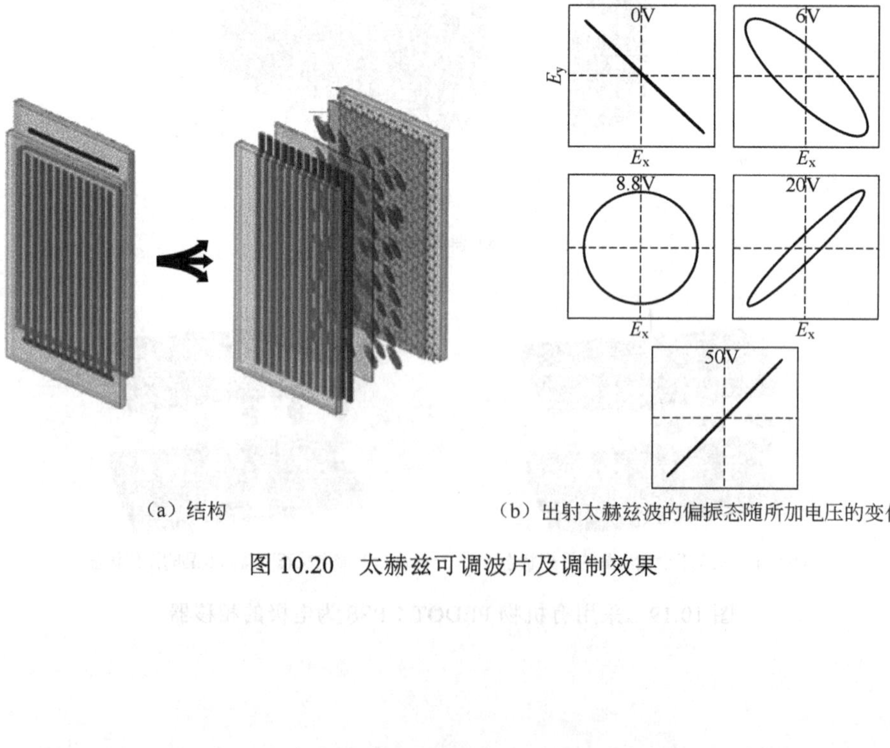

（a）结构　　（b）出射太赫兹波的偏振态随所加电压的变化

图10.20 太赫兹可调波片及调制效果

由于不同频率处液晶的物理性质也不相同，因此色差是液晶太赫兹调波器件不可避免的一个问题。我们可以人为地提供相位补偿，从而在一个相对宽的频域范围内实现器件的消色差响应。通常单一一个液晶太赫兹波片对不同频率太赫兹波的相位调制量不同，通过引入多盒结构来对不同频率处的相位调制量进行补偿，可以在宽频段内获得相同的相位调制量。潘犀灵教授研究组利用该原理制备了液晶电调太赫兹消色差波片，该元件结构如图 10.21 所示[12]。它由三个液晶盒构成，每个液晶盒由两片石英基片中间夹一层均匀取向的液晶，三个液晶盒中间液晶层的厚度分别为 1000μm、800μm 和 800μm，液晶双折射率各不相同，每个液晶盒之间有一定的取向夹角。该结构能够通过电调实现从 0.2THz 到 0.8THz 的 $\pi/2$ 的相位调制量，实现宽频四分之一波片的功能。

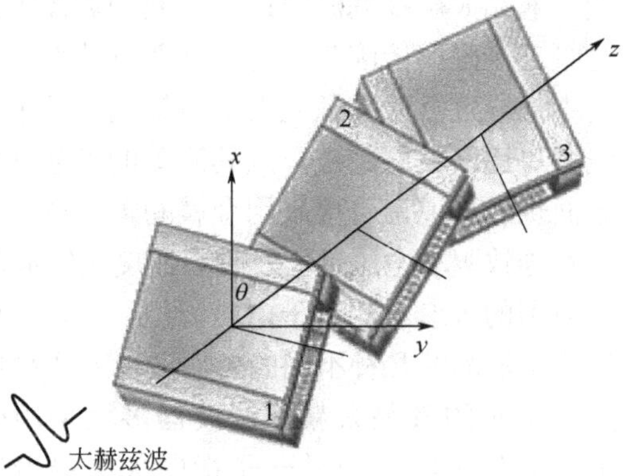

图 10.21 可调太赫兹消色差波片结构

2. 反射式结构波片

D. C. Zografopoulos 等人提出了一种基于金属-液晶-金属结构（MIM）的反射式太赫兹液晶波片（见图 10.22）[13]，上层为金属线栅，下层为金属背板，中间层为液晶材料。在反射式结构中利用上层基板金属线栅透过横磁波（TM）而反射横电波（TE）的特性，让入射太赫兹波与线栅成 45°，一半 TE 偏振分量直接反射；一半 TM 偏振分量透过，并经过下层基板上的金属背板反射后出射，比直接反射的 TE 波多走一段光程，这段光程为 $2\pi/\lambda \cdot n \cdot 2d$（$\lambda$ 为入射太赫兹波的波长，n 为盒内液晶的折射率，d 为元件的液晶层厚度），产生的相位差正比于液晶的折射率。通过外加电调，液晶指向矢在盒内发生偏转，TE 波与 TM 波的相位差发生变化，因而这两个偏振分量合成之后的出射偏振发生改变。相对于透射式结构来说，反射式结构产生的相位差正比于折射率 n 而不是双折射 Δn，因此想要达到相同的相位调制量的情况下反射结构比透射结构的盒厚小很多，因而具有响应速度快、太赫兹出射效率高及驱动电压低等优势。但在实际应用中，受限于太赫兹光路系统，透射模式的应用范围要比反射模式大很多。

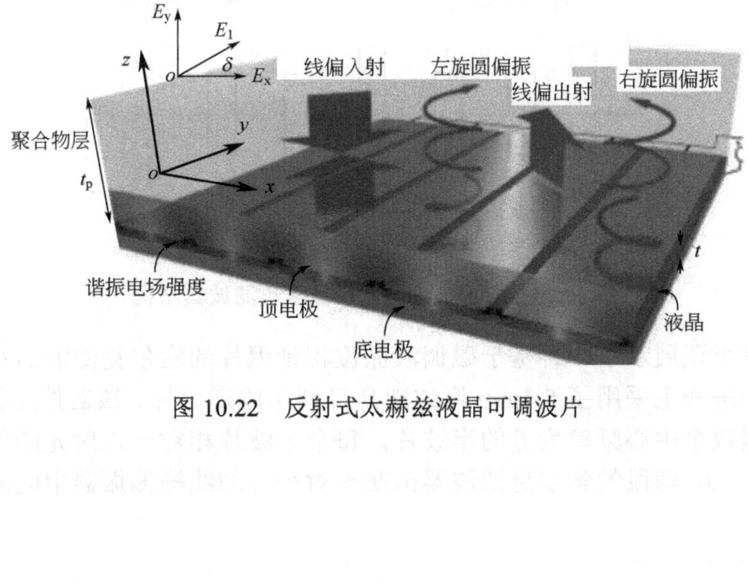

图 10.22 反射式太赫兹液晶可调波片

▶▶ 10.2.4 液晶太赫兹滤波器

太赫兹滤波器可以选择性地让不同频率的太赫兹波透过。液晶太赫兹滤波器因为液晶的可调特性，使波长选择也具有可调特性，所以备受关注。液晶的可调谐性主要是利用电磁调控手段。液晶太赫兹滤波器最早发展的调控方式是磁调控，因为电调控所用太赫兹透明电极材料相对匮乏，磁调控因其简易的制备方法而广泛使用，但问题也显而易见，整个器件需要放置在磁场中，导致器件体积太大不易集成。后来太赫兹透明电极，如石墨烯、ITO 纳米晶须、亚波长线栅等逐渐发展起来，因其简单的工艺和器件的小型化逐渐取代了磁场调控的方式。电场调控方面也有报道，直接采用金属间隔子进行横向加电，不需要制备电极，此时的问题是电极间距过长导致驱动电压过大及响应速度慢等问题。其他调控方式（如温度调控、光调控等），也有不少应用的报道，相对于电磁调控，在调控的响应速度和调制深度等方面都有一些不足。以下我们基于液晶的几种不同的外场调控方式简单了解一下液晶太赫兹滤波器的种类。

最早的液晶太赫兹滤波器多为采用磁场驱动的方式，将均一取向的液晶盒放在一块巨大的磁体中间，液晶分子指向矢会沿着磁场方向排列，通过转动磁体就能改变液晶分子的指向状态。液晶太赫兹里奥滤波器（Lyot filter）是一个经典的液晶太赫兹器件，最早由潘犀灵教授研究组提出。它是采用磁场调控方式来对太赫兹波进行强度调制的。它由两个独立的液晶盒和三个偏振片组成，如图 10.23 所示[14]。每个液晶盒包含固定延迟器和可调延迟器两部分。固定延迟器的液晶均一取向，产生固定的相位延迟量。可调延迟器放置在磁场中，液晶垂直取向，可以通过控制磁场方向来改变液晶指向矢，从而改变相位延迟量。该结构能够实现 0.388～0.564THz 之间的通带连续调控。

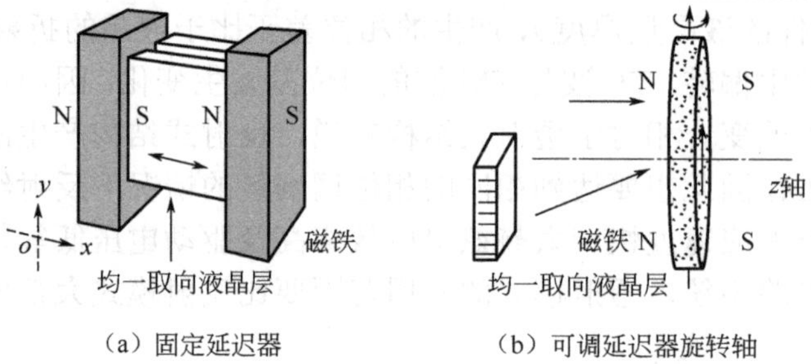

（a）固定延迟器　　（b）可调延迟器旋转轴

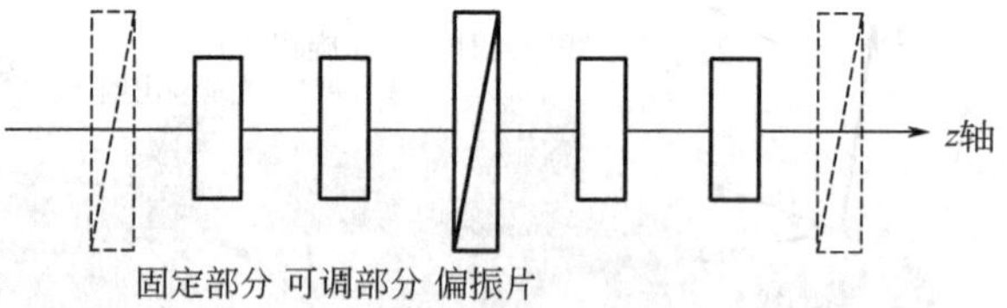

（c）里奥滤波器

图 10.23 磁调控液晶太赫兹里奥滤波器结构

潘犀灵课题组还展示了一种基于磁调液晶位相延迟片的索尔克滤波器（Solc filter）[15]。他们在半波片的选择上采用了 5.3mm 厚的液晶可调相位延迟片。该器件结构如下：在两个偏振器中间含偶数个中心频率为 f_c 的半波片，每个半波片相对于入射光的偏振交替地取 $-p$ 或 p 角（p=22.5°）。两段的索尔克滤波器由在一对平行的线栅偏振器中间的两个可调液晶相位延迟片组成。在调控方式上采用磁调控方式，调控分为两个阶段：Ⅰ型调控由一个磁圈控制，不过移动磁极的过程中磁场部分会被遮挡，所以调控范围为 0°～45°。而Ⅱ型由一对圆柱磁极组成，调控范围可以超过 55°，从而可以互补地达到操控液晶指向矢的目的。可调相位延迟片中的液晶材料为 E7，在太赫兹波段其折射率分别为 n_e=1.71 和 n_o=1.57；两个衬底为石英，衬底旋涂 DMOAP 进行垂直取向；液晶层厚 5.7mm；间隔子为铝。通过磁体的旋转可以调控液晶指向矢，实现从 0.176～0.793THz 通带的连续调节。

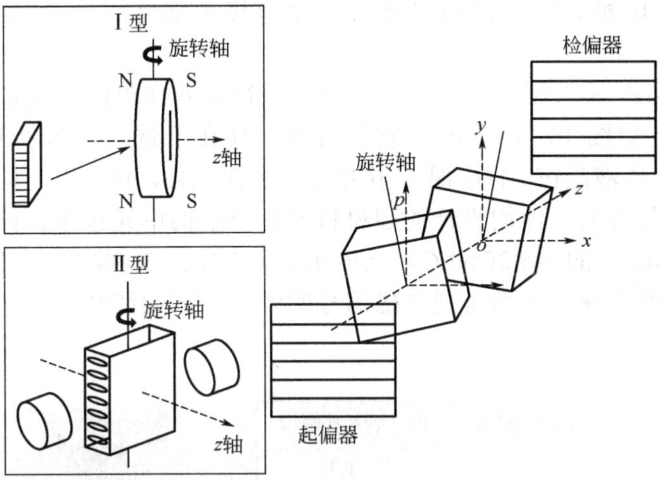

图 10.24 磁调控液晶太赫兹索尔克滤波器

随着太赫兹透明电极材料的发展，电场调控逐渐取代了磁场调控成为太赫兹液晶滤波器件的主流。同时，伴随着金属微加工技术不断发展和超材料的出现，很多滤波器也设计了特殊的金属结构。Cheng-Ling Chang 等人在实验上展现了一种新型的液晶超材料可调谐振器[16]。他们设计的新型渔网状超材料用一层极薄的聚合物做皮肤层，巧妙地将液晶封装起来，这样可以大幅度减小器件的吸收损耗和法布里-帕罗（Fabry-Perot）效应。他们设计的结构如图 10.25 所示，在上下两层渔网状超材料电极之间加一层聚合物分散液晶（PSLC）。其特点是对入射光无偏振依赖性，在外加电压分别为 0V 和 280V 时，透射和反射发生明显的频率移动。

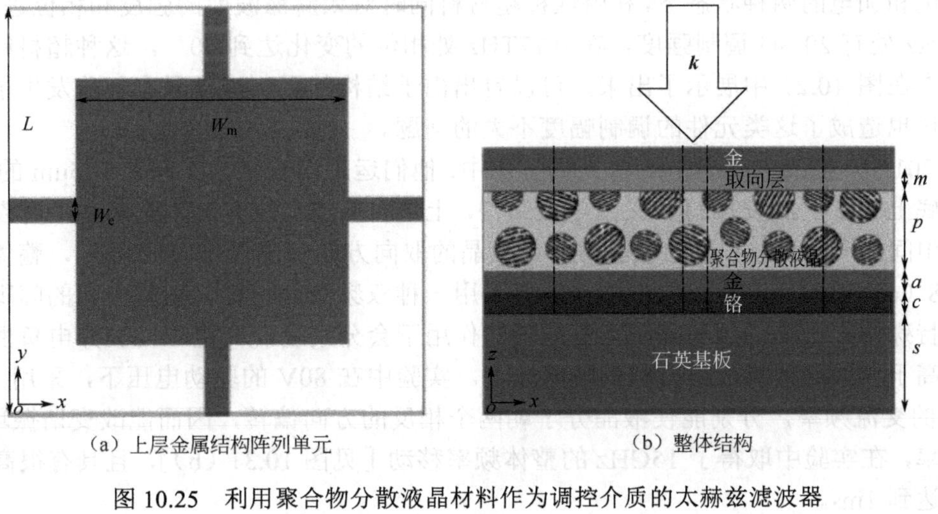

（a）上层金属结构阵列单元 （b）整体结构

图 10.25 利用聚合物分散液晶材料作为调控介质的太赫兹滤波器

除采取垂直加电外，还可以采取面内加电（in-plane-switching）使液晶分子在面内发生转动。常见的面内加电方式有直接用金属间隔子进行加电和利用亚波长的叉指电极进行加电两种。这两种方法各有利弊，前者所加电场可以看作是均匀电场，能够使液晶分子均匀偏转，后者的电场在面内非均匀分布，导致液晶分子排列不够均匀；但从加电效率上考虑，后者因为电极间距较短，响应速度快，驱动电压也要小很多，并且由于电极间距小，处于亚波长量级，具有极好的偏振透过效率，但制备工艺相对困难，一是要保证电极之间不能有粘连，二是电极图案完好，才能有效且高效地驱动液晶分子。

Rafał Kowerdziej 等人利用金属作为间隔子进行横向加电的方式设计了一种金属超材料可调谐振器[17]，如图 10.26 所示。他们的原创性在于选用了双折射比较大的液晶材料——2002CNLC，该液晶在 1THz 时双折射可以达到 0.42，并且用简单的铜线直接作电极来调控液晶的指向矢方向。他们设计的超材料的每个结构单元包含长棒和开口环谐振器，在其上加一层 500μm 厚的 2002CNLC，当电压从 0V 变到 300V 时，可以使吸收强度和透过强度均出现较大的改变，从而实现电磁信号的滤波、调制和开关等功能。

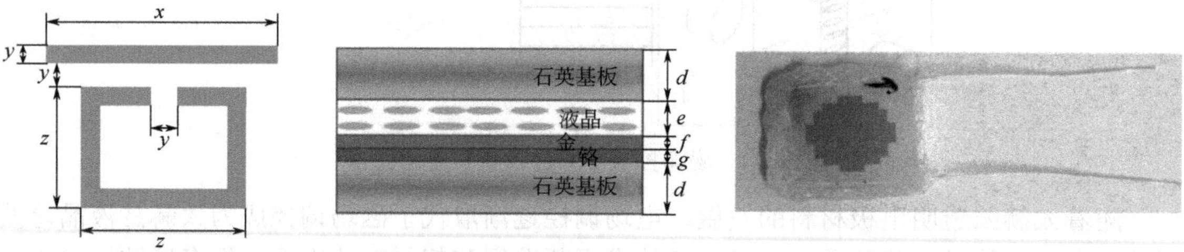

（a）谐振单元结构　　（b）整体结构　　（c）样品照片

图 10.26　超材料液晶可调滤波器

2013 年，O. Buchnev 等人巧妙地利用金属叉指电极产生的电场来驱动液晶偏转，同时，电极部分设计成 S 形结构阵列，如图 10.27 所示[18]。这种结构通过传统的光刻工艺制备。在不加电和加电的两种状态下，利用这种超材料同时对太赫兹波前的强度和相位进行调制，在 0.6THz 处有 20%的调制强度，在 0.77THz 处相位的变化达到 40°，这种超材料的液晶偏转状态在图 10.27 中展示了出来，可以看出由于结构的限制液晶只有部分发生了指向矢偏转，这也造成了这类元件的调制幅度不大的问题。

在 2015 年 Chia-Chun Chen 等人的工作中，他们运用湿法刻蚀工艺在 175μm 的 PET 聚合物衬底上制备了亚波长 ITO 叉指电极结构，上层衬底上运用光刻工艺制备了劈裂谐振环阵列，中间加一层 50μm 厚的液晶材料，液晶的取向方向和电极方向成 45°，整体结构如图 10.28（a）所示[19]。在该元件中，他们采用一种双频液晶材料来填充中间的间隙。双频液晶的特殊性在于在低频和高频交流电场的作用下会分别呈现介电正性和介电负性，并且具有远高于一般向列相液晶材料的响应速度。实验中在 80V 的驱动电压下，采用 1kHz 和 22kHz 的交流频率，分别能使液晶分子朝两个相反的方向偏转，因而能改变谐振环的 LC 谐振频率，在实验中取得了 15GHz 的整体频率移动［见图 10.31（b）］，且具有很高的响应速度，达到 1ms。

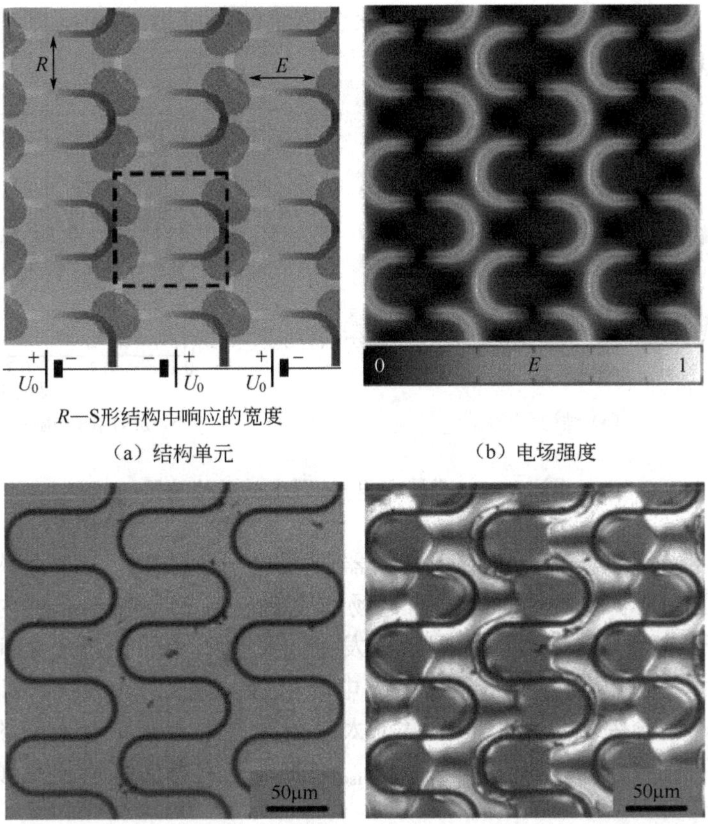

R—S形结构中响应的宽度

（a）结构单元　（b）电场强度

（c）加电状态下液晶的偏转情况　（d）撤电状态下液晶的偏转情况

图 10.27　S 形结构阵列液晶超材料滤波器

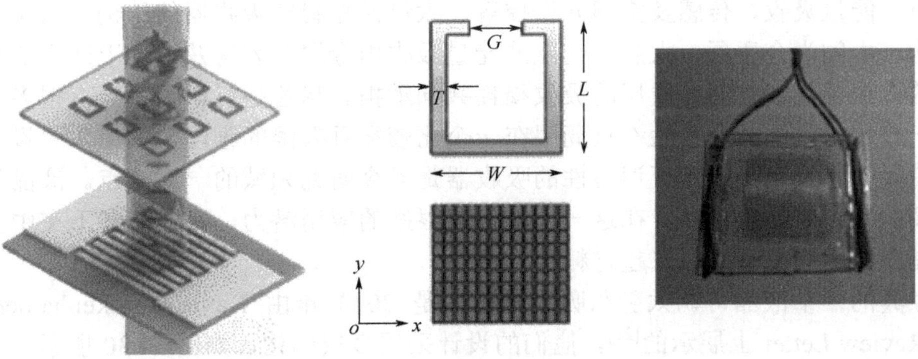

图 10.28　叉指电极驱动液晶太赫兹滤波器

除采用电磁场进行调控诱导液晶分子发生偏转的调控方式外，还有温度调控、光调控等其他一些调控方式。南京大学葛士军等人基于液晶材料在宽波段的折射率对温度敏感的特性，设计和制备了一种类法布里-帕罗（FP）太赫兹滤波器[20]，它的结构为交替的液晶层和金属片，如图 10.29 所示。多层金属片叠在一起，中间用聚合物膜分开，金属片的尺寸为长 15.0mm、宽 2.0mm、厚度 0.2mm。聚合物膜的厚度为 25μm，所有的缝隙填充均一取向的液晶材料 E7。

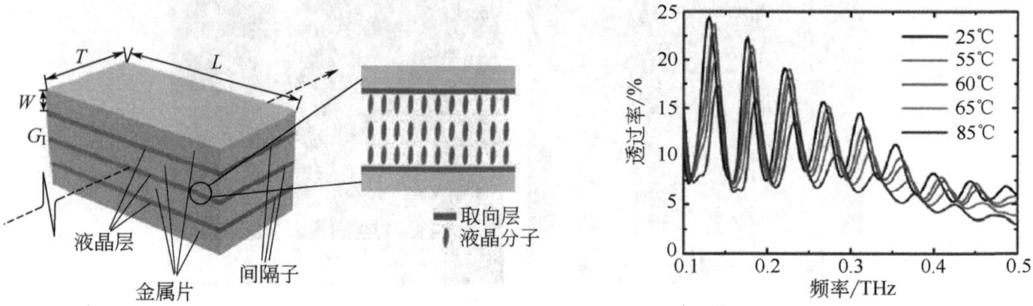

（a）结构　　（b）透射率响应随外界温度的变化曲线

图 10.29 类法布里-帕罗太赫兹滤波器

在该结构中，当横磁波垂直入射到滤波器表面时，金属片上下表面均激发出表面等离激元（SPPs），沿着两个相邻界面传播的电场发生耦合且聚集在液晶层内。由于结构的厚度（$G+W$）远小于入射光波长，因此无衍射发生。又由于相邻金属片之间的表面等离激元的传播距离足够大，可以忽略相邻金属片的电场耦合。因此，该结构可以作为一个类 FP 腔实现滤波作用。实验中测量了不同温度下太赫兹波透过率和频率之间的关系曲线。当温度升高时，液晶的有效折射率从 n_e 转变为 n_{iso}，曲线上所有的峰均向高频方向移动，由此实现可调滤波作用。

▶▶ 10.2.5 液晶可调太赫兹吸收器

太赫兹超材料吸收器自从问世以来就十分引人瞩目，其在各领域都有很多潜在应用，如热发射、能量吸收、传感及空间光调控等。太赫兹超材料吸收器的结构通常是上下两层金属结构，中间为介质层，太赫兹电磁波能量吸收由金属在太赫兹电场下产生等离子体振荡引起的谐振损耗和中间介质层的吸收损耗共同承担。尽管超材料吸收器有很多独特的性质，但一般超材料的共振特性都只局限在一个比较窄且有限的频段，如何人为设计宽带吸收、多带吸收且具有吸收带可调谐性的吸收器是当今研究领域的一大热点。液晶作为一种外场可调的双折射介质材料，在这一领域有着很好的应用潜力。我们将在下文中介绍几种基于液晶介质层的可调太赫兹超材料吸收器。

最经典的一个液晶可调太赫兹吸收器结构是 2013 年由 David Shrekenhamer 等人在 Physics Review Letter 上展示的[21]。他们的设计采用多层结构，如图 10.30 所示。上层为可以与空间光的电场进行耦合的金属结构阵列，下层为金属背板，中间层为介质，上下双层金属结构可以形成一个使光的磁场分量也发生耦合的机制。而通过调控上层金属结构阵列单元的结构参数和介质层的材料、厚度，就可以调控超材料吸收器自身的等效介电常数和等效磁导率。当所需频率处和外界环境的阻抗匹配时，能实现很强的吸收效应。结构中的液晶介质层是采用外加电场调控的方式，通过在上层金属结构和下层金属板上加电可以改变液晶的指向矢分布，从未加电时的无序排列变成加电状态下沿着垂直于背板平面的电场方向有序排列，从而改变入射太赫兹电磁波的介质层折射率，达到调制谐振频率位置的目的。实验中发现该吸收器元件在加电后在 2.62THz 处吸收强度减少 30%，共振吸收可调范围为带宽的 4%，吸收器的驱动电压仅为 4V。

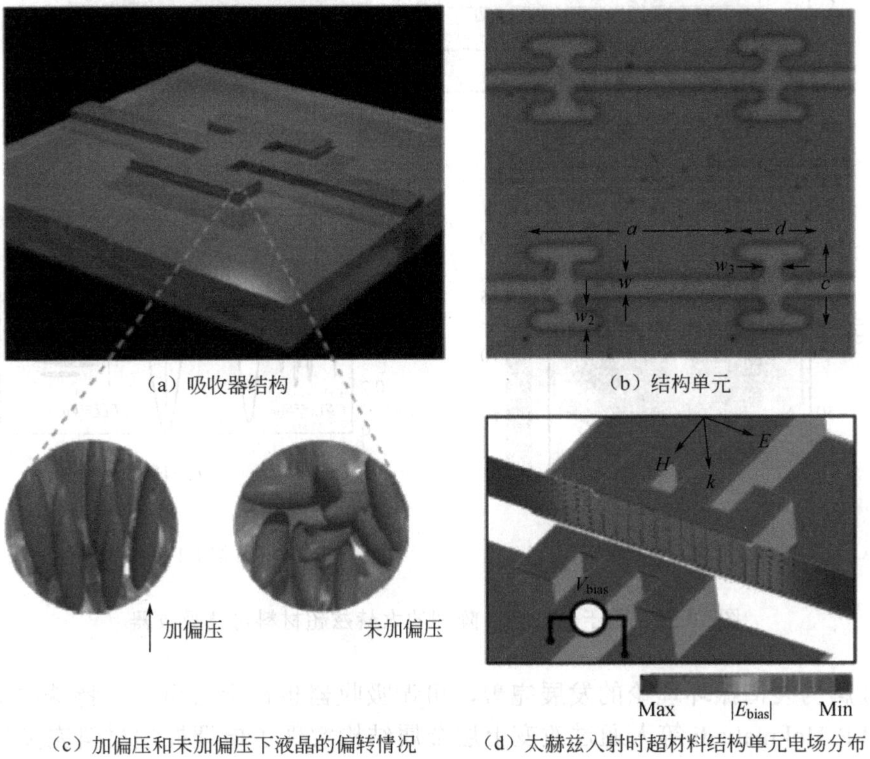

图 10.30　电调液晶超材料吸收器

此后又出现了许多类似的多层结构的超材料吸收器。图 10.31 所示为贝尔格莱德大学 Goran Isić 等人设计的可调吸收器件结构[22]。上层金属结构采用了六边形晶格次序排列的圆形金属片，各金属环之间用金属线相连，便于加电，上层金属沉积在一个聚合物膜上，聚合物膜作为一层支撑层，与液晶介质层和下层金属基板组装起来作为吸收器。他们通过优化结构参数，即超材料的单元阵列结构参数和中间介质层的厚度，使超材料和外界环境达到阻抗匹配，实现了特定频率的完全吸收。不同于上述第一个吸收器元件，该元件的特点在于该元件预先采用聚合物层摩擦取向实现了液晶的预取向，在加电状态下能实现更大的液晶折射率变化。通过外加电场调控液晶指向矢偏转可以改变吸收峰的位置，这个吸收器元件实现了吸收峰从 0.8THz 到 1.0THz 的连续调节，具有 15%的调制宽度，23dB 的调制深度，驱动电压不到 10V。

图 10.32 所示为南京大学王磊等人设计的吸收器结构[23]。该元件的特点在于介质材料选择上的创新。介质层液晶材料选用在太赫兹波段具有大双折射率（0.2～2.5THz 双折射超过 0.3）的液晶材料 NJU-LDn-4，且液晶层厚度仅为 15μm。该超材料元件响应时间达到毫秒量级。

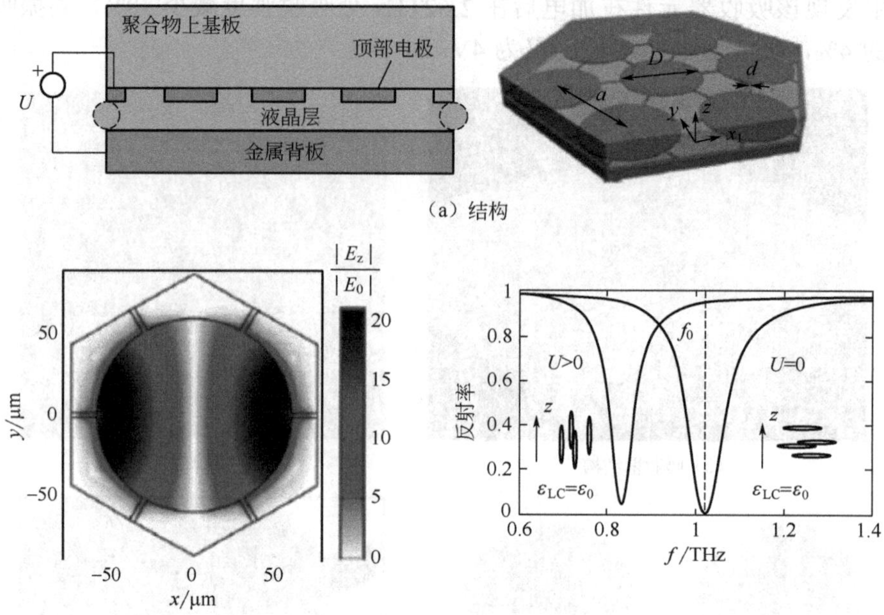

（a）结构

（b）太赫兹入射时超材料结构单元电场分布

（c）加偏压和未加偏压下吸收峰的变化情况

图 10.31 基于金属圆片阵列的太赫兹超材料可调吸收器

随着金属劈裂谐振环理论的发展完善，可调吸收器也在上层引入了特殊的金属结构。Mohammad P. Hokmabadi 等人通过改变上层金属结构实现了电调控超材料完美吸收器[24]，具有很强的共振吸收效应。其吸收峰吸收效率可以达到 90%，吸收峰半高宽为 0.025THz。该吸收器上层为互补开口环谐振器（CSRR）阵列（见图 10.33），中间层为 25μm 厚的液晶材料 E7，加电时在 5V 的偏压下，谐振峰在 0.567THz 处发生 5GHz 的移动，其可用于可调太赫兹探测及传感器件。

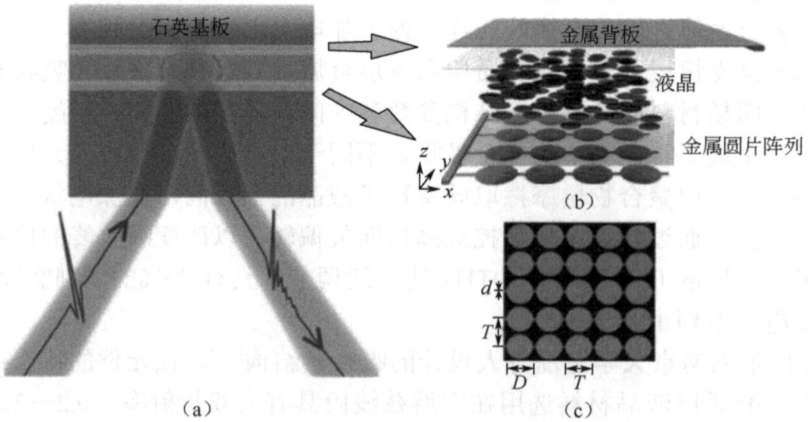

（a）

（b）

（c）

图 10.32 填充大双折射液晶的太赫兹可调吸收器

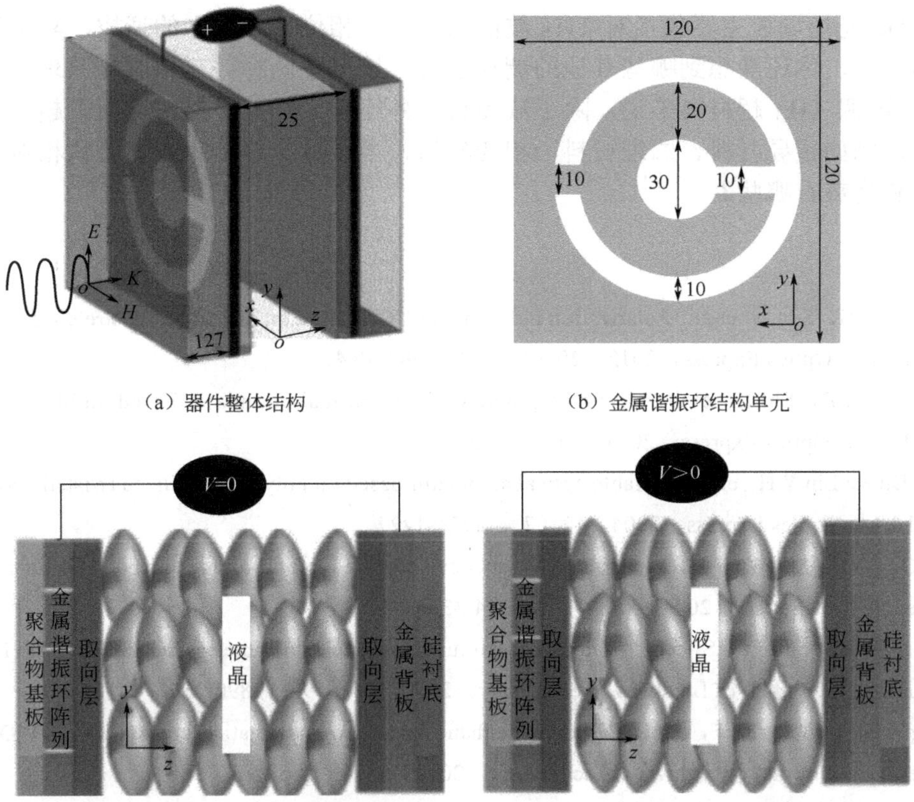

（a）器件整体结构
（b）金属谐振环结构单元
（c）未加电状态下液晶的偏转情况
（d）加电状态下液晶的偏转情况

图 10.33 基于劈裂环谐振器阵列的完美吸收器

上述内容展示了液晶材料在可调太赫兹元器件领域巨大的应用潜力，主要包括液晶太赫兹相移器、波片、滤波器、吸收器等器件。相比于可见光波段，太赫兹波段由于研究发展起步较晚，从太赫兹发射源、太赫兹探测及太赫兹调控手段等都相对匮乏，液晶材料的引入，极大地推动了太赫兹调控器件的发展。当然，液晶材料应用于太赫兹波段的局限性也很明显，与半导体材料、相变材料等相比，其调控范围相对较小，响应速度约为毫秒量级，大厚度液晶层对太赫兹的吸收也很大，效率不高等。

习 题

1．与一般的光通信元件相比，液晶光通信元件有哪些优势？

2．目前基于液晶的光开关有哪几种，主要的工作原理是什么？你认为液晶光开关与现有的光开关元件相比有哪些优缺点？

3．除了本章介绍的几种液晶光通信元件外，你还能想到哪些元件可以借助液晶体系来实现，如何实现？

4．你觉得基于液晶的光通信器件还有哪些地方值得改进，如何改进？

5．目前的液晶 THz 元器件主要分为哪几类，请列举出三种并简单阐释原理。

6．在 THz 波段应用液晶材料相比于可将光波段有哪些优势和劣势？

7．THz 光场调控主要包括对 THz 波前的振幅、相位和偏振态的调控，除了利用液晶 THz 元器件外，你还能想到哪些其他的调控手段，请列举两种并简单阐释原理。

8．对可调 THz 超材料来说，除了液晶材料外还有一些其他材料可用于超材料可调谐性的研究，例如超导材料、二维材料、相变材料、半导体材料等。液晶材料相对于这些材料的优势和劣势有哪些？

参考文献

[1] Xu S，Ren H，Sun J，et al. Polarization independent VOA based on dielectrically stretched liquid crystal droplet [J]. Optics Express，2012，20（15）：17059-17064.

[2] Zhu G，Wei B，Shi L，et al. A fast response variable optical attenuator based on blue phase liquid crystal [J]. Optics Express，2013，21（5）：5332-5337.

[3] Lu Y，Du F，Lin Y H，et al. Variable optical attenuator based on polymer stabilized twisted nematic liquid crystal [J]. Optics Express，2004，12（7）：1221-1227.

[4] Lu Y Q，Liang X，Wu Y H，et al. Dual-frequency addressed hybrid-aligned nematic liquid crystal [J]. Applied Physics Letters，2004，85（16）：3354-3356.

[5] Huang Z D，Hu X K，Li S S，et al. A liquid crystal tunable wavelength-interleaved isolator with flat spectral response [J]. Journal of Lightwave Technology，2010，28（19）：2890-2896.

[6] Huang Z D，Li S S，Xu F，et al. Dispersion enhancement and linearization in a dynamic DWDM channel blocker [J]. Journal of Lightwave Technology，2010，28（5）：822-827.

[7] Lin X，Wu J，Hu W，et al. Self-polarizing terahertz liquid crystal phase shifter [J]. Aip. Advances，2010，1（3）：032133.

[8] Altmann K，Reuter M，Garbat K，et al. Polymer stabilized liquid crystal phase shifter for terahertz waves [J]. Optics Express，2013，21（10）：12395-12400.

[9] Yang C S，Tang T T，Pan R P，et al. Liquid crystal terahertz phase shifters with functional indium-tin-oxide nanostructures for biasing and alignment [J]. Applied Physics Letters，2014，104（14）：141006.

[10] Du Y，Tian H，Cui X，et al. Electrically tunable liquid crystal terahertz phase shifter driven by transparent polymer electrodes [J]. Journal of Materials Chemistry C，2016，4（19）：4138-4142.

[11] Jin B B，Shao G H，Qian H，et al. Broadband tunable liquid crystal terahertz waveplates driven with porous graphene electrodes [J]. Light：Science & Applications，2015，4（2）：e253.

[12] Yang C S，Shih F C，Pan R P，et al. Liquid-crystal-enabled electrically tunable terahertz achromatic-wave plate [C] //Infrared，Millimeter，and Terahertz waves，2016 41st International Conference on IEEE，2016：1-2.

[13] Zografopoulos D C，Ferraro A，Isic G，et al. Tunable terahertz metamaterials based on nematic liquid crystals [C] //Infrared，Millimeter，and Terahertz waves，2016 41st International Conference on IEEE，2016：1-2.

[14] Chen C Y，Pan C L，Hsieh C F，et al. Liquid-crystal-based terahertz tunable Lyot filter [J]. Applied Physics Letters，2006，88（10）：101007.

[15] Ho I C，Pan C L，Hsieh C F，et al. Liquid-crystal-based terahertz tunable Solc filter [J]. Optics Letters，2008，33（13）：1401-1403.

[16] Chang C L, Wang W C, Lin H R, et al. Tunable terahertz fishnet metamaterial [J]. Applied Physics Letters, 2013, 102 (15): 151903.

[17] Kowerdziej R, Olifierczuk M, Parka J, et al. Terahertz characterization of tunable metamaterial based on electrically controlled nematic liquid crystal [J]. Applied Physics Letters, 2014, 105 (2): 022908.

[18] Buchnev O, Wallauer J, Walther M, et al. Controlling intensity and phase of terahertz radiation with an optically thin liquid crystal-loaded metamaterial [J]. Applied Physics Letters, 2013, 103 (14): 141904.

[19] Chen C C, Chiang W F, Tsai M C, et al. Continuously tunable and fast-response terahertz metamaterials using in-plane-switching dual-frequency liquid crystal cells[J]. Optics Letters, 2015, 40(9): 2021-2024.

[20] Ge S, Liu J, Chen P, et al. Tunable terahertz filter based on alternative liquid crystal layers and metallic slats [J]. Chinese Optics Letters, 2015, 13 (12): 120401.

[21] Shrekenhamer D, Chen W C, Padilla W J. Liquid crystal tunable metamaterial absorber [J]. Physical Review Letters, 2013, 100 (17): 177403.

[22] Isić G, Vasić B, Zografopoulos D C, et al. Electrically tunable critically coupled terahertz metamaterial absorber based on nematic liquid crystals [J]. Physical Review Applied, 2015, 3 (6): 064007.

[23] Wang L, Ge S, Chen Z, et al. Bridging the terahertz near-field and far-field observations of liquid crystal based metamaterial absorbers [J]. Chinese Physics B, 2016, 25 (9): 094222.

[24] Hokmabadi M P, Tareki A, Rivera E, et al. Investigation of tunable terahertz metamaterial perfect absorber with anisotropic dielectric liquid crystal [J]. AIP Advances, 2017, 7 (1): 015102.

反侵权盗版声明

举报电话：（010）88254396；（010）88258888

传　　真：（010）88254397

E-mail:　　dbqq@phei.com.cn

通信地址：北京市万寿路 173 信箱

电子工业出版社总编办公室

邮　　编：100036